FIRST-CLASS

하루 한 권, 일류

고다마 미쓰오 지음

김나정 옮김

일류로 성장하기 위한 노력의 과학적 기술

고다마 미쓰오(児玉光雄)

1947년 효고현(兵庫県)에서 태어났다. 교토대학 공학부를 졸업했으며, 학창 시절에는 테니스 선수로 활약해 전일본선수권에도 출전한 경험이 있다. 미국 UCLA에서 공학 석사 학위를 취득했고, 이후 올림픽위원회 객원 연구원으로 일하며 선수의 데이터 분석을 맡았다. 주요 연구 분야는 임상 스포츠 심리학과 체육 방법학이다. 가노야체육대학(鹿屋体育大学) 교수를 거쳐, 오우테몬가쿠인대학(追手門学院大学) 특별고문을 역임하고 있으며, 일본 스포츠 심리학회 회원이자 일본체육학회 회원으로도 활동하고 있다.

약 150권 이상의 도서를 집필했으며, 판매량은 250만 부 이상이다. 국내에 번역된 도서로는 『잘되는 나를 만드는 최고의 습관』, 『비타민 우뇌 IQ』, 『공부의 기술』, 『한 가지만 바꿔도 결과가 확 달라지는 공부법』, 『이치로 사고』 등이 있다.

많은 사람들은 '일류란 머리가 영민하거나 스포츠에 재능을 가지고 태어난 극소수의 사람들이며, 나와는 관계가 없다'고 생각한다. 하지만 이는 시대에 뒤처진 생각이자 완전히 잘못된 정의다. 우리는 누구든 일류가 될 수 있다.

나는 이 책에서 임상 스포츠 심리학, 체육 방법학, 발달 심리학 등의 연구를 폭넓게 소개하면서 최대한 과학적으로 증명된 데이터를 사용하고자 했다. 나아가 창조력을 발휘하기 위한 구체적인 방법들을 제안했다. 이 책을 읽은 후, 아이디어를 떠올리는 습관을 들인다면 당신 눈앞에도 일류로 가는 길이 펼쳐질 것이다.

이 세상은 뛰어난 재능을 가졌지만, 그 재능을 펼치지 못하고 제자리걸음만 하는 사람들로 넘쳐난다. 그들이 두각을 나타내지 못하는 이유는 현실에 만족하며 살아가기 때문이다. 그들은 힘들게 노력하지 않아도 요령껏 어떤 일이든 처리할 수 있다. 이 때문에 뛰어난 재능이 정체된 것이다.

예를 들어 로스앤젤레스 에인절스(Los Angeles Angels)의 오타니 쇼헤이(大谷翔平) 선수는 야구라는 경기 종목에 적합한 체격과 반사 신경을 가지고 태어났다. 하지만 그가 메이저 리거가 될 수 있었던 것은 야구에 대한 열정이 매우 강했기 때문이다. 오타니는 어린 시절부터 야구에 열정을 쏟아 그의 인생을 모두 바쳤기에 눈부신 재능을 습득할 수 있었다. 일류가 되는 데 필요한 에너지원 중 가장 중요한 하나는 바로 '열정'이다.

여러 분야에서 일류가 되기에 인생이 너무 짧다. 한 분야에 집중하여 감성을 발휘하고, 오랜 시간 열정을 쏟는 것이야말로 눈부신 재능을 갖추는 지름길이다.

나는 '인간은 어떤 분야에서든지 일류가 될 가능성을 품고 태어난다'고 생각한다. 또 자기 자신을 단련시키는 것에 늦은 시기란 없다고 생각한다. 실제로 80세 이후에 영어나 수영을 시작해 꾸준히 실력이 늘고 있는 사람들이 무척 많다. 인간은 죽을 때까지 성장할 수 있다는 뜻이다.

오늘날 인공 지능(AI)이 장기나 바둑의 정점에 올라 있는 기사들을 이기며 화두에 오르고 있다. '이제 인간의 힘으로 인공 지능을 넘어설 수 없는가?' 하는 비관적인 시선을 던지는 사람들도 많을 것이다.

하지만 번뜩이는 아이디어를 내는 능력에 한해서 뇌를 능가하는 인공 지능이 나올 수 없다고 생각한다. 그렇다고 해서 지금 이대로 안주해도 좋다는 뜻은 아니다. 그렇다면 우리는 평소에 어떻게 행동하면 될까? 현대인은 문자와 숫자를 통한 정보 입력 작업에 방대한 시간을 들인다. 그렇기에 자연스럽게 비언어적 출력 작업에 들이는 시간이 압도적으로 부족하다. 번뜩이는 아이디어를 떠올리는 재능에는 수 세기 전에 살았던 르네상스 시대 사람들이 현대인보다 더 뛰어날지도 모른다.

뇌는 아날로그식으로 만들어져 있으며, 본래 문자나 숫자를 처리하기 위한 부위가 아니다. 물론 우리는 문자를 읽고 계산도 할 수 있지만, 이것은 뇌가 습득한 능력일 뿐, 익숙지 않은 능력이다.

반면 뇌는 번뜩이는 아이디어를 내는 데 뛰어난 능력을 가지고 있다. 본서의 과학적 데이터를 토대로 한 두뇌 활용법을 숙지해 일상생활에 적용한다면, 누구나 아이디어를 떠올리는 천재가 될 수 있을 것이다. 이 능력은 태어날 때부터 가지고 태어나는 재능이 아니라, 후천적으로 습득할 수 있는 기술이다.

번뜩이는 아이디어는 언제 어디서 나타날지 모른다. 화장실 안이거나 샤워 중일 때처럼 그 아이디어를 형태로 남기기 힘든 장소에서 나타나기도 한다. 당신의 뇌에서 발생한 아이디어는 80% 정도가 이미 어둠 속으로 사라졌던 것들일지도 모른다. 그러니 항상 번뜩이는 아이디어를 받아들일 준비를 해두어야 한다.

마지막으로 매력적인 일러스트를 그려주신 니시카와 다쿠(にしかわたく) 씨에게 감사의 마음을 전하고 싶다.

고다마 미쓰오

목차

시작하며 3

제1장 잠재 능력을 발휘하는 기술

1-1 일류의 사고 패턴 이해하기 10
1-2 좋아하면서 잘하는 일 찾기 12
1-3 재능의 우물 꾸준히 파기 14
1-4 몰입 상태 경험하기 16
1-5 질 높은 연습을 위한 일곱 가지 포인트 20
1-6 열정이야말로 창조력의 원천임을 이해하기 22

COLUMN 1 착시도로 우뇌 활성화하기 24

제2장 일류의 뇌 사용법 이해하기

2-1 장기 프로 기사의 뇌에서 일어나는 일 26
2-2 좋아서 하는 일이 곧 숙달하는 길이라는 사실 28
2-3 직선뇌와 우회뇌의 차이 이해하기 32
2-4 일류는 소뇌가 발달한 사람 36
2-5 번뜩임의 메커니즘 이해하기 40
2-6 창의성을 발휘하면 활성화하는 뇌의 영역은? 44
2-7 테스토스테론으로 공간 지각 능력과 의욕 높이기 46
2-8 인간에게는 놀라운 화상 처리 능력이 존재한다 50

COLUMN 2 왼손잡이 일류 테니스 선수가 많은 이유 52

제3장 비활성화 뇌 깨우기

3-1 비활성화 뇌 깨우기 54
3-2 자신의 손잡이 바로 알기 56
3-3 자신의 주 사용 방향 파악하기 58
3-4 당신의 뇌는 거점형인가 산재형인가? 60
3-5 좌우 대뇌 신피질 연동시키기 62
3-6 뇌 영역을 총동원하여 창의성을 발휘하다 64
3-7 왼손잡이는 불편하지만 손해는 아니다 66

COLUMN 3 마음속 편견 없애기 68

제4장 직감을 극한까지 끌어올리는 기술

4-1 직감의 정체 밝히기 70
4-2 동영상을 통해 직감을 끌어올리는 오타니 쇼헤이의 자세 배우기 72
4-3 또 다른 나와 대화하는 하뉴 유즈루 74
4-4 직감을 끌어올리는 자기 관찰 습관화하기 76
4-5 풍부한 경험이 직감의 정확도를 높여준다 78
4-6 지각 능력 철저히 끌어올리기 80

COLUMN 4 경상 서체 적어보기 82

제5장 번뜩임을 최대화하는 기술

5-1 선입견에 빠지지 않기 84
5-2 건망증과 번뜩임의 뜻밖의 관계 이해하기 86
5-3 아이디어를 구상만으로 끝내지 않는 열 가지 마음가짐 88
5-4 셀프 브레인스토밍 기술 익히기 90
5-5 세렌디피티가 번뜩임의 계기가 된다 92
5-6 준비가 완벽하다면 뇌 속의 화학 반응이 번뜩임을 낳는다 94
5-7 시각화가 꿈을 실현시킨다 96
5-8 과거 최고의 순간을 몇 번이고 떠올리기 98

COLUMN 5 풍요로운 환경이 창의력을 자극한다 100

제6장 번뜩임을 구체화하는 기술

6-1 포스베리의 배면뛰기에서 배울 점 102
6-2 뇌를 해방하면 번뜩임이 떠오른다 104
6-3 기분 전환 시간 소중히 하기 106
6-4 언런 기억하기 108
6-5 주제를 정해 번뜩임을 기다리자 110
6-6 역사 속 위대한 발명의 계기란? 112

COLUMN 6 역사 속 최고의 천재는 누구일까? 114

제7장 자녀를 일류로 키우는 비결

7-1 유연성으로 넘쳐나던 뇌가 점점 경직된다 116
7-2 아이들의 창의력은 강요하면 저하된다 118
7-3 아이의 창의성 길러주기 120
7-4 올바른 칭찬법과 잘못된 칭찬법 알기 122
7-5 말 걸기, 읽어주기, 질문이 뇌의 입력 출력 기능을 단련시킨다 126
7-6 이중 언어자로 만들고 싶다면 만 7세까지가 가장 중요 130
7-7 α파와 θ파 통제하에 두기 132
7-8 발상이 떠오를 때마다 그림으로 남기자 134
7-9 자녀의 뇌 특성 확인하기 136
7-10 골든 에이지의 힘 이해하기 138
7-11 강한 승부욕 유지하기 140

COLUMN 7 빠른 걸음으로 생각하자 142

제8장 자녀를 일류 운동선수로 키우는 기술

8-1 일류 운동선수라면 절대 빼놓지 않는 반복 연습 144
8-2 반복 연습은 선수의 창의성을 만든다 146
8-3 영재 교육의 효과는 무시할 수 없다 148
8-4 선천적 재능은 노력을 이기는가? 150
8-5 부모의 지원이 재능을 꽃피운다 152
8-6 자신의 한계에 도전하기 154
8-7 성취감은 동기 부여로 이어진다 156
8-8 집중력과 상상력 단련하기 158
8-9 꾸준히 노력하는 재능 알아보기 160

COLUMN 8 주제를 정해 억지로 떠올리자 162

제9장 일류로 나아가기 위한 트레이닝

9-1 그림이 그려진 플래시 카드로 순간 정보 처리 능력 높이기 164
9-2 밀러 넘버 챌린지로 순간적인 기억력 높이기 166
9-3 동체 시력 트레이닝으로 시력 단련하기 168
9-4 사전 빨리 찾기와 끝말잇기 트레이닝으로 집중력과 소근육 단련하기 170
9-5 잔상 집중 트레이닝으로 집중력 높이기 172
9-6 왼손과 오른손으로 다른 도형을 그려 소뇌 단련하기 174
9-7 거꾸로 데생 트레이닝으로 관찰력 단련하기 176
9-8 트레이스 트레이닝으로 뇌의 혼란 경험하기 178
9-9 나 홀로 가위바위보 트레이닝으로 뇌 활성화하기 180
9-10 쾌감 이미지 트레이닝을 통해 자유자재로 휴식 취하기 182
9-11 복식 호흡 트레이닝으로 차분히 마음 가라앉히기 184

잠재 능력을 발휘하는 기술

1-1 일류의 사고 패턴 이해하기 10
1-2 좋아하면서 잘하는 일 찾기 12
1-3 재능의 우물 꾸준히 파기 14
1-4 몰입 상태 경험하기 16
1-5 질 높은 연습을 위한 일곱 가지 포인트 20
1-6 열정이야말로 창조력의 원천임을 이해하기 22

COLUMN 1 착시도로 우뇌 활성화하기 24

일류의 사고 패턴 이해하기

'일류라고 불리는 사람은 곧 재능이 있는 사람'이라는 단편적인 생각은 잘못되었다. 조금만 생각을 바꾸면 우리의 인생은 극적으로 바뀔 수 있다. 다음 페이지는 일류의 사고방식과 일반인의 사고방식을 비교한 그림이다. 오늘부터 일류의 사고방식을 가지고 살아가 보자. 그 생각이 여러분을 일류로 만들어 줄 것이다.

이 세계에는 뛰어난 재능을 가졌지만, 그것을 갈고닦지 않아 제자리걸음하는 사람이 많다. 이들의 결점은 도리어 '넘치는 재능'이라 할 수 있다. 이 사람들은 최소한의 노력으로 적당한 결과를 낼 수 있기 때문에 늘 에너지를 아낀다. 자신의 한계에 도전해 위로 올라가려 하지 않는 습관이 몸에 밴 것이다. 이런 습관은 잠재 능력이 성장하는 데 장애물이 되어 이들이 두각을 나타내지 못하게 한다.

인공 지능이 급속히 발달하고 있는 가운데, 앞으로 수재형 인간은 모두 인공 지능으로 대체되고, 인공 지능이 따라 할 수 없는 특별한 재능을 가진 천재형 인간만이 살아남는 시대가 될 것이다.

시대가 변해도 사람들에게 감동을 주는 축구 선수 크리스티아누 호날두나 테니스 선수 로저 페더러(Roger Federer) 같은 천재들의 가치는 절대 낮아지지 않을 것이다. 매년 끊임없이 베스트셀러 작품을 쓰는 인기 작가도 마찬가지다. 경험이 풍부한 외과 의사, 변호사, 비행기 조종사가 인공 지능으로 대체되는 시대도 그리 빨리 오진 않을 것이다.

일류인 사람과 보통 사람의 사고방식 차이

사고방식을 바꾸면 자연스레 행동 방식도 바뀐다. 행동 양식이 바뀌면 성과도 달라진다.

좋아하면서 잘하는 일 찾기

자신의 재능을 찾기 위해 먼저 내가 '좋아하는 것'과 '잘하는 것'을 적어보자. 만약 좋아하면서 잘하는 일이 있다면 그것은 당신의 씨앗이 될 수 있다. 우리 사회에서 '성공한 사람'이라고 불리는 이들은 대부분 만능 캐릭터가 아니다. 대신 이들은 다른 사람이 절대 흉내낼 수 없는 자신만의 강력한 무기를 업으로 삼아 성공했다.

대표적인 예로 스포츠를 들 수 있다. 스포츠를 직업으로 삼는 사람들은 대부분 어린 시절부터 '좋아하면서 잘하는 일'을 경기 종목으로 선택한다. 거기에 피나는 노력을 더해 프로 스포츠 선수가 되는 것이다. 야구의 류현진, 축구의 손흥민, 피겨스케이팅의 김연아 같은 일류 선수가 이에 해당한다.

생각해 보면, 딱 한 가지 재능을 제외한다면 이들은 우리와 크게 다르지 않다. 즉 사회가 이들을 평가하는 기준은 이들의 강력한 무기인 것이다. 이들의 두 번째 재능에는 아무도 관심 없다.

일류가 되려면 내가 가장 잘하는 분야에서 결판을 내야 한다. 이러한 마음가짐으로 내가 가장 좋아하고 잘하는 무기가 무엇인지 찾아보자. 그리고 그것을 갈고닦기 위해 시간을 쏟아보자.

나는 '좋아하고 잘하는 일을 직업으로 삼을 수 있는 사람은 분명 행복한 인생을 살아갈 수 있다'고 확신한다. 도표1-1의 '좋아하면서 잘하는 일 찾기 체크 시트'를 활용하여 나만의 가장 강력한 무기를 찾아보자.

도표 1-1 좋아하면서 잘하는 일 찾기 체크 시트

내가 좋아하면서 잘하는 것을 생각나는 대로 아래에 적어보자.
총점이 15점을 넘는다면 그것은 당신의 천직일 가능성이 크다.

좋아하면서 잘하는 일	❶	❷	❸	❹	총 점수
1.					
2.					
3.					
4.					
5.					
6.					
7.					
8.					
9.					
10.					

아래 네 개의 질문에 대한 점수를 각 항목에 적어보자.

❶ 당신이 좋아하는 일인가?
❷ 당신이 잘하는 일인가?
❸ 업무에 필요한가?
❹ 이 일을 직업으로 삼아보고 싶은가?

매우 그렇다 ---------- 5점
그렇다 ---------------- 4점
어느 쪽도 아니다 ----- 3점
그렇지 않다 ---------- 2점
매우 그렇지 않다 ----- 1점

출처: 児玉光雄, 『すぐやる力やり抜く力』, 三笠書房, 2017.

재능의 우물 꾸준히 파기

자신의 잠재 능력을 발휘하는 것은 '땅을 파서 온천을 발견하는 일'과 매우 비슷하다. 도쿄에서는 땅을 1,500미터 이상 파다보면 수맥에 닿아 온천이 나온다고 한다.

1,500미터까지만 파면 분명 온천이 나올 텐데 1,490미터에서 포기해 버린다면, 포기하는 순간 그동안 쏟은 모든 노력은 무의미해진다. 땅을 파는 데 들어간 비용 수억 원 역시 마찬가지다.

이렇게 생각하면 손흥민 선수나 김연아 선수는 1,300미터 지점에서 이미 온천의 수맥을 발견한 경우다.

그들보다 재능이 뛰어나지 않은 선수라면 1,700미터를 파야 온천을 발견할 수 있을 것이다. 하지만 그 차이는 고작 400미터 정도다. 시기의 차이는 있겠지만, 포기하지 않고 땅을 파다 보면 분명 수맥을 발견하는 시점이 온다.

때로는 너무 단단해 파기 어려운 암반을 맞닥뜨릴 때도 있을 것이다. 하지만 자신의 잠재력을 믿고 연습에 매진한다면, 언젠가 잠재 능력이 발현되어 결국 자신의 무기가 될 것이다. 땅속 온천을 발견한 순간, 잠재 능력은 곧 현재(顯在)능력으로 바뀌는 것이다. 자신이 잘하는 일을 발견하고, 그것을 향상시키기 위해 인생이라는 긴 시간을 쏟아 붓는 것은 아마도 일류가 되기 위한 필수 불가결한 요소가 아닐까.

도표 1-2 성장의 S자 커브

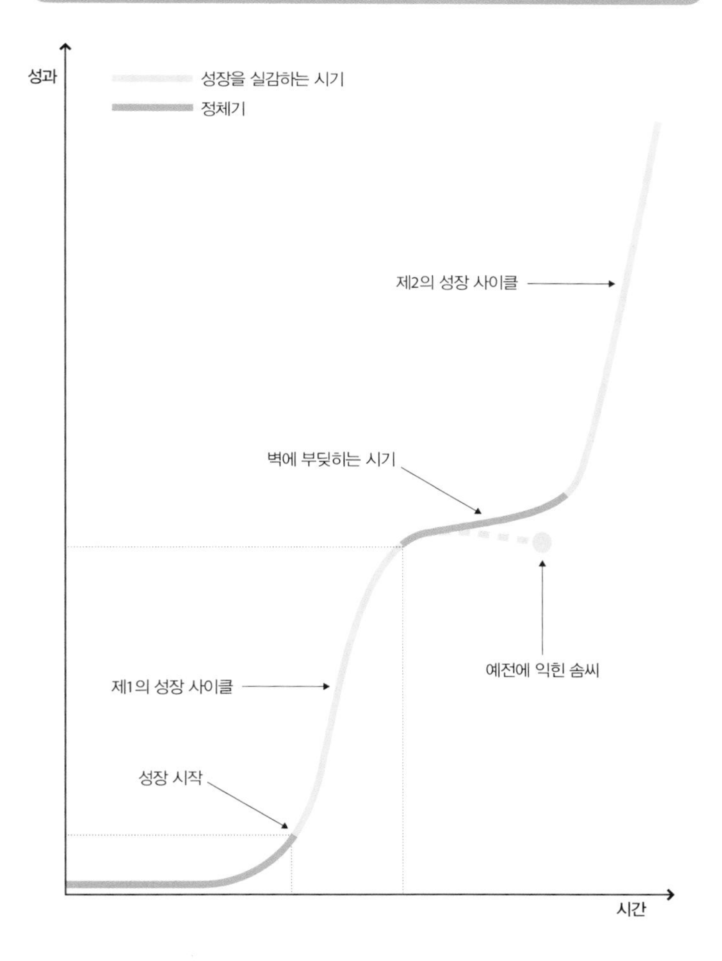

'더는 나아가지 못 하겠다'고 느낄 때도 있을 것이다. 하지만 당신의 S자 커브가 일류인 사람들보다 조금 완만할 뿐 성장을 실감하는 시기는 분명 온다.

참고: 柳沢幸雄,『自信は「この瞬間」に生まれる』, ダイヤモンド社, 2014.

몰입 상태 경험하기

운동선수에게 '최고의 순간'은 바로 몰입 상태다. 몰입 상태란 긴장하지 않고 최고의 성과를 발휘할 수 있는 순간으로 누구나 배우고 싶은 기술일 것이다. 하지만 최첨단 과학기술로도 몰입 상태를 의식적으로 습득하는 것은 어렵다고 한다.

예를 들면 골프계의 슈퍼스타인 조던 스피스(Jordan Spieth)나 제이슨 데이(Jason Day)는 대회 첫날 62타라는 엄청난 결과를 내 기대를 모았지만, 다음날 77타라는 아쉬운 성적으로 마무리하는 일이 적지 않았다.

같은 선수가 같은 코스와 골프채, 동일한 품질의 공으로 경기하는데도 이처럼 큰 차이가 나는 이유는 무엇일까? 그 해답은 아직 베일에 싸여 밝혀지지 않았다. 하지만 일류 운동선수일수록 이 신비로운 순간이 찾아오는 빈도가 잦다고 하는데, 이 역시 일류이기에 가능한 일이다.

몰입 연구의 세계적인 권위자 미하이 칙센트미하이(Mihaly Csikszentmihalyi) 박사는 『석세스 매거진(Success Magazine)』에서 몰입 상태를 구체적으로 소개하며, 특정 단계를 따라가면 결국 몰입 상태에 빠질 수 있다고 주장한다. 이 단계는 다음 페이지에 정리되어 있다.

칙센트미하이 박사는 저서에서 몰입 상태에 대해 이렇게 설명했다.

> 목표가 명확하고, 신속한 피드백이 존재하며, 기술과 도전의 균형이 맞추어진 상태에서 활동할 때 우리의 의식은 변화하기 시작한다. 이때는 집중이 초점을 맞추고, 산만함은 소멸되며, 시간의 경과와 자아의 감각을 잃는다. 그 대신 우리는 행동을 제어하고 있다는 감각을 얻고, 세상과 일체화된 느낌을 받는다. 우리는 이 체험의 특별한 상태를 '몰입'이라고 부르기로 했다.
>
> M. チクセントミハイ, 『フロー体験入門』, 世界思想社, 2010.

완벽한 몰입 상태에 빠지는 방법은 아직 알려지지 않았다. 하지만 이처럼 몰입 상태에 빠지기 쉬운 포인트는 분명 존재한다.

기술과 도전의 균형이 맞춰진 상태에 대해서는 도표 1-3의 '도전 기술 수준'을 참고해 보자. 몰입 상태를 체험한 운동선수나 연구자에 대한 다른 연구에서도 이 최고 순간의 감각에 대해 이렇게 얘기했다.

- 곧 일어날 일을 예측할 수 있었다.
- 그 순간에 대한 일은 잘 기억나지 않는다.
- 최고의 몸과 마음 상태였다.
- 누에고치 안에 들어 있는 듯한 포근한 환경에서 작업할 수 있었다.
- 주변의 잡음과 떠들썩한 분위기가 전혀 신경 쓰이지 않았다.

스웨덴 카롤린스카연구소(Karolinska Institutet)의 프레드리크 울렌(Fredrik Ullén) 교수는 고도의 기술이 필요한 어려운 곡을 연주할 때, 피아니스트들에게 공통적으로 나타나는 현상에 대해 연구했다. 그 결과 몰입 상태에 빠지면 심박 수와 호흡이 안정적이고 규칙적이며, 혈압이 낮아지고, 얼굴에 미소를 만드는 표정근이 활발해진다는 것을 밝혔다.

반대로 생각하면, '평소에 맥박과 호흡을 안정적으로 유지하고, 미소를 지으려 노력하면 몰입 상태에 빠지기 쉽다'고 할 수 있다. 이 책의 뒷부분에서 소개할 9-10의 '쾌감 이미지 트레이닝'과 9-11의 '복식 호흡 트레이닝'을 평소부터 습관화한다면 몰입 상태에 이르는 데 큰 도움이 될 것이다.

도표 1-3 도전 기술 수준

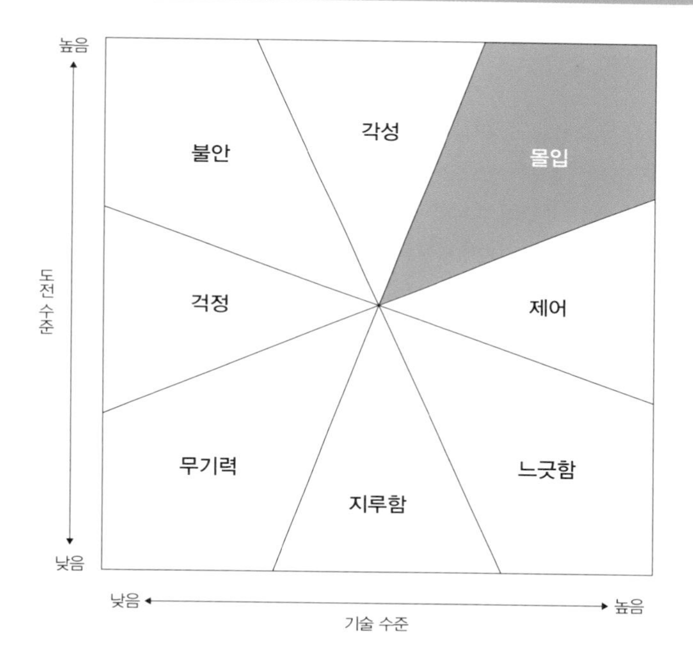

도전 수준과 기술 수준이 모두 높은 경우에 몰입 상태에 빠지기 쉽다.

참고: M. チクセントミハイ,『フロー体験入門』, 世界思想社, 2010.

1-5

질 높은 연습을 위한 일곱 가지 포인트

일류는 노력하는 사람이라는 사실을 잊지 말자. 어떤 분야든 노력 없이 정점에 이르는 사람은 없다. 이 세상에서 단련하지 않고 얻을 수 있는 달인의 기술은 없다. 간단히 습득할 수 있는 기술이 있다 하더라도 그 기술은 점점 높아지는 사회의 요구에 부합하지 않는, 특별할 것 없는 기술일 것이다.

인간문화재라고 칭송받는 사람들은 같은 일을, 같은 시간에, 같은 장소에서 몇 십 년이나 해왔기 때문에 그 자리에 오를 수 있었다. 사회인이라면 먼저 눈앞에 일이 있는 것에 감사하자. 그 안에서 자신의 기술을 갈고 닦는다면, 그것이 바로 일류가 되기 위한 지름길일 것이다.

창조성 개발의 권위자인 마티 노이마이어(Marty Neumeier)는 그의 저서에서 일류가 되기 위한 훈련 비법을 소개했는데, 도표 1-4에 그 내용을 담았다. 이 일곱 가지 비법을 연습한다면, 같은 연습을 거듭하더라도 그 결과는 크게 달라질 것이다.

일류가 되기 위해선 재미없는 단순 작업을 되풀이해야 한다. 대부분의 사람들은 이것에 실패해 일류가 되지 못한다. 다시 말해 극소수의 사람만이 이런저런 생각을 골똘히 하고, 인생을 걸며, 재미없는 단순 작업을 하는 것이다. 당신이 일이나 공부를 할 때, 이 부분을 반영해 보자. 그렇다면 분명 명인의 기술을 얻게 될 것이다.

도표 1-4 연습을 위한 일곱 가지 비법

❶ 환경 정돈

정해진 연습 장소를 확보해 놓는다. 남는 방, 작업실, 아틀리에, 연구실, 스튜디오 혹은 편안한 의자와 책상이 있는 조용한 공간이면 된다. 중간에 끊이지 않고 계속해서 집중할 수 있는 공간을 만들어 두자.

❷ 의식적으로 연습하기

고도의 기술은 기계적인 반복만으로는 습득하기 어렵다. 머리와 마음의 지성적 반복 연습이 필요하다. 어떻게 하면 기술을 더 연마할 수 있을지 항상 의식하면서 반복해 보자. 지금은 의식적으로 연습하는 일이 나중에는 머리를 쓰지 않고도 쉽게 할 수 있는 '습관'이 될 것이다.

❸ 정기적인 시간을 확보한다

남은 시간을 활용하는 것보다 정해진 시간에 연습하는 것이 더 빨리 배울 수 있다. 또 단시간에 향상되는 기술도 있다. 15, 45분 혹은 1시간이라도 좋다. 필요한 시간은 습득하려는 기술에 따라 달라지니 개인의 목표에 따라 설정하자.

❹ 커다란 한 걸음이 아닌 작은 한 걸음

한 번에 장시간 연습하기보다 짧은 연습을 반복하는 것이 효과적이다. 연습, 휴식, 연습, 휴식의 패턴으로 훈련하다 보면 휴식 때마다 실력이 향상된 것을 느낄 수 있을 것이다.

❺ 연습은 즐겁게

게임하듯 연습할 수 있는 방법을 강구해 보자. 가볍게 연습하면서 조금씩 변화를 주어 새로운 규칙을 고안하면서 즐겁게 연습하자. 연습이 허드렛일처럼 느껴지면 학습 효과도 사라지기 쉽다.

❻ 피드백 얻기

기술을 익히는 데 피드백은 필수다. 무언가 도전했다면, 반드시 현재 목표와 최종 목표를 비교하면서 결과를 확인하자. 이렇게 하다 보면 어떤 방식이 효과적인지 무의식적으로 느껴질 것이다.

❼ 작은 향상에도 기뻐하기

스스로 나아졌다고 느끼면, 배움이 즐거워지고 의욕도 생긴다. 작은 성장에도 기뻐하자. 티끌 모아 태산이라는 말이 있듯, 작은 성장을 쌓아 결실을 이루자.

참고: マーティ・ニューマイヤー, 「小さな天才になるための46のルール」, ビー・エヌ・エヌ新社, 2016.

1-6

열정이야말로 창조력의 원천임을 이해하기

수재는 시간을 철저하게 관리하고, 천재는 열정을 철저하게 관리한다. '누가 더 창조성과 어울리는가?'에 대한 답은 말할 필요도 없다. 업무를 예로 들면 주어진 일을 충실히 수행하는 사람이 수재고, 끊임없이 혁신적인 아이디어를 내면서 조직을 극적으로 바꾸는 것이 천재다.

수재는 외적 동기에 반응하고, 천재는 내적 동기에 자극 받는다. 예를 들면 외적 동기로는 돈을 들 수 있고, 내적 동기로는 열정을 들 수 있다. 천재는 열정을 연료 삼아 주변 시선을 개의치 않고 자신의 재능을 폭발시키는 극소수의 사람들이다.

전형적인 천재로는 레오나르도 다빈치를 들 수 있다. 레오나르도 다빈치는 방대한 양의 그림과 조각을 남겼다. 그의 작품 수는 무려 10만 점에 이르며, 발명품을 연구한 원고는 13,000페이지나 된다고 한다.

레오나르도 다빈치가 많은 작품을 만들 수 있었던 연료 또한 열정이었다. 그는 때때로 몇 주 동안 외부 세계와 단절한 채, 자신의 방에 틀어박혀 창작 활동에 몰두했다고 한다. 이것이 가능했던 것은 모두 열정 때문이었을 것이다.

금전적인 보수 또한 분명 매력적인 외적 동기다. 하지만 그것이 열정을 불러일으키는 요소냐고 묻는다면 꼭 그렇지는 않다. 여러분도 열정의 씨앗을 불태워 몇 주까지는 아니더라도 몇 시간 동안만이라도 다른 사람과의 접촉을 단절해 보는 습관을 만들어 보자.

하버드대학은 한 프로젝트를 통해 '창조성이 높은 조직'과 '창조성이 낮은 조직'의 차이를 밝혔는데, 그 결과가 바로 도표 1-5다. '도전적인 업무를 하고 있다', '창조적인 업무 방식을 장려하는 기업이다'와 같이 열정과 관련된 득점이 높은 조직일수록 창조성 평균치가 높다는 결과가 도출됐다. 개인이나 조직을 불문하고 열정에 가득 차 있어야 번뜩이는 아이디어가 나오는 것이다.

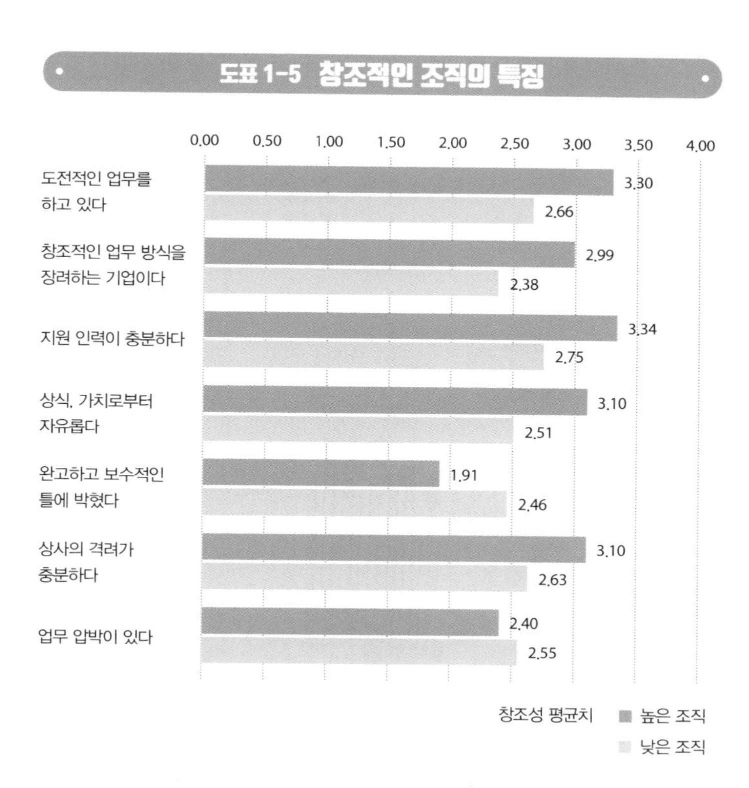

창조성 평균치가 높은 조직은 '완고하고 보수적인 틀에 박혔다', '업무 압박이 있다' 항목의 점수가 낮다.

참고: Amabile, T. M. et al., 『Academy of Management Journal』 39, pp.1154–1184, 1996.

착시도로 우뇌 활성화하기

우뇌에 '혼란'을 일으키는 착시도를 보자. 이런 그림을 자주 접하면 우뇌에 자극이 더해져 근육을 풀어주는 마사지 효과를 볼 수 있다. 나아가 번뜩이는 아이디어도 떠올리기 쉬워진다.

아래는 내가 가장 좋아하는 두 가지 착시도다. 그림 A는 신비로운 촛대로 다섯 개의 초 가운데 두 번째와 네 번째는 지지대와 불꽃이 일직선상에 놓여 있지 않은 것처럼 보인다. 그림 B의 신비로운 정육면체 또한 실제로 존재할 수 없는 형태다.

그림 A 신비로운 촛대

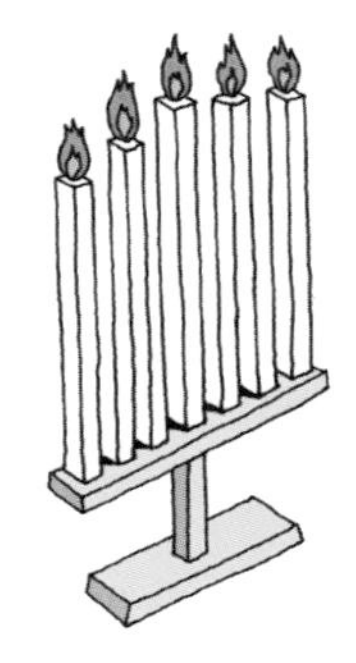

그림 B 신비로운 정육면체

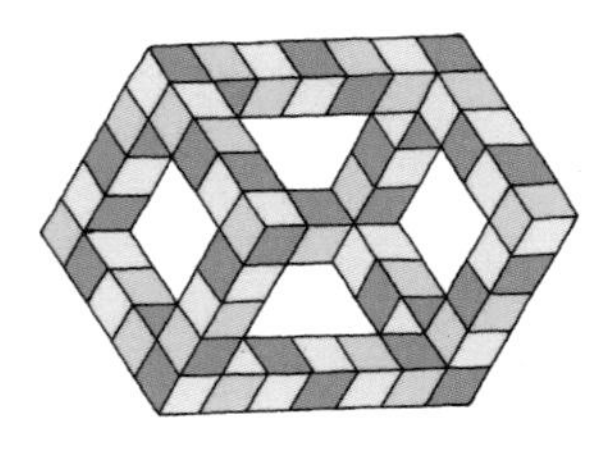

참고: キース・ケイ,『視覚の遊宇宙』, 東京書籍, 1989.

일류의 뇌 사용법 이해하기

2-1 장기 프로 기사의 뇌에서 일어나는 일 26
2-2 좋아서 하는 일이 곧 숙달하는 길이라는 사실 28
2-3 직선뇌와 우회뇌의 차이 이해하기 32
2-4 일류는 소뇌가 발달한 사람 36
2-5 번뜩임의 메커니즘 이해하기 40
2-6 창의성을 발휘하면 활성화하는 뇌의 영역은? 44
2-7 테스토스테론으로 공간 지각 능력과 의욕 높이기 46
2-8 인간에게는 놀라운 화상 처리 능력이 존재한다 50
COLUMN 2 왼손잡이 일류 테니스 선수가 많은 이유 52

2-1

장기 프로 기사의 뇌에서 일어나는 일

바둑 기사와 장기 기사는 '번뜩임의 천재'다. 일본 이화학연구소에서 fMRI(functional Magnetic Resonance Imaging, 기능적 자기 공명 영상)를 이용한 한 실험을 진행했다. fMRI를 이용하면 뇌를 전혀 손상시키지 않고 뇌의 어느 부분이 기능하고 있는지 알 수 있는데, 이 장비로 장기 프로 기사와 아마추어 기사가 장기 수를 생각할 때 뇌의 어느 부분이 기능하는지를 알아보았다.

실제 대국에 나올 법한 장기판을 보자마자 프로 기사의 두정엽 안쪽 뒷부분에 있는 설전부에서 움직임이 포착되었다. 이 부분은 시각적, 공간적으로 사물을 인지하고 개인적인 경험을 떠올리는 영역이다.

이번에는 프로 기사와 아마추어 기사에게 장기판을 1초만 보여준 후, 그 다음 수를 네 가지 선택지 중에서 2초 이내에 고르게 하는 실험을 했다. 그러자 프로 기사의 대뇌 기저핵에서만 변화가 나타났다. 대뇌 기저핵은 주로 직감을 관장하는 뇌의 영역인데, 특히 대뇌 기저핵의 꼬리핵 부분은 본능적이고 재빠른 직감을 관장한다고 알려져 있다. 프로 기사가 장기판 수를 고민할 때 설전부와 대뇌 기저핵을 연동한다는 사실이 밝혀진 것이다. 그리고 좋은 수를 잘 고르는 기사일수록 이 영역의 활동이 뚜렷하게 나타났다. 이에 대해서는 도표 2-1을 참고하자.

이 실험 결과를 통해 제한 시간을 정해 단시간 안에 무언가를 해내야 할 때, 뇌의 이 경로에 불이 들어오면 직감적으로 행동할 수 있다는 것이 밝혀졌다. 즉 번뜩이는 아이디어를 떠올리는 뇌를 만들기 위해서는 시간을 제한하여 가장 먼저 느껴지는 직감을 우선시하는 것이 중요하다.

도표 2-1 프로 기사의 뇌 움직임

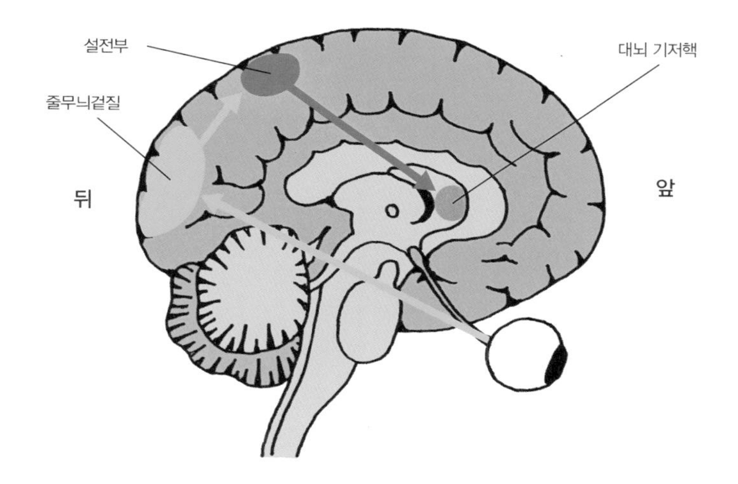

프로 기사의 뇌에서는 두정엽의 설전부(순간적으로 말의 진형을 파악)와 대뇌 기저핵의 꼬리핵(가장 좋은 수를 순간적으로 도출)이 특징적인 움직임을 보였다. 장기와 바둑을 비롯한 직감과 번뜩임은 이 경로를 통해 나타난다.

참고: 「Newton」 2月号, ニュートンプレス, 2014.

좋아서 하는 일이 곧 숙달하는 길이라는 사실

자녀를 일류로 만들고 싶다면 뇌 과학 관련 최신 정보를 참고해 보자. 뛰어난 뇌는 선천적 요소보다 오히려 후천적 요소에 달려 있다. 즉 세상에 태어난 후 뇌를 얼마나 발달시켰는지가 중요하다.

도표 2-2는 뇌 과학에 조예가 깊은 의사 가토 도시노리(加藤俊德)가 작성한 '뇌 번지'다. 뇌 번지란 기능에 따라 뇌의 영역을 나누고, 주소의 번지처럼 구분해 놓은 영역을 말한다. 뇌 번지에는 번호가 달려 있는데, 총 120개로 구분된다. 예를 들어 3번은 감각계, 4번과 6번은 운동계, 17~19번은 시각계, 41번과 42번은 청각계, 그리고 44번과 45번은 언어계 뇌 번지에 해당한다.

특히 아이들은 어른에 비해 생후의 가정환경에 따라 뇌 번지의 발달이 크게 달라진다고 한다. 예를 들어 언어계 뇌 번지가 발달한 아이들은 조리 있게 말하거나 부모님과 선생님의 말씀을 잘 이해한다. 어른들이 흔히 말하는 '똑똑한 아이'다.

반면 이야기는 조리 있게 못 하지만 그림을 잘 그리는 아이는 시각계 번지가 발달한 경우다. 이야기도 그림도 서투르지만 축구를 잘하는 아이는 운동계 뇌 번지가 발달한 것으로 볼 수 있다.

말하는 법을 갈고 닦으면 언어계 뇌 번지가 활성화되면서 능숙해진다. 그림 그리기에 시간을 쏟으면 아이의 시각계 뇌 번지도 자연스럽게 진화한다. 물론 축구 연습에 시간을 할애하는 아이는 운동계 뇌 번지가 진화를 거듭하게 된다.

도표 2-2 뇌 번지

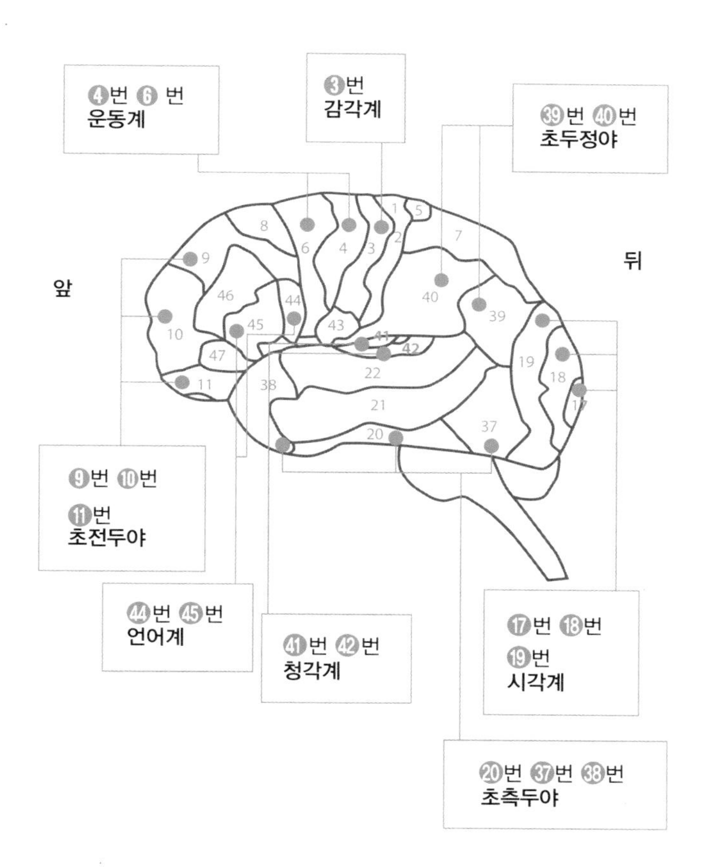

뇌의 다양한 기능을 위치로 분류한 뇌 번지.

참고: 「プレジデントファミリー」 12月号, ダイヤモンド社, 2008.

'머리가 좋은 아이'라는 표현은 일반적으로 공부를 잘하는 아이라는 의미로 쓰인다. 하지만 사실 그림을 잘 그리는 아이도 축구를 잘하는 아이도 모두 '머리가 좋은 아이'다.

서울대에 입학하는 고등학생의 머리는 당연히 좋다. 하지만 표현을 더 명확하게 한다면 서울대에 입학하는 학생은 기억을 관장하는 뇌의 영역이 잘 진화한 아이며, 체육 특기생으로 뽑힌 학생은 운동계를 관장하는 뇌 영역이 특히 발달한 아이라고 할 수 있다.

어느 뇌 번지가 발달했는지에 따라 특기가 달라진다.

'좋아서 하는 일이 곧 숙달하는 길이다'라는 일본 속담이 있다. 인간은 좋아하는 것에는 열정을 가지고 노력하기 때문에 숙달도 빠르다는 의미다. 따라서 좋아하는 일을 하는 것은 곧 재능을 꽃피우는 지름길이기도 하다. 결국 일류란 이상할 정도로 자신이 좋아하는 일에 인생을 바치는 사람인 것이다.

2-3

직선뇌와 우회뇌의 차이 이해하기

나는 뇌의 연계가 복잡해질수록 더욱 뛰어난 기술을 습득할 수 있다고 생각한다. 이는 공부뿐 아니라 운동이나 예술, 나아가 업무 스킬에도 해당되는 이야기다. 내용이 고도화할수록 뇌 번지도 총동원되기 때문에 기술을 발전시킬 수 있다.

영어 단어를 암기하는 단순 작업은 우회하는 일이 없이 최단 거리 경로를 이용한다. 이것을 '직선뇌'라고 하는데, 지름길이라고 생각하면 이해가 쉽다.

예를 들어 '동시에' 라는 뜻의 'simultaneously' 단어를 듣고 그 뜻을 우리말로 답하는 경우를 생각해 보자. 우선 귀로 들은 'simultaneously'라는 음은 42번지에 입력되어 암기한 내용을 찾기 위해 20번지로 향하고, 떠올린 내용을 실마리 삼아 44번과 45번지에서 답을 도출하여 4번과 6번지에서 '동시에'라는 올바른 답을 입 밖으로 꺼낸다. 그런데 이 회로를 통해 기억한 사실은 매우 불안정하다.

반면 오감을 총동원해 'simultaneously'를 떠올리면 기억은 더욱 심화되고 안정화된다. 시각계 뇌 번지를 이용해 가게에서 한 상품을 동시에 다른 손님이 잡고 있는 장면이나 감각계 뇌 번지를 이용해 자동 개찰구를 동시에 통과했을 때 나는 '삑' 소리 등을 연상하는 것이다. 이것이 바로 '우회뇌'다. 물론 복잡한 경로를 우회하기 때문에 과정이 어렵고 최단 거리로 기억한 경로에 비해 시간도 더디지만, 쉽게 잊히지 않는다.

도표 2-3 문제를 들었을 때 직선뇌와 우회뇌의 차이

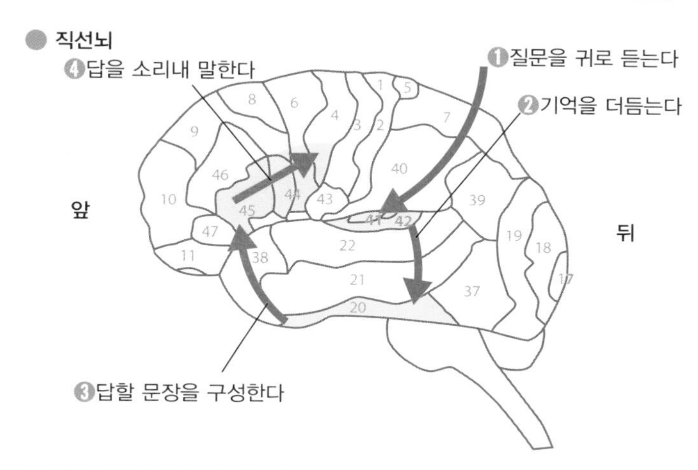

빠르게 답을 도출할 순 있지만, 유연한 대응은 어렵다.

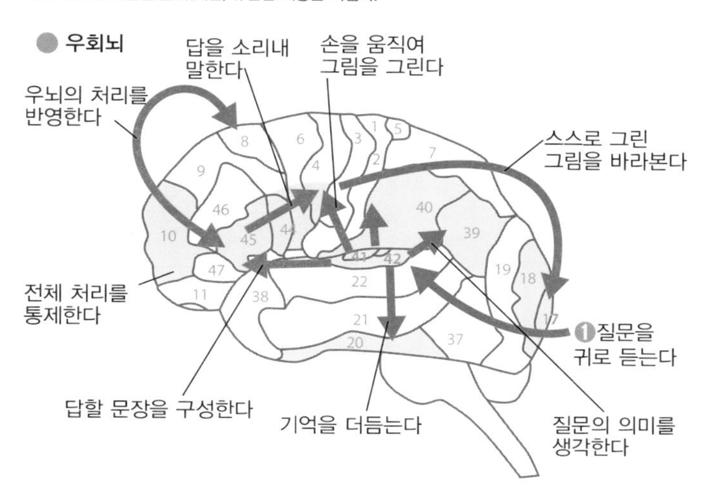

뇌의 여러 부분을 경유하므로 시간이 걸리지만, 돌발 사태에도 대응하기 쉽다.

참고: 『プレジデントファミリー』 12月号, ダイヤモンド社, 2008.

직선뇌는 유연성이 떨어져 응용이 어렵다. 다양한 사고를 하면서 독특한 아이디어를 내는 직장인이나 페인팅 기술로 예술적인 골을 넣는 축구 선수의 뇌는 분명 우회뇌를 이용해 결론을 도출할 것이다.

오감을 총동원하면 잊기 어려운 기억으로 변환된다.

수재는 직선뇌를 사용해 가장 효율적으로 표층적 사실을 얇고 넓게 기억해 성공적으로 시험을 치른다. 천재는 우회뇌를 이용해 한 분야를 깊고 좁게 연구하기 때문에 해당 분야에서만큼은 타의 추종을 불허하는 고도의 기술을 습득한다.

일류는 소뇌가 발달한 사람

일류가 되기 위해서는 소뇌가 큰 역할을 한다는 점을 알아두어야 한다. 소뇌는 대뇌의 뒷부분 아래에 있는 장기로, 운동 학습과 깊은 관련이 있다.

예를 들면 처음으로 스키를 탈 때, 스키 안내서를 달달 외워도 잘 타리라는 보장은 없다. 일본에는 '다다미 위에서 수영'이라는 쓸데없는 행위를 가리키는 속담도 있는데, 스키를 잘 타려면 스키장에 직접 가서 몇 번이고 구르면서 '몸으로 익히는' 수밖에 없다.

그렇다면 '몸으로 익힌다'는 것은 구체적으로 어떤 것을 뜻할까? 스키의 경우는 예일 뿐, 실제로 손과 발이 무언가를 기억하는 기능을 담당하진 않는다.

결론부터 말하자면, 일반적으로 '몸으로 익힌다'는 말은 연습과 시행착오를 반복해 습득한 양질의 정보가 소뇌에 정확히 저장되었다는 것을 뜻한다.

● '신의 솜씨'는 소뇌에서 순간적으로 나온다

뇌에서 해마는 단기 기억을 관장하는데, 이 해마와 상반되는 역할을 하는 게 소뇌다. 해마는 입력된 사건을 모두 기억해 나가는 반면, 소뇌는 소거법(수학에서 미지수의 개수를 점차 줄여나가는 방법)으로 고도의 기술을 저장한다.

예를 들어 체조 선수가 연기를 할 때 불필요한 움직임을 하게 되면, 소뇌의 시냅스가 그 불필요한 움직임을 제거한다. 그 결과 군더더기 없는 세련된 연기만 소뇌에 저장된다. 그것을 전문 용어로 '내부 모델'이라고 하는데, 도표 2-4는 이 내용을 그림으로 정리한 것이다.

'몸으로 익힌다'란?

처음에는 숙달이 쉽지 않지만, 연습을 거듭하다 보면 '성공했다'고 느끼는 때가 온다. 이러한 경험을 반복하면서 점점 실력이 향상되어 결국 능숙해지는데, 무의식적으로 몸이 움직이는 수준이 되면 소뇌에 완벽히 저장되었다고 보아도 좋다. 이것이 바로 '몸으로 익힌다'는 의미다.

대뇌에서 보내진 신호는 평행 섬유에서 시냅스를 통해 소뇌의 푸르키네 세포(Purkingje cell)로 전해진다. 처음에는 수많은 시냅스가 효율적으로 신호를 보낸다. 하지만 예를 들어 스키를 타다가 넘어지게 되면, 이 정보는 에러 신호가 되어 전달 효과가 현저히 떨어진다. 이 에러 신호는 회로에서 삭제되어 성공한 신호만이 남아 소뇌의 푸르키네 세포로 전해진다.

체조 선수 여서정이나 리듬체조 선수 손연재가 올림픽에서 보여주는 화려하고 뛰어난 기술도 마찬가지다. 에러 신호로 삭제되지 않고 소뇌에 성공 신호로 남아 저장된 정보, 즉 내부 모델이 다양한 판단을 하는 전두전야로 전달되어 숙련된 기술이 가능했던 것이다. 도표 2-5는 이를 표현한 모식도다.

● 소뇌는 '뛰어난 직감'의 원천일 가능성

소뇌는 직감과도 깊은 관련이 있다. 우리가 경험한 일들은 일시적으로 해마에 저장된 후, 뇌의 전두전야 외의 다양한 장소로 분산되어 장기 기억으로 남는다.

그런데 장기 대국처럼 깊은 사고를 반복하다 보면, 그 사고는 무의식적으로 판단과 분석으로 사용되는 기억으로 소뇌에 남는다. 그리고 이것이 바로 직감의 정체라는 의견이 대부분이다.

즉 우리는 보통 대뇌 피질에 저장된 기억만 사용하는데, 일류는 소뇌에 저장된 기억까지 순간적으로 전두전야로 보내고 있는 것이다.

도표 2-4 내부 모델의 저장

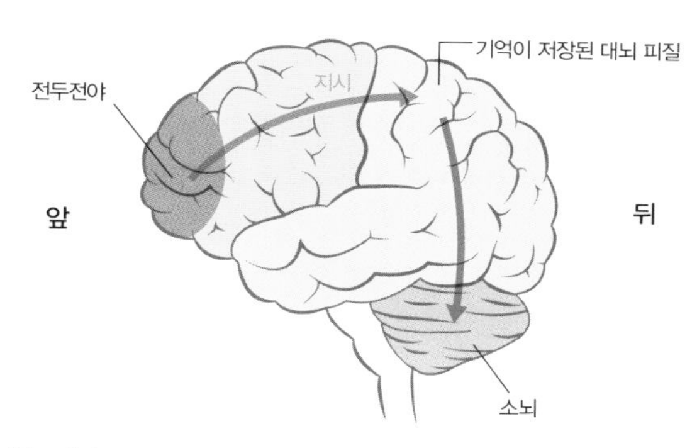

전두전야의 지시로 대뇌 피질의 기억이 내부 모델로 저장된다.

도표 2-5 내부 모델의 발휘

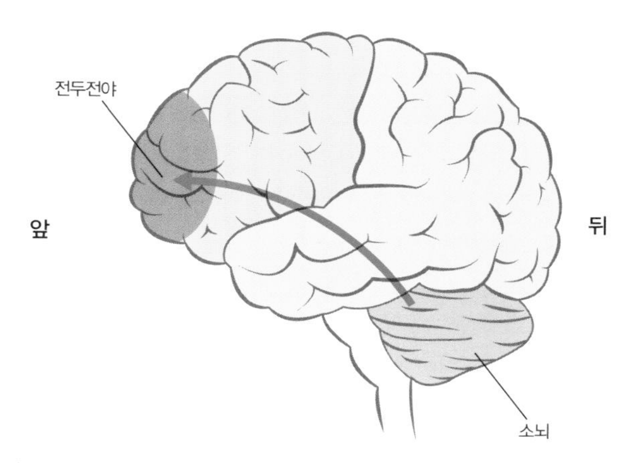

'더는 나아가지 못 하겠다'고 느낄 때도 있을 것이다. 하지만 당신의 S자 커브가 일류인 사람들보다 조금 완만할 뿐 성장을 실감하는 시기는 분명 온다.

참고: 『Newton 別冊-脳力のしくみ』, ニュートンプレス, 2014.

번뜩임의 메커니즘 이해하기

번뜩임의 메커니즘은 아직 베일에 싸여 있다. 하지만 번뜩임이 일어났을 때, 우리 뇌에 엄청난 화학 변화가 일어나고 있는 것만큼은 분명하다.

어떤 아이디어를 떠올릴 때, 대뇌변연계에 존재하는 감정의 시스템이 활성화되어 도파민과 베타 엔도르핀과 같은 쾌감을 촉진하는 신경 화학 물질이 다량 분비된다. 이와 같은 물질은 아이디어를 떠올릴 때 뿐 아니라 운동경기에서 우승했을 때, 경마에서 1등을 맞췄을 때, 파친코에서 크게 수익을 냈을 때와 같은 상황에서도 다량 분비된다.

스포츠 챔피언이 대회에서 우승한 순간 강한 쾌감을 느끼는 것처럼 노벨상을 받은 학자도 새로운 아이디어를 떠올린 순간 강렬한 쾌감을 느낀다. 이러한 쾌감은 보수 계통의 뇌 영역을 활성화시켜 스스로 점점 더 혹독한 훈련과 아이디어를 쥐어짜내도록 만든다.

● 번뜩이는 사람과 번뜩임이 없는 사람의 차이점은?

번뜩이는 아이디어를 떠올렸을 때 뇌가 활성화하는 영역은 그 사람이 살아온 인생과 흥미 대상에 따라 천차만별이다. 하지만 번뜩이는 아이디어를 캐치하는 회로는 동일하다.

뇌에는 ACC(Anterior Cingulate Cortex, 전대상 피질)라는 부위가 있다. 이곳은 몸에 이상이 발생했을 때 경고를 울리는 부위기 때문에 '알람 센터'라고도 불리는데, 무언가를 떠올렸을 때도 활성화된다.

ACC가 활성화되면, 전두엽 바깥에 있는 LPFC(Lateral PreFrontal Cortex, 외측 전두전야)에 '이런 재밌는 발상이 떠올랐어!'라고 전달한다. LPFC는 '뇌의 사령탑'이라고 할 수 있는 부위다. LPFC는 번뜩임에 주목할 수 있도록 뇌의 여러 부위에 지시를 내린다.

번뜩임은 쾌감을 동반한다

인간은 도파민과 베타 엔도르핀과 같은 쾌감을 촉진하는 신경 화학 물질에 지배당하고 있다고 해도 과언이 아니다.

'번뜩임이 없는 사람'은 '번뜩임에 무감각한 사람'이라고 할 수 있다. 이런 사람들은 대단한 발상이 떠오르더라도 LPFC의 감도가 낮아 뇌가 활성화하지 않는다. 결국 애써 떠오른 아이디어는 수면 밑으로 가라앉고, ACC 또한 '기껏 알려 줬는데 맥 빠지네'라는 생각과 함께 의욕을 상실하며, 악순환에 빠지게 된다.

● 번뜩이는 아이디어에 민감해지는 것이 중요

LPFC를 활성화하기 위해서는 평소에도 번뜩임에 민감해져 번뜩임을 자각하고 출력하는 습관을 들여야 한다. '아, 떠올랐어!'라고 느끼는 경험을 여러 번 하면 그것이 실제로 '쓸모없는 번뜩임'일지라도 번뜩이는 아이디어를 캐치하는 회로를 강화할 수 있다.

이 작업은 자갈길을 포장하는 작업과 유사하다. 같은 작업을 반복하면 자갈길이 보기 좋게 포장되고, ACC의 움직임도 LPFC의 감도도 높아져 번뜩이는 발상을 하기 쉬워진다.

번뜩임은 먼저 단기 기억의 저장고인 해마에 저장되는데, 장기 기억으로 남기기 위해서는 편도핵과의 협동 작업이 필요하다. 편도핵은 좋고 싫음을 판단하는 부위로, 편도핵을 활성화시킨 사건은 감정 기복을 일으킨다. 이것이 해마를 자극해 강렬한 인상으로 남으면, 대뇌 피질에 오랫동안 기억된다. 편도핵은 해마의 활동에도 크나큰 영향을 끼치고 있는 것이다.

도표 2-6 뇌의 정중 단면과 좌대뇌 반구

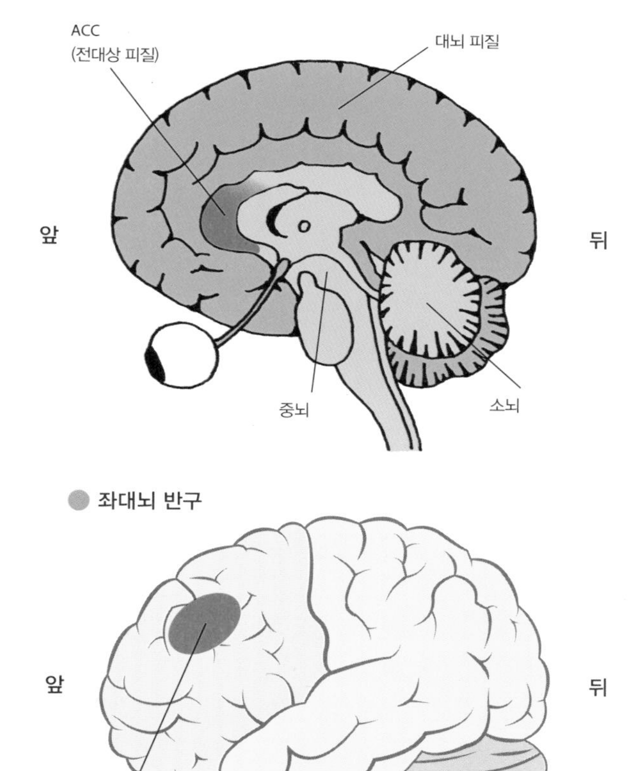

ACC를 활성화하기 위해서는 LPFC의 활성화가 필요하다. 이를 위해서는 평소부터 번뜩임에 민감해지는 것이 중요하다.

창의성을 발휘하면 활성화하는 뇌의 영역은?

일본 쓰쿠바대학(筑波大学)의 야마모토 미유키(山本三幸) 박사는 번뜩이는 재능과 관련된 실험을 진행했다. 피실험자는 디자인을 전문적으로 공부하는 쓰쿠바대학 학생 20명과 그 외 쓰쿠바대학 학생 20명이었다.

실험 방법은 모든 피실험자들에게 열다섯 자루의 펜 그림을 보게 하고, 그들을 fMRI 장치에 들어가게 한 후, 새로운 펜의 디자인을 가능한 많이 고안하게 하는 것이었다. 이 실험을 통해 디자인 할 때, 뇌의 어느 부분이 활발히 움직이는지 알 수 있었다.

일반 학생들의 경우, 디자인을 할 때 대뇌 피질의 전두전야가 활발히 움직였다. 반면 디자인을 전문적으로 공부하고 있는 학생들은 우뇌의 전두전야에서는 움직임이 나타났지만, 좌뇌의 전두전야는 거의 움직이지 않았다. 이때 고안된 디자인이 얼마나 독창적인지 네 명의 프로 디자이너에게 평가를 의뢰했는데, 당연히 디자인을 공부하는 학생들이 두 배 가까이 높은 점수를 받았다.

이 실험을 통해 좌우의 전두전야 활동 차이가 뚜렷할수록 창의성이 높다는 사실이 밝혀졌다. 야마모토 박사는 "좌뇌 전두전야의 움직임이 우뇌 전두전야의 어떤 시스템에 의해 억제되어 예술적인 발상이 높아졌을지도 모른다"고 했다. 즉 일반 학생은 좌뇌가 움직이며, 상식에 해당하는 부분이 자극되어 번뜩이는 발상이 억제되었을지도 모른다는 것이다. 번뜩이는 발상을 하기 위해서는 문자와 숫자를 다루는 좌뇌 중심 사고에서 벗어나 이미지를 다루는 우뇌 중심 사고를 하는 것이 중요하다.

도표 2-7 디자인 발상 능력을 확인한 실험

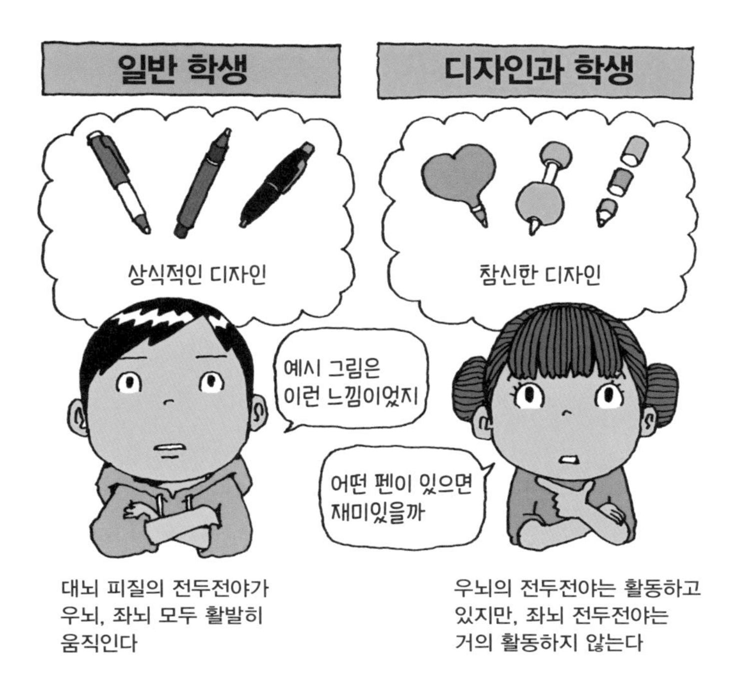

창의성이 높은 학생의 뇌는 독창적인 작업을 할 때 우뇌의 전두전야가 좌뇌의 전두전야를 억제하는 것으로 보인다.

참고: 『**Newton** 別冊−脳力のしくみ』, ニュートンプレス, **2014**.

2-7

테스토스테론으로 공간 지각 능력과 의욕 높이기

테스토스테론(testosterone)이라는 신경 화학 물질이 있다. 테스토스테론의 다른 이름은 공격 호르몬, 승자의 호르몬이다. 석기시대에는 남성을 사냥터로 보내 사냥감을 포획하는 데 테스토스테론이 원동력이 되기도 했다. 물론 사자나 호랑이같이 사나운 육식 동물에게도 많이 분비되는 호르몬이다.

인간에게 이 물질의 분비가 가장 많은 시기는 12~17세의 청소년기다. 사실 테스토스테론은 소년 범죄에도 지대한 영향을 미치는데, 비행 청소년이 20세 전후를 기점으로 반항을 멈추는 경우가 많은 것도 사실 이 화학 물질과 관련이 있다. 20세가 지남과 동시에 테스토스테론 분비량이 급속하게 줄어들기 때문이다.

이 테스토스테론은 사실 공간 지각 능력과도 깊은 관련이 있다. 공간 지각 능력은 테스토스테론의 분비량이 많을수록 높아진다. 공간 지각 능력은 3차원 공간의 위치 관계 등을 재빨리 그리고 정확하게 파악하는 것으로 프로 운동선수를 꿈꾸는 아이들은 물론, 비즈니스를 잘하기 위해서도 필요한 능력이다.

예를 들어 아래는 높은 공간 지각 능력이 요구되는 직업군들이다. 공간 지각 능력이 떨어지면 치명적인 사고나 문제가 발생할 수 있기 때문이다.

- 비행기 조종사
- 자동차 경주 선수
- 내시경을 이용해 수술하는 외과 의사

도표 2-8 테스토스테론을 늘리기 위해서는?

근육 운동

격렬한 운동
적정 체중의 유지
비만의 경우는 감량
질 높은 수면

테스토스테론을 늘리는 영양소

아연
아미노산
L아르기닌
비타민C
비타민D
비타민E
셀레늄
콜레스테롤
인돌 3 카비놀
양파 알리인

테스토스테론을 늘리는 의료

테스토스테론 보충 요법
심리 요법
인지 행동 요법

스트레스
설탕과 탄수화물의 과잉 섭취
자몽의 과잉 섭취
고도 불포화 지방산 과잉 섭취(식용유 등)
알코올 과잉 섭취

테스토스테론 분비를 높이기 위한 방법으로는 운동으로 근육을 늘리는 것이 있다. 참고로 테스토스테론의 구조를 인공적으로 변형한 것이 도핑으로 악명 높은 아나볼릭 스테로이드이다.

테스토스테론의 분비량은 유전적으로 남성보다 여성이 적다. 사실 위 직업군들을 보면, 대부분 남성이 압도적으로 많다. 지도를 보거나 자동차를 운전할 때 테스토스테론의 분비량이 많아진다는 것도 실험을 통해 밝혀진 바 있다.

● 업무에도 도움을 주는 테스토스테론

테스토스테론은 의욕이나 활력과도 관련이 있는 것으로 알려져 있다. 미국 조지아주립대학교의 제임스 댑스(James Dabbs) 박사는 다양한 직종에 종사하는 남성의 타액을 채취해 테스토스테론의 양을 분석했다. 그 결과 상당히 흥미로운 사실이 밝혀졌다.

유능한 세일즈맨은 테스테스테론의 양이 다른 세일즈맨보다 확연히 많았다. 즉 특정 직종에 종사하는 사람들은 테스토스테론의 양에 따라 성과가 달라질 수 있다는 것이다. 뿐만 아니라 동일 인물의 경우에도 성과를 냈을 때는 테스토스테론의 분비량이 많았고, 그렇지 못했을 때는 분비량이 적은 결과를 보였다.

테스토스테론의 양은 근육 운동을 습관화하거나 수면의 질을 높이는 것으로 올릴 수 있다. 또 아연이나 비타민D 등의 영양제를 섭취하면 테스토스테론의 양을 늘릴 수 있다. 상세한 내용은 앞 페이지의 도표 2-8을 참고해 보자. 이 도표에는 테스토스테론이 양을 늘릴 때 주의해야 할 점도 있다.

다음 페이지에는 공간 지각 능력을 높이는 훈련 방법이 있다. 일상생활을 하면서 이 훈련을 적극적으로 해 공간 지각 능력을 키워보자.

공간 지각 능력을 높이는 훈련 방법

② 지도 없이 모르는 길 걷기

③ 캐치볼 하기

④ 죽방울 가지고 놀기

⑤ 리프팅 하기

⑥ 저글링 하기

⑦ 주차의 달인 되기

⑧ 다트 즐기기

운동선수는 물론 외과 의사나 조종사 같은 직업을 가진 사람에게 공간 지각 능력은 아주 중요하다. 자동차 운전과 같이 일상생활에서도 꼭 필요한 능력이다.

인간에게는 놀라운 화상 처리 능력이 존재한다

해부학적으로 뇌는 문자와 숫자를 처리하는 데 적합하지 않은 장기다. 문자나 숫자를 처리하는 능력은 뇌가 비교적 최근에 습득한 능력이다. 처리 속도나 정확성을 따지면 컴퓨터나 스마트폰이 훨씬 뛰어나다. 하지만 아날로그적인 뇌에는 미개척 영역이 존재한다. 바로 '화상 처리 능력'이다.

예를 들어 한 장짜리 그림은 정보량으로 따지면 수만 개의 문자에 해당한다. 1만 개의 문자와 숫자를 처리하려면 아무리 빨리 읽어도 10분은 걸릴 것이다. 하지만 뇌는 같은 정보량의 이미지를 몇 초 만에 파악할 수 있다.

뇌의 화상 처리와 관련된 흥미로운 심리학 실험이 있었다. 2,560장의 사진을 피실험자 앞에 설치된 스크린에 띄우고, 한 장을 10초 동안 보여준다. 수일에 걸쳐 이 사진을 모두 피실험자에게 보여 주었는데, 상영 시간은 무려 7시간에 달했다.

상영이 끝난 후, 피실험자는 다음과 같은 테스트를 치렀다. 지금까지 본 2,560장의 사진과 같은 개수의 유사한 사진을 동시에 보여주고, 어느 사진이 '이미 본 사진'인지 맞추는 테스트였다. 결과는 놀라웠다. 정답률이 무려 85~95%에 달했기 때문이다.

다음으로 사진을 보여주는 시간을 10초에서 1초로 줄인 후, 다른 피실험자를 대상으로 실험을 진행했다. 그런데 이때의 정답률 또한 85~95%로 처음 진행했던 실험과 같은 결과가 나왔다. 이처럼 인간의 뇌에는 경이로운 화상 처리 능력이 존재한다.

인간의 화상 처리 능력은 기계를 능가한다

인간의 고속 화상 처리 능력을 활용하지 않을 수 없다. 9-1의 플래시 카드 훈련 등을 통해 1초 단위로 이미지를 처리하는 습관을 들이면 당신의 정보 처리 능력 또한 높일 수 있다.

COLUMN 2

왼손잡이 일류 테니스 선수가 많은 이유

아래는 ATP(남자 프로 테니스 투어)와 WTA(세계 여자 테니스 협회)의 정상급 선수를 왼손잡이와 오른손잡이로 분류한 데이터다. 도표 C-1이 남성, 도표 C-2가 여성이다. 이 도표를 통해 정상급 선수의 20% 이상이 왼손잡이라는 것을 알 수 있다. 특히 '주간 1위' 항목에서는 왼손잡이 남성 선수가 30% 이상이고, 여성 선수는 40%에 육박한다. 일반 테니스 선수의 왼손잡이 비율은 8.8% 정도로, 프로 테니스 세계에서 왼손잡이 선수의 비율이 확연히 높은 것을 알 수 있다.

그렇다면 왜 프로 테니스 세계에서 왼손잡이가 유리한 것일까? 왼손잡이 선수는 오른손잡이 선수와의 대전이 당연히 많겠지만, 반대로 오른손잡이 선수는 왼손잡이 선수와 대전하는 빈도가 적기 때문에 '익숙함'이라는 측면에서 왼손잡이 선수가 더 유리한 것으로 보인다.

• 도표 C-1 ATP(남자 프로 테니스 투어) 랭킹 타입별 비율 •

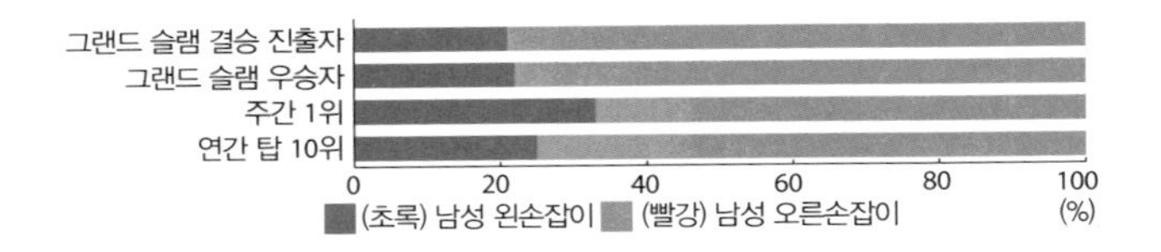

• 도표 C-1 WTA(세계 여자 테니스 협회) 랭킹 타입별 비율 •

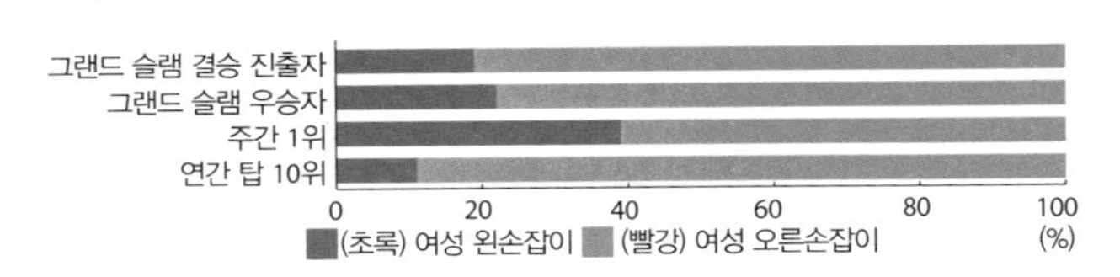

참고: Holtzen, 2000.

제 3 장

비활성화 뇌 깨우기

3-1 비활성화 뇌 깨우기 54
3-2 자신의 손잡이 바로 알기 56
3-3 자신의 주 사용 방향 파악하기 58
3-4 당신의 뇌는 거점형인가 산재형인가? 60
3-5 좌우 대뇌 신피질 연동시키기 62
3-6 뇌 영역을 총동원하여 창의성을 발휘하다 64
3-7 왼손잡이는 불편하지만 손해는 아니다 66
COLUMN 3 마음속 편견 없애기 68

비활성화 뇌 깨우기

뇌 전체를 활성화시키는 습관을 들이기 위해선 어떤 일상을 보내면 좋을까? 가장 빠른 방법은 왼쪽과 오른쪽 몸을 두루두루 사용하는 것이다. 그런데 대부분 오른손잡이가 많기 때문에 오른쪽 몸을 사용하는 빈도가 훨씬 높다. 아쉽게도 뇌 전체를 활성시키기 어려운 신체 구조를 가지고 있는 것이다.

그러니 오른손잡이인 사람들은 의식적으로 왼손을 써보자. 가끔 젓가락이나 칫솔을 왼손으로 잡아 보거나 왼손으로 필기나 그림을 그리는 연습을 하는 것이다. 이러한 연습만으로도 여러분의 뇌 전체가 활성화된다.

같은 실력을 가진 킥복싱 선수가 대결한다고 가정해 보자. 오른손 공격에만 능숙한 선수와 왼손과 오른손을 자유자재로 바꿔가며 공격할 수 있는 선수 중 누가 더 유리할까? 당연히 자유자재로 공격이 가능한 선수가 훨씬 유리하다.

여담이지만 나는 왼손잡이다. 유치원생 시절, 어머니께서 젓가락과 연필은 오른손으로 쓰도록 가르치셨기 때문에 어느 정도 교정이 되어 양손을 쓰면서 일상생활을 한다.

학창 시절에는 오른손으로 필기하고, 왼손으로 지우개로 지우며 선생님 판서를 받아 적었다. 나에게는 극히 일상적인 일이었지만, 오른손잡이 친구들은 무척 신기해했다. 친구들은 지우개를 쓰려면 연필을 책상에 놓고, 지우개를 오른손으로 잡아 지운 후 다시 연필을 잡아야 했기 때문이다. 친구들의 모습이 오히려 나에게는 답답하게 느껴졌다.

자신에게 익숙지 않은 손 의식적으로 사용하기

익숙하지 않은 쪽의 손과 발을 의식적으로 사용하면 뇌 전체를 활성화하는 데 도움이 된다. 양 손발을 자유롭게 사용할 수 있게 되는 것이 가장 이상적인 모습이다.

자신의 손잡이 바로 알기

이쯤에서 나는 어느 쪽 손잡이인지 확인해 보자. 우리가 평소에 쓰는 '오른손잡이'라는 표현은 주로 사용하는 손이 오른손이라는 의미다. 도표 3-1의 에든버러 손잡이 검사는 자신이 어느 쪽 손잡이인지 식별하는 가장 유명한 방법이다. 전 세계에서 가장 많이 사용되는 이 검사는 에든버러대학교의 심리학과 교수 R.C. 올드필드(R.C. Oldfield)가 고안한 방법이다.

각 항목을 읽고 '절대로 다른 쪽 손을 쓰는 일이 없다'면 '++'를 '거의 다른 쪽 손을 쓰는 경우가 없다'면 '+'를 써넣는다. 항목에 모두 답한 후 아래 식에 따라 계산한다.

$$\frac{(\text{오른손의 개수})-(\text{왼손의 개수})}{(\text{오른손의 개수})+(\text{왼손의 개수})}\times 100$$

그 계산 결과가 마이너스(-)라면 왼손잡이, 플러스(+)라면 오른손잡이다. 물론 여러분이 오른손잡이라고 해서 왼손이 놀고 있는 것은 아니다. 오른손잡이인 사람이 맥주병을 딸 때 오른손에 병따개를 들고 병을 따는데, 이때 왼손은 병을 안정적으로 잡는 역할을 한다.

만약 내가 오른손잡이라면 이번엔 오른손으로 병을 잡고 왼손으로 병을 따보자. 그 어색한 감각을 즐겨보자. 물론 양치질이나 젓가락질도 왼손으로 하면 더 좋다. 어색한 방향의 손을 적극적으로 사용하는 일은 여러분의 뇌를 활성화해 잠재 능력을 꽃피우는 데 큰 도움을 줄 것이다.

도표 3-1 에든버러 손잡이 검사

아래 동작을 할 때, 어느 손을 쓰는지 체크해 보자.

좋아하면서 잘하는 일	왼손	오른손	양손 다 사용
❶ 글쓰기			
❷ 그림, 도형 그리기			
❸ 공 던지기			
❹ 가위질하기			
❺ 양치질하기			
❻ 칼이나 식칼 사용하기			
❼ 숟가락 쓰기			
❽ 양손으로 빗자루를 들 때 위에 위치하는 손			
❾ 성냥에 불을 붙일 때 성냥을 들고 있는 손			
❿ 상자나 뚜껑 열기			

이 테스트로 자신이 오른손잡이인지 왼손잡이인지 간단하게 확인할 수 있다.

참고: R. C. Oldfield, 「The assessment and analysis of handedness: The edinburgh inventory」, 「Neuropsychologia」 Vol 9, pp. 97-113, 1971.

자신의 주 사용 방향 파악하기

우리 몸에는 주로 사용하는 방향이 있다. 어느 쪽 손을 사용하는가도 같은 맥락으로 볼 수 있다. 하지만 대부분의 사람들은 손을 제외한 '주 사용 방향'에 대해서는 관심이 없다. 손 뿐 아니라 눈, 귀, 발은 어느 쪽을 주로 사용하는지 알아둔다면 뇌 전체를 활성화하는 지름길이 될 것이다.

먼저 주로 사용하는 눈에 대해 알아보자. 자신의 주 사용 눈을 확인하는 방법은 아주 간단하다. 우선 방안의 작은 물체를 주시한다. 예를 들어 문고리를 쳐다본다면 양쪽 눈을 뜬 채로 오른쪽 검지를 세워 문고리와 일직선으로 겹쳐지도록 한다. 그 상태에서 양쪽 눈을 번갈아 가며 감아본다. 문고리와 손가락이 완벽히 겹쳐졌을 때 뜨고 있는 눈이 바로 주로 사용하는 눈이다.

주로 사용하는 귀를 확인하는 것도 무척 쉽다. 귀는 이어폰을 이용해 판별할 수 있다. 한쪽 이어폰만 끼고 음악을 들었을 때, 조금 더 명확하게 들리는 쪽이 주로 사용하는 귀다.

마지막으로 발에 대해 알아보자. 축구 선수라면 모르겠지만, 사람들은 대부분 자신이 어느 쪽 발을 더 잘 사용하는지에 큰 관심이 없다. 공을 차기 쉬운 편, 바지를 입을 때 먼저 넣는 발, 계단을 오를 때 계단에 먼저 올리는 발이 주로 사용하는 발이다. 도표 3-2는 일상생활 속에서 어느 쪽 발을 얼마나 많이 사용하는지 나타낸 도표다. 이 표를 통해 공을 찰 때는 오른발을 사용하는 빈도가 높고, 자전거에 페달에 먼저 올라가는 발은 반대로 왼발이 빈도가 높다는 사실을 알 수 있다.

도표 3-3의 '발잡이 체크 용지'를 통해 나는 어느 쪽 발을 주로 쓰는지 체크해 보자. 자신의 '주 사용 방향'을 파악해 잘 안 쓰는 쪽을 단련하는 연습을 하면 뇌도 활성화시킬 수 있다.

도표 3-2 일상생활 속 발 사용 비율

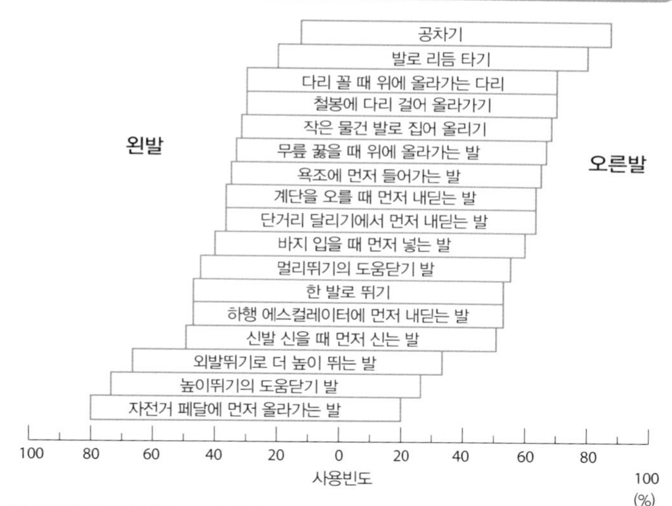

가장 위의 '공차기'의 경우 90%의 사람들이 오른발로 차고, 10%의 사람만이 왼발로 찬다는 사실을 알 수 있다.

출처: 前原勝矢, 『右利き・左利きの科学』, 講談社, 1989.

도표 3-3 발잡이 체크 용지

설문	답변	
바지를 입을 때 먼저 넣는 발은 어느 쪽인가?	왼발	오른발
계단을 오를 때 먼저 올라가는 발은 어느 쪽인가?	왼발	오른발
공은 어느 쪽 발로 차는가?	왼발	오른발
다리를 꼴 때 위로 올라가는 다리는 어느 쪽인가?	왼발	오른발
엄지발가락과 둘째발가락으로 연필을 집을 때 어느 쪽 발이 더 집기 수월한가?	왼발	오른발
한 발로 뛸 때 어느 쪽 다리로 뛰는가?	왼발	오른발
신발을 신을 때 먼저 신는 발은 어느 쪽인가?	왼발	오른발

왼발에 ○를 친 개수 0~2 ➡ 오른발잡이
3~4 ➡ 판별 불가
5~7 ➡ 왼발잡이

당신의 뇌는 거점형인가 산재형인가?

뇌 전체를 활성화시키기 위해서는 양쪽의 대뇌 신피질이 빈번히 교류해야 한다. 뇌량은 좌우 양쪽 대뇌를 잇는 기관으로, 다리 역할을 한다고 생각하면 쉽다. 일반적으로 뇌량의 신경 섬유 다발이 굵을수록 좌우의 정보 교신 기능이 뛰어난 것으로 알려져 있다.

어떤 학자들은 '뇌량이 발달한 사람일수록 창의성이 뛰어나다'고 주장한다. 저명한 심리학자 하워드 가드너(Howard Gardner) 박사는 '좌우 차이가 적은 뇌를 가진 사람은 생각을 떠올리거나 계획을 세우는 능력이 뛰어나다'고 주장한다. 뉴질랜드 오클랜드대학의 마이클 코벌리스(Michael Corballis) 박사는 '뇌의 좌우 차이가 적은 사람은 미신에 빠지기 쉽지만, 창의성이 있어서 공간을 파악하는 능력 또한 뛰어나다'고 평가한다.

뇌 분류법 중에는 '거점형'과 '산재형'이라는 구분법이 있다. 흔히 철도 노선으로 비유되기도 하는데, 거점형 뇌는 고속 철도형, 산재형은 일반 노선형으로 생각할 수 있다. 보통 오른손잡이는 거점형, 왼손잡이는 산재형이 많다고 하는데, 오른손잡이의 경우 거점은 적지만 그 거점에 기능이 집중되어 있다. 왼손잡이의 경우 거점이 분산되어 있다.

이에 따라 오른손잡이는 익숙한 일을 재빨리 처리하고, 왼손잡이는 난이도가 높은 다양한 일을 잘 처리한다. 하지만 이 역시 오른손잡이와 왼손잡이의 일반적인 경향일 뿐, 개인차가 존재한다. 또 뇌에 손상이 가해질 때, 거점형인 오른손잡이가 받는 영향보다 산재형인 왼손잡이가 받는 영향이 더 적은 것으로 알려져 있다.

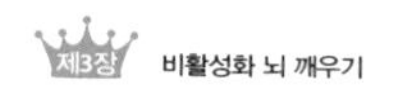

도표 3-4 오른손잡이와 왼손잡이의 뇌 움직임 차이

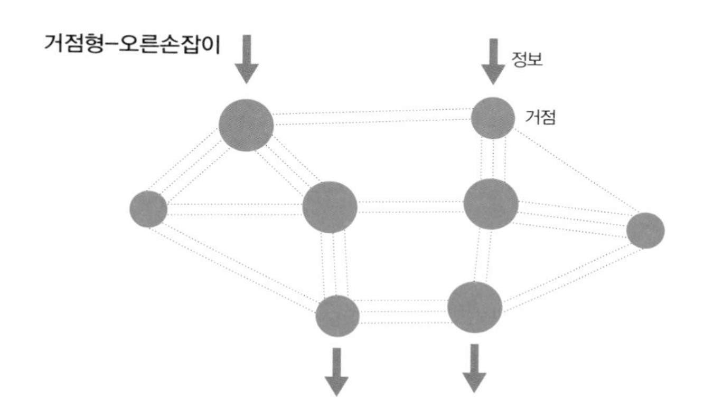

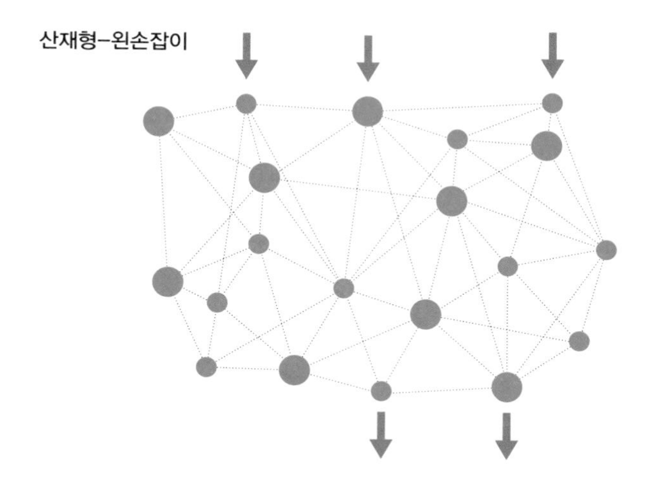

거점형 오른손잡이는 '고속 철도형', 산재형 왼손잡이는 '일반 노선형'이다.

참고: Dimond and Beaumont, 「The cortical organization of the right-and left handed」, 1974.

좌우 대뇌 신피질 연동시키기

적지 않은 학자들이 '평소부터 글자와 이미지를 함께 이해하는 습관을 들이면 효율 높은 학습이 가능하다'고 주장한다. 예를 들면, 영어 단어를 외울 때 글자(좌뇌)와 이미지(우뇌) 양쪽을 이용해 공부하면, 단어가 더욱 선명하게 뇌에 기억된다. 'fish'라는 글자와 함께 생선 그림을 함께 외우면 그 기억은 더욱 오래 남는다. 혹은 소리를 내 청각을 자극해도 기억이 뇌 속 깊이 각인된다.

다음 페이지는 이중 언어자의 언어 능력에 대해 연구한 캐나다 L. 갤러웨이(L. Galloway)의 모델이다. 문법과 같은 언어 기능은 좌뇌가 처리하고, 표정의 인지, 몸짓과 음색 판별과 같은 커뮤니케이션 기능은 우뇌가 처리한다.

인간의 언어 능력은 문법을 처리하는 좌뇌의 능력과 커뮤니케이션을 처리하는 우뇌의 능력이 합쳐져 완성된다. 따라서 대뇌 전체를 활용할 줄 알아야 언어 능력도 높아질 것이다. 여기서도 역시 뇌의 좌우를 잇는 뇌량의 역할이 무척 중요하다는 것을 알 수 있다.

천재라는 단어를 생각하면 더스틴 호프만(Dustin Hoffman) 주연의 영화 〈레인 맨〉의 모델이 된 킴 픽(Kim Pick)이 떠오른다. 그는 서번트 증후군을 앓고 있는 자폐증 환자로, 만 권 이상의 책 내용을 완벽하게 암기할 수 있는 뇌를 가지고 있었다. 그의 뇌에는 뇌량이 없었고, 대뇌 신피질이 좌우로 나뉘어 있지 않았다. 그의 경이로운 기억력은 뇌의 좌우가 일체화되었기 때문으로 알려졌다.

이중 언어자의 언어 능력에 대한 갤러웨이 모델

사람과 의사소통을 할 때 좌뇌와 우뇌의 움직임이 높은 차원에서 융합되어야 한다.

참고: Galloway, 1981.

3-6

뇌 영역을 총동원하여 창의성을 발휘하다

창의성이 뛰어난 사람과 그렇지 않은 사람의 차이를 뇌 과학적으로 규명한 실험이 있다. 미국 토머스제퍼슨대학교의 연구 책임자 앤드류 뉴버그(Andrew Newberg) 박사는 fMRI를 이용해 뇌 신경 회로망을 기록했다.

실험 방법은 피실험자에게 야구 배트와 칫솔 등 생활용품의 새로운 사용법을 생각하게 한 것이었다. 연구 결과, 창의성이 뛰어난 사람과 그렇지 않은 사람의 뇌량 차이가 명확히 드러났다. 창의성이 뛰어난 사람의 뇌량은 그렇지 않은 사람에 비해 신경 섬유의 개수가 확연히 많았다. 이에 대해 뉴버그 박사는 아래와 같이 말했다.

> (뇌량에) 붉은 부분이 많다는 것은 (창의성이 뛰어난 사람이 그렇지 않은 사람에 비해) 양쪽 반구를 잇는 신경 섬유가 많다는 뜻입니다. 이것은 양쪽 반구 사이의 정보 전달이 활발하게 이루어지고 있는 것을 나타냅니다. 높은 창의성을 가진 사람들의 특징으로 삼을 수 있는 현상이지요. 이들은 사고 과정이 유연하고, 뇌의 여러 영역에서 정보 전달이 활발하게 이루어지고 있다고 볼 수 있습니다.

천재의 뇌는 일반인이 떠올리지 못하는 사실과 현상들을 조합해 새로운 것을 창출한다. 즉 뇌의 다양한 영역을 이용해 정보를 교환하고 있는 것이다. 천재 하면 가장 먼저 떠오르는 인물인 알버트 아인슈타인은 이렇게 말한 바 있다.

> 상대성 이론의 원리를 발견하는 것보다 그것을 수식으로 만드는 데 몇 배의 에너지를 쏟아 부었다.

즉 상대성 이론은 언어가 아닌 이미지에 의해 탄생했다고 볼 수 있다. 하지만 이미지만으로는 자기 스스로만 이해할 수 있고, 남에게는 설명할 수 없다. 다른 사람에게 설명하기 위해서는 논리를 관장하는 좌뇌가 나서야 한다. 번뜩이는 아이디어를 창출해 내는 것은 우뇌의 일이지만, 우뇌만으로는 완벽한 창조가 이루어질 수 없다.

이쯤에서 좌뇌와 우뇌를 전환하는 기술을 알아보자. 도표 3-5는 무엇을 그린 그림일까? 아마 대부분 'LEFT'라는 단어와 의미를 알 수 없는 몇 개의 주황색 블록이 5~7초마다 번갈아 가며 머리에 둥둥 떠다닐 것이다. 이것이 바로 우뇌와 좌뇌가 전환되고 있다는 증거다.

도표 3-6은 뇌의 좌우를 바꿔 사용하기 위한 구체적인 예시다. 이런 훈련을 통해 일상생활에서 한쪽 뇌만 사용하는 부담을 덜어줄 수 있다.

도표 3-5 무엇이 보이나요?

도표 3-6 좌뇌와 우뇌를 전환하는 기술

좌뇌 ➡ 우뇌

- 왼쪽 귀로 전화 받기
- 공상에 빠지기
- 콧노래 부르기
- 창밖 구름 바라보기
- 그림 그리기
- 향수 냄새 맡기

우뇌 ➡ 좌뇌

- 오른쪽 귀로 전화 받기
- 메모하기
- 속담 되뇌기
- 시계 보기
- 십자말풀이 하기
- 지갑 안의 동전 개수 세기

3-7

왼손잡이는 불편하지만 손해는 아니다

자녀가 왼손잡이라는 것을 알았을 때 당신은 어떻게 행동할까? 이전 세대까지만 해도 왼손잡이를 꺼려해 아이를 오른손잡이로 교정시키는 일이 많았다. 나 또한 젓가락질을 하거나 글씨를 쓸 때는 오른손을 쓰도록 배웠다. 하지만 역사 속 인물들을 살펴보면 우뇌를 사용하는 뛰어난 과학자나 발명가 중에는 왼손잡이가 무척 많았다.

레오나르도 다빈치도 아인슈타인도 왼손잡이였다. 다빈치는 미술, 음악, 공예 등의 각 분야에서 눈부신 업적을 남겼는데, 당시 지식인들의 필수 교양이었던 라틴어에는 약한 편이었다. 그가 남긴 방대한 양의 스케치는 대부분이 도형이었고, 스케치 구석에 있던 글자는 거울에 비친 것처럼 좌우가 반대로 쓰인 경상(鏡像) 서체였는데, 이 서체는 보통 왼손잡이들이 많이 쓴다고 알려져 있다.

미국 하버드대학교에서 실시된 조사에서는 수학을 잘하는 중학생은 국어를 잘하는 학생에 비해 왼손잡이 비율이 약 두 배나 많았다고 한다. '영재는 왼손잡이가 많다'는 주장도 있다. 간사이복지과학대학(関西福祉科学大学)의 핫타 다케시(八田武志) 교수가 쓴 『왼손잡이 대 오른손잡이 대연구(左対右きき手大研究)』에는 미국 아이오와대학교의 벤보(Benbow) 교수의 연구 내용이 실려 있다.

벤보 교수는 12~13세 학생들을 대상으로 고등학생이 대학교에 진학할 때 필요한 SAT 시험의 수학, 언어 점수를 분석했다. 이 시험은 보통은 고등학생이 치르는 시험이므로, 5살 정도 어린 피실험자들은 영재라고 할 수 있다.

이 실험 결과를 나타낸 것이 도표 3-7이다. 영재들은 '강한 왼손잡이', '약한 왼손잡이', '양손잡이'의 비율이 높았다. 그 이유에 대해 벤보 교수는 "태아기의 남성 호르몬 분비가 편중되면서 우반구가 보상적으로 발달했고, 이에 따라 수학에서 필요로 하는 공간적 능력이 향상되었기 때문"이라고 말했다.

또 왼손잡이는 오른손잡이보다 평소에 몸의 왼쪽을 사용하는 일이 많다. 따라서 우뇌를 사용하는 분야에서 오른손잡이보다 유리하다. 게다가 이 세상은 대부분 오른손잡이에 최적화되어 있어서 자동판매기, 자동 개찰구, ATM, 국자, 가위 등을 이용할 때 왼손잡이는 반강제적으로 오른손을 쓸 수밖에 없다. 이러한 상황이 왼손잡이에게 불편할지는 모르겠지만, 궁극적으로 왼손잡이는 좌뇌를 활성화하게 되어 좌우 균형이 맞춰진다.

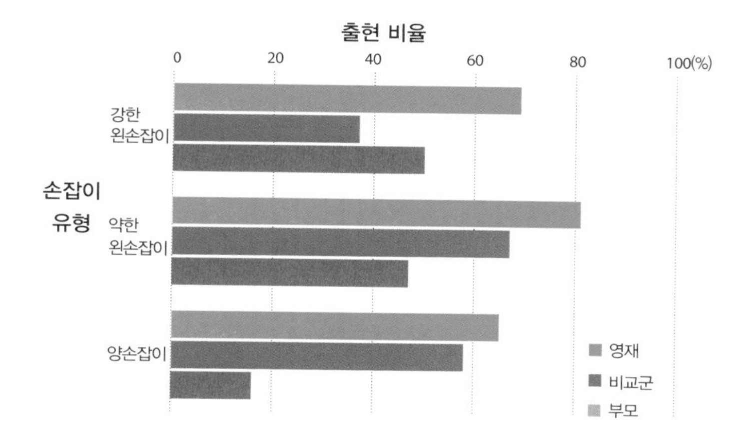

이 연구 대상이 된 수학 영재는 291명, 언어 영재는 165명으로, 비교군은 203명의 학생이다.

참고: Benbow, 「Physiological; corrlates of extreme intellectual precocity」, 『Neuropsychologia』, 24 pp. 719-725; 八田武志, 『左対右きき手大研究』, 化学同人, 2008から孫引き.

마음속 편견 없애기

편견은 번뜩임과 직감을 방해한다. 우리는 살면서 학습해 온 지식과 경험 때문에 편견에 사로잡히는 경우가 많다. 흔히 지식과 경험을 쌓으면 스스로가 똑똑해졌다고 느끼지만, 지식과 경험이 번뜩임과 직감에 악영향을 끼친다면 '똑똑해졌다고 느끼는 것'은 착각에 지나지 않는다.

도표 D의 정 가운데에 하얀 정삼각형이 보일 것이다. 하지만 이 도형은 실제로 존재하지 않으며, 환상에 지나지 않다. 그림의 배치 때문에 있는 것처럼 보일 뿐이다.

'분명 ~일 거야'라든지 '~임에 틀림없어'라는 말을 내뱉으면 당신의 뇌는 그것을 뒷받침하는 사실들을 찾아 나선다. 과거의 지식을 버리고 백지 상태에서 어떤 현상을 판단하는 일은 보기엔 쉬워보이지만, 사실 무척 어렵다. 이제라도 선입견을 버리고 상식을 의심해 보는 습관을 길러보자.

도표 D 이 그림에서 보이는 것은?

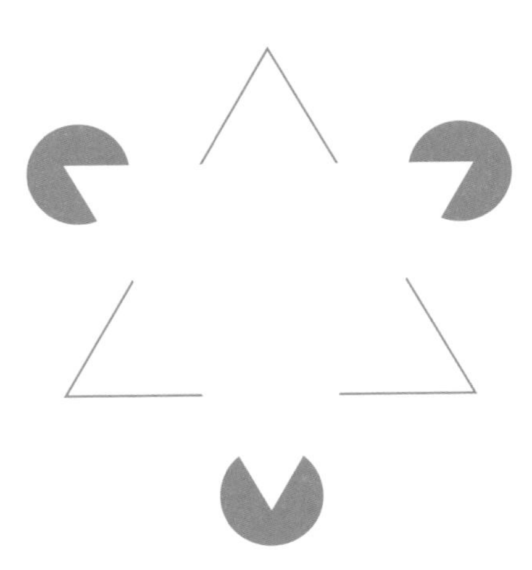

참고: Holtzen, 2000.

제4장 직감을 극한까지 끌어올리는 기술

4-1 직감의 정체 밝히기 70
4-2 동영상을 통해 직감을 끌어올리는 오타니 쇼헤이의 자세 배우기 72
4-3 또 다른 나와 대화하는 하뉴 유즈루 74
4-4 직감을 끌어올리는 자기 관찰 습관화하기 76
4-5 풍부한 경험이 직감의 정확도를 높여준다 78
4-6 지각 능력 철저히 끌어올리기 80
COLUMN 4 경상 서체 적어보기 82

직감의 정체 밝히기

직감만큼 신비로운 능력은 없다. 번뜩이는 아이디어 또한 대부분 직감에 의해 탄생한다. 반면 논리는 직감과 완전히 반대되는 개념이다.

천재는 어떤 생각을 떠올려도 그 생각을 그대로 타인에게 전달하기 어렵다. 번뜩임은 '다이아몬드 원석'이라 볼 수 있는데, 이것 자체로는 상품 가치가 낮다. 이것을 논리라는 연마기로 갈고 닦아야 비로소 반짝반짝 빛나는 다이아몬드가 되어 상품 가치가 생겨난다. 위대한 아이디어를 떠올렸어도 그것을 타인에게 알리려고 노력하지 않아 빛을 보지 못한 발명은 수도 없이 많다.

그러나 나는 논리력을 키울 수 있지만, 직감은 단련되지 않는다고 생각한다. 이것과 관련해 내가 가장 좋아하는 일화가 하나 있다. 토머스 에디슨은 전구를 발명한 직후, 공장을 건설하면서 그곳에서 일할 기술자를 채용하기로 했다. 이때 에디슨은 면접에서 자신이 발명한 전구를 면접자에게 보여주며 이런 질문을 했다고 한다.

이 전구의 부피를 알겠는가?

대부분의 면접자는 "실제로 전구 사이즈를 재보고 싶습니다"라고 대답했지만, 한 면접자는 "전구 일부를 조금 부순 후 그곳에 물을 넣어 용량을 확인하고 싶으니 비커를 빌려주십시오"라고 대답했다. 그 결과 에디슨은 전구 사이즈를 재보고 싶다는 면접자를 모두 떨어뜨렸다고 한다.

에디슨에게 필요한 사람은 복잡한 계산을 통해 답을 도출하는 논리적인 사람이 아니었다. 직감으로 발상을 전환해 답을 내는 사람이야말로 비상한 아이디어를 낼 수 있는 사람이라고 판단한 것이다.

아무리 뛰어난 슈퍼컴퓨터라도 인간의 뇌가 떠올리는 아이디어를 흉내 낼 수는 없다. 따라서 우리는 뇌를 풀가동해 아이디어를 내기 위한 시간을 만들고, 나머지 계산은 컴퓨터에게 맡기면 될 일이다.

비상한 아이디어를 낸 사람은 어느 쪽일까?

에디슨은 실제 크기를 재서 계산하려고 한 사람보다 뜻밖의 참신한 아이디어를 생각할 수 있는 사람을 뽑고 싶었던 게 아닐까?

동영상을 통해 직감을 끌어올리는 오타니 쇼헤이의 자세 배우기

2017년 홋카이도 니혼햄 파이터스(Hokkaido Nippon-Ham Fighters)에서 LA 에인절스 메이저 리거로 입단한 오타니 쇼헤이만큼 뇌의 화상 처리 기능을 잘 활용하는 스포츠 선수를 찾기는 쉽지 않을 것이다. 그는 스마트폰에 자신과 모범이 되는 투수의 동영상을 넣어 자택에서, 이동 중에, 짬이 나는 족족 그것을 보는 습관이 있다고 한다.

이에 대해 오타니 쇼헤이는 아래와 같이 이야기한다.

> (자세 동영상은) 아이패드로 주로 보고, 이동 중에는 휴대전화로도 봐요. 제 영상보다 다른 선수 영상을 보는 일이 더 많지요. 좌완 투수, 사이드 스로 투수, 타자 영상 모두 봅니다. 다른 사람의 영상을 보고 나에게 어떻게 적용하면 좋을지 연구하는 취미가 있어서 자면서도 좋은 아이디어가 떠오를 때가 있어요. 조금 더 이렇게 던져 보면 좋지 않을까, 이렇게 다리를 올리면 어떨까 하면서요.

막연히 연습을 반복하기만 해서는 극적인 변화를 기대할 수 없고, 시간도 많이 든다. 오타니 선수는 뇌의 화상 처리 기능을 최대한 활용하면서 번뜩임을 기다리는 것이다.

이러한 오타니 선수의 자세는 회사나 학교에서도 적용해 볼 수 있다. 어려운 업무, 난이도 높은 학습, 힘든 연습을 할 때는 자신의 목표와 관련된 주제를 항상 머릿속에 넣어 두고 이와 관련된 이미지(동영상이나 사진 등)를 적극 활용하여 뇌가 번뜩임을 출력할 수 있도록 기다리는 것이다.

직감을 끌어올리는 기술은?

내가 어떤 움직임을 하고 있는지 정확히 아는 것은 어렵다. 이럴 때는 동영상을 이용하면 편하다. 스마트폰으로 손쉽게 동영상을 찍을 수도 있다. 동영상을 통해 자신의 움직임을 객관적으로 바라본다면, 직감적으로 느끼는 부분이 생길 것이다.

또 다른 나와 대화하는 하뉴 유즈루

마음을 열고, 유연성을 키우면 사람들이 깨닫지 못한 '자그마한 변화'에 눈길이 가게 된다.

피겨 스케이팅 선수 하뉴 유즈루(羽生結弦)는 2018년 평창 동계올림픽에서 금메달을 목에 걸었다. 그는 피겨 선수로 활동하면서 '머리로 생각하기'보다 '자신의 내면과 대화하기'를 실천하면서 스스로의 감각을 끌어올렸다. 그 결과 세계 제일의 피겨 스케이팅 선수가 될 수 있었다. 이에 대해 하뉴 유즈루는 18세 때 이렇게 말했다.

> 항상 마음을 열고 있어요. 본 것, 느낀 것, 모든 것을 흡수하려고 해요. 반대로 내 마음도 솔직하게 꺼내놓아요. 마음을 열지 않으면 아무것도 흡수할 수 없고, 재미도 없잖아요.

최근 여러 분야에서 돋보인 인공 지능의 진화는 눈부시지만, 번뜩임이나 직감이라는 영역에 있어서 인간의 뇌는 그 어떤 컴퓨터보다 뛰어나다. 특히 몸이 인지하는 미묘한 감각은 인간의 뇌만이 감지할 수 있는 능력이라 해도 과언이 아니다.

하뉴 유즈루는 스케이트를 탈 때 느끼는 바람의 감촉, 스케이트의 날로 얼음을 찍을 때 느껴지는 단단한 정도 등을 섬세하게 느끼며 연기를 한다. 뇌가 보내는 마음의 소리에 귀를 기울이고, 이것을 퍼포먼스의 아이디어로 삼는 것이 하뉴 선수와 같은 일류들의 공통점이다.

깨달음의 기술 익히기

일류 운동선수는 몸이 느낀 것을 그대로 받아들여 그것을 시합이나 연기에 활용한다. 그러나 일부러 의식하지 않으면 느끼기 어렵기 때문에 생각보다 힘든 일이다. 작은 것도 민감하게 느낄 수 있는 훈련이 필요하다.

직감을 끌어올리는 자기 관찰 습관화하기

지식과 직감은 반대되는 개념이다. 지식을 뇌에 과도하게 입력하면, 직감을 출력하는 영역이 약해진다. 또 상식에 너무 익숙해지면, 선입견과 편견이 생겨 번뜩이는 능력과는 멀어진다.

물론 백지상태에서 번뜩임은 생기지 않는다. 먼지보다 작은 핵에 결정을 형성하는 눈처럼 번뜩임의 핵이 되는 것은 지식이다. 그러나 지식을 아무리 늘려도 번뜩이는 빈도는 높아지지 않는다. 오히려 뇌가 굳어 유연한 발상을 떠올리기 힘들어진다.

번뜩이는 아이디어를 떠올리기 위해서는 최소한의 지식을 핵으로 삼아 발상의 영역을 최대한 늘리는 것이 중요하다. 발상이 떠오르지 않을 때는 지식 영역의 스위치를 눌러 색다른 지식을 핵으로 삼아 새로운 발상을 유도해 보자.

직감을 갈고닦기 위해서는 평소에도 감성과 뇌의 감도를 높이는 노력을 해야 한다. 심리학 서적에 자주 나오는 '무의 경지'에 도달하는 것도 직감을 끌어올리는 데 도움이 된다. 무의 경지에 도달하는 일은 어려워 보이지만, 명상하는 습관을 들이면 비교적 쉽게 경험할 수 있다.

명상하는 습관은 직감을 활성화하는 뇌 만들기에 꼭 필요하다. 9-10의 '쾌감 이미지 트레이닝'을 쉬는 시간이나 취침 전 10분 동안 실천해 보자. 그러면 뇌 감도가 높아져 직감 또한 발달할 것이다.

이렇게 명상을 토대로 만들어진 것이 '마인드 풀니스(mind fullness)'다. 마인드 풀니스는 '지금 이 순간 나에게 집중하면서 현실을 있는 그대로 받아들이는 것'이다. 이 상태에 도달하면 통찰력과 직감이라는 신비로운 능력이 발달하게 된다. 즉 정신을 집중해 자기 자신의 정신 상태나 움직임을 내면적으로 관찰하는 '자기 관찰' 습관을 들이는 것이다.

마인드 풀니스로 직감 발달시키기

우리는 과거에 일어났던 좋지 않은 일을 끌고 와 끙끙 앓거나, 아직 일어나지도 않은 미래의 일을 걱정하곤 한다. 그런 과거와 미래에서 벗어나 현재에 의식을 집중해 보자.

4-5

풍부한 경험이 직감의 정확도를 높여준다

직감은 뇌의 고차원적인 기능으로 아주 신비로운 능력이다. 하지만 직감은 익숙한 업무나 학업에서 발휘되는 것으로, 복권 번호를 예측하는 데 쓰이는 것은 아니다.

나는 30년 넘게 경마권을 사고 있는데, 말의 몸짓이나 움직임에 정통한 경마 전문지 기자라면 몰라도 직감으로 경마 결과를 예상하기란 불가능하다는 것을 알고 있다. 직감이란 미래를 예상하는 것이 아니라 뇌의 감각을 예민하게 끌어올려 다른 사람들이 느끼지 못하는 부분을 캐치하는 것이다.

남아프리카 공화국의 요하네스버그 근교에 있는 광산에는 수많은 광부들이 일하고 있다. 이곳에서 막대한 보수를 받고 일하는 사람은 젊고 건장한 광부가 아닌, 풍부한 경험을 가진 나이 든 광부다. 베테랑 광부는 오랜 경험을 바탕으로 금 광맥을 발견하는 데 재능을 가진 경우가 많기 때문이다.

베테랑 광부의 뇌는 본인도 모르는 새에 지층의 미묘한 색깔 차이를 구분하고, 그 지층 아래에 잠들어 있는 금 광맥을 발견하고 있는 것이다. 이것이야말로 직감 그 자체라고 할 수 있다.

또 보이지 않는 위험한 부분을 찾아내는 탐지 능력도 직감의 하나라고 생각한다. 만약 여러분이 '이유는 모르겠지만 왠지 모르게 이 길을 택하면 위험할 것 같다'고 느낀다면 그것은 직감이 작용하고 있다는 뜻이며, 높은 확률로 직감이 맞아떨어질 것이다. 이것 또한 경험에 의한 감각이라고 할 수 있다.

뇌는 대조 작업에 탁월한 장기다. 우리 뇌 속에 차곡차곡 쌓인 과거의 정보와 다른 분야의 정보를 대조하면서 뇌에서는 화학 변화가 일어나고, 뇌는 참신한 직감과 번뜩임을 활발하게 출력한다.

도표 4-1 직감 갈고닦기

일시 _____년 ___월 ___일　　컨디션 ___점　　정신 ___점　　수면 ___점

	기상 후 점수	취침 전 점수
❶ 오늘은 좋은 소식이 찾아온다	(　　) 점	(　　) 점
❷ 오늘은 평소보다 일이 잘 된다	(　　) 점	(　　) 점
❸ 예상도 하지 않았던 좋은 일이 들어온다	(　　) 점	(　　) 점
❹ 오늘은 평소보다 운이 좋다	(　　) 점	(　　) 점
❺ 일이 끝나고 좋은 하루였다는 생각이 든다	(　　) 점	(　　) 점
(점수는 1점에서 10점 사이로 기입)　총 점수	(　　) 점	(　　) 점

점수 차 (　　) 점

오늘 하루 예측하기(기상 후 기입)

오늘 하루의 직감 돌아보기(취침 전 기입)

기상 후와 취침 전 10분 동안 칸을 채워보자. 아침에 직감적으로 그날 하루를 예측해 보고, 저녁에는 실제로 어땠는지 채점해 보자. 체크를 거듭하면 당신의 직감 능력 또한 나날이 향상될 것이다.

지각 능력 철저히 끌어올리기

레오나르도 다빈치는 한가로운 전원 풍경이 펼쳐진 이탈리아 토스카나 지방에서 유년 시절을 보냈다. 그는 새의 날갯짓을 오랜 기간 관찰해 온 것으로도 유명한데, 새의 정교한 날갯짓을 정확히 표현한 그림도 남아 있다. 영화의 슬로 모션 기술이 생기기 500년도 전의 이야기다. 그는 이러한 일화에 대해 아래와 같이 말했다.

> 이해하기 위한 최고의 수단은 자연의 무한한 작품을 수없이 감상하는 것이다. 평범한 인간은 주의 산만하게 바라보고, 귀 기울여 듣지 않는다. 느끼지 않고 만지며, 맛보지 않고 먹고, 신체를 의식하지 않고 움직인다. 향기를 느끼지 않고 호흡하며, 생각하지 않고 걷는다.
>
> 児玉光雄, 『最高の仕事をするためのイメージトレーニング法』, PHP研究所, 2002.

그는 500년도 전에 현대인이 안고 있는 문제에 대해 한탄했다. 사견이지만, 레오나르도 다빈치와 같은 시대를 살았던 사람들은 현대인보다 직감이 뛰어나지 않았을까 예상된다. 매일 엄청난 양의 정보를 처리하는 데 쫓긴 나머지 현대인은 느끼는 것에 둔감해졌다.

도표 4-2에서는 내가 개발한 감각 트레이닝을 소개한다. 통근 시간 같은 자투리 시간에 실천해 보자. 트레이닝을 계속하다 보면 당신의 지각 능력이 단련되어 다빈치 같은 천재의 감각을 손에 넣게 될 것이다.

도표 4-2 감각 트레이닝

시각 트레이닝

냉장고에서 과일이나 채소를 하나 꺼내 10분 동안 천천히 관찰하며, A4 용지에 크레파스로 스케치를 해보자. 여유가 있다면 시간을 더 들여도 좋다. 지금까지는 몰랐던 새로운 발견을 할 수 있을 뿐 아니라 날카로운 관찰력도 키울 수 있다.

청각 트레이닝

출퇴근 시간 지하철에서 들려오는 소리를 3분 동안 최대한 많이 구분해 들어보자. 10종류의 소리를 구분해 내면 그날의 연습은 마쳐도 좋다. 어떤 사소한 소리도 놓치지 않겠다는 일념 하에 매일 반복해 보자. 분명 청각이 예민해질 것이다.

촉각 트레이닝

다양한 물체를 만질 때, 눈을 감고 손바닥에 의식을 집중해 감촉을 느껴보자. 평소 별 생각 없이 만지는 소파, 문구, 식기 같은 물건들은 시각에 기댄 나머지 촉각이 마비되어 그 감촉을 느끼지 못하는 경우가 많다. 시각을 차단해 손바닥의 감각을 민감하게 만드는 이 훈련을 통해 촉각을 단련할 수 있다.

후각 트레이닝

식사할 때, 후각에 의식을 집중해 향이나 냄새를 민감하게 느껴보자. 커피나 홍차를 마실 때도 은은하게 풍겨오는 향에 의식을 집중해 보자. 또는 식탁에 놓인 요리가 풍기는 향을 느끼면서 맛보도록 하자. 그러면 식사 시간이 몇 배는 더 즐거워질 것이다.

미각 트레이닝

미각만큼 애매한 감각도 없다. 눈을 가리고 음식을 먹으면 평소에 즐겨 먹는 음식 재료도 똑바로 맞추지 못하는 경우가 많다. 우리가 그동안 얼마나 많이 시각에 의존해 음식을 맛보고 있었는지 알 수 있는 예다. 음식의 맛을 볼 때는 눈을 감고 혀의 감각에 의식을 집중하면서 먹어보자. 이것만으로도 당신의 미각을 손쉽게 단련할 수 있다.

COLUMN 4

경상 서체 적어보기

3장에서 언급했듯 역사상 최고의 발명가이자 화가였던 레오나르도 다빈치는 경상 서체로 문자를 표현하는 것으로 유명했다. 손잡이와 관련된 연구로 저명한 의사 마에하라 가쓰야(前原勝矢) 박사는 아래와 같이 말한다.

> 다빈치는 오른손으로 글쓰기를 배우고, 스무 살 이후에 어떤 이유로 인해 왼손으로 펜을 쓰기 시작했다. 그의 예술가, 과학자로서의 배경과 함께 사회적 압력과 교정에 대한 불합리함이 그를 억눌렀고, 이에 대한 반발심 때문에 경상 서체를 사용하게 되었다.

도표 E에는 두 종류의 경상 서체가 있다. 위의 경우 글자뿐 아니라 문장을 쓰는 방향도 오른쪽에서 왼쪽으로 거꾸로 쓰여 있다. 아래는 글자만 거꾸로 쓰여 있고, 문장을 쓰는 방향은 같다.

연필을 하나씩 양손에 쥐고 동시에 경상 서체를 써보자. 분명 뇌가 단련되고, 참신한 발상이 떠올라 뇌 활성화에 도움을 줄 것이다.

도표 E 두 종류의 경상 서체

워	마	고	고	마	워
고	마	워	고	마	워

번뜩임을 최대화하는 기술

5-1 선입견에 빠지지 않기 84
5-2 건망증과 번뜩임의 뜻밖의 관계 이해하기 86
5-3 아이디어를 구상만으로 끝내지 않는 열 가지 마음가짐 88
5-4 셀프 브레인스토밍 기술 익히기 90
5-5 세렌디피티가 번뜩임의 계기가 된다 92
5-6 준비가 완벽하다면 뇌 속의 화학 반응이 번뜩임을 낳는다 94
5-7 시각화가 꿈을 실현시킨다 96
5-8 과거 최고의 순간을 몇 번이고 떠올리기 98
COLUMN 5 풍요로운 환경이 창의력을 자극한다 100

5-1

선입견에 빠지지 않기

눈앞에 어떤 풍경이 펼쳐졌을 때, 우리는 이것을 그대로 바라보지 않는다. 우리가 살아온 과거의 경험을 바탕으로 한 뇌의 스크린을 통해 풍경을 보게 된다.

다음 페이지의 그림 두 장을 비교해 보자. 노란 옷을 입은 사람은 똑같은 크기다. 그런데 왼쪽 그림은 평범한 인물로 인식되지만, 오른쪽의 경우에는 무척 작은 사람으로 느껴진다. 이를 통해 우리는 외부 세계를 있는 그대로 파악하는 것이 아니라, 항상 보정된 눈으로 판단하고 있다는 것을 알 수 있다.

선입견 때문에 물체의 본질을 꿰뚫어 보지 못하는 경우도 있다. 2007년 1월 어느 겨울날 아침, 미국 워싱턴의 한 지하철역 앞에서 바이올린을 연주하는 남성이 있었다. 그는 45분 동안 바흐의 곡을 6개 연주했다. 아침 출근 시간이었기 때문에 수많은 사람이 그의 앞을 지나쳤지만, 대부분 그의 존재를 전혀 의식하지 않고 가던 길을 재촉했다.

사실 이 연주는 실험이었고, 이 장면은 숨겨 놓은 카메라로 촬영되고 있었다. 바이올린을 연주한 남성은 세계적으로 유명한 바이올리니스트 조슈아 벨(Joshua Bell)이었다. 그는 이날 350만 달러(약 43억 원)에 달하는 바이올린으로 연주를 했다. 실험 이틀 전에 열린 그의 보스턴 콘서트는 만석이었으며, 티켓 가격은 100달러(12만 원) 이상이었다.

약 45분간의 실험 동안 총 1,097명의 인파가 벨의 옆을 지나쳤다. 그중에서 돈을 두고 간 사람은 28명, 그의 앞에 서서 연주를 들은 사람은 7명, 그가 벨이라는 것을 눈치챈 사람은 오로지 한 명이었다. 벨이 관객에게 받은 돈은 그의 정체를 눈치챈 사람이 낸 20달러를 제외하면 고작 32달러 17센트였다. 대부분 벨을 잔돈이나 받는 길거리 음악가라고 착각해 세계적인 음악가의 연주를 들을 생각조차 하지 않았던 것이다.

이처럼 성인들은 대부분 눈앞의 사실을 과거의 경험에 빗대어 색안경을 쓰고 바라본다. 경험은 귀중하지만, 경험에서 오는 선입견은 창의성을 방해하는 요소이기도 하다.

뇌의 착각

왼쪽은 뇌가 복도의 원근감을 인식하여 두 인물의 크기 차이가 자연스러워 보인다. 하지만 배경이 실제 복도가 아닌 그림이라면 오른쪽처럼 인물의 크기 차이가 발생할 수 있다.

건망증과 번뜩임의 뜻밖의 관계 이해하기

심리학자 케빈 리먼(Kevin Leman) 박사가 진행한 위대한 업적과 나이에 관한 연구에 따르면, 위대한 업적이 가장 많이 탄생한 나이대는 아래와 같다.

화학(25~29세)
수학(30~34세)
심리학(35~39세)
천문학(40~44세)
소설(40~44세)

놀랄 만한 사실은 수학, 기악곡, 조각과 같은 분야에서는 60세 이상의 활약이 뚜렷했다는 점이다. 특히 그랜드 오페라, 회화, 수학 분야에서는 80세 이상의 나이에도 창작과 연구 의욕을 불태우는 사람들이 적지 않았다. 이 분야에서만큼은 40세의 수재가 80세의 천재를 이길 수 없었다.

그러나 우리는 나이가 들면서 '건망증'이라는 현상을 겪게 된다. 이것을 조금 더 구체화하자면 '기억하지만, 떠오르지 않는다'라는 답답한 현상을 가리킨다. 조금 더 전문적으로 표현하면 대뇌 피질 어딘가에 기억된 사실이 왜인지 전두엽에서 정답으로 출력되지 않는 현상을 말한다. 무언가 생각할 때 전두엽은 기억이 저장된 뇌 속 여러 부분에서 답을 찾아 헤매는데, 여기에서 정답이 튀어나오지 않는 상태다.

그러다 어떤 계기로 인해 정답이 떠오르기도 한다. 건망증이 심각하지 않다면, 힌트를 통해 생각할 수 있다. 예를 들어 최근 미디어에 나오지 않았던 가수가 추억 특집 방송에 나왔을 때, 가수의 얼굴과 노래 제목만 보고는 가수 이름이 떠오르지 않을지도 모른다. 하지만 이름 후보 세 가지가 나온다면 고민 없이 대답할 수 있을 것이다.

● 건망증과 번뜩임의 공통점

영국의 천재 물리학자 로저 펜로즈(Roger Penrose)는 '창조하는 것과 떠올리는 것은 유사하다'고 주장한다. 실제로 끙끙거리며 어떤 답을 찾아 번뜩임을 만드는 것과 한동안 생각나지 않던 가수의 이름을 필사적으로 생각하려고 하는 것의 뇌 작용 원리는 아주 흡사하다.

다만 이 두 가지에는 결정적인 차이도 존재한다. 뇌 속에 축적된 방대한 양의 노하우와 지식을 가지고 완전히 새로운 것을 만드는 것은 번뜩임이며, 무엇이 출력될지도 예측할 수 없다. 한편 건망증은 이미 저장된 특정 사실을 단순히 끄집어낼 뿐이다.

여담이지만, 나는 간혹 찾아오는 건망증이 무척 반갑다. 왜냐하면 나의 머리가 대단히 활성화하고 있다는 것을 실감할 수 있기 때문이다. 마치 다음 주 수업 주제를 생각하면서 가장 좋은 주제가 무엇일지 정하는 작업과 아주 비슷하기도 하다.

연상 게임은 발상 능력을 키우는 데 가장 적합한 훈련이다. 뇌 속에서 무언가를 연상해 출력하는 작업은 창의성을 키우는 데에 탁월한 훈련이다. 이번 챕터와 제6장에서 소개하는 몇 가지 발상 트레이닝을 평소에 연습하면 발상 능력 또한 향상되어 참신한 아이디어를 떠올릴 수 있게 될 것이다.

아이디어를 구상만으로 끝내지 않는 열 가지 마음가짐

발상의 달인이 되고 싶다면 지금 자신이 끌어안고 있는 주제를 항상 머릿속에 두고 자투리 시간에 여러 번 사색을 반복해야 한다. 사색은 마음만 먹으면 24시간 동안 할 수 있고, 심지어 수면 중에도 가능하다. 한 가지 주제를 100시간 동안은 치열하게 생각해야 유익하고 쓸모 있는 발상이 간신히 하나 떠오른다. 발상이란 바로 이런 것이다.

메모장과 연필만 있다면 발상은 언제 어디서나 가능하다. 주제를 한참 생각하다 떠오른 아이디어는 메모장에 적어 놓도록 한다. 되도록 아이디어 전용 공책을 만들면 좋다. 물론 생각날 때마다 스마트폰에 입력해도 된다.

별 것 없는 아이디어라고 느껴져도 일단 그것을 버리지 말고 적어 두는 것이 중요하다. 별 것 없다고 느껴지는 아이디어 속에 '다이아몬드 원석'이 숨어 있을지도 모르기 때문이다. 이러한 습관을 들이면 발상을 떠올리기 쉬운 뇌로 변화한다.

다음 페이지에는 전 P&G 그룹 부사장 존 오키프(John O'Keefe)가 그의 저서에서 밝혔던 상식을 깨는 아이디어를 단순한 구상만으로 끝내지 않기 위해 실천했던 열 가지 마음가짐이 담겨 있다. '깨다, 의심하다, 기상천외, 돌발, 무리 지어 다니지 않는다'와 같은 말은 일류가 지닌 자질로 볼 수 있다. 이제 상식은 어떤 분야에서도 통하지 않는다.

상식을 깨는 아이디어를 단순한 구상만으로 끝내지 않기 위한 열 가지 마음가짐

1. 평소 상식에 휘둘리지 않는 생각 떠올리기
2. 목표는 상식과 무관하게 세우기
3. 이 문제에 대처할 필요가 있는지부터 따져보기
4. 암묵적 지식을 가진 사람은 상식을 버리기
5. 상식의 한계를 가늠하기
6. 매너리즘에서 벗어나기
7. 과거의 성공에 얽매이지 않기
8. '틀'에 갇히는 쪽이 리스크가 더 크다
9. 보잘것없는 아이디어라도 토대가 될 수 있다
10. 아이디어는 잠재워둔다

구상은 옥과 돌이 함께 섞여있는 '옥석혼효(玉石混淆)'와 같다. 어떤 구상이 아이디어로 이어질지 알 수 없기 때문에 가지고 있어야 한다.

셀프 브레인스토밍 기술 익히기

먼저 브레인스토밍에 대해 알아보자. 많은 기업이 사용하는 방법이며, 충분히 효과적으로 활용할 수 있는 발상법이다. 브레인스토밍에는 네 가지 규칙이 있다.

1. 타인이 낸 아이디어 비판하지 않기
2. 자유분방하게 아이디어를 내는 것을 우선시하기
3. 무엇보다 양이 중요
4. 마지막으로 나온 아이디어를 조합하여 개선하기

브레인스토밍은 혼자서도 가능한데, 이것이 바로 '셀프 브레인스토밍'이다. 혼자라면 시간과 장소를 구애받지 않지 않고 할 수 있고, 다른 사람의 눈치를 볼 것도 없으니 더욱 참신한 아이디어가 떠오를 수 있다.

다음 페이지의 표는 독일의 경영 컨설턴트 홀리거(Holliger)가 635법칙을 사용하기 위해 만든 방법을 조금 변형한 것이다. 635법칙은 여섯 명이 각각 세 개의 아이디어를 5분 동안 생각해 옆 사람에게 돌려 이 방식을 되풀이하는 발상법이다. 365법의 특징은 앞 사람이 적은 아이디어를 힌트 삼아 새로운 아이디어를 떠올릴 수 있다는 것이다.

이제 다음 페이지의 셀프 브레인스토밍 용지를 복사해 5분 동안 세 개의 아이디어를 내보자. 그다음에는 시간과 장소를 바꾸어 또 다른 세 개의 아이디어를 5분 동안 떠올려 보자. 이것을 자투리 시간을 활용하여 하루에 여섯 번 반복한다. 그러면 총 18개의 아이디어를 얻게 되는데, 시간과 장소를 바꾸면 새로운 환경이 자극으로 다가와 새로운 발상이 더 잘 떠오를 것이다.

도표 5-1 셀프 브레인스토밍 전용 용지

일시 ＿＿＿＿＿＿년 ＿＿월 ＿＿일
주제 ＿＿＿＿＿＿＿＿＿＿＿＿＿＿＿＿

	A	B	C
1			
2			
3			
4			
5			
6			

원래는 여섯 명이 아이디어를 세 개씩 내는 방식이지만, 장소와 시간을 바꿔가며 혼자서 아이디어를 내는 데 사용해도 효과적이다.

세렌디피티가 번뜩임의 계기가 된다

세렌디피티(serendipity)는 천재와 깊은 관련이 있다. 세렌디피티란 18세기 영국의 정치가이자 소설가였던 호러스 월폴(Horace Walpole)이 만든 말로 '우연에 의한 뜻하지 않은 행운의 발견'이라는 의미다. 그는 〈스리랑카의 세 왕자〉라는 동화를 썼는데, 그 내용은 이렇다.

> 여행길에 오른 세 왕자가 페르시아 수도 근처에 도착했을 때, 낙타가 달아나 낙담하고 있는 한 남자를 만났다. 낙타를 잃은 남자는 세 왕자에게 "혹시 오는 도중에 낙타를 보셨는지요?"하고 물었다. 그러자 세 왕자는 재미있는 대답을 내놓았다.
> 첫 번째 왕자는 "그 낙타는 애꾸눈인가?" 하고 물었다. 두 번째 왕자는 "네 낙타는 이가 하나 빠졌구나"라고 말했다. 세 번째 왕자는 "그 낙타는 한쪽 발을 절고 있구나"라고 말했다.
> 왕자들이 하는 말이 모두 맞았기에 낙타를 잃은 남자는 세 왕자가 자신의 낙타를 훔쳤다고 생각해 고발했다. 황제는 세 왕자를 도둑이라 생각해 잡아들였지만, 낙타가 다시 나타났기에 이들은 무죄로 석방되었다. 황제는 세 왕자에게 "어떻게 보지도 않은 낙타의 특징을 알았는가?"라고 물었다. 그러자 세 왕자는 이렇게 대답했다.
> 첫 번째 왕자는 "길가의 풀을 왼쪽만 뜯어먹었으니 낙타는 오른쪽 눈이 보이지 않는다고 생각했습니다"라고 말했다. 두 번째 왕자는 "뜯어먹고 남은 풀 모양으로 낙타의 이가 빠졌다는 것을 알 수 있었습니다"라고 말했다. 세 번째 왕자는 "한쪽 다리를 질질 끈 흔적이 있었기 때문입니다"라고 대답했다.

세 왕자는 길가의 특징을 기억해 추리했고, 이 우연이 진실과 맞닿아 있었던 것이다.

월폴은 우연이 큰 발견의 실마리가 된다는 것을 이 동화로 표현하고자 했다. 이 내용을 일이나 학습에 적용해 보면 어떨까? 해결해야 하는 일이 있다면 바로 답이 보이지 않더라도 생각하는 것을 반복하고, 인내심 있게 번뜩임을 기다리는 것이다.

어떤 지식이 복을 가져다줄지 알 수 없다

만약 세 왕자에게 뛰어난 관찰력과 기억력이 없었다면 이러한 우연은 일어나지 않았을 것이다.

준비가 완벽하다면 뇌 속의 화학 반응이 번뜩임을 낳는다

번뜩임은 어느 날 갑자기 찾아오지만, 준비되지 않은 자에게는 절대로 오지 않는다. 독일의 금 세공사였던 요하네스 구텐베르크는 근대 인쇄학의 조상이라고 불린다. 그가 활판 인쇄기를 떠올린 계기는 포도 수확철에 친구와 함께 와인을 만드는 포도 압축기 움직임을 본 것이었다.

압축기에 포도가 눌릴 때 압축기 부분에 자국이 남았는데, 이를 보고 '위에서 누르는 방식'의 구조가 그의 머리에 떠올랐고, 결국 대량 복제가 가능한 활판 인쇄기를 발명하기에 이르렀다.

금전 등록기나 잔디 깎는 기계도 이와 같은 우연에 의해 탄생했다. 금전 등록기는 한 레스토랑 경영자가 배 안의 동력실에 있는 '프로펠러 회전수 계측기'를 보고 떠올린 것이다. 이것을 본 순간 그의 머릿속에는 레스토랑의 '돈 세는 기계'가 떠올랐다.

잔디 깎는 기계 발명가는 의류 공장에서 일하고 있었는데, 어떻게든 커다란 낫으로 풀을 베는 번거로움을 해결하고 싶었다. 어느 날 그는 일하던 중 보풀 제거기의 롤러에 달린 두 개의 날이 회전하며 옷의 보푸라기를 제거하는 것을 보고 좋은 아이디어가 떠올랐다. 기다란 날과 두 개의 바퀴가 달린 기계에 긴 회전축을 달아 잔디를 깎으면 허리를 숙일 필요가 없다는 것을 깨달은 것이다. 그렇게 잔디 깎는 기계를 발명하게 되었다.

이처럼 수많은 발견은 발명가가 문제를 고심하고, 뇌가 다양한 사고를 거듭했을 때, 주위에 있는 다양한 분야의 정보와 결합해 전혀 관련이 없어 보이는 이미지가 서로 합쳐지면서 생겨난다. 그리고 나는 이것을 '조합 우발 사고'라고 부른다.

그렇다면 창의력이 뛰어난 사람과 일반인의 차이는 무엇일까? 도표 5-2

는 미국 오리건대학교의 제럴드 알바움(Gerald S. Albaum) 박사가 발명가와 일반인의 성격 차이를 비교하기 위해 103명의 발명가와 75명의 일반인을 대상으로 시행한 설문 조사 결과다.

도표를 보면, 위의 세 가지 요소가 양쪽 그룹의 차이를 선명하게 보여준다. 발명가는 '팀으로 움직이기보다 혼자서 행동하는 것을 선호한다, 시각 이미지로 사물을 생각하는 편이다, 스스로를 창의적이라고 생각한다'는 항목에 '예'라고 대답한 비율이 무척 높았다.

도표 5-2 독립 발명가와 일반인의 성격 차이

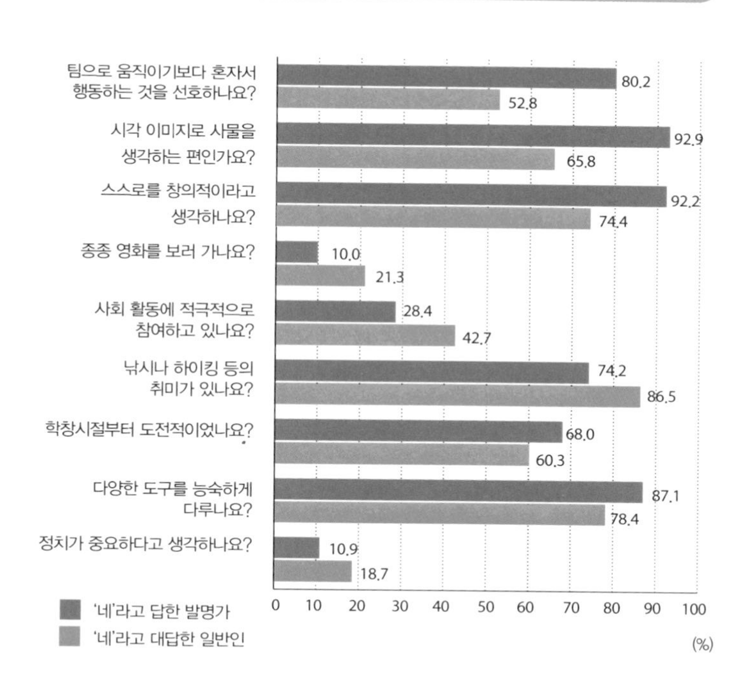

출처: Albaum, 「G. Psychological Reports」, 39, pp.175-179, 1976.

시각화가 꿈을 실현시킨다

시각화는 스포츠 심리학에서는 이미지 트레이닝이라고도 불린다. 번뜩임은 문자와 숫자로 출력되지 않기 때문에 번뜩임과 시각화는 깊은 관련이 있다.

본디 생물의 뇌는 아날로그 식으로 만들어졌기 때문에 모든 것을 이미지로 출력한다. 그 증거로 문자와 숫자를 이해하는 것은 인간뿐이고, 이 또한 수천 년 동안 인류가 획득해 온 기술이라는 점을 들 수 있다.

시각화와 관련된 일화는 셀 수 없을 정도로 많다. 한 가지 예를 들면, 월트 디즈니는 캘리포니아의 디즈니 랜드가 완성되기 수년 전부터 가족을 위한 테마파크의 이미지를 머릿속 깊숙이 각인시켜 놓았다.

그리고 그 이미지를 1955년, 캘리포니아 디즈니 랜드로 현실화했다. 추후 그는 플로리다의 월트 디즈니 월드의 완공을 보지 못한 채 1966년에 세상을 떠나게 되었다. 월트 디즈니 월드가 개장한 날, 그의 아내가 초대되었고 기자단은 그녀에게 이렇게 말했다.

> "남편분이 이곳에 계셨다면 정말 좋아하셨겠어요."
> 그러자 그의 아내는 이렇게 답했다.
> "아니요, 그는 이미 오래전부터 이 광경을 봐왔답니다."

월트 디즈니는 살아 있는 동안 플로리다 월트 디즈니 월드의 모습을 선명히 그리고 있었던 것이다.

시각화의 힘이란?

머릿속에서 그린 이미지는 물리적으로 불가능한 일이 아닌 이상, 대부분 달성 가능하다. 뇌 안에 기억된 긍정적 이미지는 당신이 원하는 목표에 도달하기 위한 프로그램을 짜준다. 그러나 시각화되지 않은 꿈은 절대 이룰 수 없다.

과거 최고의 순간을 몇 번이고 떠올리기

일류는 머릿속에서 완성한 이미지를 선명히 시각화한다. 이 이미지가 선명할수록 실현될 확률도 높아진다. 나는 프로 골퍼의 멘탈 카운셀링을 20년 이상 해왔다. 나는 늘 그들에게 "당신이 당당히 우승 트로피를 거머쥐는 장면을 몇 번이고 떠올려 보세요. 그것이 당신을 우승으로 이끌 것입니다"라고 말한다. 하지만 목표를 선명히 그리고도 노력을 지속하지 않는다면 그것은 한낱 그림에 지나지 않는다.

뇌는 선명히 그린 이미지와 실제로 일어난 일을 구분하지 못한다. 시각화는 단편적인 것이라도 좋다. 결국 이것은 우리가 영화를 보는 작업과 비슷하다. 흐름에 맡긴 채 떠오르는 장면을 뇌 속에 그리는 것이다.

시각화는 언제 어디서나 가능하다. 지하철이나 버스에서 이동하는 시간, 약속 상대를 기다리는 시간, 슈퍼에서 계산을 기다리거나 ATM 기기에 줄을 서 있는 동안에도 할 수 있다. 하루에 적어도 열 번 이상 시각화를 하는 시간을 마련하자.

시각화는 이루고자 하는 목표에 대한 이미지뿐만 아니라 과거의 성공 경험도 좋다. 영업 사원이라면 과거에 성공적으로 고객 앞에서 발표했던 기억을 머릿속에서 되풀이하는 것도 좋다. 그러면 더 많은 신규 고객과 새로운 계약을 맺을 수도 있다. 변호사라면 과거에 승소했던 재판 기록을 머릿속에서 다시 재생하면, 다음 재판을 승리로 이끌 수 있을 것이다.

항상 떠올려야 하는 두 가지

시각화와 함께 '나는 반드시 꿈을 이룬다'고 끊임없이 생각하는 것도 중요하다. 이것은 시각화를 강화시켜 주기도 하며, 행동력을 자극할 수 있다. 일류 외과 의사나 조종사도 과거의 체험을 완벽히 시각화해 어려운 업무를 완수할 수 있다. 과거에 당신이 성공했던 구체적인 체험을 뇌 속 스크린에 비추는 작업에 집중해 보자.

COLUMN 5

풍요로운 환경이 창의력을 자극한다

창의력을 발휘하기 위해서는 풍요로운 환경을 갖추는 것이 중요하다. 2015년까지 내가 패널로 종종 출연했었던 후지TV의 〈진짜야!? TV〉에 출연한 뇌 과학자 사와구치 도시유키(澤口俊之) 박사는 '뇌의 능력은 유전적 요소가 60%, 환경이 40%의 영향을 미친다'고 주장한다.

이에 관련된 실험도 있다. 유전적으로 완전히 똑같은 쥐를 '풍요로운 환경'과 '빈곤한 환경'으로 나누어 사육했다. 풍요로운 환경에는 넓은 사육장에 쥐 열 마리 정도를 함께 사육했고, 쳇바퀴나 사다리 같은 도구도 놓았다. 빈곤한 환경에는 좁은 사육장 안에 한 마리만을 넣어 도구 없이 먹이만을 주었다. 빈곤환 환경에 있던 쥐는 당연히 풍요로운 환경의 쥐보다 운동량이 압도적으로 적을 수밖에 없었다.

이 조건으로 일정 기간 사육한 후, 대뇌 발달의 정도와 지능 검사를 한 결과, 풍요로운 환경에서 자란 쥐가 빈곤한 환경에서 자란 쥐보다 확연히 우수한 성적을 보여주었다.

이것은 인간에게도 통용되는 연구 결과다. 유소년기에 다양한 도구를 가지고 놀거나 운동을 즐기면 우뇌가 발달하고, 이에 따라 자연스럽게 창의성이 길러진다. 초등학교에 입학한 후에는 좌뇌로 기억하는 일이 많아지는데, 이러한 학습 환경에도 쉽게 적응하여 학습할 수 있게 되는 것이다.

번뜩임을 구체화하는 기술

6-1 포스베리의 배면뛰기에서 배울 점 102
6-2 뇌를 해방하면 번뜩임이 떠오른다 104
6-3 기분 전환 시간 소중히 하기 106
6-4 언런 기억하기 108
6-5 주제를 정해 번뜩임을 기다리자 110
6-6 역사 속 위대한 발명의 계기란? 112
COLUMN 6 역사 속 최고의 천재는 누구일까? 114

6-1

포스베리의 배면뛰기에서 배울 점

스포츠계의 가장 혁명적인 진화를 꼽으라면, 단연 높이뛰기 종목의 '배면뛰기' 기술을 들 수 있다. 지금은 높이뛰기 선수들이 대부분 배면뛰기를 하지만, 반세기 전만해도 대세는 바닥을 보면서 뛰는 '벨리 롤(Belly roll)'이었다. 그러나 1968년 멕시코시티 올림픽에서 미국의 딕 포스베리(Dick Fosbury) 선수가 스스로 개발한 배면뛰기 기술로 당당히 금메달을 차지하면서 흐름은 바뀌었다.

포스베리는 어떻게 배면뛰기를 개발하게 되었을까. 포스베리가 배면뛰기를 개발하기 전 높이뛰기 기술 중 주류는 '가위뛰기'였다. 가위뛰기는 양 다리를 걸터앉는 듯한 자세로 뛴 후, 봉 위에서 다리를 가위처럼 교차하는 방식이다.

포스베리가 10살에 높이뛰기를 본격적으로 시작했을 때, 높이뛰기 기술 중 주류는 가위뛰기였다. 하지만 가위뛰기는 도움닫기를 한 후, 도약하는 힘이 약했기 때문에 시대의 흐름에 뒤쳐진다는 지적을 받았다. 이에 높이뛰기 기술은 점차 벨리 롤을 대세로 바뀌었는데, 포스베리만은 가위뛰기를 고집했다.

포스베리는 고등학고 진학 후 벨리 롤에 도전했지만, 기록은 향상되지 않았다. 그는 코치에게 가위뛰기 방식으로 돌아가고 싶다고 하면서, 가위뛰기를 개선하기 위해 여러 방법을 시도했다. 가위뛰기의 결정적인 결함은 엉덩이가 봉에 닿는 것이었고, 포스베리는 엉덩이가 닿지 않도록 뛰고 또 뛰었다. 그러자 자연스럽게 어깨가 내려가 엉덩이와 같은 높이가 된다는 사실을 깨달았다. 기록도 꾸준히 향상되었다.

연습 끝에 공중에서 봉을 등에 대고 하늘을 보는 자세가 되었다. 포스베리는 허리를 들어 엉덩이가 봉에 닿지 않도록 하면서 엉덩이가 봉을 통과하는 순간 다리를 들어 뛰어넘는 배면뛰기를 완성시켰다.

우연에서 탄생한 배면뛰기

배면뛰기는 가위뛰기가 발전한 것이라고 할 수 있다. 포스베리가 벨리 롤만을 고집했다면 배면뛰기는 탄생하지 못했을 것이다.

6-2

뇌를 해방하면 번뜩임이 떠오른다

일이나 학업에서 창의성을 발휘하고 싶다면 지금까지 쌓은 지식을 모두 버리고, 백지 상태에서 생각해 보자. 이러한 자세는 창의성을 발휘하는 데 도움이 된다. 다이어트는 몸매 관리에만 필요한 것이 아니다. 번뜩임에도 '지식의 다이어트'가 필요하다.

이를 증명한 연구도 있다. 미국의 한 대학에서 비디오 교재를 이용한 실험을 했다. 학생을 A와 B 그룹으로 나누어 A에는 아래의 자료를, B에는 밑줄 친 문장을 제외한 자료를 배부했다. 학생들이 받은 자료는 아래와 같았다.

> 제1부는 비디오를 30분간 시청합니다. 이 비디오는 물리의 기본 개념 몇 가지에 관한 내용입니다. 제2부에는 물리에 대한 질문표를 배분할 예정이니, 각 질문에 답변해 주십시오. <u>비디오에선 물리에 대한 몇 가지 견해 중 하나만을 소개하는데, 이 내용이 도움이 될지는 알 수 없습니다. 문제에 답변할 때는 다른 방식이나 견해를 자유롭게 써도 좋습니다.</u>

과연 결과는 어땠을까? 창의적인 답변을 한 쪽은 A 그룹이었다. 밑줄 그은 내용을 삭제한 자료를 받은 B 그룹은 자유로운 답변을 하면 안 된다는 내용이 적혀 있지도 않았는데, 비디오로 배운 지식만 이용해 뻔한 답을 했다. 이 실험을 통해 알 수 있는 사실은 상식과 편견이 머리를 지배하면, 발상과 번뜩이는 아이디어가 나설 자리가 없게 된다는 것이다.

그렇다면 번뜩임을 발휘해 자신의 미래를 예상하는 훈련을 해보자. 도표 6-1을 사용해 나의 10년 후 또는 인류의 삶 100년 후를 우뇌를 이용해 예상하고, 시각화 기술을 이용해 그림과 글자로 표현해 보자.

여기서는 정확한 예측보다 우뇌를 사용해 미래를 예측하는 작업 그 자체가 중요하다. 자유자재로 사고하는 시간을 더 늘려보자. 그러면 당신의 발상 능력은 더 날카로워질 것이다.

도표 6-1 가까운 미래와 먼 미래 예상하기

	내 모습	내 모습을 그린 그림
3년 후		
5년 후		
10년 후		

	세상의 모습	세상의 모습을 그린 그림
10년 후		
50년 후		
100년 후		

나의 모습과 세상이 어떻게 변했을지 자유롭게 상상하면서 칸을 채워보자. 이 내용을 토대로 되도록 구체적인 그림을 그려보자.

기분 전환 시간 소중히 하기

위대한 창조자는 대부분 실험실이나 책상 앞이 아닌 기분 전환 시간에 귀중한 발견을 한다. 수학가 앙리 푸앵카레(Henri Poincare)는 방안에 틀어박혀 매일 1~2시간 푹스(Fuchs) 함수와 유사한 함수는 존재할 수 없다는 사실을 증명하기 위해 매달렸지만, 성과는 없었다.

그런데 항상 우유를 넣은 커피를 마시다가 깜빡 잊고 우유를 넣지 않은 커피를 마시던 어느 날, 갑자기 눈이 뜨이면서 다양한 발상이 머리를 스치고 지나가 증명을 완성하게 되었다.

또 푸앵카레는 갑자기 떠난 여행에서 마차 발판에 오른 순간 놀랄만한 해결책을 떠올리기도 했다. 그의 저서 『과학과 방법(科学と方法)』에 따르면, 그는 이때 수학과 관련된 일은 전혀 생각하지 않았다고 한다.

아인슈타인은 연구실에 조용히 틀어박혀 상대성 이론을 확립하기 위한 연구에 몰두해 있었다. 좀처럼 일이 풀리지 않던 어느 날, 스위스의 레만 호수에 요트를 띄우고 멍하니 쉬고 있을 때 이론과 관련된 소중한 아이디어가 떠올랐다고 한다.

금 왕관에 불순물이 섞여 있는지 알아내야 했던 아르키메데스도 목욕탕에서 계측 방법을 떠올렸다. 아르키메데스가 "유레카(알아냈어)"라고 외쳤다는 일화가 유명한데, 사실 그는 이전에도 수없이 목욕탕에 들어갔을 것이다.

이들의 공통점은 치열한 고심 끝에 기분 전환을 했을 때, 위대한 번뜩임이 떠올랐다는 것이다. 골몰하는 과정 사이에 기분 전환의 시간을 가지면, 우연이지만 필연적인 마지막 네트워크가 이어지면서 뇌가 번뜩이게 된다.

도표 6-2는 내가 제안하는 50가지 기분 전환 방법이다. 지금까지 경험해 보지 못했던 것을 골라 실천해 보자. 익숙한 경험보다 새로운 경험에 도전

하는 것이 더 의미 있을 것이다.

또 일하면서 벽에 부딪혔다고 느껴지는 날은 깔끔히 일을 던져버리고 180도 다른 행동을 해보기 바란다. 이때 공책과 펜은 잊지 말고 꼭 챙기도록 하자.

도표 6-2 50가지 기분 전환 방법

1 코미디 방송 보기
2 피트니스 클럽 가기
3 바비큐 파티 열기
4 일기 쓰기
5 공중목욕탕 가기
6 프라모델 만들기
7 경마 즐기기
8 요리하기
9 장기나 바둑 시작해 보기
10 빠른 걸음으로 공원 걷기
11 고층 빌딩 옥상에 오르기
12 사이클링 즐기기
13 원반던지기 즐기기
14 봉사활동 하기
15 박물관 가기
16 낚시하러 떠나기
17 말차 마시기
18 골프 연습장 가기
19 볼링 즐기기
20 조깅하기
21 그림 그리기
22 테니스 치기
23 무선 조종 비행기 날리기
24 인테리어 바꾸기
25 서점 가기
26 매일 죽방울 가지고 놀기
27 세미나 참가하기
28 잘 읽지 않는 장르의 책 읽기
29 캐치볼 하기
30 요가 배우기
31 디지털 카메라에 심취하기
32 사찰이나 교회에 다녀오기
33 배드민턴 즐기기
34 오락실 가기
35 새로운 식당 개척하기
36 새 관찰하기
37 콘서트 가기
38 미술관 가기
39 가드닝 즐기기
40 와인 즐기기
41 DIY 해보기
42 바다 보러 가기
43 합창단 들어가기
44 시조 배우기
45 영어를 제외한 외국어 배우기
46 댄스 배우기
47 승마 배우기
48 악기 배우기
49 온천 가기
50 재즈 음악 듣기

이러한 기분 전환은 스트레스 해소에도 좋다. '코핑(coping)'이라고도 불리며, 과학적으로도 증명된 방법이다.

언런 기억하기

70살을 넘긴 내가 학생이었을 때와 똑같이 요즘 어린이, 청소년들도 수험 공부에 여념이 없다. 유명한 대학을 졸업하면 취업에 유리하다는 것은 모두가 알고 있는 사실이다.

신문 기사, 잡지 기사, 책 등 다양한 매체에서 '일본은 이제 학력 사회가 아니다. 능력주의다'라는 제목이 보이기도 하지만 이런 제목이 눈에 띈다는 것은 곧 아직도 학력 사회가 만연하다는 반증이기도 하다. 이러한 시스템이 오늘날의 젊은 세대를 창의성과 멀어지도록 만든다고 느끼는 것은 비단 나뿐일까?

지식편중주의가 팽배해질수록 번뜩임이나 직감과 같은 뇌의 우수한 능력이 빛을 발하지 못하게 된다. 지식을 머릿속에 욱여넣을수록 번뜩임과 직감은 점점 모습을 감추게 된다.

서양 사회에서는 '언런(unlearn)'이라는 말을 자주 쓴다. 우리말로 풀면 '탈(脫)학습'이라고 표현할 수 있다. 이 단어는 '배우지 않는다'는 뜻이 아니라 '지금까지 학습한 낡은 지식을 버린다'라는 뜻이다. 이 언런을 통해 창의성을 발휘한 새로운 아이디어를 기대해 볼 수 있다.

어느 기자가 상대성 이론을 주창한 아인슈타인에게 "빛의 속도는 어느 정도입니까?"라는 질문을 했다. 그는 "나는 모릅니다. 사전에서 찾아보십시오"라고 답했다고 한다. 상대성 이론에 대해 생각할 때는 빛의 구체적인 속도는 불필요할뿐더러, 오히려 사고에 방해만 될 뿐이라고 생각한 것이다.

성인은 언런할 것

오늘날의 교육(教育)은 대부분이 '가르칠 교(教)'일 뿐이고, '기를 육(育)'은 경시하는 경향이 있다. '언런'은 '배우지 않는다'는 의미가 아닌, '다시 배운다, 의식적으로 잊는다, 나쁜 습관을 버린다'는 의미다. 학습하면 할수록 지식이 뇌 속에 가득 차 창의성과 직감을 발휘하는 영역이 좁아지기 때문이다.

주제를 정해 번뜩임을 기다리자

뇌는 여러 이미지를 자유자재로 합성하거나 변형하는 데 뛰어난 능력을 가진 장기다. 일류의 뇌에서는 여러 이미지를 자유자재로 합성하거나 분리하는 작업이 아주 손쉽게 이루어진다. 이것은 우리가 습관처럼 하는 공부와는 정반대라고 할 수 있다.

우리는 수험 공부처럼 정보를 입력해 그것을 충실히 기억하는 데 엄청난 시간을 쏟아왔다. 이것이 뇌의 주요한 기능이자 특기라고 착각하고 있었던 것이다. 하지만 이러한 작업은 뇌의 저차원적인 기능이며, 뇌의 특기도 아니다. 뇌에 저장된 엄청난 이미지를 넣다 뺐다 하면서 이것들을 합성하는 작업을 습관화하면 뇌는 번뜩임을 만든다.

번뜩임을 창출할 때 유념해야 할 것이 한 가지 있다. 그것은 주제를 정한 뒤에 이 작업을 해야 한다는 것이다. 막연히 실천한다고 해서 창의성 넘치는 결과가 나오는 것도 아니며, 번뜩임이 있더라도 쓸모없는 경우가 많기 때문이다.

도표 6-3은 내가 개발한 아이디어 메모다. 이 메모장에는 총 여덟 개의 아이디어를 적을 수 있는데, 먼저 메모장 한가운데에 주제를 적어보자. 그 주제를 머릿속에 집어넣은 후, 무언가 떠오를 때마다 이 용지를 꺼내 아이디어를 채워보자.

도표 6-3 아이디어 메모

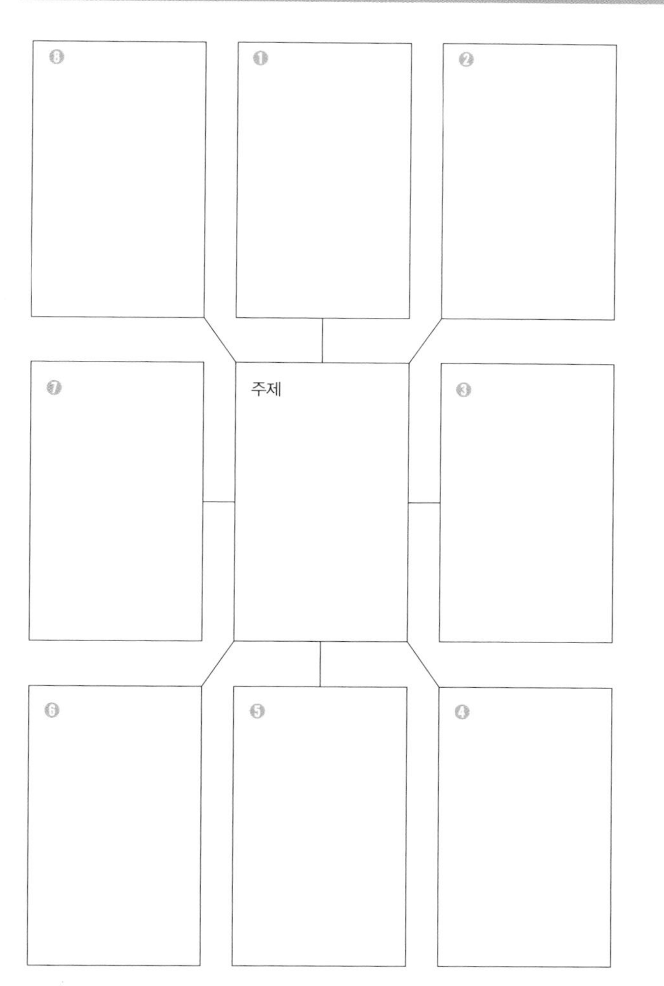

주제에 맞는 아이디어를 떠올리는 습관을 들이고, 뇌 속에 축적된 이미지를 자유자재로 합성하는 연습을 반복한다면, 업무에 유용한 번뜩임을 떠올리는 뇌를 만들 수 있다.

역사 속 위대한 발명의 계기란?

여기서는 역사 속 세 가지의 위대한 발명과 그 발명의 계기를 소개해보겠다.

● 포스트 잇

미국의 대형 화학 기업 3M의 연구원 스펜서 실버(Spencer Silver)가 개발한 접착제는 어느 물체에 붙여도 쉽게 떨어지는 실패작이었다. 그런데 동료 아서 프라이(Arthur Fry)의 "교회에서 찬송가를 부를 때 책에 끼워 놓았던 종이가 금방 떨어져서 화가 났다"는 이야기를 듣고 실패작의 약한 접착력은 잠시 종이에 붙여 놓기에 딱 좋다는 사실을 깨달았다.

이 실패작은 1977년에 '포스트 잇'이라는 이름으로 제품화되기에 이른다. 이 발명은 일상적인 타인의 불만과 실패작이라는 언뜻 보면 관련 없어 보이는 일들을 조합해 만든 산물이라 할 수 있다.

● 폴라로이드 카메라

미국 폴라로이드사의 창업자인 에드윈 허버트 랜드(Edwin Herbert Land)는 가족과 함께 휴일을 즐기고 있었다. 그런데 세 살짜리 딸이 "어떻게 하면 (촬영한) 사진을 바로 볼 수 있어?"라고 물었다. 랜드는 필름을 현상하지 않으면 바로 볼 수 없다는 사실을 열심히 설명했지만, 딸을 이해시키기는 역부족이었다.

이때 그의 뇌리에 '현상하지 않아도 되는 카메라를 개발하자'라는 상식을 뒤엎은 발상이 떠올랐다. 그리고 1944년, 찍은 사진을 바로 확인할 수 있는 '폴라로이드 카메라'가 출시되었다. 발명의 계기는 딸과의 일상이었다.

● 탈착 이온화

2002년 노벨 화학상을 받은 다나카 고이치(田中耕一)는 단백질 등 생체 고분자의 질량 분석과 관련한 시행착오를 수없이 반복했다. 어느 날, 코발트의 나노 입자를 아세톤 용매에 녹여야 하는데, 글리세린에 섞어버리는 실수를 하고 말았다. 그런데 이때 다나카는 '무언가에 쓰일지도 모르니 버리지 말자'라고 생각해 잘못 만든 재료를 실험에 사용해 보았다.

그는 실패한 재료로 단백질의 질량을 완벽하게 측정할 수 있다는 사실을 발견해 탈착 이온화를 개발하게 되었다.

우연에 의해 만들어진 위대한 발명도 존재한다

발명은 우연적인 사건이나 생각지 못했던 번뜩임이 계기가 되어 탄생하는 경우가 많다. 바로 5-5에서 이야기한 세렌디피티다.

COLUMN 6

역사 속 최고의 천재는 누구일까?

천재 연구가로 저명한 토니 부잔(Tony Buzan)은 다양한 관점에서 역사 속 천재의 순위를 매겼는데, 아래는 2위부터 10위에 해당하는 랭킹이다.

제2위 윌리엄 셰익스피어
제3위 피라미드 건설자
제4위 요한 볼프강 폰 괴테
제5위 미켈란젤로
제6위 아이작 뉴턴
제7위 토머스 제퍼슨
제8위 알렉산더 대왕
제9위 페이디아스(아테네 건축가)
제10위 알베르트 아인슈타인

대망의 1위는 바로 레오나르도 다빈치다. 다빈치 연구의 일인자인 마이클 겔브(Michael Gelb)는 '다빈치의 일곱 가지 법칙'을 소개한다.

1. 호기심
2. 검증
3. 감각
4. 불확실성
5. 전뇌(全腦) 사고
6. 신체
7. 관련

4번의 '불확실성'은 모호함과 모순을 수용하는 것을 뜻하고, 7번의 '관련'은 만물은 서로 연결되어 있다는 의식을 갖는 것을 의미한다. 외부 세계를 있는 그대로 받아들이고, 자연스럽게 아이디어와 직감을 떠올리도록 하는 것이 위대한 발명과 발견으로 이어지는 길이다.

제 7 장

자녀를 일류로 키우는 비결

7-1 유연성으로 넘쳐나던 뇌가 점점 경직된다 116
7-2 아이들의 창의력은 강요하면 저하된다 118
7-3 아이의 창의성 길러주기 120
7-4 올바른 칭찬법과 잘못된 칭찬법 알기 122
7-5 말 걸기, 읽어주기, 질문이 뇌의 입력 출력 기능을 단련시킨다 126
7-6 이중 언어자로 만들고 싶다면 만 7세까지가 가장 중요 130
7-7 α파와 θ파 통제하에 두기 132
7-8 발상이 떠오를 때마다 그림으로 남기자 134
7-9 자녀의 뇌 특성 확인하기 136
7-10 골든 에이지의 힘 이해하기 138
7-11 강한 승부욕 유지하기 140
COLUMN 7 빠른 걸음으로 생각하자 142

유연성으로 넘쳐나던 뇌가 점점 경직된다

2-8에서 이야기했듯, 뇌는 아날로그적인 장기이므로 이미지 처리를 처리하는 일은 능력은 뛰어나지만, 문자나 숫자 처리 능력은 떨어진다. 문자나 숫자를 처리하는 일은 인류에게만 필요한 능력이기에 뇌 입장에서는 새롭고 익숙지 않은 작업이다.

어린이의 경우 초등학교에 입학하기 전까지는 이미지를 파악하거나 그리는 데에 몰두하기 때문에 뇌가 가진 본래의 창의성을 있는 그대로 발휘할 수 있다. 그런데 초등학교에 들어간 순간부터 뇌는 홍수처럼 밀어닥치는 문자와 숫자와 같은 디지털을 처리하는 데 압도당한다. 그 결과는 어떨까?

종이에 크레파스나 연필로 자유롭게 그림을 그려 유연성으로 가득했던 뇌는 딱딱하게 굳어가기 시작한다. 조금 더 쉽게 설명하자면 '3+4=?'의 정답은 7이며, 이외의 정답은 존재하지 않는다. 하지만 '?+?=7'이라면 정답은 무수히 많을 것이다.

문자와 숫자는 어떠한 현상을 이해하고, 진실을 인식하기 위한 도구로는 매우 편리하다. 그러나 우리가 처음 가지고 태어난 유연성과 창의력을 저해하기도 한다.

한국이나 일본에서는 문제의 정답이 하나밖에 없는 암기 위주의 입시 문제가 대부분이지만, 서양에서는 창의력이나 발상 능력을 묻는 입시 문제가 주를 이룬다. 문자와 숫자뿐만 아니라 그림, 사진과 같은 이미지로 사고하는 습관을 기르면 뇌의 유연성 또한 유지할 수 있다.

학교에 다니면서 자유로운 발상을 잃는 경우도 있다

초등학교에서 배우는 내용은 아주 중요한 내용이지만, 문자와 숫자에 압도되어 창의성을 잃고 마는 어린이도 있다.

아이들의 창의력은 강요하면 저하된다

미국 브랜다이스대학교의 심리학자 테레사 아마빌레(Teresa Amabile) 박사는 7세부터 11세까지의 여아에게 찢어진 종이를 조합해 새로운 디자인의 작품을 만들도록 했다. 그 결과 '경쟁심을 부추기면 오히려 창의력이 떨어진다'는 사실이 밝혀졌다. '다른 아이에게 지면 안 돼!'라고 부추겨진 아이에겐 창의성이 결여된 작품이 만들어졌다.

프로 데뷔 이후 29연승이라는 신기록을 세운 장기 기사 후지이 소타(藤井聡太)가 주목 받았었는데, 그의 아버지는 네 살이 된 아들에게 스위스의 목제 장난감 '큐보로(cuboro)'를 선물로 주었다고 한다. 이 장난감은 유리구슬이 지나가는 길을 입체적으로 만들어서 굴리는 것으로, 어른들에게도 꽤나 복잡한 놀잇감이다.

나는 그가 창의성을 길러 기사로 재능을 꽃피우는 데 이 놀이가 일조했다고 생각한다. 큐보로에 빠져 오랫동안 집중하는 모습을 본 그의 부모는 '무언가에 열중하고 있을 때는 방해하지 말자'고 생각했다고 한다. 창의력은 강요당하는 것이 아니라 자발적으로 행동했을 때 길러진다. 이것이 주입식 교육과의 결정적인 차이다.

또 미국 일리노이대학교의 심리학자 안드레아 타일러(Andrea Tyler)는 어린 아이들의 놀이를 관찰했다. 식물이 많은 지역에서 노는 그룹과 식물이 매우 적은 지역에서 노는 그룹을 비교한 결과, 식물이 많은 지역에서 노는 아이들은 창의성이 높은 놀이(소꿉놀이, 역할 놀이, 새로운 놀이)를 압도적으로 많이 했다. 이는 식물이 많은 곳이 창의성을 기르기에 아주 적합한 환경이라는 것을 의미한다.

강요당하면 저하되고 스스로 행동해야 느는 창의력

억지로 하는 일에 창의력을 발휘하는 것은 어렵지만, 좋아해서 하는 일이라면 창의력을 발휘하면서 성장한다. 이는 어린이뿐 아니라 성인도 마찬가지다.

아이의 창의성 길러주기

미국의 심리학자 발라흐(Wallach)와 코간(Kogan)은 어린이를 아래 네 타입으로 나누어 어른이 될 때까지 추적 조사를 시행했다.

① 지능이 높고 창의성도 높은 그룹
② 지능은 높지만 창의성이 떨어지는 그룹
③ 지능은 낮지만 창의성이 높은 그룹
④ 지능이 낮고 창의성도 떨어지는 그룹

당연히 ①번 그룹 아이들이 천재가 될 가능성이 높고, ④번 그룹 아이들은 가능성이 낮을 것이다. 우리가 주목해야 하는 이들은 ②번과 ③번 그룹이다. ②번의 '지능은 높지만 창의성이 떨어지는 그룹'의 아이들은 극히 평범한 성인이 되는 경우가 많았다. 반면 ③의 '지능은 낮지만 창의성이 높은 그룹'의 아이들은 각자의 장기를 살려 독창적인 발견을 하는 천재가 될 가능성이 높았다.

지능은 문자와 숫자를 매개로 길러지고, 창의성은 이미지를 매개로 길러진다. 만약 여러분의 자녀가 만 5세 이하라면 이미지를 이용한 사고를 할 수 있도록 적극적으로 독려해 보자.

캐나다 웨스턴온타리오대학교의 한 실험 결과 비디오나 슬라이드를 이용해 영상 이미지를 기억시키면 그렇지 않은 기억과 비교해서 기억력이 세 배나 향상된다는 사실이 밝혀졌다. 읽어주는 방식도 효과적이다. 특히 4세 이전에는 시각보다 청각이 더 민감하게 반응하므로 부모가 글을 읽어 들려주면 머릿속에서 이야기와 관련된 이미지가 떠올라 아이의 창의성도 길러진다.

신동이라고 불렸지만…

지능이 높아도 창의력이 없으면 평범한 어른이 될 가능성이 높다. 반대로 지능이 조금 떨어지더라도 창의력이 뛰어난 아이는 자신의 장기를 살려 재능을 발휘하기 쉽다.

7-4

올바른 칭찬법과 잘못된 칭찬법 알기

자녀를 일류로 키우고 싶다면, 평소에도 자녀 자신의 장점을 자주 알려주자. 우리는 의외로 나 자신이나 가족의 장점에 무관심하다. 특히 자신의 자녀라면 더욱 그렇다. 부모님의 칭찬은 아이에게 좋은 영향을 끼친다. 아이는 부모의 칭찬으로 자신감을 얻고 잠재 능력을 한층 더 발휘할 수 있게 된다.

하지만 모든 칭찬이 순기능을 하는 것은 아니다. 칭찬에도 올바른 방법과 잘못된 방법이 있다. 올바른 칭찬법은 '노력'에 초점을 맞춰 열심히 한 부분을 칭찬해 주는 것이다. 예를 들어 피아노를 배우는 아이가 피아노 발표회에 참가했다면 "정말 열심히 했구나!"라고 크게 칭찬해 주자. 설령 피아노 연주를 잘 해내지 못했어도 열심히 했다는 것에 초점을 맞추어 칭찬해 주면 된다.

잘못된 칭찬법은 재능을 칭찬하는 것이다. 앞의 예와 같이 피아노 발표회에 참가한 아이에게 "역시! 피아노 연주에 재능이 있구나!"라고 칭찬하는 방법이다. 언뜻 보기에 '아이에게 자신감을 심어주는 것 아닌가?' 하는 생각이 들지도 모른다. 하지만 이 칭찬법은 아이가 잘하고 있을 때는 괜찮지만, 그렇지 않은 상황에서 역효과가 날 수 있다.

● 재능을 칭찬하면 역경을 딛고 일어나지 못한다

아이의 재능만 칭찬하면 아이는 자신의 재능으로 본인을 평가하려고 한다. 그렇게 되면 일이 잘 풀리지 않았을 때 '나는 재능이 없어서 잘 안 되는구나'라는 생각을 하게 된다. 재능의 유무는 스스로 해결할 수 없는 영역이기 때문에 자신감을 잃어버리면 다시 일어서기 쉽지 않다.

재능이 아닌 노력을 칭찬하자

재능을 칭찬받은 아이

쾌감 느끼기

재능은 스스로 조절할 수 없지만, 노력은 가능하다. 자기 자신을 컨트롤하는 감각을 어렸을 때부터 익히는 것이 중요하다.

반대로 노력을 칭찬받은 아이는 일이 잘 풀리지 않을 때 '아직 노력이 부족해서 그런 걸 거야'라고 생각한다. 노력은 스스로 해결할 수 있기 때문에 자신감을 잃을 일도 없다. 반대로 '더 열심히 해야겠다. 그러면 더 잘할 수 있을 거야'라고 생각하면서 더 힘을 내게 된다.

재능이 아니라 노력의 소중함을 가르치면 아이는 인내심을 배우게 된다. 지능 연구의 대가 로버트 스턴버그(Robert J. Sternberg) 박사는 아래와 같이 주장한다.

> 고도의 전문성을 익힐 수 있는지 없는지 결정하는 요인은 이미 갖춰진 능력이 아니다. 그것을 좌우하는 것은 목적에 따라 능력을 끝없이 발휘할 수 있는지 아닌지에 달려 있다.

가치 있는 목표를 달성하려는 인간의 동기나 욕구를 '달성 동기'라고 한다. 이 연구의 일인자인 미국 스탠퍼드대학교의 캐롤 드웩(Carol Dweck) 박사는 마인드셋(mindset, 마음가짐)을 단단한 마인드셋과 부드러운 마인드셋으로 분류한다. 앞의 예로 보면 재능에 기대는 아이는 단단한 마인드셋을 가졌고, 노력 여부에 따라 결과는 달라질 수 있다고 생각하는 아이는 부드러운 마인드셋을 가진 아이다.

같은 상황 속에서도 각자의 해석 방식에 따라 이후의 행동이 달라지고, 행동의 차이는 성과의 차이를 낳는다. 도표 7-1은 드웩 박사가 제시한 칭찬 방법 분류표로 이 내용을 꼭 실천해 보자.

도표 7-1 칭찬 방법 분류

이 칭찬을 늘리자!

이 칭찬을 줄이자!

	'과정' 칭찬하기	'재능' 칭찬하기
유아	너무 잘 달렸어	발이 참 빠르구나
	열심히 했구나	머리가 좋네
	조용히 있어줘서 고마워	착하네 역시 형이라 다르네
	그림을 잘 그렸구나	그림에 재능이 있구나
초등학생 이상	열심히 노력했구나	정말 머리가 좋구나
	너한테는 쉬울지도 모르겠다. 조금 더 어려운 것에 도전해 보자	이 분야에 재능이 있구나
	문제에 접근하는 방식이 좋구나	대단하다. 공부도 많이 안 했는데 좋은 성적이구나
기타 어느 쪽에도 해당하지 않는 '대단하다', '해냈구나'와 같은 말은 마인드셋에 영향을 끼친다는 데이터는 없지만, 충분히 격려가 된다.		

출처: トレ ーシー・カチロー,『最高の子育てベスト55』, ダイヤモンド社, 2016.

말 걸기, 읽어주기, 질문이 뇌의 입력 출력 기능을 단련시킨다

'쇠뿔도 단김에 빼라'는 속담이 있다. 나는 이 속담을 변형해 '뇌는 어렸을 때 단련해라'는 말을 부모들에게 한다. 3세까지 부모가 자주 말을 걸어준 아이는 그렇지 않은 아이보다 어휘력이 뛰어날 뿐만 아니라 IQ도 높았다. 이 사실은 추적 검사를 통해 밝혀진 내용이다.

『최강의 육아55(最高の子育てベスト55)』를 저술한 육아 전문 기자 트레이시 커크로(Tracy Cutchlow)에 따르면 말 걸기는 출산 예정 10주 전부터 효과가 있으며, 3세까지가 가장 중요한 시기라고 한다. 즉 태아와 나누는 태담이 효과가 있다는 것이다.

읽어주기는 1세까지도 효과가 있다고 하지만, 그 효과가 명확히 나타나는 것은 1세 이후다. 하루에 10~15분 만이라도 좋으니 매일 정해진 시간에 이야기를 들려주는 시간을 만들어 보자. 귀로 들어 뇌에 입력된 언어는 그림과 연동해 뇌를 활성화시킨다.

2세 이후에는 그림책을 이용해 질문해 보는 시간을 갖자. 만 2세 유아는 그림을 보면서 부모의 질문에 대답할 능력이 충분하다. 그런데 단순히 이야기를 들려주기만 하면 뇌의 입력 기능은 단련되지만, 출력 기능은 단련되지 못한다.

뇌는 어렸을 때 단련해라

말 걸기와 읽어주기는 자녀의 뇌를 단련시킨다.

● **어른에게 말 걸듯이 이야기하기**

내 세 살짜리 손자는 '토마스와 친구들'에 나오는 모든 캐릭터 이름을 꿰고 있다. 또 자동차 그림이 그려진 카드를 보여주기만 해도 50종류가 넘는 자동차 이름을 완벽하게 외운다. 어른이 봐도 헷갈리는 '트랙터', '로드 롤러', '지게차', '휠 로더', '기중기차'와 같은 자동차 종류를 구분하기도 한다.

이것은 내가 여러 차례 자동차 그림이 그려진 카드를 보여주면서 "이건 뭐야?"라고 질문하고 대답하는 놀이를 했기 때문이다. 처음에는 당연히 틀렸지만, 잘못된 답을 수정해 주자 금세 맞는 답을 내놓을 수 있게 되었다.

이러한 습관을 들이면 유아의 뇌는 무엇이든 그림과 단어를 연동시켜 기억한다. 지금은 모르는 그림이 그려진 카드를 보고 손자가 먼저 "이거는 뭐야? 이거는?"하고 질문하곤 한다. 무엇이든 외우려는 의욕이 엄청나다. 아이 자신보다 아이의 뇌가 마치 스펀지가 물을 흡수하듯 그림과 연동된 어휘를 엄청난 속도로 기억한다.

아이는 그림 카드뿐 아니라 주변의 모든 대상에 관한 것도 알고 싶어 한다. 나는 "이거는 뭐야?"라는 손자의 질문에 답할 때 '유아 언어'를 쓰지 않고, 어른들에게 하듯 이야기한다. 예를 들어 KTX 그림이 그려진 카드라면 "이건 KTX야"라는 대답이 아니라 "이건 2004년부터 운행을 시작한 초고속 열차 KTX야. 최고 시속은 300킬로미터이나 된단다"라고 말한다. 그러면 손자는 내용을 완벽하게 기억한다.

이처럼 이미지뿐 아니라 언어의 '샤워'를 끼얹어 주면 백지 상태였던 뇌는 효율성 있게 외부의 정보를 기억하는 능력을 습득해 극적으로 변화하게 된다.

대화할 때는 어린이 취급하지 않는다

아이들의 기억력은 실로 경이롭다. 대화를 통해 호기심이 생기면 계속해서 새로운 단어를 기억한다. 그러면 아이는 어른처럼 대화할 수 있다. 아이는 우리가 생각하는 것 이상으로 어른의 말을 이해할 수 있는 능력을 가지고 있다.

이중 언어자로 만들고 싶다면 만 7세까지가 가장 중요

트레이시 커크로는 '어린이의 창의력을 길러주는 아홉 가지 방법'을 제시했는데, 그 내용은 도표 7-2에서 볼 수 있다. 그녀는 쌍둥이를 연구해 창의력은 3분의 1이 유전, 3분의 2가 노력으로 만들어진다는 사실을 밝혀낸 바 있다. 즉 부모가 아이의 적성과 흥미를 잘 파악하고, 자녀가 관심 있어 하고 잘하는 분야를 찾아 단련을 반복하면 천재가 될 수 있다.

아이의 능력을 기르는 데 이른 시기는 없다. 다양한 연구 결과를 통해 7세 이하의 어린이는 원어민과 동등하게 제2의 언어를 습득할 수 있다는 사실이 밝혀졌다. 요컨대 7세가 지나면 되면 제2언어를 학습할 때 일종의 핸디캡이 작용한다고도 볼 수 있다.

만약 여러분의 자녀가 7세 미만이라면, 영어 학습을 본격적으로 시작하는 것을 추천한다. 7세 이후에 시작하는 것보다 훨씬 효율적이기 때문이다.

트레이시 커크로의 『최강의 육아55』에 따르면 이중 언어의 환경이 자녀에게 긍정적 영향을 준다고 한다. 예로 이중 언어자 가정의 아이들은 창의성이 높아질 가능성이 높다.

4~5세 아동을 대상으로 한 실험에서 '가공의 꽃 그림'을 그리도록 하자 이중 언어자 가정의 아이들은 '연과 꽃을 조합한 그림' 등을 그렸지만, 일반 가정 환경의 아이들은 '꽃잎이나 이파리가 없는 꽃' 등을 그려 창의력의 차이를 확연히 보여주었다.

단순히 생각해 보아도 이중 언어자 어린이는 하나의 언어만을 학습하는 어린이에 비해 뇌를 두 배 더 활성화시킬 수 있어 큰 장점이 될 것이다.

도표 7-2 어린이의 창의력을 길러주는 아홉 가지 방법

1. 흥미를 열정으로 바꿀 수 있도록 격려한다
2. 실수를 용납하고 환영한다
3. 회화나 사진 같은 시각 예술, 연극, 독서 프로그램에 참여한다
4. 자녀의 재능을 잘 살펴보고 적극 지원한다
5. 성적보다 학습 내용에 관심을 보인다
6. 하나의 문제에 대한 여러 해결책을 생각하도록 독려한다
7. 해답을 주지 않고 해답을 찾기 위한 '도구'를 제공한다
8. 시각적으로 생각하는 본보기를 보여준다. 예를 들어 가구 배치를 바꾸고 싶을 때 자녀와 함께 스케치를 해본다
9. 새로운 사고방식을 독려하기 위해 예시나 비유 표현을 자주 쓴다

출처: トレ ーシー・カチロー,『最高の子育てベスト55』, ダイヤモンド社, 2016.

α파와 θ파 통제하에 두기

나의 전문 분야인 스포츠 심리학에서 뇌파 조절은 무척 중요한 연구 주제다. α(알파)파와 θ(세타)파는 천재의 뇌와 깊은 관련이 있는데, 도표 7-3에 뇌파의 주파수와 그 특징을 정리해 놓았다.

α파는 일명 '번뜩임의 뇌파'라고 불리는데, 직감과 번뜩이는 아이디어가 떠오를 때 나타난다. 주파수는 8Hz에서 14Hz 사이로, 특히 9~11Hz는 미드 α파라고 불린다. 천재들의 위대한 업적을 낳은 번뜩임은 이 뇌파가 발생했을 때 나타났다.

θ파는 주로 얕은 잠에 들어 꿈을 꿀 때 나타난다. 주파수는 4~7Hz 사이로, 최근 연구에서는 집중력이 요구될 때도 θ파가 우세해진다는 사실이 밝혀졌다. 이 분야의 전문가인 도쿄대학교 교수 히사쓰네 다쓰히로(久恒辰博)는 아래와 같이 이야기한다.

> θ파가 치고 올라가는 순간, 해마의 전달 회로가 급격하게 변화합니다. 무수한 신경 세포는 서로 연결되어 있지만, θ파의 출현으로 더 강하게 결속되는 것이지요. 전문적으로 말하면 이온 성분비가 변화한다고 설명할 수 있습니다. 시프트 체인지(shift change, 자동차 기어를 변속할 때 레버가 움직이는 거리)로 기어를 올린다는 느낌이라고 할까요. 이에 따라 해마는 학습 모드로 바뀌게 됩니다.

히사쓰네 다쓰히로 교수에 의하면 기억뿐 아니라 운동 분야에서도 '이제 집중하자'라고 생각하는 순간 θ파가 우세해진다고 한다. 물론 이것은 아주 찰나의 순간이다. 예를 들어 제자리멀리뛰기를 한다면 점프하는 순간 θ파가 치고 왔다가 멀리뛰기를 끝낸 후에는 진다. 그렇다면 이러한 α파와 θ파를 나타나게 하려면 어떻게 해야 할까? 도표 7-4에 α파와 θ파가 우세를 점유하는 상황을 정리해 놓았는데, 방법은 간단하다. α파와 θ파가 나타나는 작업을 많이 하면 된다. 나뿐 아니라 자녀에게도 생활 속에서 이러한 상황을 많이 만들어주자.

도표 7-3 다양한 뇌파의 특징

뇌파의 종류	주파수 대역	특징
δ(델타)파	1~3Hz	깊은 잠에 들었을 때
θ파	4~7Hz	잠들기 직전 꾸벅꾸벅 조는 상태
		좌선이나 명상을 할 때
		창의력이나 기억력을 발휘할 때
α파	8~13Hz	심신 모두 편히 쉬고 있는 상태
		집중력과 학습 능력이 고양되었을 때
β(베타)파	14~29Hz	완전히 깨어 있는 상태로 업무나 집안일 등의 일상생활을 할 때
		이것저것 생각하고 있을 때
		긴장과 불안 상태에 빠졌을 때

도표 7-4 α파와 θ파가 나타나기 쉬운 상황 예시

- 명상할 때
- 취침 중 꿈꿀 때
- 이미지를 떠올릴 때
- 클래식이나 편안한 음악을 들을 때
- 자연 속에서 새나 벌레 소리를 들을 때
- 요가 할 때
- 조깅 할 때
- 깊이 사고할 때
- 복식 호흡할 때
- 게임에 몰두했을 때

발상이 떠오를 때마다 그림으로 남기자

번뜩임은 이미지에 의해 탄생된다. 이 이미지는 다시 문자로 변환된다. 초등학교에 입학하기 전, 아이들의 뇌는 대부분 그림으로 학습한다. 예로 유치원생은 대체로 그림을 그리면서 시간을 보내기 때문에 이 시기에 우뇌가 급격하게 발달한다. 인간의 일생에서 우뇌가 가장 발달하는 시기는 5~6세라는 설이 있을 정도다.

초등학교에 입학한 후에는 문자와 숫자를 매개로 한 학습이 시작되고, 이미지로 학습하는 습관이 현저히 줄어든다. 이때부터 대학교를 졸업할 때까지 좌뇌를 혹사하는 교육이 계속되기 때문에 번뜩임이나 발상을 담당하는 우뇌를 단련하는 시간이 자연스럽게 부족해진다. 결국 우리는 이렇게 창의성을 잃고 만다.

이런 이유에서 자녀가 초등학교에 입학한 후라면, 내가 개발한 '연상 이미지 트레이닝'을 통해 우뇌를 단련해 보길 바란다. 어른이 해봐도 괜찮은 방법이다. 이 트레이닝은 번뜩이는 능력을 효과적으로 향상시킬 수 있고, 방법도 간단하다.

도표 7-5는 연상되는 이미지를 기입하는 용지다. 이 용지에는 12개의 아이디어를 적을 수 있다. 우선 날짜, 날씨, 주제를 적는다. 아이디어를 떠올릴 때는 반드시 주제에 맞는 생각을 해야 한다. 왜냐하면 뇌는 주제를 입력해야 활발히 움직이는 장기이기 때문이다. 이때 자연스럽게 발상이 떠오를 텐데, 그 감각을 기억해두자. 또 연상하면서 뇌리에 떠오른 그림을 그려보자. 서툴러도 좋다. 상상하는 이미지와 가까운 그림을 그리는 것이 가장 중요하다.

도표 7-5 연상 이미지 기입 용지

날짜 20 ____ 년____ 월____ 일 날씨________________
주제 ____

❶	❷	❸
❹	❺	❻
❼	❽	❾
❿	⓫	⓬

비고

적어도 하루 세 번 씩 이 훈련을 반복하자. 나는 대학교에서 수업이나 책 주제에 대해 생각할 때 반드시 이 방법을 사용한다. 나는 20~30초 간격으로 그림 12개를 완성하려고 노력한다.

7-9

자녀의 뇌 특성 확인하기

번뜩이는 아이디어를 창출하기 위해서는 좌뇌보다 우뇌를 활성화시키는 게 더 빠르다. '작가나 수학 천재는 좌뇌가 활성화되어 있어서 천재가 된 것이 아닐까?'라고 생각하는 사람이 있을지도 모르지만, 이들은 대부분 우뇌로 이미지를 떠올리면서 아이디어를 얻는다. 물론 이들은 청각, 촉각, 후각과 같은 감각 기관도 총동원하여 번뜩이는 아이디어를 창출한다. 그 다음 단계에서 작가는 번뜩임을 언어로, 수학자는 숫자로 변환했을 뿐이다.

최근 fMRI의 발전으로 자신의 뇌가 어떤 타입인지 확인할 수 있게 되었다. 하지만 비용적인 문제 등으로 인해 아직까지는 가벼운 마음으로 fMRI 검사를 하긴 쉽지 않다.

도표 7-6를 통해 자신의 뇌가 어떤 타입에 해당하는지 간단히 확인해 볼 수 있다. 이 검사지를 이용하여 자녀가 좌뇌형인지 우뇌형인지 확인해 보자. 물론 여러분 자신의 뇌 타입을 확인해 보는 것도 좋다.

아이의 뇌 타입을 이해하고 잘하는 분야를 더 향상시켜 준다면 아이의 잠재 능력을 끌어올릴 수 있을 것이다. 반대로 뇌 타입을 이해하지 않고 익숙하지 않은 분야를 억지로 발달시키려고 하면 과장을 조금 보태서 시간 낭비밖에 되지 않는다. 아이가 본래 가진 재능의 가능성마저 묻어버릴 수 있기 때문이다.

2017년 세계 탁구 선수권 대회에서 일본인으로는 48년 만에 동메달을 따낸 히라노 미우(平野美宇) 선수와 후지이 기사도 인생을 모두 바쳐 가장 자신 있는 분야를 단련했기 때문에 좋은 결과를 이룰 수 있었다. 전문 분야 외의 영역에서는 다른 사람과 같은 평범한 뇌를 가져도 좋다. 한 가지 분야를 철저히 파고드는 것이 가장 중요하기 때문이다.

도표 7-6 우뇌형과 좌뇌형 구분하기

아래 질문을 읽고 '네, 아니오'에 해당하는 부분에 ○표시를 합니다.

번호	질문	네	아니오
❶	그림 그리기를 좋아한다	네	아니오
❷	형형색색의 그림을 자주 본다	네	아니오
❸	아이디어를 잘 낸다	네	아니오
❹	정리 정돈을 잘 못한다	네	아니오
❺	논리적 사고가 어렵다	네	아니오
❻	방향치는 아니다	네	아니오
❼	시간 감각에 예민하다	네	아니오
❽	기억력에 자신이 있다	네	아니오
❾	책을 읽으면 이미지가 마구 떠오른다	네	아니오
❿	왼손잡이다	네	아니오
⓫	국어보다 수학을 잘한다	네	아니오
⓬	공상하는 것을 좋아한다	네	아니오
⓭	천문학에 관심이 있다	네	아니오
⓮	나의 직감은 날카롭다	네	아니오
⓯	감에 의존해 행동할 때가 많다	네	아니오
⓰	계획을 세우지 않고 여행하는 것을 좋아한다	네	아니오
⓱	금전 감각이 둔한 편이다	네	아니오
⓲	운동 신경에는 자신이 있다	네	아니오
⓳	나는 로맨티스트다	네	아니오
⓴	이치에 맞게 사고하는 것이 어렵다	네	아니오

응답	유형	설명
'네'라고 답한 개수가 17개 이상	우뇌 편중형	당신은 전형적인 우뇌형 인간입니다.
'네'라고 답한 개수가 13~16개	우뇌 우선형	당신은 우뇌를 우선하는 경향이 있습니다.
'네'라고 답한 개수가 8~12개	균형형	당신은 양쪽 대뇌 반구를 균형 있게 사용하고 있습니다.
'네'라고 답한 개수가 4~7개	좌뇌 우선형	당신은 좌뇌를 우선하는 경향이 있습니다.
'네'라고 답한 개수가 3개 이하	좌뇌 편중형	당신은 전형적인 좌뇌형 인간입니다.

골든 에이지의 힘 이해하기

9~11세의 뇌는 기술을 습득하는 데 가장 적합한 것으로 알려져 '골든 에이지(Golden Age)'라고 불린다. 올림픽 메달리스트나 프로 스포츠 선수의 경우, 이 시기를 지나치면 크게 성공하기 어렵다고도 한다.

뛰어난 기술을 연마하기 위해서는 골든 에이지 전후의 시기 또한 중요하다. 3~8세는 '프리 골든 에이지(Pre-Golden Age)'라고 불리며, 운동선수로 성공하길 바란다면 무척 중요한 시기다. 이 시기에 철저한 반복 훈련을 한다면, 뇌 속에 운동 프로그램이 효율적으로 기억된다.

12~14세는 '포스트 골든 에이지(Post-Golden Age)'라고 불리며 실전 경험을 쌓아 전략과 기술을 갈고닦는 시기다. 즉 커리어를 다듬는 시기라고 볼 수 있다.

나는 2006년 수학의 노벨상이라고 불리는 필즈상을 받은 수학자 테렌스 타오(Terence Tao)만큼 천재라는 단어에 걸맞은 사람은 없다고 생각한다. 그는 만 7세에 고등학교 수업을 들었고, 10세 때 국제 수학 올림픽에서 동메달을 획득했으며, 12세에는 역사상 가장 어린 나이에 금메달을 목에 걸었다. 그리고 13세에는 대학생이 되어 21세에는 UCLA 교수가 되었다.

그런 그의 재능을 꽃피울 수 있게 한 것은 바로 그의 부모님이었다. 어린 시절부터 책과 장난감을 주면서 혼자서 노는 습관을 들이도록 했다. 그의 아버지는 "자발적으로 학습하고자 하는 자세가 독창성과 문제 해결 능력을 키운 것 같다"고 했다.

도표 운동 기능 발달 피라미드

골든 에이지와 그 전후 시기는 다양한 기술을 습득하기에 가장 적합한 시기다. 자녀의 재능을 꽃피우고 싶다면 이 타이밍을 놓치지 말자.

참고: ブラウン, 1990.

강한 승부욕 유지하기

천재는 소질이나 환경만으로 만들어지지 않는다. 포기를 모르는 사람이 천재가 된다. 아무리 선천적인 재능이 뛰어나도 쉽게 포기하는 사람은 절대 천재가 될 수 없다. 스포츠나 바둑, 장기처럼 '승패가 모든 것을 말하는 분야'라면 포기를 모르고 승부욕이 강한 사람만이 그들의 잠재 능력을 발휘해 성공할 수 있다.

장기 기사 후지이 소타는 '데뷔 이래, 29연패 달성'이라는 강렬한 데뷔전을 치렀다. 그는 어렸을 적부터 승부욕이 무척 강했는데, 이에 관련한 한 일화도 전해진다.

2010년 후지이가 초등학교 2학년 때의 일이다. 다니가와 고지(谷川浩司) 9단의 지도를 받은 적이 있는데, 다니가와는 핸디캡을 갖고 시작했음에도 우세를 점했고, 곧 후지이가 지기 직전의 상황에 이르렀다. 이때 다니가와가 도움의 손길을 뻗어 이렇게 이야기했다.

(이번 장기판은) 비긴 것으로 할까요?

위대한 대선배의 배려 깊은 한 마디에 후지이는 장기판을 끌어안고 대성통곡을 했다고 한다. 그는 어릴 적부터 장기에서 지고 엉엉 운 적이 한두 번이 아니었다. 또 승부에 무척 집착했다고 한다. 패배를 교훈 삼아 다음에는 승리할 수 있도록 의욕을 끌어올리는 것은 천재들의 어린 시절에서 발견되는 공통점이다.

테니스 선수 니시코리 게이(錦織圭)도 연장자인 선수에게 졌을 때 항상 눈물을 흘렸다고 한다. 패배를 통해 성장하려는 욕구가 거센 것도 천재의 공통점이다.

천재는 패배를 그냥 넘기지 않는다

지고 난 후, 분한 기분을 느끼는 것은 누구나 똑같다. 하지만 그런 비참한 감정에 잠식당하거나 패배한 원인에서 등을 돌리기보다 '왜 졌을까?' 하고 냉정히 생각하고 분석하여 다음 시합을 준비하는 선수가 성장한다.

COLUMN 7

빠른 걸음으로 생각하자

빨리 걷기가 발상 능력에 큰 도움이 된다는 실험 결과가 있다. 일본체육대학의 교수 엔다 요시히데(円田善英)는 피실험자에게 아래의 세 종목을 정해진 속도로 운동하도록 했다.

① 달리기(150m/m)
② 빨리 걷기(100m/m)
③ 걷기(50m/m)

①번의 달리기 그룹과 ③번의 걷기 그룹은 운동 중에는 높았던 집중력이 운동을 멈추자마자 떨어지기 시작했다. 그런데 ②번 빨리 걷기 그룹만은 운동을 끝내도 집중력이 유지되었다. 평소에도 빨리 걷는 습관을 들이면 우리 생활에 도움이 되는 참신한 아이디어를 떠올릴 가능성이 높아질 것이다.

나 또한 빨리 걷기를 매일 실천하고 있다. 책상 앞에 앉아서 컴퓨터를 노려보며 '흐음, 흐음' 하고 고민해 봤자 좋은 아이디어는 떠오르지 않는다. 오히려 빨리 걸으면 자연스럽게 좋은 아이디어가 떠오른다.

저서 집필을 끝낸 후, 오전에 30분 동안 빠른 걸음으로 걷는 것이 나의 일과다. 스마트폰으로 듣기 편안한 음악 들으면서 걷는데, 30분 내내 빨리 걷는 것은 아니다. 3분 간격으로 경보와 보통 속도의 걷기를 섞어 걷는 '인터벌 트레이닝'을 하고 있다. 빨리 걷는 도중에 좋은 아이디어가 떠오르면 잠시 서서 스마트폰의 메모 기능을 이용해 기록하기도 한다. 이것이 나의 발상 능력을 높이는 팁이다.

자녀를 일류 운동선수로 키우는 기술

8-1 일류 운동선수라면 절대 빼놓지 않는 반복 연습 144
8-2 반복 연습은 선수의 창의성을 만든다 146
8-3 영재 교육의 효과는 무시할 수 없다 148
8-4 선천적 재능은 노력을 이기는가? 150
8-5 부모의 지원이 재능을 꽃피운다 152
8-6 자신의 한계에 도전하기 154
8-7 성취감은 동기 부여로 이어진다 156
8-8 집중력과 상상력 단련하기 158
8-9 꾸준히 노력하는 재능 알아보기 160
COLUMN 8 주제를 정해 억지로 떠올리자 162

일류 운동선수라면 절대 빼놓지 않는 반복 연습

나는 UCLA에서 2년간 유학 생활을 했는데, 미국 대학교 농구 역사상 최고의 감독으로 불리는 존 우든(John Robert Wooden)은 UCLA를 여러 차례 NCAA(전미대학체육협회) 챔피언으로 이끌었다. 그는 저서에서 이런 이야기를 했다.

> 치열한 노력 없이 위대한 업적을 이룬 사람이 한 명이라도 있다면 그 사람의 이름을 대보라. (중략) 성공과 위대한 업적을 이룬 사람은 모두 같다. 회사원, 성직자, 의사, 변호사, 배관공, 예술가, 작가, 감독, 선수 모두 직업은 다르지만 성공한 사람은 기본적인 자질을 갖추고 있다. 그것은 바로 엄청난 노력가라는 사실이다. 아니, 그것 이상으로 이들은 노력을 사랑하는 사람이다.
>
> ジョン・ウッデン, 『元祖プロ・コーチが教える育てる技術』, ディスカヴァー・トゥエンティワン, 2014.

나는 존 우든의 '반복 연습으로 만들어진 기초에 개성과 상상력이 꽃핀다'는 생각을 지지한다. 최근 스포츠계에서도 '반복 연습이 동작의 자동화를 실현하고, 이에 따라 창의성도 발전한다'는 사고방식이 널리 퍼지고 있다.

자신의 적성을 파악하고 그 재능을 오랫동안 단련해 극한까지 끌어올려야 그 분야의 정점에 오를 수 있게 된다. 어느 분야든 지름길이라는 예외는 없다.

반복 연습은 실력 향상의 지름길

어떤 운동선수든 반드시 빼놓지 않는 것이 바로 반복 훈련이다. 하루 한 번 집중해서 연습하고, 수정을 거듭해 최적의 움직임을 익힌다. 이 움직임이 몸에 배면 '기초를 다졌다'고 말할 수 있다. 반복 훈련만큼 확실한 지름길은 없다. 이것이 나의 지론이다.

반복 연습은 선수의 창의성을 만든다

두 프로 축구 선수가 골을 넣는 장면을 상상해 보자. 한 명은 크리스티아누 호날두고, 또 다른 한 명은 보통 수준의 프로 선수다. 압박감이 적고 난이도가 낮은 상황에선 이 둘의 차이는 크지 않다. 하지만 어려운 상황에서 이 두 선수의 창의성에는 큰 차이가 생긴다.

여기서 말하는 창의성이란 순간적으로 발휘되는 고도의 기술이 아니라 상대 팀 선수의 움직임을 파악해서 한순간의 기회를 놓치지 않고 바늘구멍을 통과하듯 골을 넣는 기술을 가리킨다. 일류와 보통 선수를 판가름하는 것은 기술의 다양성보다 어려운 상황 속에서도 창의력을 발휘할 수 있는가의 여부다.

호날두는 고도의 기술을 가지고 있으면서 거의 완벽하게 자동화 처리가 가능하기 때문에 창의성을 발휘할 여유가 있다. 반대로 일반적인 수준의 선수라면 표준적인 기술은 자동적으로 처리가 가능하지만 어려운 상황에서 발휘해야 할 고도의 기술까지는 자동적으로 처리되지 않는다. 그렇기에 창의성을 발휘할 신체적 여유가 생기지 않는다. 즉 고도의 기술을 자동화할 수 있는 선수일수록, 어려운 경기에서 창의성에 자신의 처리 능력을 쏟을 수 있는 것이다.

우리가 순간으로 느끼는 험난한 상황은 창의성이 넘치는 일류 선수의 뇌에서는 슬로 모션으로 변환된다. 결국 기술을 자동화할 수 있게 되어야 창의력이 생기는 것이다.

자동화 수준이 올라갈수록 창의성도 향상된다

고도의 기술을 철저히 반복적으로 연습해야 창의성을 발휘할 수 있다. 호날두의 기술이 창의성 넘치는 것처럼 보이는 것은 이러한 이유 때문이다. 인지 과학 연구 전문가인 대니얼 윌링햄(Daniel Willinham) 또한 "인지의 비약, 직감, 번뜩임 등의 '선견지명'과 관련된 사고는 저차원적 처리 능력을 최소화하고 고차원적 능력에 집중하는 것으로 촉진된다"고 주장한다.

8-3

영재 교육의 효과는 무시할 수 없다

영재 교육을 한다고 누구나 일류가 되는 것은 아니지만, 분명한 사실은 영재 교육의 효과는 매우 크다. 탁구는 일류 선수기 되기 위해선 유소년 시절의 특훈이 필수적인 종목 중 하나다. 일본 내에선 히라노 미우와 이토 미마(伊藤美誠)가 2020년에 개최된 도쿄 올림픽의 유력 메달리스트 후보가 되기도 했다.

히라노는 만 3세에 탁구를 시작해서 어머니가 지도자로 있던 히라노영재교육연구센터 탁구 연구부에서 실력을 키웠다. 2004년 7월에는 전일본 탁구 선수권 대회인 밤비부(초등학교 2학년생 이하 대상)에서 4살의 나이로 최연소 출전했으며, 2007년 7월에는 후쿠하라 아이(福原愛) 이후 두 번째로 초등학생 1학년 나이에 우승자가 되었다.

이토는 만 2세의 나이에 탁구를 시작했고, 4세에는 일본 남자 선수 에이스인 미즈타니 준(水谷隼)의 아버지가 대표를 맡은 도요다치초탁구스포츠 소년단에 들어가 지도를 받았다. 그는 2005년 4세의 나이에 전일본 탁구 선수권 밤비부에 처음 출전해 2008년에는 우승, 2010년에는 컵부(초등학교 4학년생 이하 대상)에서 우승을 거머쥐었다.

앞서 언급한 장기 기사인 후지이는 만 5세부터 장기를 시작해 14세라는 최연소 나이에 프로 기사가 되었다. 같은 나이에 프로로 데뷔했던 가토 히후미(加藤一二三)의 기록을 62년 만에 갱신하면서 매스컴의 주목을 받기도 했다. 최근에는 격투기에서도 나스카와 덴신(那須川天心) 등, 주니어 시절부터 시합에 뛰어든 선수가 활약하고 있다.

앞지르는 자가 유리하다

탁구나 장기 외의 다른 종목도 빨리 시작해서 나쁠 것은 없다.

선천적 재능은 노력을 이기는가?

2016 리우데자네이루 올림픽 남자 100미터 육상 경기에서 금메달을 딴 자메이카의 우사인 볼트는 신장이 195센티미터, 보폭은 275센티미터나 된다. 그의 신체적, 선천적 자질이 그를 역사적인 단거리 선수로 만들어 주었다는 사실은 자명하다.

우리가 아무리 노력해도 이 선천적 재능을 따라갈 수는 없다. 또 기량이 뛰어나지 않아도 올림픽에 출전한 선수들에겐 선천적 요소가 크게 작용한다. 만약 초등학교 운동회 때 달리기에서 매번 꼴등을 기록했다면 안타깝지만 아무리 피나는 노력을 해도 올림픽 선수가 되지 못할 것이다.

테니스 선수 니시코리 게이는 테니스 라켓을 처음 쥐었던 날, 테니스공을 상대 코트로 멋지게 넘겼다고 한다. 음악계에서 절대 음감을 가진 사람들이 우수한 음악가가 되는 데 유리하다는 것도 당연한 사실이다.

만약 자녀가 운동선수를 목표로 한다면 객관적인 소질과 적성을 판단해 주어야 한다. 그리고 자녀에게 재능이 있고, 본인에게도 의욕이 있다면, 그 다음부터는 열정을 쏟아 혹독한 연습을 지속하는 것이 성공의 열쇠가 된다. 혹독한 연습을 지속하는 것 또한 하나의 재능이며, 그 재능의 유무가 평범한 사람과 일류를 구분하는 지점이 된다. 결국 일류 운동선수는 자신이 잘하는 분야를 민감하게 캐치해 그 재능을 극한까지 끌어올린 사람이라고 할 수 있다.

재능과 노력이 일류가 되는 지름길

재능은 중요하다. 하지만 부족한 재능을 채우고 반짝이는 재능을 가진 라이벌을 넘어서기 위해 필요한 것이 바로 노력이다. 재능만으로 일류가 된 사람은 없다.

부모의 지원이 재능을 꽃피운다

앞서 언급한 히라노 미우가 탁구를 본격적으로 시작한 것은 3살지만, 그 1년 반 전부터 자택 2층에서 전 탁구 선수이자 히라노의 어머니인 마리코(真理子) 씨가 탁구 교실을 운영했다.

이 교실은 학생 세 명으로 시작했는데, 히라노 선수는 처음 탁구를 시작할 무렵 "(어머니의) 탁구 교실에 들어가게 해주세요"라며 어머니를 보챘다고 한다. 이때 마리코 씨는 이렇게 말했다.

> 진짜 같이 할 거야? 그럼 나랑 엄청 열심히 연습해서 다른 학생들에게 방해되지 않을 정도의 실력이 되면 넣어줄게.
> 『プレジデントファミリー』12月号, ダイヤモンド社, 2008.

히라노 선수는 그로부터 4개월 동안 하루도 쉬지 않고 어린이용 트램펄린에 올라가 어머니가 쳐준 공을 열심히 받아쳤다고 한다. 마리코 씨는 '작심삼일로 끝나지 않을까' 하고 생각했지만, 단조로운 연습에도 집중력을 발휘해서 열심히 받아치는 히라노 선수를 보고 혀를 내둘렀다고 한다.

사실 히라노의 아버지인 미쓰마사(光正)도 탁구 선수였다. 미쓰마사는 고등학생 때, 현 대회에서 우승을 거머쥐고, 고교 대항 대회에서는 4차전까지 올라간 경력이 있다.

유소년기에 경험이 풍부한 부모님의 질책과 격려, 그리고 든든한 지원이 있었기에 히라노 선수는 일류의 길에 들어설 수 있었다.

부모의 적절한 지원은 든든한 아군

히라노 선수뿐 아니라 스포츠 일류 선수의 뒤에는 이들의 강인함을 지지하는 부모님의 모습이 숨어 있다.

자신의 한계에 도전하기

히라노를 일류 탁구 선수로 만든 데는 '최선을 다하라'라는 부모의 가르침이 한몫했다. 그들은 히라노 선수에게 어렸을 적부터 '이기는 것이 전부가 아니다. 마지막까지 최선을 다해 경기를 마치는 것이 중요하다'는 가르침을 강조했다. 타인을 굴복시키는 데 초점을 맞추는 것이 아니라, 자신의 한계에 도전한다는 마음가짐이 그녀를 일류로 만들어 준 것이다.

초등학생을 대상으로 한 제자리멀리뛰기 실험에서도 한 번 멀리뛰기를 시도한 뒤 '최선을 다하자'라고 외친 그룹이 '상대 팀을 이기자'라고 외친 그룹보다 두 번째 시도 기록이 훨씬 좋아졌다는 결과도 있다.

나는 저널리스트 제프 콜빈(Geoff Colvin)이 쓴 『궁극의단련(究極の鍛練)』에서 이 구절을 특히 좋아한다.

> 혹독한 훈련은 힘들고 괴롭다. 하지만 분명 효과가 있다. 혹독한 훈련 경험을 쌓으면 성과가 오르고 죽을 정도로 반복하면 위대한 업적이 된다.

마치 히라노를 위한 문구인 것 같다. 히라노의 어머니는 단순 연습을 묵묵히 반복하는 것도 아이의 재능 중 하나라는 것을 알고 있었던 것이다. '힘들어서 그만둘래'라는 마음을 억눌러 단순한 연습을 반복하고, 그 괴로움을 극복하는 인내심이 일류와 일반인을 판가름하는 잣대가 된다.

인내심이 없으면 일류가 될 수 없다

어릴 때부터 단순한 연습을 반복시키면 아이는 잠재 능력을 갈고닦아 자신의 한계를 뛰어넘고 위대한 업적을 남기게 된다.

8-7

성취감은 동기 부여로 이어진다

2016년 리우데자네이루 올림픽의 체조 개인 종합 종목(마루, 안마, 링, 도마, 평행봉, 철봉)에서 금메달을 획득한 우치무라 고헤이(内村航平)만큼 창의성을 발휘한 체조 선수는 없었을 것이다. 분명 '처음엔 잘 안 됐지만 결국 해냈다'는 성취감이 지금의 그를 만들었을 것이다. 그는 어린 시절을 떠올리며 아래와 같이 이야기했다.

> 체조를 하면서 가장 기뻤던 순간은 초등학교 1학년 때 철봉의 차오르기에 성공했을 때 (중략)

이전까지 실패를 거듭했던 것에 성공했다는 성취감이 뇌리에 깊이 박혀 지금의 우치무라를 만든 것이다. 우치무라의 아버지는 아들의 어린 시절을 회상하며 이렇게 말했다.

> 초등학생 때도 아침에는 30분 정도, 오후에는 5시부터 2시간 정도씩 연습했어요. 근데 사실 제가 '연습해라'라고 말한 적은 지금까지 한 번도 없어요. 스포츠의 경우에는 역시 본인이 납득할 때까지 하는 것이 중요해요. 고헤이도 식사 중에 무언가 떠오르는 게 있으면 식사를 끝마치자마자 트램펄린으로 달려갔었지요.

부모는 자녀가 자발적으로 빠져들 수 있도록 성취감을 느낄 수 있는 환경을 정비해 주자.

사소한 성취감 계속해서 느끼기

달성하고자 하는 목표가 꼭 거창할 필요는 없다. 아주 사소한 실력 향상이라도 든든한 격려가 되기 때문이다. 이러한 경험을 반복하면 큰 목표를 이룰 수 있다.

집중력과 상상력 단련하기

인간의 뇌는 흥미 있는 분야에 더욱 집중한다. 체조는 집중력과 상상력이 요구되는 전형적인 종목이다. 만약 집중도 되지 않고 머릿속에 떠오르는 것도 없다면 좋은 연기를 보여주지 못할 뿐더러 부상을 입을 수도 있다.

우치무라 고헤의 집중력은 어릴 적 취미였던 곤충 채집으로 길러졌다고 생각한다. 그는 자신의 감각과 본능에 의지하면서 곤충이 있을 만한 곳을 예측하여 도피로를 차단한 뒤 꼭 맨손으로 잡았다고 한다. 곤충 채집에 몰두했던 일과 체조 선수로 성공을 거둔 일은 전혀 관련이 없다고 할 수 없다. 그의 어머니는 우치무라의 상상력을 키워주기 위해 어렸을 때부터 여러 노력을 했다.

> 예를 들어 그림책을 딱 펼쳐서 거기에 뭐가 그려져 있는지 아이에게 설명해 보라고 했어요. 이 연습을 계속했더니 아이는 페이지마다 어떤 그림이 그려져 있는지 전부 외우게 되었죠. 그 외에도 직소퍼즐을 가지고 놀거나 그림책을 읽어주기도 했어요. 조금은 과하다 싶을 정도로 감정을 담아서요.
>
> 小堀隆司,「メダリストのつくりかた.」,『Number』743号, 文藝春秋, 2009.

우치무라는 초등학생 때 체조 비디오를 보면서 '콘티' 같은 그림을 그렸다고 하는데, 아마 이러한 취미 또한 상상력과 집중력을 키우는 데 효과적이었을 것이다.

집중력과 상상력 훈련법

집중력을 단련하기 위해서는 곤충 채집 같은 사냥 놀이가 효과적이다. 또 상상력에는 앞에서 언급한 바와 같이 그림 그리기가 좋다.

8-9

꾸준히 노력하는 재능 알아보기

미국 펜실베니아대학교의 심리학자인 앤절라 더크워스(Angela Duckworth) 박사는 25세에서 65세까지에 해당하는 2,000명 이상을 대상으로 아래와 같은 조사를 시행했다. "목표를 향해서 지속적인 노력을 할 수 있는 사람은 어떤 사람일까?" 그 결과 아래의 세 가지 규칙대로 행동하는 사람들이 이에 해당한다는 것을 밝혀냈다.

· 관심사를 자주 바꾸지 않는다
· 자신의 의견을 끝까지 관철한다
· 한번 설정한 목표는 바꾸지 않는다

이것은 한 가지 목표를 세운 후, 흔들리지 않고 꾸준히 훈련하는 것의 중요성을 시사한다. 한 가지 해야 할 일을 정했다면 그것을 완수할 때까지는 다른 일에 관심조차 두지 않는 자세야말로 끝까지 해내고 마는 사람들의 공통점이다. 다음 페이지의 도표 8-1를 통해 자신에게 꾸준히 노력하는 재능이 있는지 확인할 수 있다.

앤절라 더크워스는 베스트셀러가 된 그녀의 저서 『해내는 힘 GRIT(やり抜く力 GRIT)』에서 이렇게 말한다.

> (중략) 스스로가 정말 재미있다고 생각하는 것이 아니라면 인내심을 가지고 지속적인 노력을 할 수 없습니다.

평소에 '내가 정말 좋아하는 것은 무엇일까?'라고 자문자답하는 습관을 들여보는 것도 좋다.

도표 8-1 끝까지 해내는 힘 체크 시트

아래 질문에 대해 '네', '아니오'에 해당하는 정도의 숫자를 골라 ○ 표시해 주세요.

	질문	네 아니오
❶	나는 무슨 일이든 끝까지 해낼 수 있다	5 4 3 2 1
❷	역경에 부딪혀도 의욕을 끌어올릴 수 있다	5 4 3 2 1
❸	나는 전형적인 열정가다	5 4 3 2 1
❹	나는 무엇이든 시작하면 무아지경이 되어 일을 지속할 수 있다	5 4 3 2 1
❺	나는 압박에 강한 타입이다	5 4 3 2 1
❻	나는 전형적인 낙관주의자다	5 4 3 2 1
❼	나는 준비의 중요성을 잘 알고 있다	5 4 3 2 1
❽	나는 무엇이든 애매하게 끝내는 것을 싫어한다	5 4 3 2 1
❾	눈앞에 두 가지 선택지가 있다면 망설이지 않고 어려운 쪽을 고른다	5 4 3 2 1
❿	나는 문제를 극복하는 일에 보람을 느낀다	5 4 3 2 1
⓫	나는 실패해도 침울해하지 않는다	5 4 3 2 1
⓬	나는 항상 자신만만한 표정을 짓는다	5 4 3 2 1
⓭	나는 언제나 정신적으로 안정되어 있다	5 4 3 2 1
⓮	나는 기분을 내 마음대로 조절할 수 있다	5 4 3 2 1
⓯	나는 끝까지 해내는 것의 중요성을 누구보다 잘 알고 있다	5 4 3 2 1

평가표

65점 이상 ……………………당신의 '끝까지 해내는 힘'은 최고 수준입니다.

55~64점 이상 ……………당신의 '끝까지 해내는 힘'은 우수한 수준입니다.

45~54점 이상 ……………당신의 '끝까지 해내는 힘'은 평균 수준입니다.

35~44점 이상 …………… 당신의 '끝까지 해내는 힘'은 다소 떨어집니다.

34점 이하 ……………………당신의 '끝까지 해내는 힘'은 매우 떨어집니다.

출처: 児玉光雄, 『すぐやる力 やり抜く力』, 三笠書房, 2017.

COLUMN 8

주제를 정해 억지로 떠올리자

아이디어를 떠올리는 힘을 키우고 싶다면, 평소에 억지로라도 생각을 떠올리는 습관을 들이는 것이 좋다. 관심 있는 분야를 항상 머릿속에 넣고 생각을 떠올려 보자. 나는 이 방법에 '강제 발상 트레이닝'이라는 이름을 붙여 여러 기업에 소개하고 있다.

이 강제 발상 트레이닝은 스마트폰만 있다면 언제 어디서든 가능하다. 물론 스마트폰이 없어도 가방에 필기도구만 있다면 할 수 있다. 어떤 방법이든 자투리 시간을 이용해서 생각한 것을 형태로 남겨놓기만 하면 된다.

아이디어는 질보다 양이 중요하다. 만약 하나의 유용한 아이디어를 얻기 위해 20개의 아이디어가 필요하다면, 다섯 개의 유용한 아이디어를 얻기 위해서는 100개의 아이디어를 내면 된다는 단순 계산을 해볼 수 있다.

이 강제 발상 트레이닝의 방법은 무척 간단하다. 도표 F에 적혀 있는 주제 중 하나를 골라 그 주제와 관련된 생각이 떠오를 때마다 스마트폰의 메모 기능을 이용해 입력하거나, 공책에 써나가면 된다. 이 습관을 들여놓으면 누구나 발상의 달인이 될 수 있다.

도표 F 강제 발상 트레이닝의 주제 예시

① 특종 지역의 이미지	⑥ 특정 전자제품의 이미지
② 특정 물고기의 이미지	⑦ 특정 잡지의 이미지
③ 특정 가수의 이미지	⑧ 특정 기업의 이미지
④ 특정 과일, 채소의 이미지	⑨ 특정 관광지의 이미지
⑤ 특정 포유류의 이미지	⑩ 베스트셀러 도서의 제목으로 쓰일 법한 문장

제 9 장

일류로 나아가기 위한 트레이닝

9-1 그림이 그려진 플래시 카드로 순간 정보 처리 능력 높이기 ········ 164
9-2 밀러 넘버 챌린지로 순간적인 기억력 높이기 ········ 166
9-3 동체 시력 트레이닝으로 시력 단련하기 ········ 168
9-4 사전 빨리 찾기와 끝말잇기 트레이닝으로 집중력과 소근육 단련하기 ········ 170
9-5 잔상 집중 트레이닝으로 집중력 높이기 ········ 172
9-6 왼손과 오른손으로 다른 도형을 그려 소뇌 단련하기 ········ 174
9-7 거꾸로 데생 트레이닝으로 관찰력 단련하기 ········ 176
9-8 트레이스 트레이닝으로 뇌의 혼란 경험하기 ········ 178
9-9 나 홀로 가위바위보 트레이닝으로 뇌 활성화하기 ········ 180
9-10 쾌감 이미지 트레이닝을 통해 자유자재로 휴식 취하기 ········ 182
9-11 복식 호흡 트레이닝으로 차분히 마음 가라앉히기 ········ 184

그림이 그려진 플래시 카드로 순간 정보 처리 능력 높이기

일류는 이미지를 순간적으로 파악하는 능력이 뛰어나다. 지금부터 소개하는 훈련을 연습하면 정보 처리 능력이 비약적으로 높아져 기억력을 강화할 수 있다.

우선 그림이 그려진 플래시 카드를 준비하자. 플래시 카드는 대량의 정보를 단시간에 기억하는 데 효과적인 도구다. '플래시(Flash)'라는 말에는 '반짝임, 빛남'이라는 의미가 있다. 플래시 카드는 시중에 판매되고 있는 제품을 이용해도 좋고, '동물, 식물, 생활용품'처럼 부모가 직접 주제에 맞게 만들어 주어도 좋다.

이 플래시 카드를 아이에게 1초 간격으로 보여주면서 어떤 그림이 그려져 있는지 읽어준다. 1초 간격으로 계속해서 다음 카드를 아이에게 보여주고, 마지막으로는 카드를 모두 뒤집어 어느 카드에 어떤 내용이 있었는지 맞추게 하는 방식이다.

아이에게 카드를 보여주는 시간은 순식간이다. 이 순간을 이용해 뇌에 정보를 입력하는 것이다. 플래시 카드를 가지고 놀면 순간적인 정보 처리 능력이 길러진다. 순간의 동작이 뇌에 작용해 이미지를 강렬히 머릿속에 저장하면서 뇌가 활성화하기 때문이다.

트럼프 카드를 사용해도 좋다. 처음에는 카드 세 장으로 시작해 보자. 이 카드 또한 부모가 1초에 한 장씩 카드를 재빨리 보여주고, 카드를 모두 뒤집은 상태에서 "두 번째 카드는 뭐였어?"라고 질문하면 된다.

순간적인 정보 처리 능력 단련하기

트럼프 카드를 이용한다면 트럼프의 종류(클로버, 다이아몬드, 하트, 스페이드)와 숫자를 맞추도록 해보자. 모든 카드를 기억해 맞추면 카드 장수를 늘려본다. 여기서 가장 중요한 포인트는 한순간에 본 정보를 정확하게 기억하는 것이다. 조금씩 난이도를 높이면서 카드 장수를 늘려가자.

9-2

밀러 넘버 챌린지로 순간적인 기억력 높이기

'밀러 넘버'는 뇌 한계에 도전하는 데 무척 중요한 개념이다. 미국 프린스턴대학교의 심리학자 조지 밀러(George Miller)는 「매지컬 넘버 7±2」라는 논문에서 '인간의 뇌가 한 번에 기억할 수 있는 수는 7±2개다'라고 주장했다. 인간이 기억할 수 있는 수는 최대 9개, 최소 5개라는 의미다. 02 등의 국번이나 휴대전화의 첫 번호(010)를 제외한 숫자가 7~8 글자로 이루어진 것도 이 밀러 넘버를 고려했기 때문이다.

이제 내가 밀러 넘버 챌린지라고 부르고 있는 훈련법을 소개하겠다. 먼저 부모는 종이에 다섯 글자의 숫자를 적는다. 이때는 아직 자녀에게 숫자를 보여주면 안 된다. 그리고 "1초 동안만 여기에 적힌 숫자를 보여줄 테니까 기억해 봐"라고 말한 뒤, 자녀에게 숫자를 1초간 보여준다. 그 후 아이가 공책에 기억한 숫자를 적도록 한다. 다섯 글자짜리 숫자를 안정적으로 대답할 수 있게 되면 한 글자씩 늘린다.

국어사전, 영어사전 등 사전을 이용한 밀러 넘버 챌린지도 좋다. 사전을 펼쳐서 가장 먼저 눈에 띈 단어를 부모가 공책에 적는다. 이때 너무 어려운 단어는 피하자. 그리고 또 다른 페이지를 열어 같은 방식으로 단어를 기입한다. 처음에는 다섯 가지 단어로 시작하는데, 숫자와 같은 방식으로 1초 동안만 단어를 보여주고 바로 낱말 카드를 가린다. 아이는 순간적으로 본 단어를 공책에 적는다. 이 훈련 또한 단어를 정확하게 기억하게 되면 낱말 카드 수를 하나씩 늘려간다.

밀러 넘버 챌린지

이 훈련은 집중력을 길러줌과 동시에 단기 기억력의 한계도 늘려준다. 물론 한 글자라도 틀린 부분이 있다면 같은 글자 수를 다시 도전해야 한다. 만약 아홉 글자까지 기억한다면 아이의 순간 기억력이 무척 뛰어나다는 증거다.

9-3

동체 시력 트레이닝으로 시력 단련하기

번호판 챌린지는 아이의 동체 시력과 순간 기억력, 암기력을 단련시켜 주는 훈련이다. 동체 시력은 운동선수에게 빼놓을 수 없는 능력이다. 번호판 챌린지는 도구 없이 간단하면서 즐겁게 동체 시력을 단련할 수 있는 방법이다.

메이저 리거였던 이치로는 어린 시절에 이 놀이를 즐겨 했다고 한다. 150킬로미터의 속도로 날아오는 공의 중심부를 한순간에 밀리미터 단위의 정확도로 감지하는 뛰어난 능력은 어렸을 적부터 이러한 놀이를 통해 단련되었다고 볼 수 있다.

놀이 방법은 간단하다. 먼저 반대 방향에서 달려오는 자동차 번호판의 숫자 네 글자를 외운 뒤, 각 숫자에 더하기, 빼기, 곱하기, 나누기를 한 번씩 사용해서 0을 만들면 된다.

예를 들면 자동차 번호가 '5127'이라면 '7－2×1－5=0'이 정답이다. 물론, 0을 만드는 방법은 한 가지로 한정되지 않을 수 있다. 대괄호나 소괄호 등을 사용해도 좋다. 계산 능력이 높아질수록 네 개의 숫자로 0을 만드는 방법은 더욱 늘어날 것이다.

가족 모두 차를 타고 이동할 때 가족끼리 0을 더 빨리 만드는 시합을 해도 좋고, 번호판 하나로 0을 만드는 방법을 몇 개나 생각하는지 겨루어도 좋다. 운전자는 위험하므로 이 놀이에 참여하지 않도록 한다.

동체 시력 트레이닝

예전에는 암기력을 높이는 놀이로 전철표에 적힌 숫자 네 개를 가지고 0을 만드는 놀이를 했었다. 요즘에는 주로 카드를 쓰기 때문에 어려운 놀이가 되었지만.

사전 빨리 찾기와 끝말잇기 트레이닝으로 집중력과 소근육 단련하기

사전 빨리 찾기와 끝말잇기 트레이닝은 다양한 사전을 이용한 끝말잇기 놀이다. 이 놀이는 집중력을 향상시키고, 소근육을 단련시켜 우뇌를 활성화하는 데 효과가 있다. 사전은 어떤 것을 이용해도 좋지만, 처음에는 국어사전을 사용하길 추천한다. 공책과 스톱워치도 준비하자.

방법은 다음과 같다. 아이에게 첫 번째 단어를 고르게 한다. 끝말잇기가 불가능한 단어만 아니면 무엇이든 좋다. 예를 들어 '여우'라는 단어를 골랐다면 '우산→산책→책상→상장→장소→소나무'와 같은 요령으로 10개의 단어를 이어 공책에 적어놓는다. 그리고 최대한 빠른 속도로 10개의 단어를 사전에서 찾아 단어 옆에 사전 페이지를 적는다. 이때 부모는 모든 단어를 찾을 때까지 시간을 잰다. 시간을 재면 속도감이 생겨 아이들이 놀이에 더 흥미를 갖는다.

이 훈련은 자녀의 나이에 맞추어 변형해 볼 수 있다. 예를 들어 자녀가 저학년이라면 처음에는 열 개의 단어를 한글로 적고, 사전을 찾으면서 한자도 함께 적게 한다. 이 방법을 통해 한자 공부도 함께 할 수 있다. 한자를 잘 모르더라도 사전을 보며 옮겨 적기만 해도 좋다.

고학년이라면 영어 사전을 이용할 수 있다. 이 경우 영어 공부도 가능하다. 처음 끝말잇기로 적은 열 개의 우리말 단어를 최대한 빨리 사전에서 찾아 영어 단어의 스펠링을 단어 아래에 적으면 된다. 사용하는 사전을 바꿔가며 놀아도 좋다.

사전 빨리 찾기와 끝말잇기 트레이닝

두꺼운 사전을 이용하면 단어량이 많아 더 다양하게 고를 수 있다. 또한 평소에도 사전을 찾는 방법을 연습해 볼 수 있어 좋다.

잔상 집중 트레이닝으로 집중력 높이기

나는 지금까지 수많은 운동선수를 지도해 왔는데, 우수한 선수일수록 빨리 집중 모드에 들어가는 경향이 있다. 이치로 선수도 "타석에 들어서면 조건 반사적으로 집중력이 높아진다"고 말했다. 시큼한 음식을 떠올리면 자연스레 입안에 침이 고이는 것처럼 몇 천 번, 몇 만 번의 배팅을 반복하면 자연스레 '집중 모드'에 들어가게 된다.

내가 프로 스포츠 선수에게 제안하는 잔상 집중 트레이닝은 무척 쉬우면서, 효과가 즉각적으로 나타나는 방법이다. 다음 페이지를 참고해 따라해 보자. 우선 명함 뒤쪽에 한 변의 길이가 3.5센티미터 정도 되는 정삼각형 두 개를 겹쳐 그린다. 물론 그림을 인쇄해서 명함 뒤에 붙여도 좋다.

다음으로 좋아하는 색으로 도형을 칠해준다. 내가 추천하는 색은 보라색과 주황색이다. 예시 그림처럼 색칠한 뒤, 밝은 곳에서 15초 동안 이 도형을 바라보자. 눈을 감으면 보라색은 밝은 노란색으로, 주황색은 선명한 파란색으로 바뀔 것이다.

그리고 잔상이 없어질 때까지 의식을 이 영역에 집중해 보자. 처음에는 10초 정도 지나면 잔상이 사라지지만, 훈련을 계속하다 보면 잔상이 보이는 시간이 점점 늘어난다. 나중에는 그림을 응시했던 시간의 두 배, 즉 30초 동안 잔상이 남게 되는데, 당신의 집중력이 높은 경지에 올랐다는 증거다.

잔상 집중 트레이닝

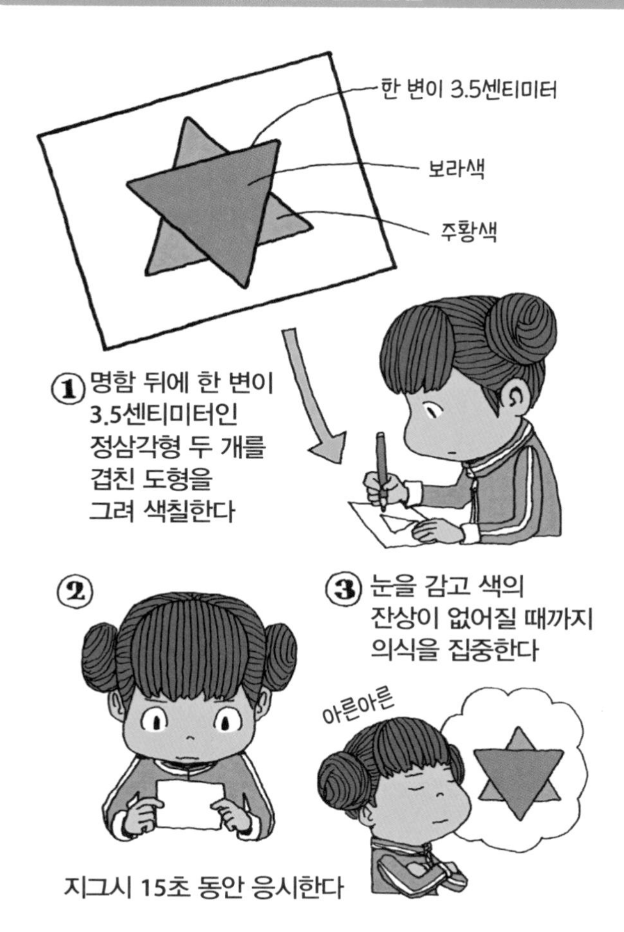

훈련을 계속하다 보면 잔상이 오랫동안 남게 된다.

왼손과 오른손으로 다른 도형을 그려 소뇌 단련하기

우리는 동시에 다른 동작을 하는 데 익숙지 않다. 예로 왼손과 오른손으로 동시에 다른 그림을 그리려고 하면 그 순간 뇌는 혼란을 느낀다. 일상생활 속의 동작 패턴 프로그램은 보통 뇌에서 하나씩 출력되기 때문이다.

뇌는 평소의 습관화된 프로그램을 출력할 때보다 익숙지 않은 동작이나 경험한 적 없는 새로운 프로그램을 만들어 낼 때 활성도가 높아진다. 이때 소뇌가 그 운동 조절 역할을 맡는다. 요컨대, 소뇌를 단련하기 위해서는 평소에 잘 하지 않는 동작을 하는 것이 좋다.

이제 소뇌 단련에 딱 좋은 훈련법을 소개해 보겠다. 먼저 메모지와 연필을 두 자루 준비하자. 처음에는 도형 그리기에 도전해 본다. 왼손으로는 '세모(△)'를 오른손으로는 '네모(□)'를 그린다. 처음에는 어렵지만, 점점 정확하게 그릴 수 있을 것이다.

동시에 그리는 것이 너무 어려울 때는 단계적으로 연습하자. 처음에는 왼손만 열 번 세모를 그려본다. 그다음에는 오른손도 똑같이 네모를 열 번 그린다. 그 후에 양손으로 세모와 네모를 그려보자. 그러면 이전보다 양손 그리기가 훨씬 수월해진 것을 느낄 것이다. 왼손과 오른손이 각자 도형을 그리면서 뇌가 그 동작을 기억했기 때문이다.

이번에는 시선을 왼손에만 고정한 뒤 양손으로 다른 도형을 그려보자. 아마 왼손의 세모는 잘 그려지지만, 오른손의 네모는 좀처럼 잘 그려지지 않을 것이다. 그다음에는 시선을 반대로 오른손에 두고 똑같은 요령으로 그림을 그려본다. 이번에는 오른손의 네모는 잘 그려지지만, 왼손의 세모가 찌그러진 모양으로 그려질 것이다. 뇌는 시선을 어디에 두는지에 따라 강력하게 반응하기 때문이다.

그다음에는 양손을 시야에 넣어 어느 한쪽에 시선을 두지 말고 그려본다. 그러면 점차 손에 익어 양손으로도 도형을 정확하게 그릴 수 있게 될 것이다.

양손으로 다른 그림 그리기 훈련

의식을 한 곳에 집중하지 않고 전체로 분산시키는 것도 집중력 단련의 중요한 포인트다.

거꾸로 데생 트레이닝으로 관찰력 단련하기

우리는 눈앞의 풍경을 있는 그대로 보고 있다고 생각하지만, 실제로는 그렇지 않다. 이것을 증명하는 실험을 자녀와 함께 해보자. 대상이 되는 물체는 뭐든 좋지만, 이번에는 아이가 곰 인형을 그린다고 가정해 보겠다.

① A4 용지를 준비해 반으로 접는다. 왼쪽에는 곰 인형을 되도록 사실적으로 그린다.
② 완성되면 곰 인형을 뒤집어 놓은 후 그린다. 이때 종이도 거꾸로 돌려 뒤집힌 곰 두 마리가 나란히 그려지도록 한다.

이렇게 두 종류의 데생을 마친 뒤 종이를 원래대로 돌려놓고 두 개의 그림을 비교해 보자. 어느 곰 인형이 사실적인가? 의외로 거꾸로 그린 그림이 더 사실적이었을 것이다.

제대로 놓인 곰 인형을 그릴 때 아이는 자신이 본 그대로 사실적인 그림을 그렸다고 생각하겠지만, 사실 그렇지 않다. 아이의 뇌 속에 존재하는 곰의 이미지와 눈앞의 인형의 모습을 조합하여 그림을 그리게 되므로 생각보다 인형을 자세히 관찰하지 않게 된다.

곰 인형을 거꾸로 놓고 그릴 때는 뇌 속에 저장된 곰 이미지가 전혀 도움되지 않는다. 그러니 눈앞의 곰 인형을 자세히 관찰하면서 그릴 수밖에 없다. 결국 스스로도 놀랄 정도로 사실적인 그림을 그리게 된다.

거꾸로 데생 트레이닝

평범하게 그리면 선입견을 품고 그리게 되는데, 거꾸로 데생의 경우에는 자세히 보지 않으면 그리기 어려우므로 관찰력이 높아지게 된다.

9-8

트레이스 트레이닝으로 뇌의 혼란 경험하기

거울을 이용한 트레이스 트레이닝을 소개해 보겠다. 이 훈련은 해본 적 없는 일을 할 때, 뇌가 얼마나 혼란스러워하는지 확인할 수 있는 실험이다. 동시에 뇌 운동에도 도움이 된다.

① A4 용지 정도의 커다란 종이에 별 모양을 검은색으로 그려준다.
② 별 모양이 그려진 종이를 가지고 거울 앞에 서서 눈앞의 거울을 바라보면서 별 모양을 빨간 색연필로 덧칠한다.

이 훈련을 해보면 알겠지만, 빨간 색연필로 별을 덧칠하는 것은 생각보다 힘들다. 아이에게 시키면, '왜 이렇게 쉬운 일이 잘 안 되지'라며 혼란스러워할 것이다.

이는 거울을 통해 보는 별 모양이 반전되어 보이기 때문에 겪는 현상이다. 우리 머릿속에 있는 별 모양과 거울 속의 별 모양에 격차가 생겨 어려움을 겪는 것이다. 즉 뇌가 일으키는 혼란이라고 할 수 있다. 뇌 속에 이미 고착화된 이미지가 있다면, 눈앞에 보이는 간단한 작업조차 쉽게 해낼 수 없는 것이다.

트레이스 트레이닝

트레이스 트레이닝은 눈앞에 있는 것을 있는 그대로 받아들이는 것의 어려움을 가르쳐 준다.

나 홀로 가위바위보 트레이닝으로 뇌 활성화하기

손끝은 인체 중에서 가장 발달된 부위다. 손끝을 정교하게 움직이면 뇌가 활성화되어 발상, 직감 능력의 향상을 기대할 수 있다. 물론 자주 사용하게 되는 손가락이 아니라 평소에 움직이는 일이 거의 없는 발가락을 사용하는 것도 도움이 된다.

다음 페이지 그림은 혼자서 양손을 사용하는 가위바위보 트레이닝이다. 처음에는 양손으로 연습해 보자. 규칙은 무척 간단하다. 가위, 바위, 보를 양손에 내되, 비기는 수가 없도록 하면 된다. 1초 간격으로 박자를 맞춰서 양손으로 다른 손을 내는데, "하나, 둘, 셋" 하며 소리를 내서 1분 동안 몇 번이나 다른 손을 냈는지 세어본다. 중간에 비기는 수가 나오면 거기서 게임은 끝이 난다. 이때 어색하고 답답한 감각을 느껴보자.

양손을 이용해 자유자재로 다른 수를 낼 수 있게 되었다면 이번에는 양발을 이용해 같은 훈련을 반복한다. 맨발로 서로 다른 패를 내는 방식이다. 바위와 보는 발로도 쉽게 만들 수 있지만, 가위는 조금 어려울 수 있다. 가위는 엄지발가락을 위로 치켜들고 둘째 발가락은 아래로 내려서 만들어 본다.

양손, 양발로 서로 다른 패를 내는 '나 홀로 가위바위보'는 손끝, 발끝을 정교하게 쓸 뿐만 아니라 뇌의 활성화에도 도움이 된다.

나 홀로 가위바위보 트레이닝

양손과 양발이 다른 움직임을 해야 하기에 뇌 활성화에 알맞은 훈련이다.

쾌감 이미지 트레이닝을 통해 자유자재로 휴식 취하기

기분 좋은 상상을 하는 습관은 우뇌 발달에 좋은 영향을 끼친다. 자녀가 아래의 장면을 상상할 수 있도록 도와준다면 우뇌에 좋을 것이다. 그리고 그것이 습관이 될 수 있도록 해주자. 아래 문장을 여러 번 읽으면 이 장면을 상상하는 것만으로도 간단히 기분이 좋아지는 이미지를 머릿속에 각인시킬 수 있다.

> 당신은 지금 아름다운 여름 해변에 있다. 먼저 해변을 산책해 보자. 발바닥에서는 뜨거운 모래 감촉이 느껴진다. 바다에는 잔물결이 치면서 발에 차가운 바닷물이 닿아 무척 기분이 좋다.
> 당신은 이제 바다로 들어간다. 그리고 하늘을 본 채 바다 위에 둥둥 떠 있다. 바닷물이 당신 몸을 감싼다. 상쾌한 바람이 뺨을 어루만진다. 강렬한 태양은 전신을 내리쬐고 있다. 바다의 짭짜름한 향기, 파도 소리, 전신을 뒤덮는 차가운 물의 감촉이 오감을 통해 느껴진다.
> 이번에는 바다 안쪽을 들여다보자. 당신의 눈앞에 수많은 열대어가 지나간다. 조금 더 바다 깊이 헤엄쳐 보자. 당신의 눈앞에 여러 마리의 돌고래가 나타났다. 당신은 돌고래와 함께 기분 좋게 물속을 헤엄친다.
> 이제 해가 저물기 시작했다. 석양이 지평선 아래로 저무는 것을 천천히 감상하면서 해변으로 돌아간다. 지평선 너머로 커다란 태양이 저물어간다. 당신은 편히 휴식하면서 기분이 좋아지는 것을 느낀다.

일주일에 여러 번 마음을 차분히 하면서 이런 이미지를 그려보는 습관을 들이자. 기분이 맑아지면서 공부나 동아리 활동에도 전념할 수 있게 된다.

쾌감 이미지 트레이닝

자유자재로 릴랙스 할 수 있는 이미지를 머리에 떠올릴 수 있게 되면, 어떤 상황에서도 마음을 침착하게 다잡을 수 있다.

복식 호흡 트레이닝으로 차분히 마음 가라앉히기

순식간에 마음을 차분히 가라앉힐 수 있는 훈련법을 소개한다. 퇴근길 혹은 하굣길이나 지하철, 버스 안에서도 할 수 있는 훈련이다.

① 눈을 감고 배를 집어넣으면서 숨을 내쉰다.
② 숨을 다 내쉬었으면 이번에는 배를 부풀리면서 숨을 들이마신다. 이때 시계를 이용해 8초 동안 숨을 내쉬고 4초 동안 숨을 들이마시는 연습을 한다.

이렇게 복식 호흡을 계속하다 보면 마음이 차분히 가라앉는 게 느껴진다. 가능하다면 적어도 5분 정도는 편안한 마음으로 복식 호흡을 연습해 보자.

이때 편안한 마음으로 복식 호흡을 하면서 머릿속에 떠올랐던 생각을 훈련이 끝난 후 공책에 적는 것도 좋다. 떠오른 생각은 아마 단편적인 내용이겠지만, 그래도 좋다. 이런 단편적인 사고 속에 귀중한 번뜩임이나 깨달음이 숨어 있는 법이다. 생각을 적은 종이는 당분간 버리지 말고 가지고 있는다. 일주일 후 적어둔 내용을 다시 읽어보면 의외의 발견이 있을지도 모른다.

이 복식 호흡 트레이닝은 집중력을 높여줄 뿐만 아니라 아이들을 차분히 만들어 준다. 일본의 중학교, 고등학교 운동부에서는 적극적으로 활용하고 있는 프로그램이다.

복식 호흡 트레이닝

복식 호흡은 스트레스 지수를 낮춰준다. 앉아서 해도 좋고, 서서 해도 좋다.

● 잡지

『プレジデントファミリー』12月号, プレジデント社, 2008.
『Newton』2月号, ニュートンプレス, 2004.
『Newton 別冊-脳力のしくみ』, ニュートンプレス, 2014.

● 서적

ポアンカレ 著, 吉田洋一 訳,『科学と方法』, 岩波書店, 1953.
前原勝矢,『右利き・左利きの科学』, 講談社, 1989.
ジョン・オキーフ 著, 桜内篤子 訳,『「型」を破って成功する』, TBSブリタニカ, 1999.
内藤誼人,『「創造力戦」で絶対に負けない本』, 角川書店, 2002.
内藤誼人,『パワーラーニング』, PHP研究所, 2005.
マルコム・グラッドウェル 著, 沢田博・阿部尚美 訳,『第1感』, 光文社, 2006.
茂木健一郎,『ひらめき脳』, 新潮社, 2006.
池谷裕二,『進化しすぎた脳』, 講談社, 2007.
八田武志,『左対右きき手大研究』, 化学同人, 2008.
堀江重郎,『ホルモン力が人生を変える』, 小学館, 2009.
M.チクセントミハイ 著, 大森弘 監訳,『フロー体験入門』, 世界思想社, 2010.
ジョフ・コルヴァン 著, 米田隆 訳,『究極の鍛錬』, サンマーク出版, 2010.
林成之,『子どもの才能は3歳, 7歳, 10歳で決まる！』, 幻冬舎, 2011.
池谷裕二,『脳には妙なクセがある』, 扶桑社, 2013.
マイケル・マハルコ,『クリエイティブ・シンキング入門』, ディスカヴァー・トゥエンティワン, 2013.
マーティ・ニューマイヤー,『小さな天才になるための46のルール』, ビー・エヌ・エヌ新社, 2016.
トレーシー・カロチー,『最高の子育てベスト55』, ダイヤモンド社, 2016.
アンジェラ・ダックワース 著, 神崎朗子 訳,『やり抜く力』, ダイヤモンド社, 2016.
児玉光雄,『最高の仕事をするためのイメージトレーニング法 』, PHP研究所, 2002.
児玉光雄,『頭が良くなる秘密ノート』, 二見書房, 2003.

児玉光雄,『理工系の“ひらめき”を鍛える』, サイエンス・アイ新書, 2007.
児玉光雄,『ダ・ヴィンチ転脳テクニック』, 東邦出版, 2008.
児玉光雄,『上達の技術』, サイエンス・アイ新書, 2011.
児玉光雄,『勉強の技術』, サイエンス・アイ新書, 2015.
児玉光雄,『すぐやる力やり抜く力』, 三笠書房, 2017.
児玉光雄,『逆境を突破する技術』, サイエンス・アイ新書, 2017.

하루 한 권, 일류

초판인쇄 2023년 04월 28일
초판발행 2023년 04월 28일

지은이 고다마 미쓰오
옮긴이 김나정
발행인 채종준

출판총괄 박능원
국제업무 채보라
책임편집 조지원
디자인 홍은표
마케팅 문선영 · 전예리
전자책 정담자리

브랜드 드루
주소 경기도 파주시 회동길 230 (문발동)
투고문의 ksibook13@kstudy.com

발행처 한국학술정보(주)
출판신고 2003년 9월 25일 제406-2003-000012호
인쇄 북토리

ISBN 979-11-6983-237-3 04400
979-11-6983-178-9 (세트)

드루는 한국학술정보(주)의 지식 · 교양도서 출판 브랜드입니다.
세상의 모든 지식을 두루두루 모아 독자에게 내보인다는 뜻을 담았습니다.
지적인 호기심을 해결하고 생각에 깊이를 더할 수 있도록, 보다 가치 있는 책을 만들고자 합니다.

나는 9급 공무원이다

나는 9급 공무원이다

양원희 지음

9급 공무원은 대한민국과 각 지방자치단체의 새싹이며, 꿈과 희망이요, 미래다.

이담 Books

책머리에

7개월 전, 9급 행정직 공무원 신규임용후보자 임용 전 실무수습 직원 한 명이 우리 부서로 발령을 받았다. 나이가 30살인데 대학교는 다니지 않았으며 직장생활 틈틈이 시험을 준비하였고 마침내 합격의 영광을 누렸다고 한다. 2011년 서울시에서 시행한 7, 9급 공무원시험에 고교 졸업자는 단 한 명도 없었다고 하니 그 신규직원의 의지와 실력이 정말 대단하다는 생각이 든다.

대한민국의 수재들만 몽땅 모아놓은 그 엄청난 서울대 출신이 9급 공무원시험을 치고, 박사 출신 환경미화원도 나온다는 뉴스를 본 적이 있다. 이 얘기는 무슨 뜻일까? 9급 공무원이나 환경미화원의 위상이 높아졌다는 것보다는 극히 일부이긴 하겠지만 서울대나 박사 출신 응시자의 위상이 그만큼 떨어졌음을 단적으로 보여주는 것은 아닐까? 갈수록 늘어만 가는 대학졸업자와 석·박사 출신 고학력자의 취업이 그만큼 어렵다는 얘기도 될 것이다.

나는 1981년 7월 1일 강원도 동해시청 사문동사무소에 지방행정 서기보시보로 첫 발령을 받았다. 그해 3월에 시행된 5급 을류(지금의 9급) 시험에 응시하여 합격하였으며 8주간의 교육을 받고 만 18세의 나이로 공직에 입문했다. 만 나이로는 아직 49살에 불과하지만 벌써 30년 9개월째 공직 생활을 하고 있다. 나는 공무원으로서 신분을 박탈당하는 중징계를 받지 않고, 생명에 지장이 있는 큰 사고를 당하지 않는 한 정년까지 10여 년이나 남아 있다. 남은 공직 생활을 깨끗하고 아름답게 마무리하고 싶다.

신규직원을 맞이하고 보니 그때 그 시절이 생각난다. 과연 31년간의 공직 생활을 어떻게, 무엇을 하였는지 되돌아보고 싶다. 중간결산이라면 10년 전인 40대 초가 적당한데 그때는 미처 생각하지 못하였다. 아마도 개인, 가정, 직장생활 등 여러 면에서 정신없이 보내느라 정신적·육체적으로 여유가 없었기 때문일 것이다. 9급, 말단공무원! 그들은 누구인가? 공무원에 대한 직업선호도 조사결과가 꾸준히 좋게 나오고 있고, 고학력자도 많이 몰리고 있으며, 응시 경쟁률도 갈수록 높아지고 있는데 지방자치단체나 국가적으로는 좀 더 우수한 인재의 선발 차원에서도 환영할 만한 일이라 생각한다.

혹시 하는 마음으로 인터넷에서 9급 공무원에 관한 책이 있는가를 검색해보았는데 수험서 외에는 보이지 않았다. 지금까지의 내 삶과 공직 생활이 궁극적으로는 내 뜻에 따라 이루어졌지만 수많은 분들의 큰 도움이 있었다. 가까이 있는 분들의 생각을 듣고 행동을 보면서 가르침을 받았다. 책이나 언론매체에 소개되는 훌륭한 분들의 소중하고 특별한 경험을 통하여 내 생활을 되돌아보고, 삶의 목표와 방향을 수정하였다. 아직까지 이 수준에 머물고 있는 것은 이루고자 하는 의지와 열정이 미약하였음을 돌아보게 된다. 그동안의 공직 생활을 회고해보면서 9급 공무원을 심층 분석해보고자 하며 공직에 뜻을 가지고 있는 분들에게 조금이나마 도움이 되었으면 한다. 순전히 개인적인 경험과 생각이 많이 담겨 있는데 뜻을 달리하는 분들의 오해가 없었으면 한다.

책 속에 등장하는 인물 중 현직에 근무하는 분도 많이 계신다. 익명으로 거론하겠지만 31년간을 오직 동해시청에서만 근무하였기 때문에 신분 추측이 가능할 수도 있다. 얘기를 끌어가자니 불가피하게 등장한 만큼 넓은 아량으로 이해하여주시기를 간곡히 부탁드린다. 또한 집필방향에 맞추다 보니 공무원교육원 교육교재와 언론매체에 보도된 내용을 많이 인용하였는데 편저자와 언론사 및 독자님의 양해를 구한다.

2009년『마라톤 아무것도 아니다』이후 5권째 출간해주신 한국학술정보(주) 채종준 대표이사님과 관계자 여러분께 진심으로 깊이 감사드린다.

2012년 3월

양원희

책머리에 • 4

제1부 9급 공무원, 그들은 누구인가? • 11

01. 숫자 '9'의 의미 • 13
02. 9급 공무원의 변천과정 • 16
03. 9급 공무원, 그들은 누구인가? • 20
04. 전설적인 9급, 장관도 맡겨만 주면 • 26
05. 지방행정의 달인(達人), 하위직 출신이 더 많다 • 34
06. 맥가이버는 물렀거라! • 40
07. 그늘(陰地)과 양달(陽地) • 46
08. 누구나 '꽃'이 될 수 있을까? • 50
09. 공무원으로서의 성공이란? • 55

제2부 인사가 만사라는데 • 63

01. 인사(人事)가 만사(萬事)라는데 • 65
02. 공무원윤리헌장을 얼마나 실천할 수 있을까? • 70
03. 최종합격과 새내기교육 • 74
04. 새내기 공무원 되기, 그리고 첫 발령 • 80
05. 수습제도는 수습생에게 유리하게 • 85
06. 공무원을 만들어가는 교육과 훈련 • 87
07. 근무성적 가늠과 계급 오르기 • 93
08. 임무를 맡아보는 종류와 방법 • 98

09. 어떤 의무와 책임이 있는가? • 103
10. 신분과 권익보장은 어느 정도 • 107
11. 공무원 봉급이 많다 적다 하는데 • 111
12. 나이에 관계없이 받을수록 기분 좋은 상 • 116
13. 공적인 일로 나라 밖 나들이 • 120
14. 비공식적 소모임은 활성화되어야 • 133

제3부 왜! 9급 공무원을? • 139

01. 왜! 9급 공무원을? • 141
02. 하룻강아지, 9급 • 144
03. 좌충우돌(左衝右突), 8급 • 152
04. 알 듯 말 듯, 7급 • 161
05. 늘 새롭다, 6급 13년째 • 171
06. 별일, 안 될 일, 어처구니없는 일 • 189

제1부

9급 공무원, 그들은 누구인가?

01 숫자 '9'의 의미

왜 9부터 시작일까?

일반직 9급을 말단공무원이라고 한다. 8급이 될 수도 있고, 10급을 넘길 수도 있는데 왜 하필 숫자 9부터 시작했을까? 기능직은 10부터 시작이고 경찰과 소방직도 10계급으로 되어 있다. 그래서 숫자 '9'의 뜻을 알아보기로 했다. 지금까지 살아오면서 숫자의 의미에 대하여 단 한 번도 진지하게 생각해본 적이 없다. 그저 '7'이 행운의 숫자라는 얘기를 듣고 무턱대고 '7'만 좋아했다. 내 대표 ID가 'iii777'이고 내 메일 주소가 'iii777@korea.kr'이다. 이를 비롯하여 사용하는 대부분 숫자에는 거의 90% 이상 '7'이 들어가 있다. 가급적이면 빠른 시간 안에 숫자에 대하여 짧게라도 공부해야겠다는 생각을 가진다. 숫자 '9'의 뜻을 알기 위해 '다음', '네이버', '대한민국 국회전자도서관' 등 많이 뒤져보았는데 만족할 만한 답은 없다. 따라서 일단 네이버 상에 나와 있는 내용 중 일부를 요약해본다.

십진법에서 가장 큰 한 자리 수

"십진법에서 한 자리로 적을 수 있는 가장 큰 수이다. 십진법(十進法: 열올림법)은 10을 기수로 고대 이집트 문명에서 나왔으며 가장 많이 쓰이는 기수법이다. 이것은 인간의 손가락이 10개인 것과 밀접한 관련이 있는 것으로 추정된다. 사람의 임신 기간은 그레고리력으로 9개월이며, 그리스와 이집트 신화에는 9명의 신이 나온다."

"중양절(重陽節)은 음력 9월 9일을 말하는데 9가 양수(陽數)로서 양수가 겹친 것을 뜻한다. 신라시대부터 명절로 정하였고, 조선시대에는 노인잔치를 크게 베풀어 경로사상을 드높이는 동시에 조상에게 차례를 지냈다."

"숫자 9는 분열, 성장하게 하는 양수의 마지막 변화 단계를 뜻한다. 따라서 달이 차면 기울듯이 성장의 끝에는 반드시 반대되는 기운이 올 차례이기 때문에 대부분 9수를 좋지 않게 생각한다. 쉽게 말해 세상은 크게 발전과 통일이라는 두 단계를 거치게 되는데 9는 발전의 끝을 의미하는 수이기 때문에 발전과 성장의 관점에서 보면 뒤가 더 없다는 뜻이므로 불길하다고 하는 것이다. 살아 있는 양 기운으로는 맨 끝이기 때문에 장수를 뜻하는 곳도 있으며 이런 면을 강조한 국가에서는 9를 좋은 수로 생각한다."

"10에서 하나 모자란 숫자가 9다. 하지만 9란 숫자는 부족해 보이기보다 오히려 꽉 차 있어 든든하다는 느낌을 주는 숫자이기도 한 것 같다. 가득 차 있는 듯한 포만감과 함께 하나가 비어 있는 숫자, 그러나 오히려 그 비어 있음이 더 큰 매력을 발산하는 숫자가 9이다."

숫자 9의 의미 생각

위에서 살펴본 바와 같이 숫자 '9'에는 긍정적·부정적 의미가 모두 담겨 있는데 내가 보기에는 좋은 뜻으로 해석해야 할 내용이 더 많은 것 같다. 한 자리 수 중 가장 크다는 점과 인간의 탄생을 위한 임신 기간과도 같다는 점, 신화에 나오는 대표적인 신들의 수와도 같고 가장 큰 양수라는 점, 부족하기보다는 꽉 차 있다는 점 등이 좋은 의미로 생각된다. 어디 이뿐인가? 화투를 잘하지는 못하지만 갑오(아홉)를 쥐면 얼마나 기분 좋은가? 그렇지만 단순한 숫자를 가지고 좋고 나쁘고를 따질 일은 아닌 것 같다. 순위나 등위를 따질 때 작은 숫자일수록 앞이고 잘한 것이며, 큰 수일수록 뒤이고 못한 것이다.

십진법은 10개의 숫자가 있기 때문에 이루어질 수 있다. 숫자마다 뚜렷한 이름을 가지고 있고, 자기만의 개성과 역할이 있다. 9가 1이 부럽다고 자기 자리를 내놓거나 1과 싸워 빼앗을 수도 없는 일이고, 1이 자기 자리가 싫다고 9가 될 수도 없는 일이다. 모두가 자기 자리에서 묵묵히 제 일을 다할 때 균형과 조화를 이루면서 소기의 목적을 이룰 수 있다.

02 9급 공무원의 변천과정

9급 공무원의 명칭이 어떻게 변해왔는지 알아보기 위하여 다음과 네이버, 대한민국 국회전자도서관 등의 자료를 검색하였지만, 역사적·체계적으로 정리된 자료를 발견하지 못하였다. 따라서 행정안전부에서 자료를 구할 수 있나 싶어 민원신청을 하였는데 역시 정리된 자료가 없다는 회신을 받았다. 여기저기 흩어져 있는 자료들을 수집, 분석, 요약하여 그대로 기술해보고 내 나름대로 정리해본다.

1894년 관제개혁

"9급 공무원은 지방행정서기(8급)의 아래인 지방행정서기보를 말하며 국가 및 지방 일반직공무원의 가장 말단이다. 서기와 합쳐서 서기보를 서기라고 하는 경우도 있다. 서기라는 직급은 1894년(고종 31)의 관제개혁 때 처음 설정되었으며, 이는 일제강점기와 미군정 때도 계속하여 존속되었으나 오늘날의 의미와는 다르다. 정부수립 후 1948년 11월 인사 사무처리 규정에 의하여 서기라는 직급이 설정되었다. 1961년 공무원임용령의 개정으로 5급 공무원이 갑류와 을류로 구분되고, 5급 을류의 사무계 공무원을 단순히 서기보라고 하지 않고 명칭 앞에 직무의 분야를 명시하여 행정서기보·재경서기보·사세서기보·통계서기보 등으로 세분하였다. 1981년 국가공무원법의 개정으로 5급 을류인 서기보는 9급 공무원으로 변경되었다. 지방공무원의 경우도 1950년 지방공무원임용령의 제정으로 지방서기라는 직급이 설정된 뒤 국가공무원의 경우와 같은 제도의 변화를 거쳤다(네이버 지식사전, 한국민족문화대백과)."

연합뉴스의 공무원 직급별 선발체계 변천자료에 의하면 "1949년부터는 보통고시(공무원 임용자격에 관한 고시)에 의하여 7급과 9급 공채로 선발하였다(네이버, 2010.8.12)." 또한 서울신문에 따르면 "올해는 우리나라에서 공무원시험을 실시한 지 61년째 되는 해다. 1950년 최초로 시행된 공개경쟁 채용시험을 통하여 고등고시 21명, 보통고시 32명을 선발한 이후 지난해까지 배출된 공무원 수는 20만여 명에 이른다(네이버, 2010.7.1)." 이것은 아마도 국가공무원에 관한 내용으로 이해된다.

조선시대에도 9급이?

오늘날의 공무원 직급을 조선시대의 계급과 비교한 자료는 여러 가지가 있는데 서로 차이가 많이 난다. ① 조선시대의 직급은 정1품에서 종9품까지 있으며, 5급은 정7품에서 종8품, 6급은 정9품과 종9품에 해당하며 9급은 조선시대의 직급에서는 없다(네이버, fifigo.tistory.com/70). ② 외아전(향리)은 현재의 지방직 7·9급 공무원이고, 경아전(녹사, 서리)은 국가직 7·9급 공무원이다(다음). ③ 조선시대의 관직과 현재 계급·품계를 비교하면 정9품(부봉사, 정사, 훈도)이 8급이고, 종9품(참봉)이 9급이다(네이버, heliconmoon 외 4곳). ④ 정9품(교서랑, 등사랑, 오위, 검약, 삼반봉직)이 8급이고, 종9품(학유, 조교, 직학, 내반종사, 의정, 통사)이 9급이다(다음, 연안김씨 반석문중). 종합·분석해보면 현재의 9급이 조선시대에는 없다는 것보다는 있다는 쪽이 더 많고 종9품에 해당된다는 것이다. 명칭은 향리, 서리, 참봉, 학유, 조교, 직학 등 여러 가지가 있는데 참봉으로 받아들이는 것이 다수이다.

참봉(參奉)은 "조선시대에 있었던 종9품 벼슬로서 원, 능전, 사옹원, 내의원, 예빈시, 군기시, 군자감, 소격서 등 많은 관서에 속한 최말단직의 품관을 말한다(네이버 백과사전)." 따라서 개인적인 생각으로는 종9품인 참봉을 지금의 9급 공무원인 지방행정서기보로 받아들여도 될 듯싶다. 또한 현재의 9급이 고려시대에는 어떤 계급이었는지를 검색하였는데 전혀 찾지 못한 것이 아쉽다.

일본강점기의 서기(書記)

일본강점기에는 주사, 서기라는 표현이 나온다. 아마도 지금 사용하고 있는 직명이 일본강점기의 잔재가 아닌가 생각된다.

"조선총독부의 인사관리제도(정신문화연구, 2006, 박이택)"에 주임문관, 판임관(체신서기보, 판임문관)이라는 용어가 보인다. 또한 "1920~1930년대 조선총독부의 인사정책연구(장신, 동방학지)"에는 면서기, 고등관, 주임대우, 주사, 판임관 등의 직명이 등장하는 것에서 확인이 가능하다 하겠다.

고려시대의 주사(主事)

참고로 주사라는 직위는 "고려시대인 995년(성종 14년)에 처음으로 등장한다. 서리직(胥吏職) 중 수위직(首位職)으로 관청에 소속되어 문안(文案)·부목(符目) 등에 관계된 도필(刀筆)의 임무를 담당하였다. 또한 조선시대 초기에는 서울의 육조에도 서리와 함께 중앙의 이서직의 하나로 이 관직을 두었으나 오래지 않아 폐지되었고, 함경도와 평안도의 큰 고을에 둔 향리직으로 이 지방의 토관(土官)들 아래에서 지방행정 및 군사업무를 담당하였다. 1894년(고종 31년)의 관료제도에서도 주사라는 직급이 있었으나, 오늘날의 주사와는 다르다(네이버 지식사전, 한국민족문화대백과)." 의욕을 가지고 많은 시간을 투자하여 조사하고 정리해보고자 하였으나 안타까운 마음을 가지고 이쯤에서 마무리한다. 향후에 기회가 되고 시간이 된다면 다시 한 번 충분한 시간을 가지고 조사해봐야겠다.

03 9급 공무원, 그들은 누구인가?

가장 넓은 의미의 공무원은 "공무를 수행하는 모든 자"를 말하며, 이보다 좁은 뜻으로는 "국가 또는 공공단체와 특별한 공법상의 근무관계를 유지하면서 공무를 담당하는 기관의 구성자"를 일컫는다. 일반적으로는 "근무관계가 법률에 의하여 규율되고 특별권력적 구속을 가장 많이 받으며, 실적과 자격에 의하여 임용되고, 그 신분이 보장되는 일반직·특정직·기능직의 직업공무원이 이에 해당된다.

임용주체에 따라 대통령(소속장관)이 임용하는 국가공무원과 지방자치단체의 장이 임용하는 지방공무원이 있다. 경력직 지방공무원은 실적과 자격에 의하여 임용되고, 그 신분이 보장됨은 물론 평생토록 근무할 것이 예상되며 일반직·특정직·기능직 공무원이 있고, 특수경력직 공무원으로서는 정무직·별정직·계약직·고용직 공무원이 있다. 일반직 공무원 중 공무원임용령에 의하여 2개 직군, 21개 직렬, 78개의 직류로 나누어지며 계급은 1급부터 9급까지 분류된다. 지방연구 및 지도직에 따라 3개 직군, 14개 직렬, 52개 직류로 구분하며 계급은 연구관·연구사, 지도관·지도사로 분류된다. 특정직은 교육공무원, 자치경찰공무원 및 지방소방공무원과 기타 특수 분야의 업무를 담당하는 공무원으로서 다른 법률이 특정직 공무원으로서 지정하는 공무원을 말한다. 기능직은 기능적인 업무를 담당하며, 기능별로 분류되는 공무원으로서 9개 직군, 22개 직렬, 37개 직류로 구분하며 계급은 기능 5급부터 10급까지 구분된다(2010 지방공무원 인사제도, 시·도공무원 교육원).

행정안전부에서 5년 주기로 실시한 "2008년 공무원 총조사"에 의하면 2008년 9월 1일 현재의 전체 공무원 수는 945,230명(헌법기관 17,509명 제외)으로서 국가공무원(행정부 소속 일반직, 검사, 외무, 기능직, 별정직, 계약직 국가공무원의 합계) 154,010명(16.3%), 경찰·소방 134,484명(14.3%), 교육 347,394명(36.7%), 지방공무원 309,342명(32.7%)이다. 평균연령은 41.1세로 40대가 305,984명(34.9%)이며, 여성공무원은 40.6%로 주로 교육 분야(65.9%)에서 근무하고 있으며 40.6%가 수도권(서울·경기·인천)에서 근무하고 있다.

국가 일반직 공무원의 최초 임용계급 구성비율은 9급 68.8%, 7급 15.6%, 8급 9.3% 순이었으며, 공무원의 휴직사유로는 육아휴직(37.4%)과 병역휴직(30.7%)이었다. 9급으로 임용되어 5급으로 승진하기까지 평균 25.2년이 소요되고, 5급이 고위공무원으로 승진하는 데는 평균 23.8년이 소요되었다. 학력수준은 대학교 졸업이 45.4%, 대학원 이상 21.2%, 고졸 16.4%로서 전문대졸 이상이

80.6%이며 박사학위 소지자도 18,075명(2.1%)으로 조사되었다.

또한 2009년 12월 31일 현재 행정안전부 공무원통계의 행정·입법·사법부 직급별 정원을 보면 전체 공무원 수는 970,690명 이며 국가직이 609,573명, 지방직이 338,394명(이하 직급별 "괄호" 안의 인원 수)이다. 직급별로는 장관(급) 42명, 차관(급) 105(4)명, 고위공무원단 또는 1급 1,195(27)명, 2급 165(69)명, 3급 396(349)명, 3·4급 794(29)명, 4급 7,089(2,754)명, 4·5급 2,658(268)명, 5급 31,276(17,425)명, 6급 88,899(60,221)명, 7급 93,274(68,493)명, 8급 75,154(50,645)명, 9급 36,535(18,880)명, 연구직 6,819(2,917)명, 지도직 4,560(4,507)명, 교육직 350,552(1,278)명, 경찰직 106,771(127)명, 소방직 33,918(33,674)명, 외무직 1,555명, 외무직 고위공무원단 258명, 법관·검사 4,655명, 경호직 381명, 기능직 121,388(75,804)명, 계약직 고위공무원단 33명, 일반계약직 90명, 기타 2,128명 등이다. 현원으로 비교·분석했으면 더욱 좋았을 텐데 자료를 확보하지 못해 아쉽지만 인력 관리할 때 정원과 크게 다르게 운영하지 않으므로 우리나라의 전반적인 공무원 구조를 아는데 이 정도면 충분하다고 생각한다. 나 또한 이번에 원고를 쓰면서 공직 생활 30년 만에 공무원의 구조와 현황에 대하여 비교적 상세히 알게 되었음을 밝힌다.

9급 공무원, 그들은 과연 누구인가?

행정직군 또는 공안직군(公安職群)에 딸린 9급 행정일반직의 국가공무원·지방공무원을 말한다. 서기보(書記補)는 모든 9급 공무원을 통칭하는 말로서 일반직 공무원의 가장 말단이다. 1961년 4월 국가공무원법의 개정으로 5급 공무원(1981년 5월 이후의 8·9급 공무원)을 갑류와 을류로 구분하였으며 5급 을류가 9급이며 서기보이다. 임용은 공개경쟁 채용시험에 의하나 특별채용될 수도 있으며 임용권은 소속장이 가진다. 공무원시험 응시연령은 18세 이상 32세(국가직 28세)이며, 결격 사유가 없는 한 누구나 응시할 수 있다. 일반적으로 학력이나 경력 등의 제한은 없으나 거주지는 제한하여 시행할 수 있다. 5개 과목의 필기시험과 면접시험에서 합격하면 비로소 9급 공무원이 될 수 있다(다음 백과사전).

각종 언론매체에 보도된 2011년 9급 공무원시험의 경쟁률을 간단히 살펴보면 행정안전부에서 주최하는 국가직은 1,529명 모집에 142,732명이 원서를 접수하여 93.3 대 1의 경쟁률을 보이고 있다. 또한 서울시는 평균 77.5 대 1인데 농업 9급은 1명 모집에 463명이 신청하였다고 한다. 대구시 교육청 주최 교육행정직이 46.9 대 1, 대전광역시가 평균 49 대 1(세무 9급 125 대 1), 전라남도 9급 공무원이 22.5 대 1(순천시 행정 9급 113 대 1) 등을 나타내고 있다. 아마도 사기업체에서 채용하는 규모가 줄어들어 청년취업의 어려움이 심각한 탓도 있겠지만, 학력제한이 없고 직업이 안정된 것으로 받아들여지고 있어 공무원시험에 몰리기 때문일 것이다.

9급이 국가 일반직 공무원 최초 임용계급의 68.8%(103,895/151,010명)를 차지하지만, 현재는 공무원 정원의 17.3%(17,654/102,140명)에 불과하다. 또한 지방공무원의 정원에서 차지하는 비율은 국가공무원보다 더 떨어진 8.6%(18,880/219,133명)에 불과한 것으로 나타나고 있다. 국가직과 유사하다는 가정하에 추산해보면 지방 일반직 공무원의 9급 최초 임용 숫자는 150,764명에 달한다. 지금까지는 막연하게 9급은 국가직보다는 지방직이 더 많을 것으로 생각했는데 통계수치를 비교해보니 뜻밖의 사실에 놀라움을 느낀다.

좀 더 자세히 분석해보면 전체 일반직 공무원 321,273명 중 68.8%인 220,967명이 9급으로 공직 생활을 시작하고, 11.4%에 해당하는 36,535명이 현직에서 9급으로 근무하고 있다는 얘기다. 계급별로 법정 승진 소요 최저연수가 정해져 있는데 9급은 2년 이상, 7·8급이 3년 이상, 6급이 4년 이상, 4·5급이 5년 이상, 3급 이상은 3년 이상 등이다. 그러나 계급별 평균 승진 소요연수는 8급이 4년, 7급이 6.6년, 6급이 7.2년, 5급이 9.7년으로 나타나고 있다. 따라서 9급으로 들어와 184,432(83.5%)명이 8급 이상으로 재직하고 있다는 것이다.

평균적으로 4년간 가장 낮은 계급으로 근무하면서 공무원으로서 갖추어야 할 기초적인 지식과 소양을 쌓는다. 처음 발령받는 부서의 인력이나 업무상황에 따라 다르지만 일반적으로 단순하거나 큰 책임을 지지 않는 업무를 맡도록 하는 것이 바람직하다. 업무내용을 전혀 알지 못하는 새내기에게 너무 벅차거나 책임이 큰일을 주었다가는 처리하는 과정에서 문제가 생길 수 있다. 또한 아랫사람의 잘못된 업무는 상사에게도 동반 책임이 있기 때문에 문제 발생 시 상위계급의 체면이 깎이게 된다. 공무원이 되면 공적인 업무만 처리하고 마는 것은 결코 아니다. 선배공무원으로부터 일과 함께 인생도 배우고 처세술(處世術)도 배우는 것이다.

학업을 끝내고 바로 9급이 되거나 다른 직업을 가지다가 들어온 사람, 나이가 적거나 많은 사람, 남성과 여성, 몸이 온전하거나 불편한 사람 등 매우 다양한 모습으로 공무원을 시작한다. 나도 청운(靑雲)의 꿈을 품고 공무원이 되었지만 이들 또한 각자 나름의 크고 작은 꿈과 희망을 가지고 공직을 지원했을 것이다. 총조사에 따르면 공무원 평균 재직연수는 15.4년으로 교육공무원이 16.1년, 지방직 15.5년, 경찰·소방직 14.6년, 국가직 14.3년이라고 한다. 9급이라는 출발선은 같지만 끝은 결코 같지 않을 것이다. 꼭 재직기간이라는 시간 개념뿐만 아니라 배치받은 자리에서부터 승진과 징계 등 공직 생활을 하면서 겪게 되는 모든 상황에 따라 달라지게 마련이다. 특히, 계급사회에서는 그 무엇보다도 승진에 대한 관심이 많을 수밖에 없고, 고위급으로 올라갈수록 성공과 명예의 척도로 여기는데 9급에서 끝나는 사람도 있고, 장관이 되는 사람도 있다.

이들은 대한민국과 각 지방자치단체의 새싹이다. 꿈과 희망이요, 미래다. 이들의 머리와 가슴과 손발에 지역과 나라의 미래와 명운(命運)이 달려 있다. 새싹이 잘 자라도록 아끼고 가꾸는 것은 직속상관인 8급부터 국가를 책임지는 대통령까지의 몫이다.

04 전설적인 9급, 장관도 맡겨만 주면

9급 공무원으로 시작하여 도지사, 차관까지 발탁된 입지전적인 인물들이 많이 있다. 내 머리와 상식으로는 도저히 상상할 수도 없던 일이었는데 이 글을 준비하면서 인터넷을 뒤지다 알게 된 사실이다.

9급으로 동해시청에 첫 발령을 받아 30년 넘게 근무해왔고, 특별한 잘못 없이 정년까지 근무할 경우 최대한 올라갈 수 있는 계급은 5급까지일 것이다. 나도 나름대로 열심히 일했다고 생각하지만 도대체 어떻게 공직 생활을 하였기에 1급을 넘어 차관과 관선 및 민선 도지사까지 될 수 있다는 말인가? 공무원으로서 이보다 더 크게 성공한 사람들은 없을 것 같다.

2011년 9월 1일자 서울신문에 의하면 "48개 중앙행정기관 가운데 7·9급 출신의 고위공무원이 단 한 명도 없는 부처는 16곳이라고 한다. 지식경제부 등 15개 부와 대통령실 등 3실의 고위공무원단 1,485명으로 최초 임용 현황은 5급 공채가 1,022명, 7급 공채 88명,

9급 공채 42명, 기타는 333명"인데 9급 출신이 42명이나 된다는 것이 놀랍다. 아래에서 소개한 인사들보다 훨씬 더 많겠지만 인터넷에서 무작위로 검색한 자료들이므로 빠진 분들의 오해가 없기를 바란다. 또한 내용은 지면 관계상 인터넷이나 언론매체 등에 보도된 내용을 위주로 요약하였음을 밝힌다.

김채용 경상남도 행정부지사

1969년 고향인 경남 의령군 가례면사무소에서 9급 생활을 시작으로 1986년 사무관, 1994년 서기관, 2000년 부이사관, 2003년 이사관 등으로 승진을 거듭하였다. 의령군수, 내무부 주민과장, 행자부 총무과장, 민방위 재난관리국장 등의 보직을 맡았으며 공직에 발을 들여놓은 지 36년 만인 2005년에 관리관(1급)으로 승진 경상남도 행정부지사로 부임하였다(2005.9.21. 연합뉴스).

이기우 교육인적자원부 차관

부산고를 졸업하고 1967년 부산의 한 우체국에서 6개월 시한의 조건부 서기보로 취직했다. 그해 9급 공무원시험에 응시해 거제교육청에서 교육공무원 생활을 시작했다. 13년 만에 지역교육청에서 교육부(당시 문교부)로 입성해 총무과장, 부산시 교육감, 교육환경개선국장 등 교육부 내 주요보직을 두루 거쳤다.

1998년 김대중 정부의 정권인수위원회에서 정책분과위원회 간사이던 이해찬 국무총리와 함께 일했다. 이 총리가 교육부 장관으로 오면서 교육환경개선국장이던 그를 기획관리실장으로 내정하였으나 장관 교체로 김덕중 장관 때 임명됐다.

차관 후보로 여러 차례 물망에 올랐으며 36년 만에 공직 생활을 그만두었으나 한국교직원공제회 이사장, 국무총리비서실장을 거쳐 교육인적부차관으로 발탁되었다(2006.2.11. 새거제신문).

김완기 청와대 인사수석

광주동중학교를 수석으로 졸업했고 광주고등학교를 수석으로 입학한 수재였지만 중학 시절 부친이 일찍 세상을 떠나면서 가장이 돼 고교 졸업 후 대학 진학 대신 행정공무원을 선택했다. 1966년 9급직에 1등으로 합격, 전남 광산군 면서기로 출발한 후 전남 구례·나주 군수를 거쳐 1994년 내무부의 행정과장에 올랐고 전라남도 기획관리실장, 광주시 기획관리실장, 광주시 행정부지사(1급)를 역임했다. 2005년 1월 20일 청와대 인사수석(차관급)으로 임명되었다(다음, 2007.6.7. 사법고시연구회).

조연환 산림청장

보은농고를 졸업한 뒤 1968년 산림청 9급 공무원으로 출발 27년 만에 산림청장에 오른 산림행정의 전문가다. 공직에 있으면서 대학을 졸업하고 기술고시(1980, 16회)에 합격할 만큼 자기계발에 충실하다는 평이다. 바쁜 공직 생활에도 문학에 관심이 커 다섯 권의 시집과 수필집 등을 펴내기도 하였다(다음, 2007.6.7.

사법고시연구회).

이종규 재정경제부 세제실장

충남 홍성고를 졸업 후 1965년 9급으로 출발, 고시 출신 엘리트가 즐비한 재경부에서 자타가 인정하는 세제 전문가로 성장, 1급까지 올랐다. 1990년 초과이득세를 도입할 당시, 실무를 맡았으며 1994년 금융실명제의 뼈대를 세웠다(다음, 2007.6.7. 사법고시연구회).

신상철 조달청 차장

조달청 창립 이래 9급으로 출발해 1급까지 오른 최초의 케이스여서 조달청뿐만 아니라 다른 청 공무원들에게까지 희망적인 선례를 남겼다는 평이다.

충남 강경상고 졸업 후 1967년 충남교육청 9급으로 공직의 첫발을 내딛고 1974년 조달청으로 자리를 옮긴 뒤 30여 년 동안 선물거래, 해외조달, 내자구매 등 외길 조달맨의 인생을 걸어왔다. 출신과 배경보다는 전문성, 업무 추진력, 자기계발 노력 등이 종합적으로 뒷받침되었다는 평가를 받고 있다. 바쁜 공직 생활 중에서도 일본 요코하마국립대학 국제경제법학 석사, 청주대 경영학 박사 학위를 받았고, 『WTO 시대의 정부조달('97)』 등의 저서를 남기는 등 노력하는 공무원상을 보여주기도 하였다(다음, 2007.6.7. 사법고시연구회).

김애랑 여성부 기획관리실장

여성공무원 중에서는 유일한 9급 고졸 출신의 신화로 존재한다. 이화여고를 나왔지만 어려운 가정 형편 탓에 대학 진학의 꿈을 접고 1968년 서울시 9급 행정직에 응시해 합격, 성북구 동소문동사무소에서 첫발을 내디뎠다. 서울시청 부녀과·가정복지국장, 서대문구 부구청장을 거쳐 공직 33년 만에 첫 여성 관리관(1급)인 서울시 여성정책관에 올랐다(2007.6.7. 사법고시연구회).

김인옥 제주지방경찰청장

9급 공채 여경으로 출발해 경찰 역사 60년 만에 처음으로 지방경찰청장에 올랐다. 부산 동아대 1학년 재학 중이던 1972년 1기 여경 공채로 서울 용산경찰서 경무과에서 출발, 1999년 총경(4급 상당)으로 승진했고 2003년 방배경찰서장으로 재직하였다. 2004년 경찰청 경무관으로 승진하였고, 2005년 제주경찰청장, 2006년부터 울산지방경찰청 차장으로 재직하였다(다음, 2007.6.7. 사법고시연구회).

이의근 경상북도지사

1961년 대구상고를 나와 경북 청도군청 9급으로 출발, 특유의 성실성과 행정기획력을 인정받아 1978년 박정희 전 대통령의 지시로 청와대로 차출된 뒤 승진 가도를 달렸다. 내무부 행정국장, 기획관리실장, 청와대 행정수석 등 요직을 두루 거쳤고 3기 경북지사(관선 1회, 민선 2회)를 지내고 있다(다음, 2007.6.7. 사법고시연구회).

이원종 충청북도지사

충북 제천고를 졸업하고 1963년 9급 공채시험에 합격한 뒤 서울 광화문우체국에서 동전 수거원으로 공직을 출발했다. 야간대학에 다니면서 행정고시에 합격(1966), 서울시 행정과장, 용산·성북·동대문구청장, 주택국장, 교통국장을 거쳐 청와대 내무행정비서관을 지낸 뒤 관선 충북지사(1992~1993)와 관선 서울시장(1993~1994)을 역임한 데 이어 민선 충북지사 2·3기를 역임했다(다음, 2007.6.7. 사법고시연구회).

김태환 제주도지사

전주고를 나와 1964년 제주시 9급 행정서기보로 공무원을 시작해 제주도 기획담당관을 거쳐 40대 초반에 관선 남제주 군수를 지낸 뒤 제주도 행정부시장, 관선 제주시장 등 탄탄대로를 걸어왔다. 민선 2~3기 제주시장에 연거푸 당선된 뒤 2004년 제주도지사, 2006년 제주특별자치도지사를 역임했다(다음, 2007.6.7. 사법고시연구회).

김혁규 열린우리당 상임위원

부산 동성고를 나와 경남 창녕군 면사무소에서 공무원을 시작해 내무부 지방재정과(7급)에 근무하던 중 1971년 미국으로 건너가 사업에 성공한 후 귀국, 김영삼 전 대통령 민정비서관에 이어 관선 경남지사(1993)가 되었다. 이후 두 차례의 민선 경남지사에 당선되었으나 중도에 하차하고 참여정부에 합류, 노무현 대통령

경제특별보좌관을 거쳐 17대 국회의원(비례대표)이 됐다(다음, 2007.6.7. 사법고시연구회).

황인평 제주도 행정부지사

1952년 전남 해남 출신으로 광주고와 국제대 법학과를 졸업하고 일본구주대 석사학위를 받았다. 9급 출신으로서 일반직 고위공무원 직급까지 올랐으며 인천시 남구 부구청장, 노근리사건 처리지원단장, 행안부 기획예산담당관과 의정관을 역임하였다. 2010년 2월 제주특별자치도 행정부지사로 발령받았다(2010.2.8. 제주포커스).

임좌순 중앙선관위 사무총장

아산시 출신으로 온양중·고등학교를 졸업한 뒤 건국대 행정대학원(행정학 석사)을 졸업하였다. 9급 공무원으로 출발하여 중앙선거관리위원회 사무처장과 사무총장(장관급), 호서대 초빙교수, 국회정치개혁위원회 위원, 수출보험공사 감사 등을 역임했다(2010.2.11. 충청투데이).

설정곤 보건복지부 첨단의료복합단지조성사업단장

속초 출신으로 1976년 9급으로 들어와 강원도 묵호지방사무소에서 공직 생활을 시작하여 4년 만에 중앙부처로 올라갔다. 예산, 의료정책, 보험정책 실무를 했고 1991년 사무관으로 승진하였으며 국무총리실과 대통령비서실 기획단에서도 파견 근무하였다.

2011년 8월 보건복지부에서는 처음으로 고졸출신 국장급인 첨단의료복합단지조성사업단장으로 임명되었다(2011.8.15. 국민일보).

김용삼 문화체육관광부 감사관

1975년 경기도 연천고등학교 상과반을 졸업하고 지방직 9급으로 공직에 발을 들였다. 공주사대에 합격하였으나 집안 형편 때문에 포기하였다. 1981년 군 복무를 마치고 국가직 7급 공무원시험에 합격 1983년부터 문화공보부에서 중앙부처 공무원 생활을 시작하였다. 대전엑스포 놀이마당관장, 문화공보부 차관 비서관, 게임음악산업과장, 국립국악원 국악진흥과장 등 다양한 이력을 거쳤다. 2011년 5월 고위공무원단에 이름을 올렸으며 2011년 8월 문화체육관광부 감사관으로 임명됐다(2011.8.23. 서울신문).

박재순 전라남도 기획관리실장

전남 보성 출신으로 조선대부속고등학교, 조선대 정치외교학과를 졸업한 후 같은 대학원에서 정치학 박사 학위를 취득하였다. 1964년 전라남도에서 9급으로 공직 생활을 시작하였다. 전남 강진군수, 전남 농정수산국장, 자치행정국장, 기획관리실장 등을 거친 후 한나라당 전남도당 위원장을 시작으로 정계에 입문, 한나라당 최고위원과 국민통합특별위원회 위원장을 지냈다. 2011년 10월 한국농어촌공사 사장에 임명되었다(2011.10.24. 충청투데이).

05 지방행정의 달인(達人), 하위직 출신이 더 많다

행정안전부에서는 각 분야에서 열정과 능력을 발휘하여 지역사회에 이바지한 지방공무원을 선정하고 자긍심을 높여 바람직한 공직사회를 만들고자 '2010 지방행정의 달인'을 선발하여 2010년 12월 26일 발표하였다. 달인 본심사를 통과한 29명은 엄격한 심사과정을 거쳤으며 지방공무원 33만 8천 명을 대표하는 뛰어난 공무원으로 인정받았다. 무기계약직부터 행정 4급까지 20개의 여러 분야와 계급으로 구분되지만 현재의 직급으로 보았을 때 일반직 9급 공무원으로 시작한 경우가 많을 것으로 판단된다. 집필의도에 맞추어 9급 공무원 출신을 분야별로 1명씩만 소개하고, 나머지는 서울신문에 게재된 내용을 요약 인용한다.

행정 분야

도시 재개발의 최고봉 / 문대열 서울 구로구 도시개발과(행정 5급)

서울 구로구 중심권에 있던 영등포 교도소·구치소를 도시

외곽으로 신축 이전하는 사업을 주도해 지역주민의 오랜 민원을 해결했다. 구로동 집단거주 지역 재개발 사업에서는 이주민 변상금 장기집단 민원을 해소하고, 남구로역 역세권 및 서울디지털산업단지 주변 도시환경을 개선했다. 특히 지역 정비사업 시 주민의 권리보장을 위한 약정도 추진했다.

노숙인 선도 일인자 / 이명식 서울 중랑구 사회복지과(기능 8급)

보상프로그램 관리 넘버원 / 김병석 부산 남구 재무과(행정 6급)

직업 창출·취업알선 명수 / 이경수 충남 당진 지역경제과(무기계약직)

시설환경 분야

가축분뇨 처리 전문가 / 황인수 경북 상주 축산환경연구소(환경 6급)

환경공학 박사로 수질관리기술사 등 4개 환경 분야 자격증 및 한국건설기술인협회 5개 환경 분야 특급기술자로 등록될 정도로 전문지식과 실무능력을 갖췄다. 국내외 연구 학술발표 및 개발 등으로 마르퀴즈 후즈 후, IBC, ABI 등 세계 3대 인명대사전에 동시 등재, 공무원으로는 보기 드문 이력을 가졌다.

하수처리의 으뜸 / 이광희 경북 경주 수질환경사업소(기능 8급)

해수 담수화의 베스트 / 김우찬 제주시 상하수도본부(공업 7급)

보건위생 분야

치매·장애인 관리의 명인 / 이순례 서울 양천구 지역보건과(간호 6급)

전국 최초 민간자원 유치로 치매예방에서 치료까지 원스톱 서비스를 제공하는 치매지원센터를 설치·운영 중이다. 치매지원센터 1회 방문으로 조기검진, 정밀검진, 치매 확진까지 가능하게 했다. 지역협력 의료체계를 구축, 치매 확진에 대한 검사비용을 소득과 관계없이 감액 배려해 치매 가정에 경제적 도움을 주고 연간 약 1억 2,000만 원의 인건비 절감 효과를 거두고 있다.

응급처치·심폐소생 고수 / 방정수 광주광역시 동부소방서(소방교)

공간개선 분야

도시화단 조성의 최고봉 / 최재군 경기 수원시 녹지과(녹지 7급)

수원천 튤립축제·얼음공원 기획, 조성으로 단순 공사 중심의 조경을 지역문화 콘텐츠와 결합시켰다. 튤립축제는 연인원 10만 명 참여 등 지역경제에 기여하고 다른 지자체의 벤치마킹 대상이 됐다. 공공화단 연출 분야도 진일보시켜 축구공 모형 화분, 등잔 심지에서 착안한 급수용 화분을 개발했다. 조경기술사를 비롯해 관련 자격증 4개를 따는 등 업무 관련 자기계발도 계속해왔다.

논 그림으로 지역홍보 거장 / 최병열 충북 괴산 농업기술센터(농촌지도사)

열 폐기물로 조형물 제작 장인 / 전석환 전남 진도 군내면(무기계약직)

한라산 보호의 대명사 / 신용만 제주시 한라산국립공원(청원경찰)

전기기계 분야

보안등 실용화의 고수 / 최익선 인천 계양구 건설과(공업 6급)

가로등과 폐쇄회로(CCTV)를 하나로 통합하는 'CCTV 일체형 보안등'을 전국 최초 개발해 특허 2건, 실용신안 7건, 디자인 9건의 등록을 냈다. 보안등으로 인천시에서만 130억 원의 시설비를 절감하고 지난해 지식경제부 기술표준원 전문위원으로 참여했다. 개발단계에서 주말마다 용산 전자상가를 다니며 관련 제품을 구입, 사무실에서 조립하는 등 열정도 타의 모범이 됐다.

중장비·기술개발 꼭짓점 / 이재영 경기 오산시 건설과(기능 6급)

정보통신 설비의 대가 / 채해수 대구 달성 정보통신과(방송통신 6급)

세정 분야

행정의 정점 / 김태호 서울시 세무과(행정 5급)

21년째 지방세 업무를 담당하면서 지난해 전국 최초로 체납자 대여금고 압류실시, 대포차 전국 공조단속제도 도입(2,310대 강제견인)의 실적을 올렸다. 1999년 '탈답보답(奪沓報沓)' 논리로 승용차 자동차세 인하 대신 주행세 신설근거를 제공한 주인공이다. 1997년 출간한 '지방세의 이론과 실무'는 세무공무원들에게 바이블로 통한다. 부하직원들에 대한 멘토 역할도 충실하다.

지방세 아이디어의 보고 / 신정길 부산 진구 세무과(세무 7급)

문화예술 분야

문화유산 국제화 대가 / 최선복 강원 강릉 왕산면(행정 6급)

2005년 11월 강릉 단오제를 유네스코의 인류 구전 및 세계무형유산 걸작에 등재시키는 모든 과정을 진두지휘했다. 강릉 무형문화유산에 대해 영어는 물론 중국어와 일어로 된 홍보물을 제작 배포, 강릉 지역 문화유산의 국제화 초석을 마련했다. 국제무형문화도시연합을 창설하고 무형유산보호를 위한 도시 간 협력 네트워크 창설을 제안했다. 산촌마을의 구전설화, 민속놀이 등을 담은 책자 발간도 추진 중이다.

생태관광 활성화의 정상 / 최덕림 전남 순천 경제환경국(행정 4급)

농업 분야

과수원예기술의 일인자 / 이준배 경기 농업기술원(농촌지도사)

22년간 과수 농가를 수시로 방문해 필요한 기술을 전수하고 각종 품평회에서 우수한 성적을 거둘 수 있도록 지도, 농민의 자긍심을 올리는 데 기여했다. 원예종묘기사 1급, 종자기사 등을 획득했고 자유무역협정 체결 후 해외병해충 유입에 대비하기 위해 식물방역관 자격을 취득하는 등 실력 배양에도 적극적이다. 중량선별기에 비파괴당도검사센서를 부착하는 기술을 개발, 과수농가에 보급했다.

석류재배의 고수 / 나양기 전남 농업기술원(농업연구사)

농산품 브랜드화의 여왕 / 피옥자 충남 연기 농업기술센터(농촌지도사)

친환경농업의 넘버원 / 강보원 충남 보령 농업기술센터(농촌지도사)

농자재 개발의 명장 / 류정기 경북 농업기술원(농업연구사)

산업 분야

한우산업 진흥의 선구자 / 유영철 전남 장흥 회진면(농업 5급)

축산직 외길을 걸으면서 지역 축산업 발전을 이끌었다. 사료회사, 기자재 생산업체 등 민간기업은 물론 관련 단체와 긴밀한 협조관계를 구축했다.

전국 최초로 논에 사료용 옥수수 단지를 조성하고 섬유질 배합사료 공장을 세우는 등 한우의 품질향상을 이뤄냈다. 소똥 퇴비시설을 설립, 친환경 농업기반도 마련했다. 한우특구 지정·육성, 주말 토요시장 등 마케팅도 잊지 않았다.

꽃게·새우의 최고수 / 구자근 인천 수산종묘배양硏(해양수산연구사)

녹차의 마에스트로 / 이종국 경남 하동 지역특화기획단(농촌지도관)

고추장 개발의 대표선수 / 정도연 전북 순창 장류식품사업소(보건연구사)

(2010.12.27. 서울신문)

06 맥가이버는 물렀거라!

요람에서 무덤까지

"요람(搖籃)에서 무덤까지"라는 말이 있다. 1942년 영국 총리인 윈스턴 처칠이 경제학자 베버리지로 하여금 발표한 보고서에서 유래하는데 전 국민에게 최저한도의 생활을 보장한다는 평등주의에 있고, 최저한의 보장만이 전 국민의 행복을 가져오는 복지사회 건설을 신념으로 여기는 것이라고 한다. 요람은 젖먹이를 태우고 흔들어 놀게 하거나 잠재우는 물건을 말한다. 미국영화 '맥가이버'가 한동안 우리나라의 안방극장을 점령한 적이 있다. 나도 그 영화의 애청자로서 한 번 빠뜨리면 뭔가 허전한 느낌을 가진 기억이 아직도 뚜렷하다. 서유기에 등장하는 손오공은 자신의 신통력과 '여의봉(如意棒)'을 가지고 해결하지 못하는 것이 없으며, 어린 시절 나에게도 저런 게 하나 있었으면 하는 꿈을 가진 적이 있다. 또한 불교에는 여의주(如意珠)가 등장하는데 원하는 보물이나 의복·음식 등을 가져다주며 병고 등을 없애준다는 공상의 보주(寶珠)로 악을 제거하고 혼탁한 물을 맑게 하며, 재난을 없애는 공덕이 있다고도 한다. 제기된 문제를 해명하거나 얽힌 일을 잘 처리하는 것을 해결이라고 하는데 해결사(解決士)는 일반적으로 부정적인 이미지로 인식되고 있다.

동해시청에서 공무원이 하는 일

9급 공무원은 요람에서 무덤까지의 모든 과정에 관여하고 해결하는 맥가이버와 해결사가 되기 위하여 배우고, 그것을 위하여 필요한 여의봉과 여의주를 다루는 기술을 연마하는 과정이라고 한다면 너무 지나친 비약이고 과장이라고 할 것도 같다. 그러나 지금까지 30년 이상을 현장에서 직접 여러 가지 업무를 처리해왔고 내 손으로 하지는 않았지만 주변에서 일하는 동료나 다른 기관의 공무원을 보면 내 생각은 크게 바뀌지 않을 것 같다.

우선 내가 속해 있는 동해시청의 경우를 보자. 보건소에서는 태어나 요람에 앉기도 한참 이전인 출생하기에 앞서 임신부의 몸에서부터 건강검진, 영양관리, 무료진료 등 산전관리는 물론, 출생 이후부터 사망 이전까지 다양한 건강관리를 해준다. 이뿐만 아니라 약국, 의료업소, 방역, 전염병 관리, 예방접종, 좌동, 금연과 정신 및 지체, 영양과 건강행태 개선사업, 구강 보건 등 주민과 관련된 다양한 업무를 처리한다. 고객봉사과에서는 태어나자마자부터 출생신고를 시작으로 주민등록, 각종 증명, 여권, 재산과 관련된 농지와 지적에 관한 업무,

사망신고 등을 처리해준다. 주민생활지원과에서는 의료보호, 재해구호, 각종 급여지급, 보훈대상자 관리, 기초생활수급자 파악 및 조사, 자원봉사, 자활 및 긴급복지 지원, 장애인과 복지시설 관리, 공중위생업소 및 식품제조·가공업소 관리에 관한 업무를 처리한다. 복지여성과에서는 노인 및 관련 시설, 장사시설, 여성, 아동과 청소년, 보육시설 운영 등에 관한 업무를 처리한다.

건설방재과에서는 도로개설, 도로점용, 건설업 관리, 농지개량, 하천관리, 재난관리 및 재해복구 등을 담당한다. 도시경관과에서는 경관 및 광고물 관리, 도시 및 택지개발, 도시기본 및 관리계획, 도시계획도로, 가로등 및 보안등 관리업무를 담당한다. 관광진흥과에서는 관광지 조성계획, 관광홍보, 관광 자원조사 및 관광지 개발, 해수욕장 등 관광지 관리를 담당한다. 건축관리과에서는 건축물 허가·신고, 교통행정과에서는 대중교통 및 자동차 관리업체, 산림공원과에서는 녹지공원과 산림경영 및 보호, 해양정책과에서는 어업허가 및 어선관리, 수산자원과 어항개발 등을 담당한다.

환경정책과에서는 수질, 폐수배출, 소음, 비산먼지와 악취, 각종 폐기물 처리, 공중화장실 관리, 분뇨처리 등의 업무를 처리한다. 농업기술센터에서는 쌀 생산 및 관리, 농촌진흥, 농촌 생활개선, 원예, 밭작물, 축산물 유통, 가축질병 및 방역 등의 업무를 담당한다. 맑은물보전센터에서는 상수도와 지하수, 하수도와 관련된 모든 업무를 처리한다. 또한 시민에 대한 홍보는 홍보감사담당관실에서, 미래계획과 살림살이는 기획예산담당관실에서, 선거와 공무원 조직

관리는 행정지원과에서, 시를 운영하는 데 필요한 지방세와 세외수입 징수는 세무과에서 담당한다. 이 밖에도 회계, 체육산업, 경제녹색정책, 투자유치지원, 전략산업, 국제협력통상, 문화예술센터, 생활환경센터, 평생교육센터 등의 여러 부서와 10개 동 주민센터에서 시민 생활과 밀접한 여러 가지 일을 맡아 처리하고 있다.

동해시청에서 맡은 업무를 간략히 정리해보았다. 전국에 있는 모든 시청, 군청, 구청도 지역별 특성에 따라 조금씩 차이는 있지만 큰 골격은 비슷하다고 할 것이다. 상급지방자치단체나 중앙행정기관에서는 근무해본 경험이 없으므로 자세히는 표현할 수 없다. 그러나 상급지자체인 특별시청, 광역시청, 도청에서는 보다 광범위하고 폭넓은 업무를 담당하지만 지방자치단체라는 점에서 유사하다고 할 수 있다. 중앙행정기관은 또 어떤가? 임용주체와 근무하는 기관이 달라 국가직과 지방직으로 나누어질 뿐이지 처리하는 업무에 있어서는 지방행정기관과 상하 또는 수평적으로 밀접한 상관관계를 맺고 결국은 국민(주민)을 위하여 업무를 처리하는 것이다.

내가 지금까지 맡아온 업무만 해도 이루 헤아릴 수 없을 정도로 수백여 가지에 이른다. 다른 장과 중복이 되므로 짧게 정리해보자면 공무원으로 임용되자마자 "아들딸 구별 말고 하나만 낳아 잘 기르자"는 산아제한 업무를 보았는데, 이게 바로 요람 이전의 업무이다. 2006년에는 노인복지담당으로서 노인관리와 화장장·공원묘지 업무를 담당하였는데, 이것은 사망 이후의 업무이다. 인간 생명의 시작과 끝인 "요람과 무덤"에 관한 일을 직접 맡아 보았으며 그 중간에서 28

개 부서를 이동하면서 주민이 겪게 되는 수많은 일을 처리하였다.

남의 일도 내 일처럼

내가 맡은 본연의 업무만을 처리하는 것은 결코 아니다. 담당자 한 사람의 힘, 업무가 속해 있는 한 부서의 인력과 능력만으로는 해결할 수 없는 일이 너무 많기 때문이다. 내 일, 네 일 가리지 않고 업무의 성공적인 수행을 위하여 시청의 모든 부서와 직원이 동원되는 일을 시기적으로 간략히 정리해본다. 1월 1일에는 관광진흥과 주관으로 해맞이축제가 망상과 추암에서 열리는데 전 직원이 동원되어 프로그램별로 행사를 지원하고 차량통제 및 주차단속 등을 한다. 1월부터 3월까지 많은 눈이 내릴 때에는 건설방재과의 업무이지만 전 직원이 담당 동, 담당 구간별로 제설작업을 한다. 공보문화담당관실에서 시정을 전 시민에게 알리기 위하여 시정소식지를 만들고 언론매체에 보도자료를 제공하는데 전 직원이 연중 관심을 갖고 자료작성 및 제공에 협조한다. 행정지원과에서 시장과 도지사 등의 선거업무, 시민생활 불편현장 견문제, 인구 늘리기 등의 업무를 특정시기 또는 연중 수행하지만 전 직원 또는 6급 모두가 참여한다.

이 밖에도 매월 1회 개최되는 민방위 훈련의 날 행사와 1사 1담당공무원제, 1~2월 중에 개최되는 대보름맞이 행사, 3~4월 중의 새봄맞이 환경대청결 운동, 3~5월의 산불예방 비상근무, 4월의 세계 물의 날 기념행사와 6월의 현충일 추념식을 비롯하여 연중 수시로 개최되는 여러 가지의 기념행사, 6~9월 중의 호우에 대비한 수해

예방활동과 재해발생 시 복구활동, 7~8월의 해수욕장 운영지원과 수평선축제, 9~10월 중의 오징어축제와 동해무릉제 등이 전 직원 또는 100여 명 이상의 직원 도움을 받아 이루어지는 일들이다.

그럼, 도대체 공무원들은 얼마나 많은 일을 하고 있다는 말인가? 남의 일을 일 년 내내 해주다가 언제 내 본연의 업무를 한다는 말인가? 위에 언급된 일은 내가 직접 담당하였거나 지원해준 일 위주로 나열한 것인데 모르는 일도 더 있을 것이다. 하지만 놀라지 마시라. 대부분의 지방공무원은 이런 일을 수행하면서 맡은 업무를 철저하게 해결하는 놀라운 능력이 있다.

그러기에 그들이 속한 부서와 지방자치단체가 발전하고 그 바탕 위에서 나라가 끊임없이 변화·발전해 나가고 있는 것이다. 9급 공무원은 맥가이버와 만능해결사가 되기 위하여 공직에 들어온 날부터 부단히 노력하고 있는 것이다.

07 그늘(陰地)과 양달(陽地)

그늘과 양달 뜻

그늘은 "햇빛이 잘 비치지 않는 그늘진 곳"과 "남의 눈에 띄지 않는 곳이나 어려운 형편을 비유적으로 이르는 말"이다. 이와는 반대로 양달은 "따뜻한 햇볕이 바로 드는 곳"과 "혜택을 받는 입장을 비유적으로 이르는 말"이다. 음지와 양지는 위치(직위, 자리)와 상황(형편)의 뜻을 같이 지니고 있다. "음지가 양지 되고, 양지가 음지 된다"는 격언이 있는데 "세상일은 돌고 도는 것이어서 처지는 뒤바뀌게 마련이라는 말"을 뜻한다. 위치가 되건, 상황이 되건 음지와 양지를 칼로 무 베듯이 확실하게 구분할 수 있을까? 이것은 당사자가 보는 생각과 관점에 좌우되기 때문에 절대적이라기보다는 상대적으로 보는 것이 합당할 것 같다.

공무원으로서의 측면

공무원이라는 직업으로서의 그늘과 양달을 생각해본다. 이것 또한 공무원 개개인의 판단에 따라서 다를 것이다. 굳이 구분해본다면 양달에 해당하는 것으로는 의무와 책임의 과다, 업무의 복잡 다양과 과다, 잦은 비상근무 체제의 유지와 비상근무 시행, 성과 평가제도의 미비로 인한 불합리한 인사, 빈번한 전보로 특정 분야의 전문적인 지식과 기술습득 곤란, 승진 적체와 행정기관별 승진기간 차이 극심 등을 꼽을 수 있겠다.

또한 양달적인 측면이 보다 많은 것으로는 불법과 비리가 없을 경우 정년보장과 확고한 신분보장, 보수와 복지후생 등 처우의 점진적 개선, 공무원에 대한 사회적 인식의 개선과 직업선호도 상승, 능력(실적)주의의 도입 및 점진적 개선·발전, 요람에서부터 무덤까지 국민의 복지증진에 관여하는 보람, 지역과 국가발전의 바탕이자 중추라는 자긍심 고취, 다양한 지식과 기술습득, 임용주체인 국가와 지방자치단체의 파산 우려가 없다는 점 등이 아닐까 한다.

개인적인 측면

공무원 신분을 가지고 있는 개인적인 측면에서의 음지와 양지는 어떨까? 내 앞과 주변에는 늘 두 가지가 같이 있었으며 간략히 몇 가지만 살펴본다. 첫 발령지가 낡고 오래된 동사무소인 까닭에 크게 실망하였지만 이곳에서 나를 따뜻하게 반겨주고 어려운 처지를 이해해주는 분들을 많이 만났으며 평생의 반려자인 아내를 만났다.

얼마나 다행스럽고 고마운 일인가 말이다. 보수가 넉넉하다는 생각은 들지 않았지만 나보다 못한 사람들이 있다는 생각에 만족하며 늘 감사하는 마음으로 생활하였다. 여러 사람이 저지르는 불법이나 부조리는 저지르지 않았으며 주변의 내 수준과 비슷한 사람들만큼은 생활하는 데 크게 불편하지 않았다. 남보다 더 힘든 부서에서 오래 근무할 때 일은 고달팠으나 새로운 일을 많이 배웠으며, 인사에서 조금 나은 대접을 받은 것이다. 시간 여유는 많으나 업무의 중요성이 상대적으로 떨어져 인사권자의 관심에서 조금 밀려나 있을 때에는 내가 좋아하는 책을 읽고 글을 쓰며 공부하였다. 남들보다 훨씬 자주 부서를 옮겨 다니며 짧은 기간 동안 업무를 맡음으로 특별한 성과를 내지 못하였다. 그러나 새로운 사람을 만나 여러 가지 일을 접하고 배우면서 훨씬 폭넓은 경험을 쌓은 것은 두고두고 큰 도움이 될 것 같다.

영원한 그늘과 양달은 없다

사람 사는 곳은 어느 곳이든지 그늘과 양달이 공존한다는 말을 자주 듣는다. 공무원이 되는 날부터 그만둘 때까지, 심지어는 퇴직 후까지도 자기만의 그 어떤 자리를 가지게 된다. 또한 자리에 상응하는 업무를 맡게 되며, 이에서 비롯되는 수많은 권리와 의무 등이 발생한다. 본인이 희망하고 원하는 자리와 업무를 맡게 될 경우에는 양달이 되고 매우 바람직스러운 일이다. 그러나 모든 일이 내 뜻보다는 남의 의지에 따라 이루어지는 경우가 대단히 많다.

그렇다고 스스로 절망하거나 비관하고, 남의 탓으로 돌리거나 원망한다고 해결될 일은 절대 아니다. 음지가 양지 되고, 양지가 음지 된다는 것은 곧 영원한 음지도, 영원한 양지도 없다는 말로 이해된다. 지금 내 처지와 상황이 양달이라고 기죽거나 비관하지 말고, 쨍쨍한 햇볕 드는 양달이라고 자만하거나 뻐길 일도 아니다. 세상사 모든 것은 마음먹기에 달렸다. 생각하고 받아들이기 나름이다.

08 누구나 '꽃'이 될 수 있을까?

공무원의 꽃

9급 공무원으로 시작하여 상급 지방자치단체인 시·도나 중앙부처에서 근무하지 않을 경우, 특히 강원도와 같이 인구가 지속적으로 감소하고 있는 지역에서는 일반적으로 5급 사무관을 최종목표이자 공직 생활을 마무리하는 계급으로 여기는 것 같다. 물론, 인구가 꾸준히 늘어나는 수도권이나 도시개발이 지속적으로 이루어져 행정기구가 확대되는 도시는 예외일 것이다. 어디에선가 사무관을 '공무원의 꽃'이라고 표현한 글을 본 기억이 난다. 행정고시에 합격한 사람들은 꽃을 피우며 공무원을 시작하고, 7급은 그보다 조금 늦고, 9급은 꽃을 피우면서 공직을 마감한다는 말인데 보는 관점에 따라 차이가 있기는 하지만 어느 정도는 공감이 간다.

9급에서 5급까지 25.2년 걸려

2008년 공무원 총조사에 따르면 9급으로 임용되어 5급으로 승진하기까지 평균 25.2년이 소요되고 있다. 대한민국의 남자들에게는 병역의 의무가 있으므로 대학교 졸업과 군 복무 후(보통의 경우는 군 복무 후 대학교 졸업) 곧바로 9급 공무원으로 임용된다고 가정하면 26~27세가 된다. 그러나 최근 사기업체의 고용축소와 상대적으로 안정적인 공무원 직업의 인기상승 덕분에 상당한 준비기간이 필요하다고 한다. 어찌 되었거나 27세에 시작하면 53세는 되어야 5급이 가능하므로 4급 이상을 기대하는 것은 불가능한 일이라 여겨진다. 이것은 지금처럼 대학교 졸업이 거의 사교육 차원에서의 의무교육이 되다시피 한 현재 상황을 가정해본 것이다. 또한 이것은 당사자가 어떤 시·군 및 시·도나 중앙부처에 근무하느냐에 따라서 달라짐은 두말할 필요도 없다.

벌써 30년 7개월째

내 경우 지금 9급으로 시작한 지 30년 6개월을 넘어섰으나 아직도 6급에 머물고 있으니 평균보다 벌써 5년 4개월을 초과하고 있다. 대한민국 공무원의 평균보다 많이 늦었고 앞으로도 기약이 없으니 이렇게 된 것은 나의 무능함을 탓하고 자책하는 것밖에 또 다른 이유는 없을 것이다. 어쩌면 평균 공무원보다 너무 뒤처졌으니 공무원의 자존심을 크게 손상시키고 망신시켰다고나 할까? 이 글을 쓰면서 문득 나의 무능함을 깨닫고 일자리를 구하지 못해 심각하게 고민하고 있는 자식 같은 젊은이들을 위하여 공직을 벗어 던져야 하는 것은 아닐까를 생각하게 된다. 하지만 경제적으로 이렇게 어려운 상황에서 아직 내게도 10년이라는 정년이 남아 있고, 부양할 가족도 있으며, 퇴직한 이후의 삶도 준비해야 하는 시기이므로 스스로 그만둘 마음은 전혀 없다.

누구나 공무원의 꽃이

과연 나도 5급 사무관이라는 '공무원의 꽃'을 피울 수 있을까? 현재 공무원직에서 배제되는 불법적인 행위는 절대 하지 않을 각오로 만 60세에 정년퇴직한다는 것이 확고한 목표다. 9급에서 6급까지 승진하는 과정에서는 어느 정도 원칙과 기준이 지켜졌다고 본다. 그러나 지연과 학연에서 완전히 자유로울 수는 없었다. 그뿐만 아니라 일부 상사들은 자기들의 편의를 위하여 원칙을 깼으며, 원칙을 어기는 대가로서 부하직원에게 한 약속까지도 지키지 않는 것을 몇 번이나 겪었다. 하지만 '재하자 유구무언(在下者 有口無言)'이라고 했던가? "혹시나 다음 인사에서 더 큰 불이익은 당하지나 않을까?", "괜히 따졌다가는 윗분께 미운털은 박히지나 않을까?" 염려되어 불만을 제대로 얘기할 수 없었던 아픈 기억이 있다.

지금까지 9급으로 들어와 호형호제(呼兄呼弟)하면서 오래도록 동고동락(同苦同樂)하다가 6급으로 퇴직한 선배공무원을 많이 보았다. 심지어 7급 공채로 임용되어 6급으로 20년 이상 근무하다 결국에는 5급으로 승진하지 못하고, 공무원 생활에 환멸을 느낀다며 옷을 벗어 던지는 경우도 보았다. 언제 들어와 얼마나 근무하였는지는 정확히 알지 못하지만 떠나는 뒷모습이 무척이나 안되어 보였고 그 초라해 보이는 모습에서 나의 미래를 떠올렸다면 너무 비관적이고 지나친 비약이라고만 할 것인가? 절대 그렇지 않다고 생각한다.

본인의 의지와 함께 환경도 중요

6급까지 승진함에 있어서는 나름대로 최초 임용일자나 현 직급 임용일자 등의 경력이 어느 정도 지켜지지만 5급부터는 그런 것은 큰 고려의 대상이 되지 못한다는 것을 자주 들어왔다. 학연·혈연·지연 등 여러 가지 요인이 작용된다는 것이다. 그에 따라 승진서열의 선후나 평가의 잣대는 언제든지 바뀔 수 있다는 말이다. 사실 똑같은 시험 보고 들어와 큰 잘못 없이 공평무사하게 더 오래도록 근무하였다면 오래된 사람을 더 빨리 더 높은 계급으로 승진시키는 것이 합당할 것이다. 공무원이 하는 일이라는 게 부서별로 조금씩 차이가 있기는 하지만 어디 중요하지 않은 게 하나라도 있는가? 굳이 중요도에 따라 구분하였다고 할지라도 누구든지 어떤 자리에든지 발령받으면 못 할 사람이 어디 있겠는가? 다소간의 차이가 있을 수도 있겠지만 다 해낼 것이라 믿는다. 또한 상위계급으로 승진이 보장되는 중요하다고 인정하는 자리에 앉혀보지도 않으면서 어떻게 능력의 유무를 성급하게 속단할 수 있다는 말인가? 하지만 이 모든 것은 인사권자의 권한이고 그 판단에 달려 있으니 믿고 따를 수밖에 없는 일이다.

'꽃'은 '꽃'의 마음대로 아무 때나 피울 수 있을까? 피우려는 스스로의 의지와 노력도 중요하지만 기후, 습도, 바람, 햇볕, 비, 눈 등 외부환경의 영향을 매우 많이 받을 것이며 공무원, 공직 생활도 이에 다름 아니라고 본다. 하지만 가장 중요한 것은 본인의 의지일 것이다. 지켜야 할 것은 모두 잘 지키고, 해야 할 것은 최선을 다하여 좋은 성과를 이루며, 해서는 안 될 것은 절대로 하지 않도록 한다면 누구에게나 기회는 오리라 믿는다.

09 공무원으로서의 성공이란?

성공의 기준과 잣대

성공, "목적하는 바를 이룸"을 뜻하며 비슷한 단어로는 성취, 입신, 달성, 출세 등이 있다. 성공에 대하여 곰곰이 생각해보니 여러 가지가 뒤엉켜 앞뒤 없이 뇌리(腦裏) 속에 떠오른다. 자기가 정해놓은 목적을 이루는 사람은 과연 얼마나 될 것인가? 목적을 이루는 그 정도는 어떻게 판단하거나 평가하고, 얼마만큼 달성해야 성공했다고 할 것인가? 또 성공과 실패의 잣대는 무엇이며, 누가 만들고, 누가 판단할 것인가? 삶의 어느 순간에 대해 따질 것인가? 내가 판단하는 성공인가 아니면 남이 봐주는 성공인가? 이 세상에 태어날 때부터 죽을 때까지 수많은 목적이 생기는데 어떤 것을 가지고 성공 여부를 따질 것인가? 이 밖에도 수없이 많은 질문이 있을 것 같다.

성공과 실패는 어느 정도?

그럼 나는 지금 내 인생에서 어느 정도 성공한 것인가? 특히, 공무원으로서 성공했느냐 아니면 실패했느냐는 질문을 받는다면 과연 무어라 대답할 것인가? 내게 있어 인생과 공무원은 따로 떼어놓고 생각할 수 없다. 부모와 학교라는 울타리에서 벗어나 나 스스로의 의지에 따라 생계 수단, 삶의 목적, 미래에 대한 꿈과 희망을 심고, 싹 틔우고, 가꾸어 왔고, 앞으로도 더 키워 계속적으로 열매를 맺어 나갈 수 있도록(아직은) 해야 할, 더 잘하고 싶은 천직(天職)과 운명으로 받아들이고 있기 때문이다.

성공한 것도 꼽아보니 꽤 있다. 첫 번째는 9급 공무원시험 준비한 지 얼마 안 되어 한 번에 합격한 것이고, 두 번째는 30년이 넘도록 아직까지 공직 생활을 하는 것이다. 공무원을 시작하면서 내 생활에 수많은 변화가 있었다. 아내를 만났고, 예쁜 딸과 아들을 본 것이 그 열매이다. 9급에서 계속 머물지 않고 6급까지 승진한 것도 좋은 결실이다. 그 과정에서 수많은 선배와 상사를 알게 되어 일과 인생을 배운 것도 큰 성과이다. 지역사회를 이끌어가는 지도층 인사들을 알고, 각계각층의 수많은 시민을 만날 수 있었던 것도 공무원이 아니었으면 불가능한 일이었다. 공무국외여행을 6번이나 다녀오고 20여 회 이상의 포상 수상, 방송통신대학교의 2개 학과 졸업과 대학원 진학, 가족 모두가 장애도 없으며 불치병에 걸리지 않고 건강하게 생활하는 것, 지지고 볶으며 부부싸움도 간간이 하지만 30년 동안 결혼생활을 유지해온 것, 넓지는 않지만 보금자리를 마련하여 생활하는 것, 마라톤을 시작하여 47회의 풀코스를 완주한 것, 네 권의 책을 발간한 것, 외로움을 극복하려고 의형님을 만든 것, 사촌 형제자매들과 유대관계를 맺고 잘 지내고 있는 것, 아주 일찍 금연에 성공하고 22년째 유지하는 것 등도 성공했다고 할 만하다. 이 밖에도 찾아보면 작지만 소중한 성공의 사례들이 많이 있을 것 같다.

실패로 쓴맛도 봤고 아픈 시절도 많이 겪었다. 행정고시를 준비하다가 포기한 것, 7급 공채시험 불합격, 승진 최소연수 안에 승진하지 못하고 아직도 6급에 머물러 있는 것, 같이 출발한 공무원 동기들과 비교하여 많이 뒤처지고 언제 5급이 될지 기약도 할 수 없는 것, 음주운전으로 심적·경제적으로 큰 타격을 입은 것, 없는 형편에 재테크 수단으로 선택한 주식에서 큰 실패를 본 것, 아내를 행복하게 해주겠다던 약속을 아직 지키지 못한 것, 경제적으로 여유롭지 못한 것, 직장생활 하는 동안 일부 직원들과 불화하여 서로의 마음에 상처를 준 것 등은 실패 사례이다.

부와 명예, 그리고 성공

사회통념이 일반적인 성공의 기준으로 '부와 명예'를 꼽는다. 자의건 타의에 의해서건 자기가 하고 있는 일 중에서 최고가 되면 부와 명예가 따르는 것을 우리는 많이 볼 수 있다. 스포츠와 연예계 스타가 대표적이며, 정치·경제·사회·문화 등 모든 분야에서 톱스타들의 이름을 언론매체 등을 통하여 자주 보고 듣게 된다. 이들은 최고의 명성으로 전 국민적인 관심과 사랑을 한 몸에 받는다.

또한 이들은 그런 대가로 일반서민들은 상상도 할 수 없을 정도의 막대한 수익을 올려 '걸어 다니는 1인 기업'이라는 별명도 가지고 다닌다. 최근에는 이런 것이 일반서민들의 삶에까지 확대·투영되어 '생활의 달인'이라는 프로그램으로 방송됨으로써 시청자들의 큰 인기를 끌고 있다. 이곳에 등장하는 모든 출연자도 자기 분야에서 훌륭하게 성공한 사람들이라 여겨진다.

공무원으로서의 성공조건

공무원으로서의 성공조건은 어떤 것을 들 수 있을까? 사람마다 생각과 보는 관점이 다르므로 성공조건에도 차이가 있을 것이다. 공무원을 지원하게 된 동기부터 공직 생활 기간과 공직을 마무리하는 순간까지 저마다 처한 상황이 다르고 그에 맞춰 판단하고 결정하는 방법 또한 다를 것이다. 9급으로 공직 생활을 시작한 사람보다 7급이나 5급으로 시작한 사람을 더 성공했다고 할 수는 없다. 또한 공직 생활을 9급으로 같이 시작하였어도 퇴직 때에는 1급부터 9급까지 다양한 차이가 있을 것이다. 이 경우에도 1급은 가장 많이 성공했고 5급이나 6급으로 퇴직한 사람은 성공하지 못했다고 할 수 없다. 계급사회라고 하여 상위계급으로 높이 승진한 것만으로 성공의 잣대를 갖다 댈 수는 없다고 본다.

공직 생활을 시·군이나 도 단위 등 시작한 곳에서 끝내는 경우가 대다수인 것으로 보인다. 시·군에서 도를 경유하여 중앙부처에까지 가서 근무하는 경우도 간혹 보기는 하였지만 극히 예외적이다.

시·군에서 공직 생활을 하다 마칠 경우 대부분은 9급에서 시작하여 5급으로 끝난다. 그러나 시·군에서 시작하였지만 도나 중앙단위로 발탁되어 근무한 경우에는 4급이나 3급으로 마감하게 된다. 기초지자체는 공무원 수와 자리도 적지만 그만큼 승진이 늦어지기 때문에 파생되는 현상이다. 상급기관에서 근무할 수 있는 경우는 소양고사나 교육성적 우수자 선발, 전입 희망자 모집, 인사교류 등 여러 가지가 있다. 모든 기회가 모든 공무원에게 동등하게 주어지지만 부모나 자녀문제, 학업이나 경제적인 면 등 여러 이유로 실행하지 못하는 경우를 많이 보아왔다. 나 또한 이런저런 사정으로 도에 전입할 기회를 여러 차례 포기하였다. 좋은 기회를 포기하는 공무원들에게는 승진보다 더 중요하고도 절실한 이유와 가치가 있다.

승진은 공직 생활을 모범적으로 잘한 사람에게만 주어지는 보답이요, 특전이다. 공직이나 사회생활을 함에 있어 원만하지 못하거나 큰 잘못이 있으면 결코 남보다 더 나은 자리로 승진할 수는 없다. 따라서 보다 높은 계급으로 승진한 사람은 남이 모르는, 남과는 다른 장점과 좋은 점이 있음을 인정하고 받아들이는 것이 바람직하다.

공무원을 하면서 재테크도 잘했다면 어떤가? 금상첨화(錦上添花)라고 할 수 있겠다. 재산을 축적함에 있어서도 여러 가지 방법이 있다. 정상적이고 합법적인 수단을 이용하여 보통사람보다 많은 재산을 모았다면 근면 검소하고 절약하는 생활을 하였을 것이다. 남보다 더 많은 재테크 공부를 하였을 것이고, 피땀 흘려 더 많은 노력을 하였을 것이다. 그러나 이 방면에서도 각자의 출발점은 매우 다양하고 공직 생활을 하는 과정에서 직면하는 상황도 다르므로 한 가지 기준으로 보아서는 안 될 것 같다. 부모 잘 만나 어느 정도의 기본을 갖추고 출발한 사람과 무일푼으로 출발한 사람은 극명한 차이가 나기 때문이다. 또한 혼자 벌어서 가족의 생계를 책임지는 사람과 부부가 공무원이거나 맞벌이를 하는 사람 간에도 차이가 있을 것이다. 또한 맞벌이 부부에게도 직업에 따라 수입이 다르고 재테크의 결실도 천차만별일 것이다.

또 어디 이것뿐인가? 가족과 형제 간의 사랑과 우애, 원만하게 결혼하여 부부관계를 잘 유지하고 백년해로하는 것, 건강한 자녀의 출산과 모범적인 성장, 자녀의 올바른 직장 취업 여부와 혼인, 원만한 직장과 사회생활, 고충을 터놓고 진솔하게 얘기할 수 있는 친구와 멘토의 존재 여부 등 성공과 행복의 기준으로 삼을 수 있는 것들은 셀 수도 없을 정도로 많다. 그럼 이런 것들을 공무원으로서의 직업과 신분을 떠나 별개로 떼어놓고 성공을 논할 수 있을 것인가? 결코 그것은 아니라고 판단된다.

모든 공무원의 성공을 희망

공무원으로서의 첫 번째 성공조건은 공직을 자발적으로 그만두는 순간까지 법규에서 정한 정상적인 신분을 유지하는 것이다. 직위 고하에 상관없이 공직 생활을 명예롭게 퇴임하는 공무원들이 주변에서 비교적 많은 것을 보면 불가능할 정도로 어렵지 않게 여겨진다. 그러나 대통령에서부터 말단공무원에 이르기까지 많은 사람이 부정과 비리로 남에게 큰 상처와 피해를 주고 타의적으로 물러나며 결국 교도소 생활을 하게 된다. 부정과 비리를 저지르지 않더라도 명예퇴직하거나 정년퇴직하는 모든 공무원이 성공했다고 하기는 어렵다. 공직 생활이나 사회생활을 하는 과정에서 원만한 인간관계를 유지하면서 갖추어야 할 조건이 너무나 많기 때문이다. 이 수많은 조건이 의지와 노력 여하에 따라 이루어지는 것도 있지만, 행운이 따라야 하고 주변 사람들을 잘 만나 도움을 받아야 할 것도 많다.

그러나 가장 중요한 것은 본인 자신에게 달려 있다고 생각된다. 행운도 뜻이 있어야 오고 노력이 뒤따라야 온다고 한다. 의지와 열망이 없고, 준비하지 않는 자에게는 복조차도 자기가 모르는 새에 왔다 가버린다고 하지 않던가? 모든 공무원이 자기가 원하는 방향으로 성공하기를 기대한다.

제2부

인사가 만사라는데

01 인사(人事)가 만사(萬事)라는데

인사가 만사

"인사가 만사"라는 말이 있다. 어떤 일을 할 때 돈, 행운, 기후 등 여러 가지가 관련되지만 결국 이루어내는 것은 사람이다. 그것이 개인사업이든, 시·군이나 국가를 운영하든 마찬가지다. 따라서 적절하고 공정한 인사는 일을 추진하고 목표를 달성하는 데 있어 대단히 중요하다. 반면 인사를 제대로 하지 못하면 잘되던 일도 그르칠 수 있고, 막판에는 조직의 분열과 실패의 쓴맛을 보게 된다. 인사관리는 "작업 조직 안에서의 사람의 관리를 말하며 흔히 노사관계, 종업원관계, 인력관리라고도 불린다(다음 백과사전)."

공무원의 인사관리

공무원의 인사관리는 크게 여덟 가지로 나누어진다. 보직(補職)은 "1인의 공무원을 하나의 직급이나 직위에 임용하는 것"이고,

전직(轉職)은 "직렬(職列)을 달리하여 임용하는 것"을 말한다. 겸임(兼任)은 "한 사람의 공무원에게 2개 이상 직위의 업무를 수행하게 하는 것"이며, 직무대리는 "공무원이 사고가 있을 때 사고가 생긴 직위의 업무를 대신하여 수행토록 하는 것"이다. 파견(派遣)은 "원래 소속의 변경 없이 일정 기간 다른 기관에서 근무하거나 교육훈련을 받도록 하는 것"이고, 대우공무원은 "승진 적체현상으로 승진하지 못한 공무원에 대하여 상위계급에 상응하는 대우를 함으로써 근무의욕 고취, 사기진작 및 조직의 활성화를 도모하는 것"이다. 업무대행공무원은 "출산휴가자 또는 육아휴직자의 업무를 대행하는 공무원"이며, 인사교류는 "지방자치단체 상호 간, 지방과 국가 간 공무원의 횡적 이동"을 말한다.

인사관리의 사례

30년 6개월 동안 발령장을 받고 9급에서 6급으로 3계급 승진하는 동안 이 자리 저 자리 옮겨 다니면서 23번 보직을 바꾸었다. 평균 1년 4개월마다 한 번씩 보직이 변경된 것인데 너무 잦았다는 느낌이다. 행정직만 일편단심으로 지켜오고 있으니 전직은 하지 않았고, 겸임발령은 통상적으로 5급 이상의 경우에 발생된다. 파견근무는 6급이 된 이후 10개월간의 초급관리자 양성과정 교육을 받으면서 한 번 해보았고, 6급으로 승진한 지 5년 후에 5급 대우공무원으로 선발되어 벌써 9년 차를 향해 가고 있다. 공무원을 시작할 때부터 이제까지 동해시를 지켜오고 있으므로 인사교류는 경험하지 못하였다.

나와 같이 근무했거나 가깝게 지내던 직원들의 사례를 몇 가지 적어본다. 먼저 전직 사례로서 강원도청에서 농림직으로 근무하다 행정직이 되기 위하여 동해시로 발령받아온 분이 있다. 망상동사무소에서 처음 만났으며 몇 년 후에 본인의 뜻대로 전직되었고, 동해시청에서 경력을 쌓은 후 강원도청으로 다시 복귀하였다. 현재 강원도청에 재직 중인데 내가 보기에도 성공적으로 전직하였으며, 명예스럽다 할 정도의 높은 직급으로 퇴직할 것으로 생각한다.

다음은 인사교류의 사례로서 동해시에서 근무하다가 강원도청으로 영전되어 간 사람이 수십 명이 된다는 얘기를 듣거나 직접 보았다. 9급으로 시작하여 4급으로 퇴직한 사람을 여러 명 보았는데 용기와 도전정신 없이 동해시에 계속 머물렀다면 어려운 일이었을 것이다. 더욱이 강원도청을 거쳐 중앙부처에서 근무한 공무원도 십여 명 이상 보았는데 노력하고 고생한 만큼 결실을 얻은 것 같아 존경스럽고 부럽기도 하지만 한편으로는 '나는 왜 저렇게 못 했을까?' 하는 회한의 마음이 생기기도 한다. 그러나 개인적인 일인지 아니면 업무에 적응하지 못한 것인지 깊이 알 수는 없지만 도청으로 가서 근무하다 큰 성과 없이 동해시로 되돌아와 근무하는 안타까운 경우도 본 적이 있다.

인사 청탁과 부탁

통상적으로 상·하반기로 구분하여 1년에 두 번 정도 정기적인 인사이동이 있다. 인사발령 시 승진하거나 장래에 승진할 수 있는 중요한 자리로 영전(榮轉)하는 경우, 자기가 희망하는 곳으로 가게 되는 경우는 인사권자나 당사자를 비롯하여 지켜보는 사람에게도 매우 기쁘고 축하해야 할 일이다. 그러나 승진에서 뒤처지거나 상대적으로 덜 중요한 자리와 본인이 기피하는 곳으로 옮기는 경우는 모두에게 기분 나쁜 일이다. 하지만 누구에게나 어쩔 수 없는 일이다.

인사는 50%만 만족스러우면 대단히 잘한 것이고 성공하였다는 얘기를 자주 들어왔다. 또한 "외부인사를 통한 인사 청탁은 절대 하지 마라. 하게 되면 반드시 응분의 대가를 받을 것이다"라는 얘기를 수도 없이 들어왔다. 그렇지만 인사과정에서의 불법적인 청탁과 뇌물수수 등으로 몇몇 시장을 비롯하여 인사와 관계되는 직원이 불명예스럽게 공직을 떠나는 것을 보아왔다.

지금까지 외부인사를 통하여 인사 청탁한 적은 단 한 번도 없다. 그 정도로 믿을 만한 사람이 내 주위에 없다는 얘기가 될 수도 있으므로 나의 무능함을 나타내는 뜻도 되겠다. 하지만 '나도 할 만큼 열심히 하였으니 인사담당자와 인사권자가 어련히 알아서 해주겠지' 하는 자신감과 믿음이 있었기 때문이다. 강산이 세 번이나 변할 그 오랜 세월 공직 생활을 하면서 왜 인사발령에 대한 불만이 없었을까마는 늘 받아들였고 속으로 애간장만 태웠다. 인사에 대한 불만으로 크고 작은 잡음이 일어나는 것을 여러 번 보았는데 그들과 같이 강력하게 표현하지 못한 것도 어쩌면 소심함과 용기 없는 탓은 아니었을까?

6급이 되어 같이 근무하던 부서장과 심한 갈등을 겪어 고충해결 차원에서 인사 부탁을 한 적이 있다. 같은 목적을 가지고 일하는 중에도 생각과 추진방법이 달라 가벼운 의견대립은 간혹 발생한다. 하지만 생각의 차이를 좁히고, 의견을 모으는 과정에서 자연스럽게 해결되며 서로 더 깊이 이해하게 되는 긍정적인 면도 많다. 그러나 용납할 수 있는 수준을 벗어날 경우에는 같이 마주치는 시간이 많을수록 감정의 골은 더 깊어지고 서로에게 큰 상처를 입히게 된다. 같이 계속 근무하게 되면 이전까지 맺어진 좋은 감정까지도 상처를 입을 것 같아 부시장을 찾아가 "이 부서만 떠나면 아무 데나 좋으니 자리를 옮겨 달라"고 부탁하였다. 면담 후 바로 과장에게 전화를 걸어 부시장 면담 사실을 알려주었으며, 오래되지 않아 자리를 옮기게 된다. 인사발령이 났을 때 서로의 감정 정리는 모두 해결하였고, 그분과는 몇 년이 지난 후 다른 부서에서 다시 만나 같이 근무하게 된다. 같이 근무하던 동료의 부탁을 받고 인사에 직접적으로 관여하는 직원이나 상급자에게 그 뜻을 전달하여 본인들이 원하는 방향으로 된 경우는 몇 번 있다. 이런 일은 인사 관계자나 당사자는 말할 것도 없고, 나로서도 매우 즐겁고 기분 좋은 일이다. 인사도 사람이 하는 일이므로 적정한 절차를 거치고 타당성이 인정되면 긍정적으로 검토하여 희망하는 방향으로 이루어지는 것이다.

02 공무원윤리헌장을 얼마나 실천할 수 있을까?

무슨 헌장이 이렇게 많아

우리 주변에는 국민교육헌장, 공무원윤리헌장, 시민헌장 등 헌장(憲章)이라는 것이 꽤 많다. 헌장의 사전적 의미는 "어떠한 사실에 대하여 약속을 이행하기 위하여 정한 규범"을 말한다. 국민교육헌장은 "박정희 정권의 국가주의적·전체주의적 교육이념을 담은 헌장으로서 1968년 12월 5일 공포되었고, 한국교육의 이념과 동일시되어 초·중등교육을 받은 한국인들은 통째로 헌장내용을 외워야 했으며 1993년 초등학교 교과서와 정부 공식행사에서 사라졌다(다음 백과사전)."

각 지방자치단체는 시민헌장·도민헌장 등을 만들어 주민으로서 지켜야 할 규범을 정하고 있다.

강원도에서는 도민헌장으로서 "강원인의 희망찬 약속"을 제정하여 풍요롭고 행복한 강원도를 건설하기 위하여 전 도민의 의지를 담은 강원인의 약속을 운영하고 있다. 동해시에서도 '시민헌장'을 만들어 아름다운 전통과 명예로운 고장의 시민임을 자랑스럽게 생각하면서 보다 살기 좋은 고장을 스스로 이룩하기 위하여 실천할 것을 다짐하고 있다. 또한 19개 부서별로 '동해시 행정서비스헌장'을 만들어 행정서비스의 기준과 내용, 절차와 방법 등 이행표준을 정하여 시민 고객을 만족시키기 위하여 노력하고 있다.

공무원윤리헌장

공무원윤리헌장은 "공무원으로서 마땅히 행하거나 지켜야 할 도리를 이행토록 하기 위하여 정한 규범"으로서 1980년 12월 29일 대통령 훈령으로 선포되었다.

지표는 "영광스러운 대한민국의 공무원으로서 통일 새 시대를 창조하는 역사의 주체, 조국의 번영을 이룩하는 민족의 선봉, 민주한국을 건설하는 국가의 역군, 정의사회를 구현하는 국민의 귀감, 복지국가를 실현하는 겨레의 기수"가 되는 것이다. 또한 "국가에 대한 헌신과 충성, 국민에 대한 정직과 봉사, 직무에 대한 창의와 책임, 직장에서의 경애와 신의, 생활에서의 청렴과 질서"를 내용으로 하는 5대 신조로 구성되어 있다.

단어 하나와 한 문장, 그리고 전체적인 내용을 살펴보면 공무원들이 지키거나 지표로 삼아야 할 일들이 너무 버거울 정도로 많다. 모든 것을 지키는 것은 불가능하겠지만 많은 공무원은 이 헌장에서 요구한 바에 가까이 다가가고자 노력하고 있을 것이다.

몇몇 대통령과 국회의원, 장관 등 고위공무원에서부터 말단공무원에 이르기까지 불법이나 비리를 저질러 공무원의 위상을 떨어뜨리고 국민으로부터 호된 질책과 비판을 받도록 한 사람들은 제외하고는 말이다.

과연 공무원이 영광스러운 직업인지를 생각하게 된다. 바라보는 주민의 평가와도 관련 있지만 각자의 생각에 더 많이 좌우되는 것이 아닐까 한다. 공무원 한 명씩의 개인으로 판단할 때는 아무것도 아닐 수도 있겠지만 전체 공무원이라는 집단으로 보면 충분히 영광스러워해도 될 것 같다. 세계 238개의 나라 중 대한민국의 인구는 25위(4,800만 명), 국토면적은 108위(99,720㎢)에 불과하다. 그러나 경제규모는 15위(8,325억 달러), 무역규모는 2011년 안으로 1조 달러를 세계에서 9번째로 달성하며 G20에도 속해 있고 OECD 29개 회원국 중의 하나에 속한다. 이런 성과들은 전 국민이 단합하여 이루어내었지만 그 밑바탕에는 공무원의 땀과 지혜가 있다고 믿는다.

나는 현장을 얼마나 지키고 있을까?

나는 과연 역사의 주체이고, 민족의 선봉이며, 국가의 역군이고, 국민의 귀감이며, 겨레의 기수인가? 또 국가를 위하여 헌신과 충성을 하였는가? 국민에게는 정직과 봉사를 실천하였는가? 직무는 창의적이고 책임을 다하였는가? 직장에서는 경애와 신의를 실천하였는가? 청렴하고 질서 있는 생활을 하였는가? 그렇다고 자신 있게 대답할 수 있는 게 별로 없다. 그러나 인사발령을 받으면 정해진 자리에서 주어진 임무를 능력과 힘이 자라는 대로 최선을 다하여 성실히 수행하려고 노력은 하였다고 할 수 있다. 공무원 각자가 맡아 한 일들이 모여 읍·면·동과 시·군·구, 시·도와 정부를 운영하게 하였다고 한다면 나 또한 일조(一助)하였다고 해도 되지 않을까?

03 최종합격과 새내기교육

면접시험과 최종합격

1981년 초 1차 합격통지를 받은 후 얼마 뒤에 춘천시민회관에서 면접시험이 시행되었다. 면접시험은 “직접 만나보고 인품이나 언행 따위를 시험하는 일로서 필기시험 후에 최종적으로 심사하는 것”을 말한다. 요즈음엔 면접시험에 대비하여 성형수술도 하고, 면접시험을 준비하는 학원도 있다는 내용을 본 적이 있지만 당시에는 크게 대수롭지 않게 여겼던 것 같다. 아마도 치기(稚氣) 섞인 청년의 자신감에 면접의 중요성을 깊이 인식하지 못하였기 때문으로 생각된다. 별로 준비하지도 않았지만 면접시험장에서도 어렵다거나 당혹스럽게 하는 질문은 없었던 것으로 기억된다. 내 신상에 관한 것과 공무원을 지원하게 된 동기 등에 대하여 질문받은 것 같다. 최근과 같이 공무원이라는 직업에 대한 평가도 높지 않았고, 취업문이 비교적 넓었던 까닭에 면접시험을 엄격하게 하지 않았으리라 판단된다. 면접시험을 무사히 마쳤으며 며칠 뒤 최종적으로 합격하였음을 연락받는다.

만 18세의 나이에 시험이라는 선발의 과정을 거쳐 제대로 된 직업을 처음으로 갖게 된 것이다. 당시 보험회사에 근무하던 아버지와는 불화가 생겨 사글셋방에서 혼자 생활하던 때였는데 공무원시험에 응시하고 합격한 사실까지도 전혀 알리지 않았다. 아직은 철이 없던 나이였으므로 공무원이 된 사실이 조금은 뿌듯하기도 하고 누구에겐가 자랑하고도 싶었지만, 얘기하면 들어줄 가족이나 친지가 한 사람도 없었던 시절이었다. 고등학교를 졸업한 이후 첫 직장의 사장으로서 내게 공무원시험을 권장하고 격려해준 신문사 지국장과 친구 몇 명만이 축하를 해주었을 뿐이었다. 이젠 장기간의 교육 입교준비를 위하여 신문사 총무를 그만두게 됨을 알리고, 첫 사회생활을 잘 시작할 수 있도록 도와주었음에 대하여 깊은 감사의 뜻을 표시한다.

아버지와의 불화는 4월 춘천시 석사동에 있던 강원도 지방공무원 교육원에서 8주간의 신규임용후보자 교육을 받기 위하여 입교할 때도 계속 이어진다. 교육은 "사람이 살아가는 데 필요한 모든 행위를 교수·학습하는 일과 그 과정"을 말한다. 공무원교육은 임용 전과 임용 후로 구분되며 직무교육, 전문교육, 소양교육 등 여러 가지로 나누어진다. 임용시기와 신규교육도 시대상황에 따라 조금씩 달라지며 지금은 먼저 임용한 후 직장생활을 하는 동안에 신규교육이 시행되고 있다. 교육 후에 임용받는 것보다는 먼저 임용하는 현 제도가 개인적으로도 이익이지만 필요에 따라 부족한 인력을 충원하는 채용기관의 입장에서도 바람직해 보인다.

새내기교육

4급 을(7급)과 5급 을(9급) 시험에 합격한 150여 명의 남녀 공무원이 함께 교육받았으며 낯선 사람들을 많이 사귀게 된다. 강원도 전역에서 모인 18세부터 35세까지의 다양한(이제까지 살아온 생활의 터전과 출신학교, 나이와 성별, 군 제대 여부, 기호와 취향이 서로 다른) 사람들이 내무반에서 합숙생활을 하게 된 것이다. 개인 옷은 벗어놓고 수많은 사람이 입었을 '새마을복'이라는 제복을 입고 틀에 박혀 꽉 짜인 생활을 하게 된다. 6개의 내무반 중 5개는 남자를 비슷한 숫자로 나누었고, 1개는 여성에게 배정되었으며 근면·자조·협동 등의 이름을 붙여 내무반을 구성하였으며 나는 봉사반의 일원이 되었다.

아침 6시 이전 기상 음악 소리에 맞춰서 일제히 일어나 국기게양식을 하고 애국가를 부르며, 국민체조를 끝내고 단체 구보를 한다. 이어서 내무반과 담당구역 청소를 시작으로 22시 점호를 끝낼 때까지 개인 시간은 거의 없는 단체생활이 계속 이어진다. 교육장 입장부터 내무반으로 돌아올 때까지 휴식시간만 생기면 여유롭게 쉴 틈도 없이 새마을노래와 국민 건전가요를 목이 쉬도록 불렀다. 어느 조직이나 마찬가지겠지만 구성원들이 공무원이라는 동질성을 공유하고 있으므로 처음에는 서먹서먹하였으나 시간이 지나면서 같은 내무반, 같은 또래 위주로 친밀감이 형성되고 머지않아 친구와

형·동생의 수준으로 발전해나갔다.

8주간의 힘든 교육을 애써 받았는데 하마터면 공무원으로 시작도 해보지 못할 뻔한, 평생 잊지 못할 에피소드가 하나 있다. 당시에는 국가적으로나 사회적으로 혼란스러워 충청북도를 제외하고 전국적으로 24시부터 04시까지 통행금지가 있던 시기였다. 수료를 하루 앞둔 날, 우리 내무반원들의 뜻이 맞아 각자의 호주머니에 있는 잔돈을 모두 모아 사감 몰래 간단한 해단식을 하기로 하였다. 통행금지가 시작된 이후 나와 친구 두 명이 특공조로 선발되었으며 몰래 내무반을 빠져나갔다. 창문을 빠져나와 석사초등학교의 담장을 넘고 방범대원의 단속을 피해 500여 미터 떨어진 춘천교대 앞까지 가서 술과 안주류를 사서 무사히 기숙사에 돌아왔는데 그만 점호에 들켜버린 것이다. 모든 내무반에 비상이 걸렸고, 학생장과 반장이 긴급 소집되었다. 사감한테 불려 가서 혼나고, 두 손이 닳도록 싹싹 빌었으며 발령 예정 시·군으로 알려 징계를 받도록 하겠다는 엄포를 들었으나 수료증은 받았다. 결국 그날 밤 내무반에서의 해단식은 무산되었고 다음 날 수료식이 끝난 뒤 교육원에서 머지않은 공터에서 소주 한 잔씩 마시며 아쉬운 석별의 정을 나누었다. 귀가한 이후에 임용소식을 받을 때까지 한동안 마음을 졸였으나 7월 1일자로 동해시 사문동사무소로 별 탈 없이 발령받는다.

교육기간에 아버지 사망

교육받는 기간에도 아버지와는 전혀 연락하지 않았고, 집으로 내려가지도 않았으며 춘천에서 생활하였다. 내 감정정리가 되지 않았고, 집에 간다 해서 별로 나아질 것도 없었으며, 교통편이 어렵던 시기에 먼 거리에서 거주하고 있는 교육생들의 편의를 고려하여 기숙사에서 숙박하도록 해주었기 때문이다. 교육을 마치고 아버님을 찾아가니 입교한 지 20여 일 만에 돌아가셨다는 청천벽력(靑天霹靂) 같은 애기를 전해 듣는다. 연세도 48세밖에 되지 않았고, 건강도 크게 나빠 보이지 않았기 때문에 모심에 있어 소홀한 것인데 전혀 예상하지 못했던 참담한 일이 벌어진 것이다. 장례는 백부님과 숙부님, 그리고 사촌들이 치렀으며 고향으로 모셨다는 것이다. 전적으로 행방불명 상태를 만들어놓고 가버린 내 잘못이지만 되돌릴 수도 없고 후회해도 소용없는 일이었다. 곧바로 고향으로 내려가 아버님 산소를 찾아 잘못을 빌고, 친척들에게도 용서와 고마운 뜻을 전한다. 이제는 거처할 집도, 친형제자매도 없는 혈혈단신(孑孑單身)의 몸이 되어버린 것이다. 그나마 공무원이라는 직업을 구해놓은 것은 천만 다행스러웠다.

면접시험과 신규교육에 대한 생각

면접시험과 신규교육은 필요한 인재를 선발하여 일정한 자리에 배치하고 조직에서 이루고자 하는 소기의 목적을 달성하기 위해서는 반드시 필요한 과정이라고 생각한다. 나 또한 이러한 절차를 거쳐 9급 공무원으로 임용되었다. 필기시험에 합격하였지만 면접에서 떨어지는 경우도 보았고, 교육을 받는 과정에서 스스로 그만두는 사례도 보았다. 다행스럽게도 교육생 전원이 무사히 수료한 것으로 보아 교육원에서의 근무태도도 양호하였고, 시험성적도 원만했던 것으로 판단된다.

요즈음은 필기시험 성적보다는 개인의 외모와 태도, 창의성, 특이성, 열정과 적극성, 호감도 등이 더 요구된다고 한다. 이런 것들은 오직 면접시험을 통해서만 어느 정도 파악할 수 있을 것이다. 이런 차원에서 볼 때 선발과정에서는 면접시험을 보다 더 강화하고, 수험생들도 면접시험에 대한 대비를 더 철저히 하는 것이 바람직스럽다고 생각한다. 교육과 학습의 중요성은 아무리 강조해도 지나침이 없을 것이며 태어나서부터 죽을 때까지 끊임없이 계속적으로 이루어진다. 공직자도 예외는 아니기에 신규교육부터 반복교육 등이 계속 이루어진다. 이 과정에서 가장 중요한 것이 신규교육이며, 이 교육을 통하여 평생직장의 기본을 확고히 다지게 된다. 20여 년 전부터 행정시스템이 전산화되기 시작하여 지식정보화 사회를 표방하는 지금은 과거에는 상상조차 할 수 없었던 차원으로 변화·발전하였다. 내가 받았던 면접시험과 신규교육이 지금은 크게 달라졌을 것이며, 또한 앞으로도 계속적으로 변화·발전해나갈 것으로 생각한다. 아직도 30년 이전에 같이 새내기교육을 받았던 친구, 형들과 계속 교류가 이어지고 있음은 내게 있어 큰 재산이고 복이 아닌가?

04 새내기 공무원 되기, 그리고 첫 발령

임용 희망지 선택

임용(任用)은 "직무를 맡기어 사람을 쓰는 것"을 말하며, 발령(發令)은 "직책이나 직위와 관계된 명령을 내리거나 그 명령"을 일컫는다. 더 알기 쉽게 풀어보자면 임용은 채용(採用)으로 바꾸어도 되고 공무원이라는 특정의 신분을 만들어주는 것이며 발령은 공무원이 된 자에게 일할 곳이나 자리를 부여하는 명령이라고 할 수 있겠다.

1981년 6월 8주간의 신규임용후보자 교육이 끝나면서 행복 끝, 어려운 생활이 시작된다. 교육원에서는 끼니때마다 따뜻한 밥과 국이 나오고, 잠자리가 제공되었지만 이제부터는 아니다. 교육원 입교 당시 생활하던 사글셋방은 아버님께서 돌아가시면서 방을 빼버렸고 살림살이도 모두 정리해버린 상태였다. 발령이 언제 날지 알 수는 없지만 십여 일간 짧은 기간이라면 짐도 없고 재정형편도 좋지 않은 상태에서 방을 구할 필요성은 없었다. 염치 불구하고 친척과 친구 집에서 신세를 지며 생활하고 있을 때 동해시청으로부터 7월 1일자로 인사발령이 있으니 출근하라는 연락이 온다. 1지망이었던 도청은 될 것이라는 기대보다는 혹시나 하는 요행의 마음이었고, 2지망으로 동해시를 선택하게 된 이유는 1980년 4월에 명주군 묵호읍과 삼척군 북평읍이 합하여 시로 승격한 신설도시로서 승진 등 공무원으로서의 향후 전망이 밝아 보였기 때문이었다.

새내기 공무원 되기와 첫 발령

1981년 7월 1일, 삼척에서의 생활을 모두 정리하고 단출한 가방 한 개를 챙겨 버스를 타고 낯선 동해시에서의 새로운 출발을 위해 동해시청으로 향한다. 동해시청은 이제 도시개발이 막 시작되고 있는 천곡동 신시가지의 중심부에 위치한 신축건물로서 규모가 가장 커 보였다. 아직까지 관공서에는 들어갈 일도, 들어가 본 적도 없었기에 위압감을 느낀다. 천곡동은 도로포장공사와 택지개발공사 등이 한창 진행 중이고 공사의 흔적인 흙더미가 곳곳에서 보인다. 건물이 많지 않은 시가지에는 논과 밭의 면적이 훨씬 더 넓고 이곳저곳 건축공사도 벌어지고 있다. 공무원으로서 발걸음을 시작하는 날, 처음 만나는 모든 사람에게 최대한 잘 보이기 위하여 이발하고, 구두 광도 내고 아버지로부터 물려받은 조금은 헐렁하고 어색해 보이는 양복을 입고 갔는데 내 옷이 아니기도 하지만 많이 불편스럽고 어색하다. 총무과에서 대기하다 시장실에서 발령장을 받고 부시장, 담당관 등에게 신고를 마친다. 비로소 7급 1명과 8급 6명이 동해시청

지방공무원으로 신규 임용되었고 나는 사문동사무소로 첫 발령을 받는다.

다시 시내버스를 이용하여 사문동사무소로 향한다. 차창 밖을 통하여 처음으로 보게 되는 동해시의 모습은 삼척군 삼척읍의 모습이나 크게 다르지 않다. 그러나 사실상 시 상권의 중심지인 발한동은 구 묵호읍사무소의 소재지로서 많은 시민과 차량의 통행으로 북새통을 이루어 번화하게 느껴진다. 발령장을 들고 사문동사무소에 도착해보니 '무슨 관청건물이 저렇게 후졌나?' 할 정도로 낡고 퇴색되었다. 20여 평도 채 되지 않은 비좁은 사무실에는 10여 명의 직원이 앉아 있는데 책상과 의자, 캐비닛 등 사무용 집기가 꽉 들어차 제대로 다니지도 못할 지경이다. 공무원이 되기 전 직장이었던 신문사 지국의 사무실보다도 훨씬 더 비좁고 환경이 열악하여 많이 실망스럽기까지 하지만 앞으로 내가 일하여야 하고, 나를 먹여 살려줄 직장이라고 생각하며 마음을 진정시킨다.

첫 근무지에서의 공무원 생활 시작

동장님에게 발령장을 보이고 새로 임용되었음을 신고한 후 사무장을 비롯하여 선배공무원들에게 예의를 갖추어 신고한다. 만 18세밖에 되지 않았지만, 남보다 조금 일찍 고등학교를 졸업하고 1년간의 직장생활을 한 까닭에 그리 떨리거나 어색하지는 않다. 내가 앉게 될 자리의 전임자는 벌써 몇 달 전에 시 본청으로 발령받았다고 하며 곧바로 내가 맡게 될 업무를 분담해준다. 처음으로 담당한 업무는 새마을운동, 사회, 산업, 지역경제 등이었으며 업무의 내용을 전혀 알지 못하므로 주는 대로 받았다. 차츰 일을 배우고 본격적으로 추진하면서 신참에게 너무 많은 것을 맡겼다는 것을 알게 되었고 속으로는 원망도 하였으나 한창 어려울 때 내게 보내준 관심과 애정 때문에 밖으로 말을 꺼내지는 않았다.

신고가 끝난 후 사무소를 안내해주는데 사무실 안쪽에서 문을 여니 2~3평 남짓한 허름한 당직실이 있고, 이곳에 딸린 재래식 부엌이 당직실 뒷문 쪽에 설치되어 있다. 창고도 화장실도 없으며, 특히 화장실은 동사무소 건너편에 있는 개인주택의 재래식 화장실을 사용하고 있는 형편이었다. 관공서라기보다는 그 당시의 서민용 주택이라는 표현이 더 합당할 것 같은데 묵호읍 당시의 이사무소로 사용하던 건물을 동사무소로 개조하여 사용하고 있던 것이다. 내가 이제까지 살아온 모든 환경이 이보다 더 나을 것이 없고 선배공무원들이 맡은 일 충실히 하며 잘 지내온 곳이므로 당연하고도 즐거운 마음으로 받아들인다. 이렇게 하여 공무원 임용과 첫 발령을 무사하게 끝난다.

사람을 만나게 되면 처음 관행적으로 묻게 되는 것이 고향과 학교, 부모와 가족관계 등이다. 나도 첫날 예외 없이 이런 질문을 받았는데 "고향은 전북이고 고등학교는 춘천에서 졸업했으며, 부모님은 돌아가셨고 이복동생은 있지만 왕래가 끊어져 혈혈단신"이라고 하니 참 어이없어하는 표정이다. 당장 숙박할 공간이 가장 시급한 문제이므로 적당한 방을 찾을 때까지 당직실에서 생활하라고 배려해준다. 방 구할 돈도 여유롭지 못한 상태에서 너무나도 반가운 관심과 배려였으며 그때의 고마운 마음을 아직까지도 간직하고 있다. 이곳이 낯설고 물 선 동해시에서의 새로운 생활, 내 공직 인생의 첫 출발점이 되었던 곳이다.

지금 첫 근무지는

이 동사무소는 1981년부터 부지를 물색하여 1982년에 100평 규모(2층)로 신축한 후 이전하게 되는데 현재는 망상동 주민센터 건물로 이용되고 있다. 또한 사문동은 1997년 총무과 시정계에서 근무하며 정부정책에 따라 규모가 작은 동의 통·폐합 업무를 담당할 때 15개 동을 10개 동으로 줄이게 되는데 망상동과 통합되면서 없어지게 된다. 내가 공무원을 시작하였으며 살아 있는 동안 절대로 잊지 못할 행정동인 사문동과 사문동사무소가 내 손에 의하여 역사 속에서 영원히 사라져버린 것이다. 지금 생각해보니 매우 안타깝다. 앞으로 사문동과 사문동사무소를 그 누가 알아줄까? 이 글을 통해서 흔적을 남기고 싶다.

05/ 수습제도는 수습생에게 유리하게

실무 수습제도는 "공개경쟁시험에 합격한 자가 신규임용 전에 행정기관에서 일정 기간 직무수행에 필요한 기본지식을 습득하고 행정업무를 수행(보조)하는 것"을 말한다. 수습생의 사전적 의미가 "실무를 배워 익히면서 일하는 사람"이라는 것을 감안하면 굳이 '실무'라는 낱말은 붙이지 말고 '수습제도'라고 용어를 바꾸어도 될 듯하다. 신분은 공무원에 준하여 권한과 책임을 부여받으므로 사실상 공무원과 같다고 보아도 된다. 다만, 보수와 경력 인정에 있어서는 약간의 차이가 있다.

공무원을 시작할 때 실무수습이라는 얘기는 듣지 못하였으며 신규임용후보자 교육을 받은 이후에 '지방행정서기보시보'로 발령받았다. 최근에는 수습발령을 먼저 받은 후 근무하다가 교육에 입교하고 있다. 또한 수습기간이 6개월 이상이면 시보를 면제하고, 이하인 경우에 시보 기간의 단축이 가능한 것을 볼 때 연장 선상에서 운영되고 있는 것으로 판단된다. 나보다 늦게 공무원에 들어온 사람들을 보면 수습과 시보 등이 여러 번 바뀌었음을 알 수 있다. 어떤 사정으로 제도가 자주 바뀌는지 알 수 없지만 그때그때의 제도입안자나 정책결정자의 판단과 논리에 따라서 이루어졌을 것으로 생각된다. 그게 정부나 지방자치단체에 도움이 되는지 아니면 공무원 개인에게 유리하게 적용되었는지는 확인할 수 없는 게 아쉽다.

실무수습이 개인에게는 적응할 수 있는지 그리고 평생직장과 천직(天職)으로 삼을 수 있는지를 스스로 점검 및 판단하게 하므로 매우 중요하다고 할 수 있다. 또한 채용하는 정부나 주민의 입장에서도 인재양성에 소요되는 비용의 수지판단의 측면에서 꼭 필요한 과정이라 생각된다. 과거에 실무수습 경력의 인정 여부와 기간, 보수와 수당의 지급액 등으로 간혹 문제가 된 것을 본 적이 있다. 정부는 물론, 공무원 개인의 측면을 고려하여 어떻게 하는 것이 서로에게 유익한지를 면밀히 분석·판단하는 것이 바람직할 것으로 판단된다. 이것조차도 유능한 인재를 공무원으로 끌어들이는 획기적인 유인요인이 될 수 있을 것이다.

06 공무원을 만들어가는 교육과 훈련

교육과 훈련

교육과 훈련은 "직무 수행상 필요한 지식과 기술을 습득시키고 가치관과 태도를 발전적으로 향상시키고자 하는 것"을 말한다. 기본교육·전문교육·기타교육이 있으며 중앙공무원교육원·지방행정연수원·시도공무원교육원 등 공무원교육 훈련기관, 시군청이나 시도청 등 직장, 그리고 민관 교육기관과 개인학습 등을 통하여 이루어진다. 지방직의 경우 기본교육으로는 5급 승진·신규채용자과정·전문교육훈련과정이 있다. 장기교육으로는 고위정책고급간부·중견관리자·여성간부 양성과정과 6급 이하 대상의 장기교육 과정 등이 있다. 또한 국내외 위탁교육으로는 고위정책안보·국정과제연수·글로벌리더십과정 등이 있다. 2급 이하 일반직 및 기능직 공무원은 승진에 필요한 교육 훈련시간을 충족하지 못하면 대상에서 제외된다. 따라서 교육훈련은 과거에 비하여 그 중요성이 매우 높다고 할 수 있다.

사이버 인사기록 카드에 의하면 지금까지 78회의 교육을 받았다. 상시학습제도가 생긴 2008년부터 2011년까지 223시간의 충족시간이 필요한데 인정시간은 484시간이 되는 것으로 나타나고 있다. 30년간의 공직 생활을 기준으로 분석해보면 1년에 매년 2.6회의 교육을 받았다는 계산이 나오는데 일은 별로 하지 않고 맨날 교육만 받았다는 말인가? 그것은 결코 아니다. 2008년부터 교육·훈련제도가 크게 바뀌면서 그 이전에는 교육으로 인정되지 않던 것들이 인정되고 인터넷이 일상화·보편화되면서 사이버학습이 확대되었기 때문이다. 세부내용을 분석해보면 오히려 행정기관에서 주관하는 집합교육을 너무나 받지 않았다는 결론이 나온다.

집합교육

먼저 공무원교육훈련기관에서 실시하는 교육은 14회 이수하였다. 1981년에 신규임용후보자 교육을 시작으로 1984년에 반복정신교육반, 1985년 도시행정반, 1988년 행정실무반, 1991년 영어회화반, 1992년 지방의회과정, 1996년 중견실무자과정, 1997년 컴퓨터통신망, 1998년 지역사회 봉사자 및 공직자 합동반, 2000년 자치행정과정과 폐기물관리반, 2002년 법률교육과 행정홍보과정, 2004년 초급관리자 양성과정, 2008년 개인정보보호 담당자 전문교육 등이다. 10개월간의 장기교육이 있기는 하지만 평균 2.14년 간격으로 교육받은 것이며 2004년 장기교육 이수 뒤에는 2일짜리 교육을 한 번밖에 받지 않았다. 교육기관 주관의 교육을 자주 받지 않은 까닭은 장기교육 기회를 가지지 못한 동료직원들에 대한 미안한 마음이 앞서기 때문이다. 더불어 사이버교육 등 상시학습으로 인정받을 수 있는 다양한 교육프로그램이 운영되고 있으며 이를 적극 활용하면 내 시간도 벌 수 있음은 물론, 시의 예산절약에도 기여할 수 있다는 생각 때문이다.

사이버교육

2009년 이후로는 새로운 교육 트렌드로 자리 잡은 사이버교육 기회를 비교적 자주 이용하였으며 21회를 이수하였다. 사이버교육은 강원도인재개발원, 중앙공무원교육원 사이버교육센터, 지방행정연수원 사이버교육센터 등에서 무료로 운영하고 있다. 작은 관심과 뜻이 있고 시간을 조금만 할애하면 내가 절실하게 필요로 하거나 소양을 쌓는 데 도움이 되는 과정을 얼마든지 취사선택하여 받을 수 있다. 훌륭한 강사들이 진행하는 교육을 내 입맛대로 골라 필요한 시간에 무한정 볼 수 있으며 이것을 법에서 정한 교육으로 인정해주니 이보다 더 효율적인 맞춤형 교육이 어디에 있다는 말인가? 2009년에 갈등분쟁관리전략 외 3건, 2010년 창의적 정책개발의 성공여건과 사례 외 11건, 2011년 홍보업무의 이론과 실제 외 4건 등이다.

매월 개최되는 월례조회 시 병행하여 시행되는 직장교육, 법이나 제도 등이 바뀌어 시행되는 시책업무교육, 업무와 관련되어 개최되는 회의 등에 참석할 경우에도 상시학습으로 인정하여 주고 있으며 36회 참석하였다. 사이버안전 설명회, 2008 전국 재래시장 및 상점가 담당공무원 등 워크숍 3회, 동해안 발전포럼 등 세미나 3회, 관광서비스 마인드 향상 등 교육 13회, 혁신연구모임 학습동아리 4회, 관광정보화방안 심포지엄 1회, 개인정보보호 등 콘퍼런스 4회, 제25회 정보화경진대회, 2009 한국지역정보화학회 하계학술대회 등 2회, 2011 사회복지담당공무원 연찬회, 월례조회 3회 참석 등이다.

자기 학습교육

자기의 필요에 의해 공부하기 위하여 대학이나 대학원에 다녀도 개인학습으로 인정해준다. 비학위·학사·석사·박사 과정으로 구분하여 60시간부터 100시간까지 인정시간에 차이가 있지만 이것 또한 매우 바람직한 제도로 여겨진다. 가정 사정 등으로 고등학교 졸업 후 대학에 진학하지 못하였으나 배움에 대한 열정을 계속 품어오다 시간적·경제적으로 여유가 생겨 상급학교에 진학하는 경우는 매우 많다. 학습하는 과정에서 업무에 전혀 영향을 주지 않는다고 할 수는 없으나 배운 지식이 행정을 수행하는 데 활용될 수 있을 것이다. 나 또한 이런 경우에 속해 꼭 다녀보고 싶던 한국방송통신대학교 국어국문학과를 14년 만에 졸업하였고, 업무와 관련되어 관심을 가졌던 관광학과를 3년 만에 졸업하였다. 또한 경제적·시간적으로 여유가 없기는 하지만 기왕에 시작한 것 좀 더 해보자는 마음으로 아내를 끈질기게 설득하여 지금은 대학원 관광경영학과를 다니고 있다. 개인학습을 통하여 220시간(대학 100, 대학원 120)의 상시학습시간을 인정받은 것이다.

이뿐만이 아니다. 저술활동을 할 경우에도 25시간부터 50시간까지 인정해주고 있다. 글을 쓴다는 것과 책을 출간하는 작업을 누구나 할 수는 있으나 쉬운 일은 아니다. 남의 글을 많이 읽고, 글 쓰는 연습도 해야 하며, 자기 주변에서 일어나는 일에 대하여 늘 관심을 가지고 기록도 해야 하는 창의적인 작업이기 때문이다. 과연 읽어줄 독자가 있을까? 그리고 내 글이 그 누구에겐가 좁쌀만큼이라도 보탬이 되기는 할 것인가? 등 수많은 생각을 하면서 작업하였으며 능력에 따라 차이가 있기는 하겠지만 내 경우에는 정말 힘들었다. 하지만 남들도 하는 것 나도 한번 해보자 하는 마음으로 도전하여 성공의 기쁨을 맛보기도 하였다. 2009년에 『마라톤 아무것도 아니다』를 처음 출간하였고, 2010년에 『나는 아직 진행형』과 『마라톤 뛰는 것만이 아니다』, 2011년 『방위병 아버지와 병장 아들』을 출간하여 200시간의 상시학습을 인정받았다.

행정환경이 바뀔 때마다 그에 합당한 교육훈련을 받지 않는다면 그 환경에 적절하게 대응할 수 없을 것이다. 업무를 정상적으로 처리하지 못할 것이며, 그에 따라 고객인 주민의 욕구를 충족하게 하는 데도 어려움이 있을 것으로 생각한다. 그 중요성을 인정하기에 대부분의 공무원이 그렇게도 중요하게 생각하는 승진의 필요조건으로 교육을 포함시켰을 것이다. 교육훈련은 대단히 중요함을 늘 깊이 깨달으며 생활하고 있다. 지금 생각하고 행동하는 처음부터 끝까지가 모두 교육훈련에 의하여 이루어졌음을 절대적으로 믿는다. 교육기관과 직장 내에서 이루어지는 다양한 교육훈련 프로그램은 물론 상사와 선후배 등 인간관계를 통해서도 배움은 이루어진다. 내 기준에 따라 30년 넘게 취사선택(取捨選擇)하면서 배워왔고 앞으로도 배움은 계속될 것이다. 또한 내가 배운 것을 후배들에게 전달하는 의무도 다할 것이다.

07 근무성적 가늠과 계급 오르기

근무성적 등의 평정

공무원의 근무성적은 6개월 단위로 평정(評定)하는데 근무실적, 직무수행 능력, 직무수행 태도에 대한 요소를 계량화하여 평가한 후 기관(또는 부서단위)의 직급별로 서열순위를 확정하고 근무성적 평가점수를 부여하는 것이다. 경력평정(經歷評定)은 평정일 현재 승진 소요 최저연수에 도달한 5급 이하 공무원을 대상으로 한다. 가점평정(加點評定)은 5급 이하 공무원의 승진후보자 명부에 의한 자격증 등에 대하여 가점을 부여한다. 이는 공무원 스스로의 능력개발에 따른 직무수행의 효율성을 유도하기 위한 것으로 직급과의 연계는 물론, 직무와의 관련성이 가점부여의 중요기준이 된다. 다면평가(多面評價)는 승진대상자를 결정하거나 성과상여금 지급 또는 근무성적평정을 실시함에 있어서 공정하고 객관적인 평가가 될 수 있도록 하기 위해 집단을 구성하여 상사·동료·부하

등 다방면으로 평가를 실시하여 그 평가결과를 반영하는 것을 말한다(2010 지방공무원 인사제도).

근무성적 등의 평정을 하는 이유는 승진의 자료로 활용하기 위한 것이다. 일반적으로 대상공무원이 근무성적 평정서를 작성·제출하면 소속 부서장이 평정하고, 차상급 감독자가 확인하며 평정단위별로 서열명부를 작성한다. 이어 인사위원회에서 심사·조정하게 되며 승진후보자명부 작성권자(임용권자)에게 제출 및 인사에 반영하게 된다.

30년 넘게 근무하면서 인사업무를 담당하는 총무과에서 9년, 서무계에서 1년간 근무는 하였지만 인사업무는 취급해본 적이 없다. 따라서 실제적으로 평정이 어떻게 이루어지는지 정확하게 알지 못한다. 통상 1년에 2회 정도의 정기인사가 이루어지고 있으며 그때마다 승진하는 것을 계속 보아왔다. 이 과정에서 평정은 절대적이므로 모든 공무원이 관심을 가지는 것은 당연하다 할 것이다. 제도가 바뀌어 몇 년 전부터 승진후보자 순위를 알려주기 이전까지 내 평정결과는 어떻게 되는지, 승진서열 순위는 어떤지 등을 알려고 해 본 적이 단 한 번도 없다. 알고 싶지 않아서가 아니라 비공개가 원칙이라고 하므로 '그렇다면 굳이 알려고 애쓰지 말자'고 마음먹은 것이다. 그러나 주위의 많은 동료직원은 자기의 근무성정 평정이 어떻게 이루어지는지, 승진서열은 몇 위나 되는지 등을 자세히 알고 말하는 경우를 자주 보았다. 원칙적으로는 알 수가 없는데도 그들만의 또 다른 비법이 있는가 보다. 경쟁에서 이기기 위하여 한치 앞선 정보가 절대적으로 필요한 시기에 나는 너무 무관심하거나 소홀했던 것은 아닌가 하는 생각도 가끔은 들 때가 있다. 공개하지 않는 것이 원칙인데 굳이 담당하는 사람을 피곤하게 만들고 그렇지 않아도 많은 스트레스를 더 받게 할 필요는 없다는 게 내 생각이다. 그뿐만 아니라 평정확인자와 인사권자를 믿고 내게 주어진 일을 묵묵히 하는 많은 사람이 고지식하다거나 비판의 대상이 되어서는 안 될 것이다.

계급 오르기

"하위계급에 재직 중인 공무원이 상위계급으로 임용되는 것으로 책임이 크게 늘어나고 보수가 높아지며, 보다 큰 위신이나 지위를 가지게 되는 효과가 있어 재직공무원들의 큰 관심사항 중의 하나이다. 계급 간의 승진임용은 근무성적평정, 경력평정, 교육훈련성적 등 능력의 실증에 의한다. 그 종류로는 일반승진, 공개경쟁승진, 특별승진, 근속승진 등이 있다(2010 지방공무원 인사제도)."

일반승진은 승진후보자 명부순위의 2~4배수 범위 내의 자 중에서 인사위원회의 의결방법 또는 일반승진시험과 인사위원회의 승인의결의 방법에 의한다. 공개경쟁승진은 승진 소요 최저연수를 지난 공무원을 대상으로 시험에 의하여 실시한다.

특별승진은 특별한 자격요건을 갖춘 공무원에 대하여 승진 소요 최저연수, 승진후보자 명부순위 등에 불구하고 승진할 수 있는 제도로서 청백리상 수상자, 직무수행능력 우수자, 제안채택 시행자,

명예퇴직자 및 공무로 사망한 자 등이 해당된다. 근속승진은 승진 소요 최저연수를 상당히 초과하여 장기간 근무한 자에 대하여 승진기회를 확대함으로써 사기를 진작시키고 직무수행의 효율성을 높이기 위하여 상위직급의 정원과 관계없이 승진 임용하는 제도를 말한다.

계급이 있는 조직의 구성원에게 승진만큼 더 큰 목표와 성취의 보람이 있을까? 누구나 할 수 있고 기회가 주어진다면 조직의 대표자가 되기를 소망할 것이다. 상위계급으로의 승진은 단순한 지위와 위신의 상승만을 의미하는 것은 결코 아니다. 보수의 증가에 따라 소득이 늘어 경제적으로 보다 여유로워지며, 조직 내·외부에서는 그 직만큼의 명예가 높아진다. 물론 책임과 영향력도 커지게 되므로 심적인 부담과 정신적인 스트레스도 그만큼 늘어나게 될 것이다.

승진의 기초가 되는 평정에 있어 그저 속으로만 잘되기를 바라는 사람이 정작 승진에서는 남다른 관심과 특단의 노력을 기울이지 않았다면 결과적으로 표리부동(表裏不同)한 것 아닌가? 지금까지 세 번 승진하였는데 같은 부서, 같은 팀에 근무하면서 조차도 알려고 하지 않았고, 인사담당자도 알려주지는 않았다. 오직 인사담당자를 비롯하여 인사에 관여하는 자들의 결정에 공무원으로서의 내 운명과 미래를 믿고 맡긴 것이다. 아니, 어쩌면 지연·학연·혈연 등 연고가 너무 없는 상태에서 토박이들과 같이 처신했다가는 오히려 "굴러온 돌이 까불어 친다"라는 욕을 먹거나 인사상 불이익을 당할지 모른다는 소심함 때문이었을 수도 있다. 이제는 앞으로 운 좋으면

한 번의 승진기회가 있을 것 같다. 믿을 수 있는 사람을 만나 맡은 일에 최선을 다하고, 여기에 운도 조금 따라 준다면 승진이 그리 어려운 것만은 아닐 것이다.

08 임무를 맡아보는 종류와 방법

복무의 종류와 방법

복무(服務)는 "주어진 임무나 직무를 맡아보는 것"을 일컫는다. 공무원의 복무는 근무, 휴가, 겸직허가, 공무원노동조합 활동 등으로 구분할 수 있다. 근무는 당직 및 비상근무, 관내·외 출장, 겸임 및 파견근무, 시간 외 근무와 공휴일 근무 등이 있으며 근무시간은 오전 9시부터 오후 6시까지이다. 휴가는 재직기간에 따라 3일부터 21일까지의 연가와 병가, 공가, 특별휴가로 구분된다. 2006년 1월부터 공무원노동조합 활동이 인정되었으며, 1998년부터 2005년까지는 공무원직장협의회로 운영되었다. 공무원의 노동조합 활동에 대하여는 부정적인 인식을 많이 가지고 있으나 노동기본권의 보장을 통하여 공무원의 복무상 권익을 보호하고, 국민에 대한 봉사자로서의 자긍심을 높여 책임과 의무를 다하도록 하고자 하는 것이다.

당직근무는 정규 근무시간이 아닌 때에 일정직원(시청의 경우

5인 내외)을 미리 편성하여 근무하게 하는 것이며 당직비가 지급된다. 숙직은 평일과 공휴일 오후 6시부터 다음 날 오전 9시까지 하고, 일직은 공휴일 오전 9시부터 오후 6시까지 근무한다. 시청이 공식적으로 휴무하는 시간에 시청을 지키면서 방문하는 민원인을 안내 및 해결하고, 시 관내에서 발생하는 사건이나 사고, 시민불편사항 등을 접수 및 응급조치하거나 정상근무시간에 빨리 해결할 수 있도록 접수 및 전달 등의 일을 한다. 비상근무는 대규모 재해와 자연재난 등이 발생하거나 무장간첩 침투 또는 김정일 사망 등 국가안보에 위협이 초래될 때 사태의 경중(輕重)에 따라 작은 인원부터 모든 직원이 정규시간 이외에 근무토록 하는 것이며 초과근무수당이 지급된다.

관내 출장은 시 행정구역 안에서 맡은 업무를 처리하기 위하여 시 청사를 벗어나는 것이며, 관외 출장은 공무를 처리하기 위하여 시 구역 밖으로 나가는 것이다. 정해진 기준에 따라 월액여비와 차마임, 현지교통비, 일비 등의 명목으로 여비가 지급된다. 겸임은 한 사람이 두 가지 이상의 임무를 하는 것이고, 파견은 특정한 임무를 수행하기 위하여 본연의 자리와는 다른 곳으로 배치받는 것을 말한다. 시간 외 근무는 평일의 정상근무시간을 벗어나서 일하는 것이고 공휴일근무는 공휴일에 일하는 것이며 초과근무수당이 지급된다. 연가(年暇)는 1년에 사용할 수 있는 휴가를 말하며, 병가는 신병치료 목적, 공가(公暇)는 예비군 훈련 등 공적인 목적, 특별휴가는 경조사와 포상 등에 따라 주어지는 것이다. 지나친 업무 등으로 연가를 모두 사용하지 못하면 정해진 기준에 따라 연가보상금이 지급된다.

초과근무수당과 연가보상금

공무원의 초과근무수당과 연가보상금 등이 사회적 이슈가 된 적이 가끔 있다. 거짓으로 근무하고 초과근무수당을 너무 많이 받는다는 것이다. 나는 초과근무를 별로 하지 않는 편인데 맡은 업무가 늦게까지 자주 일할 정도는 아니었기 때문이었을 것 같다. 기본적으로 인정해주는 시간(10시간)보다 조금 더 많으며 너무 시간 외 근무가 적은 것은 아닌가 염려될 정도이다. 하지만 개인마다 일하는 방법이 다르고 문제를 해결하는 역량에도 차이가 있으므로 같은 업무라고 하더라도 누구는 시간이 적었는데 누구는 왜 많으냐는 비교는 합당하지 않다고 생각한다. 맡은 업무를 효율적으로 빨리 끝내고 일찍 귀가하는 것을 싫어할 사람은 아무도 없을 것이다. 남이 마음 편하게 집에서 쉬거나 가족과 즐겁게 시간 보내는 날 초과근무수당 몇 푼 더 받자고 사무실에 나가서 없는 일 만들어서 할 공무원이 결코 많지 않다고 믿는다.

직장협의회와 노동조합

공무원직장협의회가 발전하여 공무원노동조합이 되었다. 공무원노조가 불법적인 조직이던 당시에 공보문화담당관실의 공보담당으로 근무하면서 노조 대변인을 맡았다. 서로 대립하던 시기에 집행부와 노조의 입 역할을 한 것이다. 노조와 지역 언론매체가 극심하게 갈등하던 때에 지역신문의 통·반장 구독이 큰 문제가 된 적이 있는데 꽤 많은 분량을 중단하는 악역(惡役)을 맡아 언론사 대표로부터 폭행을 당한 적이 있다. 또 다른 언론사와 노조 간에 문화예술행사 개최 건으로 대립하던 사건이 발생하였으나 협의·중재 과정에서 원만한 합의가 이루어지지 않아 노조 대변인을 사직하고 노조에서 탈퇴하였다. 노조의 합법화와 활성화를 위하여 어려운 상황에서 애쓰다가 결국 언론사 문제로 첨예한 갈등이 대두되었고 좋지 않은 끝을 본 것이다. 수년이 지난 후 노조 집행부와 화해하였고, 다시 노조에 가입하여 지금은 일반회원으로 활동하고 있다.

공무원 노조가 합법화되면서 공무원의 권익과 처우가 많이 개선되었음을 느낀다. 단체행동이 인정되지 않던 시절에는 불이익, 불합리, 부정당하다고 느끼는 사항에 대해서도 같은 목소리를 낼 수 없었기 때문에 기존의 틀을 바꾸는 것이 쉽지 않았다. 하지만 공무원이 노조를 만들고, 노동 3권을 행사하리라고는 전혀 예측하지 못하였다. 많은 직원이 징계와 불이익 처분을 받았고 아직도 동해시청 직원 몇 명은 파면된 후 복직하지 못하고 있다. 단계적으로 복직이 이루어졌고, 전국의 많은 조합원이 계속 노력하고 있으므로 빠른 기간 안에 복직되리라 기대한다. 지금도 여러 가지 쟁점으로 정부와 노조가 대립하고 있다. 국민은 정부와 노조가 극심하게 대립하고 투쟁하는 것을 원하지 않을 것으로 생각한다. 서로가 승리하는 방법으로 지혜를 모으고 노력하며 관심과 배려, 인정과 수용의 자세로 협상하면 국민은 물론, 정부와 노조 모두가 상생과 화합으로 발전할 것으로 기대한다.

09 어떤 의무와 책임이 있는가?

의무과 책임

의무는 "당연히 해야 할 일"이고, 책임은 "맡아서 해야 할 의무나 임무"를 말한다. 공무원은 주민에 대한 봉사자라는 지위에서 비롯되는 여러 가지 특별한 의무를 가진다. 기본적으로 성실의 의무가 있으며, 이것에서 파생되는 선서, 성실, 복종, 직장이탈 금지, 친절공정, 종교 중립, 비밀엄수, 청렴, 영예 등의 제한, 품위유지, 영리 업무 및 겸직금지, 정치운동 금지, 집단행동 금지 등 13가지의 의무가 있다.

공무원은 의무를 위반함으로써 법률상 제재나 불리한 처분을 감수해야 한다. 행정상 책임으로서 징계와 변상이 있고, 형사상 책임과 민사상 책임이 있다. 징계책임은 의무위반에 대하여 공무원 관계의 질서를 유지하기 위하여 부과하는 제재를 받는 것이다. 공무원 관계로부터 배제하는 파면과 해임, 계급을 낮추는 강등, 신분은 보유하되 직무를 정지시키는 정직, 보수를 줄이는 감봉,

훈계하고 회계하게 하는 견책 등이 있다. 징계의 종류에 따라 신분과 보수 및 퇴직급여에도 불이익이 발생한다. 변상책임은 국가 또는 지방자치단체에 대하여 재산상의 손해를 발생하게 한 경우 손해를 배상하게 하는 것이다.

형사상 책임은 공무원의 행위가 공무원 관계의 의무위반에 그치지 않고 형사법상의 범죄를 구성하는 경우 일반 법익의 보호를 위하여 책임을 지도록 하는 것이다. 민사상 책임은 공무원이 사경제적 행위를 수행하면서 고의 또는 과실로 타인에게 손해를 끼친 경우 민법에 따라 당해 공무원에게 구상(求償)하는 것이다.

국민의 4대 의무는 고전적 의무로서 국방과 납세가 있고, 사회적 의무로서 교육과 근로의 의무가 있다. 공무원에게는 이것에 13개의 의무가 더 보태어지므로 부담감은 훨씬 더해진다 하겠다. 그러나 공무원 신분을 벗어나서도 가장과 가족으로서의 의무, 부모와 배우자로서의 의무, 조직이나 단체 구성원으로서의 의무 등 보다 많은 의무가 발생하므로 매일매일의 생활을 의무 속에서 보낸다고 하여도 지남침이 없을 것 같다. 공무원에게 요구되는 의무 중 여러 가지는 직장인이나 기타 여러 종류의 사회 구성원으로서도 지켜야 할 의무로 생각된다.

선서는 임용 시에 "나는 대한민국 공무원으로서 헌법과 법령을 준수하고, 국가를 수호하며, 국민에 대한 봉사자로서의 임무를 성실히 수행할 것을 엄숙히 선서" 하는 행위로 끝나지만 내용을 실천할 것을 전제하고 있다는 점에서 지키는 것이 결코 쉽지 않다.

공사생활 전반을 되돌아보니 성실과 청렴의 의무도 제대로 지키지 못하였다는 자책감이 든다. 상사와는 여러 번 다투었고 개인용무로 사무실을 비운 적도 있다. 민원인과 다투고 기준에서 정한 대로 응대하지도 못하였으며, 조직 내의 일을 외부인과 화제로 삼은 적도 있다. 술에 취하여 실수하였고 시민과 싸우기도 하였다. 공무원 노조활동을 하며 집단행동에도 참여하였으며 본의 아니게 선거에 관여한 적도 있으므로 여러 가지의 의무를 위반한 것이다. 그나마 종교 중립과 영예 등의 제한, 그리고 영리 업무 및 겸직금지 의무는 제대로 지킨 것 같다. 결과적으로 13대 의무 가운데 9가지는 자신 있게 철저히 준수하였다고 할 수 없다.

의무는 지키고 책임은 져야

그럼 의무를 위반하였으므로 책임을 져야 하지 않은가? 크게 위반한 것은 아니고, 현장에서 적발되지도 않았으므로 운 좋게 넘어갔다고 할 수 있겠다. 또한 자발적이라기보다는 하위직으로서 어쩔 수 없는 상황 때문에 이루어진 경우도 더러 있으므로 문제가 되지 않은 것이다. 지금까지 행정상 책임인 징계를 받은 것은 음주운전으로 인하여 한 번의 견책이 있다. 성실과 품위유지 의무를 위반한 것이며 변상책임은 받은 적이 없다. 또한 음주운전으로 형사상 책임인 벌금 200만 원의 처분을 받았으나 민사상 책임도 받은 적이 없다.

공직 생활을 지속적으로 유지하는 한 의무는 반드시 지켜야 한다. 의무는 지키는 데 존재 가치가 있고 그것을 지킴으로써 공무원다워지는 것이다. 의무를 지키지 않으면 공무원으로서의 자격을 잃는 것이며 그에 상응하는 책임을 져야만 한다. 공무원을 처음 시작할 때부터 지금까지 행정환경이 많이 변하였고, 이에 따라 법규와 제도도 바뀌었다. 의무를 강제하고 의무위반을 확인하는 체제가 보강되었고, 책임을 묻는 방법도 강화되었다. 앞으로도 계속 변화·발전해나갈 것이다. 이에 맞춰 모든 공무원이 의무와 책임을 다할 때 공무원을 보는 국민의 시선이 긍정적이고 사회정의가 실현되며 국가발전도 이루어질 것이다.

10 신분과 권익보장은 어느 정도

신분과 권익보장제도

공무원은 형의 선고, 징계 또는 관계 법규가 정하는 사유에 의하지 아니하고는 그 의사에 반하여 신분상 불리한 처분을 받지 아니할 권리를 갖고 있다. 공무원의 신분과 권익을 보장하는 것은 직업공무원제도의 요건으로서 신분의 안정과 사기진작을 통하여 행정의 일관성·전문성·능률성을 제고하기 위함에 있다. 신분보장제도로서 당연퇴직, 직권면직, 휴직, 직위해제, 강임, 정년, 명예퇴직 등이 있고, 권익보장제도로 소청제도와 고충처리제도가 있다.

당연퇴직은 지방공무원법 제31조의 공무원 임용 결격사유에 해당될 때 당연히 퇴직하는 것이다. 강임은 하위직급에 임용하는 것으로 결원보충 방법의 하나로서 본인의 의사에 반하여 엄격히 제한되며 조직 관리상의 필요에 의하여 불가피하게 된 경우는 우선 승진할 수 있도록 한다. 면직은 공무원관계를 소멸시키는 것으로 본인이 제출하는 사직서에 의한 의원면직과 특정한 요건에 해당될 경우 임용권자가 직권으로 면직시키는 직권면직이 있다. 휴직은 공무원의 신분은 유지하나 그 직무에 종사하지 못하는 것으로 질병·병역·행방불명·법정의무 수행·노조 전임에 의한 직권휴직과 고용·유학·연수·육아·가사·해외 동반근무 등을 위한 청원휴직이 있다.

직위해제는 공무원의 신분은 보유하면서 직위를 해제하는 행위로서 본인의 무능력 등으로 인한 제재의 의미를 가지는 보직의 해제라는 점과 복직이 보장되지 않는다는 점에서 휴직과 다르며 공무원의 신분보장에 미치는 영향이 너무 크므로 제도운영에 있어 상당한 주의와 배려가 요구된다. 정년은 일정 연령(60세)에 도달하면 근무능력이나 본인 의사의 고려 없이 당연퇴직하게 하는 것이며 정년퇴직일은 6월 30일과 12월 31일이다. 명예퇴직은 20년 이상 장기근속한 공무원이 자진하여 명예롭게 퇴직하는 것으로 정년까지의 잔여기간에 대한 보상차원에서 수당을 지급하는 제도이다. 다른 공무원들의 승진 및 신규임용을 가능하게 하므로 조직 내 신진대사를 촉진하게 된다. 조기퇴직은 1년 이상 20년 미만 근속한 공무원이 직제의 폐지 또는 과원(過員)이 되었을 때 자진하여 퇴직하는 경우 조기퇴직 수당을 지급한다.

권익보장제도인 소청은 징계처분이나 그 의사에 반한 불리한 처분을 받고 불복하는 자의 재심청구 또는 부작위에 대한 행정처분을 구하는 청구를 받아 심사·결정하는 행정심판제도를 말한다. 고충처리제도는 근무조건이나 인사운영에 불만이 있는 공무원의 고충에 대한 인사상담을 통하여 공무원이 겪고 있는 애로사항에 대하여 적절한 해결책을 강구하는 절차로서 공무원의 권익과 신분을 보다 더 다양하게 보장하여 사기를 진작하고 직무의 능률을 향상시키고자 하는 것이다.

신분과 권익보장은 당사자에게 유리하게

이제까지 여러 제도 중 병역의무를 이행하기 위하여 1년 2개월간의 휴직을 한 번 하였다. 고등학교 졸업 후 1년 뒤에 공무원이 되었는데 근무한 지 2년 뒤에 영장을 받았기 때문이다. 아직까지는 의원면직할 일이 없었고, 30년 이상 근무하였지만 지금 명예퇴직할 생각은 아직 없다. 일반적으로 정년을 1년 앞두고 명예퇴직하는 것이 지금의 추세인데 시대의 흐름에 따라갈 것이다. 당연퇴직과 직권면직, 직위해제와 강임될 일이 지금까지는 없었던 것도 다행스럽다. 하지만 앞으로 정년까지 남은 10여 년 동안 어떤 일이 벌어질지 장담할 수 없다. 모쪼록 법과 규정을 잘 지켜 불이익한 처분을 당하지 않도록 조심하고 노력하는 일뿐이다.

신분보장제도 중 의원면직, 휴직, 정년, 명예퇴직은 자발적 의사에 따라 이루어지는 보장적 측면이 있으나 당연퇴직, 직권면직, 직위해제, 강임은 불이익을 주는 처분적 성격이 더 강한 것으로 판단된다. 각 제도가 법적으로 정해진 요건에 해당하는 경우에 집행되겠지만 본인이 희망하는 것은 최대한 유리한 방향으로 보장하여 주고, 불이익이나 손해가 발생하는 것은 엄격하게 판단하여 최소화시키는 것이 바람직할 것으로 생각된다. 모든 법과 제도는 양날의 칼, 동전의 양면과 같아 운용하는 사람의 가치 판단 기준과 처리방법에 따라 과정과 결과가 크게 달라진다. 공무원의 신분을 보장하려는 제도가 취지에 어긋나게 신분보장을 해칠 수도 있으므로 신중하게 운용되어야 할 것이다.

11 공무원 봉급이 많다 적다 하는데

보수의 종류와 성격

보수는 "공무원이 국가로부터 정기적으로 받는 금전적인 보상으로 봉급과 각종 수당"으로 이루어진다. 근무와 직무 수행에 대한 반대급부이자 공무원과 그 가족의 생활을 보장하기 위한 생활보장적 급부라는 이중적 성질을 가지고 있다. 지방공무원의 보수체계는 봉급(기본급)과 34종의 수당 및 6종의 실비보상으로 이루어져 있다. 봉급제도는 보수규정에 의한 직종별 봉급표와 호봉의 획정에 따라 이루어진다. 보수지급일은 지방직이 20일, 국가직 25일, 교육공무원은 17일 등으로 차이가 있다. 수당은 대우공무원·정근 등 상여수당과 가족·자녀학비 등 가계보전수당, 특수지근무수당, 초과근무수당, 특수근무수당으로 나누어진다. 실비보상은 정액급식비, 교통보조비, 명절휴가비, 가계지원비, 연가보상비, 직급보조비 등으로 구성된다.

연금은 "퇴직, 사망, 공무로 인한 질병·부상·폐질, 불의의 재산상의 피해에 대비하여 적절한 급여를 시행함으로써 공무원 및 그 유족의 생활안정과 복리향상에 기여토록 하는 제도"로서 1960년부터 시행해오고 있다. 급여는 단기로서 부조·공무상 요양급여, 장기로서 퇴직·유족·장해급여·퇴직수당으로 구성된다.

공제는 "공무원들이 재직 중에는 물론, 퇴직 후에도 국가와 사회에 봉사했다는 보람과 긍지를 갖고 평안한 노후의 삶을 누릴 수 있도록 생활안정과 복리증진을 위한 제도"이다. 기본사업은 회원에 대한 급여·대여·후생복지사업 및 복지시설 건립운영과 기금조성을 위한 수익사업 등이 있다. 기능으로서는 저축기능, 보장기능, 대여기능, 복리후생기능을 한다. 급여금의 종류로는 장기급여, 한아름목돈예탁급여, 무상급여가 있다.

보수는 어느 정도 수준

공무원의 보수는 정부의 예산편성에 달려 있지만, 사기업의 임금수준과 물가 등에 영향을 미치기 때문에 항상 국민적 관심과 논란의 중심에 서 있는 것으로 생각된다. 최근 수년간 공무원의 임금 인상률을 살펴보면 2007년과 2008년에는 2.5%씩 인상되었고, 2009년도와 2010년에는 동결되었으며, 2011년에는 5.1% 오른 데 이어 2012년도에는 3.5% 인상할 계획으로 있다. 공무원의 보수를 대기업이나 중소기업의 직원과 절대적이거나 상대적인 비교를 하는 것은 뚜렷한 기준을 만드는 것이 어렵기 때문에 무의미하다고 생각한다. 하는 일의 성격이 다르고 생산하는 상품과 서비스가 다른데 어떻게 똑같은 잣대로 비교한단 말인가? 그럼에도 불구하고 언론에 보도된 내용들을 살펴보면 하는 일의 양에 비하여 과다하다는 비판적인 의견이 우세한 것 같다. 아마도 이것은 그 재원이 국민으로부터 반대급부 없이 거두어들이는 조세라는 것 때문이 아닐까 생각된다.

공무원이 되어 처음 받아본 봉급은 78,600원으로 기억된다. 당시의 봉급봉투를 가지고 있지 않기 때문에 확인은 어렵다. 1981년도 공무원 보수규정의 '1급 내지 5급 공무원의 직무급표'에 의하면 5급 을류의 본봉은 43,200원이고, 직책급은 11,300원이며, 1호봉 근속급은 25,500원으로서 모두 80,000원이지만 세금과 연금 등은 공제하였을 것이다. 공무원이 되기 전, 신문사 지국에서 총무하며 받은 봉급이 10만 원 정도 되었으니 그보다 조금 떨어지는 수준이었다. 2011년도 9급 1호봉의 봉급액은 1,119,400원으로서 1981년과 절대 비교할 경우 14배가 증가된 것으로 분석된다. 그러나 물가상승률 등을 고려한 실질적인 증가율은 그렇게 높지 않을 것으로 생각된다. 지금과 같은 봉급체계가 어느 정도 갖추어진 2004년의 602,800원과 비교해도 86% 인상되었으나 이 또한 절대 금액만으로 따질 일은 아닌 것 같다.

2011년 현재 6급 28호봉이 되었다. 1981년 7월 1일에 5급 을류 공무원으로 처음 시작하였으니 30년 6개월이 된 것이다. 2011년도에 받은 전체 급여액은 5,890만 원으로서 본봉은 3,790만 원, 수당이 2,100만 원이 된다. 또한 1981년도 4급 갑류의 28호봉의 월 봉급(수당 제외)은 248,500원(본봉 49,200원, 직책급 43,800원, 근속급 155,500원)이고, 2011년도 6급 28호봉은 3,175,800원으로서 12.8배 증가한 것으로 분석된다.

일반회사의 말단으로 출발하여 나와 비슷한 경력을 가진 직원들의 봉급은 어느 정도나 되는지 몹시 궁금하다. 인터넷에서 비교 가능한 자료가 있는지 꽤 오랜 시간 찾아보았지만 마음에 드는 것은 없다. 하지만 처음 들어왔을 때에 비하여 본봉도 많이 올랐지만 없었던 수당이 해를 더해 가면서 많이 늘어났고 봉급의 절대 금액이 크게 인상되었음을 확인할 수 있다. 국가의 경제규모가 확대되고, 국민소득이 크게 증가함에 따라 공무원의 봉급도 늘어나는 것은 당연하다 하겠다.

적정한 보수는 어느 정도나 되어야

그러나 나의 경우 공무원 혼자의 수입만으로 네 가족이 생활하기에는 크게 부족함을 느낀다. 아들과 딸이 국립대학교에 진학한 것이 우리 가정 형편에 엄청나게 큰 도움이 되었다. 굳이 사립대학교를 고집했다면 어떻게 감당했을까? 지금 생각해도 아찔한 마음이 든다. 아내는 결혼하면서 다니던 직장을 그만두었는데 봉급만으로는 아이들의 유아교육과 집 장만이 쉽지 않을 것임을 알고 큰딸이 초등학교에 입학하자마자 직업전선에 뛰어들었다. 작은 양장점과 호프집 운영, 식료품 대리점과 마트 근무, 보험회사 영업사원과 재가노인 돌보미 등 여러 가지 일을 하였다. 아내를 불안정하고 정상적인 대접도 받지 못하는 곳에서 일하게 하는 것이 자존심도 상하고 마음도 편치 못해 말리기도 하였지만 가정형편과 아내의 뜻을 고맙게 받아들였다. 현재 우리 가정 규모가 크지는 않지만 아내의 부업은 아파트를 장만하고 자녀를 양육하는 데 큰 도움 되었다. 늘 고맙게 생각하고 있다. 지금 주변 친구들이나 선후배공무원을 보면 부부공무원도 많지만 손 놓고 노는 아내들은 거의 없는 것 같다. 자아실현을 위하여 자기의 능력을 발휘하는 측면도 있겠지만, 경제적인 목적도 큰 부분을 차지할 것으로 생각된다. 모든 공무원은 봉급이 무조건 많아지기만을 바라지는 않을 것이다. 국가 경제상황과 사기업체 임금수준 등의 지표가 되므로 모든 것을 감안한 적정한 봉급수준이 지속적으로 유지되기를 바랄 것이다.

12 나이에 관계없이 받을수록 기분 좋은 상

포상의 종류와 시상기준

포상은 "칭찬하고 장려하여 상을 주는 것"을 말한다. 동해시 포상조례, 지방 및 국가공무원법의 규정에 의하여 수여되며 표창장, 상장, 훈·포장 등으로 구분된다. 표창은 "어떤 좋은 일에 성과를 내었거나 훌륭한 행실을 한 데 대하여 세상에 널리 알려 칭찬하기 위하여 명예로운 증서나 메달 따위를 주는 것"을 말한다. 상장은 "품평회, 경진회, 전시회, 각종 경기대회에서 우수한 성적을 나타낸 경우나 교육 성적이 우수한 경우에 잘한 행위를 칭찬하기 위하여 주는 증서"를 일컫는다. 훈·포장은 "나라에 크게 공헌한 사람에게 그 공로를 기리기 위하여 나라에서 주는 휘장"을 말한다. 동해시 포상조례를 보면 그 종류는 표창장, 감사장, 상장, 모범공무원 포상, 민주시민 질서상, 향토주인상 및 향토일꾼상 등으로 나누어져 있다.

공무원과 민간인은 물론 기관과 단체 등에도 수여되며 절차는 포상계획 수립 및 확정, 공고 및 고지, 추천 및 접수, 대상자 선정, 포상심의원회 개최 및 포상자 확정, 포상 등의 순서로 이루어진다. 통상 상장은 경쟁에 따라 순위를 정하여 주어지고, 포상은 특별한 공적이 있을 경우 선정절차를 거쳐서 이루어진다. 그러나 자동적으로 수여되는 경우도 있는데 특별한 잘못 없이 공직 생활을 정년까지 하게 되면 25~28년 이하는 국무총리 표창, 28~30년 이하는 대통령 표창, 30~33년 이하는 포장, 33년 이상은 훈장 등이 그러한 경우에 속한다. 공무원에게 최고의 상은 청백리상(淸白吏賞)이 아닐까 한다. 이 상은 청렴과 투철한 봉사정신으로 직무에 정려(精勵)하며, 공무집행의 공정성 유지와 깨끗한 공직사회 구현에 다른 공무원의 귀감이 되는 자에게 수여하였다. 국가공무원법에 따라 1981년부터 1987년까지 시상되었으나 시대적 인식이 좋지 않다는 이유로 중단되었다.

지금까지 21회의 포상과 외부단체로부터 4회의 감사패를 받았다. 시장포상은 새마을 유공, 생생한 아이디어 공모, 새마을운동 활력화 웅변, 소양고사, 행정장비 기능경진대회, 1사 1공무원 담당제 등 10회이다. 강원도지방공무원 교육원장은 초급관리자 양성과정 지방행정 우수사례 발표 및 논문평가 분야이다. 강원도지사는 사회정화운동 추진, 강원 체육진흥, 맑은 물 보전 시책 기여, 물 관리 유공 등 4회, 장관은 5회로서 내무부장관이 전국동시지방선거와 '96 행정관리 시범기관 운영, 행정자치부장관이 전국동시 지방선거 유공, 행정안전부장관이 2009 자치단체 행정시스템 이용활성화 업무 유공, 문화관광부장관이 제44회 한국민속예술축제

유공 등이다. 감사패·공로패는 동해시새마을유아원장협의회, 발한동새마을지도자협의회, 동해시의회, 동해시한마음경영인연합회 등이 있다.

공평하고 적정한 포상이 되어야

포상과 부상(副賞)을 받고 싫어할 사람은 아무도 없을 것이다. 정부는 물론 지방자치단체에서 너무 많은 포상을 한다고 간혹 문제 되는 경우가 있다. 포상이 정치적이거나 선거 목적으로 많이 이용된다는 것이다. 정당하게 평가받아야 할 사람이 그에 맞게 적정한 수준의 상을 받는다면 전혀 문제 될 게 없다. 그러나 현실은 그렇지 못하므로 과다한 포상행위를 공직선거법 등에서 규제한다고 할 수 있겠다.

내 것을 알리기도 남의 것을 물어보기에도 껄끄러운 내용이므로 남과 비교하는 게 불가능하다. 분석해보니 평균 1.2년마다 1개씩 받은 셈인데 직급이 올라갈수록 받을 기회는 줄어드는 것 같다. 나이와 경력이 적고 직급이 낮아 아직은 배움이 더 필요하고 실수도 많은 직원에게 더 많은 수상의 기회를 주는 것이 마땅하다고 생각된다. 특별한 일을 맡았기에 상을 받은 경우도 있지만 '나눠먹기식'의 상도 많이 있으며 그런 혜택도 더러 받은 것 같다. 또한 포상이 많은 부서가 있는가 하면, 그렇지 못한 곳도 있는데 여러 곳을 돌아다니다 보니 운 때가 맞은 경우도 있다. 이런 이유로 상복이 있어야 하고, 줄을 잘 서야 기회가 온다는 말이 생겨났을 것이다. 그러나 나는 별로 한 것도 없으면서 나보다 경력이 짧거나 나이가 적은 사람이 더 큰 상을 받을 때는 부러움과 함께 시기의 마음을 가질 때가 있다. 이럴 때면 '이러면 안 되지, 에이 쫀쫀한 놈' 하며 축하의 마음으로 되돌리곤 한다.

13 공적인 일로 나라 밖 나들이

공적인 일로 외국을 여러 차례 여행하였다. 국외여행은 시 자체계획이나 강원도 등 상급기관의 계획, 교류관계를 맺고 국제자매도시의 공식초청 등에 따라 이루어진다. 여행의 목적은 견학이나 시찰, 정부 및 강원도나 시의 주요업무 수행, 국제자매도시와의 문화예술·체육·산업교류 등 매우 다양하다.

동해시의 예산서에 의하면 공무 국외여비의 규모는 2010년 1억 7천만 원, 2011년 1억 6천만 원에 달한다. 해마다 어느 정도의 인원이 국외여행을 다녀오는지 정확한 숫자는 알 수 없으나 상당하다고 생각된다. 특히 교통통신의 발달과 국민소득의 증가, 지방의 세계화와 국제화 등 세계사적인 시대의 흐름에 따라 공무 국외여행이 꾸준히 늘어나고 있다. 한국 안에서의 지방자치단체 간 교류와 협력도 중요하지만 국제적인 마인드와 안목을 넓히는 것이 지방행정의 발전을 위하여 필요하기 때문으로 판단된다.

지금까지 여섯 차례에 걸쳐 14개국의 공무 국외여행을 하였다. 발령받은 부서와 맡은 업무의 성격, 그리고 적절한 시기에 따라 기회가 생기므로 관운(官運)도 크게 따라주었다고 할 수 있겠다. 비슷하게 공직을 시작한 직원들과 비교해보면 국외여행의 혜택을 자주 가졌다. 의도적으로 노력하여 한 번 다녀왔으며, 나머지는 시장 등 주위 분들의 도움으로 우연하게 이루어진 것이다. 같이 일하게 된 부서장과 동료직원들을 잘 만났고 시운(時運)이 맞아떨어진 것이다.

눈앞에서 물거품이 된 일본 쓰루가 시 여행

가장 먼저 기회가 온 것은 1992년 시 의회사무과에서 근무할 때이다. 7급으로 재직하였으며 의사(議事) 업무를 담당하였다. 30년 만에 부활된 지방의회가 1991년 4월에 개원되어 의회운영의 전통을 하나씩 세워나가던 시기였다. 당시 동해시는 일본 후쿠이 현 쓰루가 시와 국제자매도시 관계를 맺고 있었는데 시의회에서 쓰루가 시 의회를 공식 방문키로 하였으며 수행원으로서 방문단에 포함된 것이다. 공직 생활을 시작한 지 11년 만에 첫 공무 국외여행의 흔치 않은 행운이 찾아온 것이다. 그러나 준비하는 과정에서 참가자가 바뀌어 처음으로 여권 만드는 기회는 사라지고 해외여행은 무산되고 만다. 정액으로 지급되는 여비 외에 경비가 추가로 더 들어가야 할 것 같은데 가정적으로 경제적인 여유가 없었던 터라 차라리 잘 되었다고 마음 편하게 고쳐먹고 깨끗하게 포기한다. 공직 생활하다 보면 내게도 언젠가는 그 기회가 올 것임을 꿈꿔보지만 나와는 상관없는 일인 것처럼 쉽게 찾아오지 않는다.

2010 동계올림픽 유치를 위한 서포터즈 활동, 스위스와 스페인

첫 번째 국외여행은 2003년 5월 13일부터 5월 18일까지 '2010 동계올림픽 유치를 위한 서포터즈 파견'의 목적으로 스위스와 스페인을 다녀온 것이다. 공보문화담당관실의 공보담당으로 재직하며 언론매체 관련 업무 등을 담당하였다. 당시 강원도에서는 정부의 적극적인 지원을 받으며 2010 평창 동계올림픽의 유치를 위해 총력을 기울이던 때였다. 강원도와 강원일보사가 해외에서의 평창 동계올림픽 유치 붐을 조성하기 위하여 공동으로 계획 후 각 시·군으로 공문을 시행하여 참가자를 모집하였다. '내 복에 무슨 해외여행?' 하며 해당 공문을 실장까지 공람만 하고 종결 처리하였다. 그런데 며칠 뒤에 강원일보사에서 실장과 시장에게 직접 전화를 걸어 동해시에서 2명의 참여 협조를 요청한 것이다. 실장 선에서 뭔가 일이 진행된다는 것은 알았으나 나로서는 전혀 기대하지 않았고, '누군가 운 좋은 직원이 나오겠구나' 하는 생각을 가졌다. 그러나 뜻밖에도 나와 선배 한 명이 대상자로 선정된다. 시장이 선정기준으로 삼은 것은 20년 넘게 공직 생활을 한 6급 중에서 해외여행 경험이 없는 직원으로 하였는데 22년 된 나와 26년 된 직원이 전격적으로 선정된 것이다. 전혀 상상조차 할 수 없는 행운이 찾아왔으며 우리 둘은 흥분을 삭이면서 마음속에서 우러나오는 고마운 뜻을 여러 명에게 표시한다.

엄청난 꿈과 기대를 가지고 처음으로 여권을 만들었는데 출국하기 전까지 기다리는 시간이 참으로 더디게 지나간다. 마침내 강원도청과 강원일보사, 각 시·군에서 선정된 30여 명이 서포터즈가 되어 두 나라를 다녀왔다. 스위스와 스페인에서 각 이틀간 몇 개 도시를 관광하였는데 방송과 책을 통하여 조금씩 알아오던 그 현장을 직접 들러 살펴보는 경이로움과 감동에 전율을 느꼈다. 다만 아쉬운 것은 비행기 안에서 하룻밤을 지내야 할 정도의 먼 거리에 두 번씩이나 항공기를 갈아타고 가서 겨우 4일밖에 보내지 못하였다는 점이다. 기왕에 막대한 예산을 들여서 추진하는 여행이라면 그 돈에 맞게 좀 더 긴 시간 동안, 보다 더 많은 곳을 살펴보았으면 얼마나 좋았겠는가 하는 마음을 많이 가졌다.

초급관리자 양성과정 장기교육, 동유럽·북유럽 11개국 연수(경유 2개국)

2004년 2월부터 12월까지 10개월간 강원도지방공무원교육원에서 시행된 초급관리자 양성과정 연수생으로 차출되어 장기교육을 받게 된다. 이 교육은 6급 공무원의 자질을 향상시키고, 장기근속 7급 공무원의 승진인사 적체를 해소하기 위하여 중앙부처의 계획에 따라 16개 시·도에서 동시에 실시된 것이다. 제1기로서 10개월간의 교육은 내 공직 생활이나 남은 인생행로에도 상당한 도움이 될 것으로 판단하였다. 10개월간 조직에서 벗어나 있는 것이 향후 5급으로의 승진이나 6급 전보, 가정생활 등에서 적잖이 걱정은 되었으나 다시없는 기회로 생각되어 신청하였으며 몇 명의 경쟁을 물리치고 교육생 정원 2명 중 하나로 선발된 것이다. 강원도청과 18개 시·군에서 선발된 40명의 교육생이 동료와 선의의 경쟁상대로서 교육을 받게 된다.

2004년 10월 19일부터 11월 4일까지 16박 17일간의 일정으로 동·북유럽 연수단의 일원이 되어 유럽의 여러 나라를 다녀오게 된다. 처음에는 20명씩 2개 반으로 나누어 미국과 캐나다 연수를 희망하였다. 그러나 연수를 준비하는 과정에서 미국이 입국 비자발급 규정을 바꾸어 절차가 까다로워지는 바람에 불가피하게 계획을 변경하게 되었다. 당시에는 일행 모두가 아메리카 여행이 무산된 것을 안타까워하였으나 결과적으로는 오히려 잘되었다는 생각을 가지게 되었다.

10월 19일 공무원교육원을 출발하여 인천국제공항에서 비행기를 탑승, 스위스 취리히를 거쳐 체코의 프라하로 이동한다. 20일 프라하 시내를 관광하고, 21~22일 오스트리아 빈 관광 및 헝가리 부다페스트 이동, 23일 부다페스트 관광 및 슬로바키아 타트라 이동, 24일 폴란드 크라쿠프 이동 및 소금 광산 관람, 25일 아우슈비츠 수용소 관광 및 폴란드 이동, 26일 바르샤바 관광 및 덴마크 이동, 27일 코펜하겐 관광 및 노르웨이 이동, 28~29일 오슬로 및 송네피오르 협곡 관광, 30일 스웨덴 스톡홀름 관광 및 핀란드 이동, 31일 헬싱키 관광 및 러시아 이동(열차), 11월 1~2일 상트페테르부르크 관광, 3일 모스크바 이동 및 관광과 인천공항

귀국, 11월 4일 공무원교육원으로 돌아옴으로써 유럽연수를 마무리한다.

여행사의 일반 패키지 상품으로는 제공되지 않는 것을 연수생들이 협의하여 만든 일정이었다. 보통은 북유럽과 동유럽이 별도의 여행상품으로 판매되는 것인데 정해진 기간에 맞추어 두 상품을 조합, 새로운 기획상품으로 탄생시킨 것이다. 나라마다 대표적인 1~2개 도시만을 스치듯이 지나가고 항공기나 셔틀버스 등으로 이동하는 데 상당히 많은 시간을 쏟아부었다. 기간에 비하여 다녀본 국가는 다소 많고 도시는 적었지만 우리가 언제 다시 이렇게 오랜 시간 공무로 유럽을 가볼 기회가 있겠는가? 힘들고 무리한 일정에 피상적인 여행과 연수가 되겠지만 한번 시도해보자고 의기투합 되어 이루어진 것이다. 나로서도 매우 만족스러웠지만 모든 연수생도 똑같은 마음이었다.

겨울연가의 촬영지 동해시 사진전시회, 일본 쓰루가 시

10개월간의 교육을 마치고 복귀하자마자 관광개발과 관광홍보담당으로 발령받는다. 11월에 공무원 노조의 전국적인 파업이 있었고, 동해시에서는 60여 명이 징계를 받았는데 관광홍보팀의 직원 모두(3명)가 연루되어 공석상태였기 때문이다. 비교적 장기간 업무를 처리하지 않았으므로 얼마간의 적응기간을 기대하였는데 너무 뜻밖이다. 같이 교육을 받은 대부분의 연수생은 인사시기를 기다리면서 적응기간과 휴식의 명목으로 대기발령

상태에 있었으므로 아쉬운 마음이 있지만 내색할 수는 없는 일이다. 행정업무의 전산화가 빠르게 이루어지고 있는 시기이므로 불과 10개월 정도의 공백 기간이었지만 업무 수행방법이 많이 바뀌어 적응하기가 쉽지는 않다.

당시 나는 별 관심이 없었지만 드라마 '겨울연가'가 국내보다 일본에서 더 인기가 높다는 뉴스를 여러 번 들었다. 또한 드라마 내용 중에 동해시 북평동의 추암과 북평성당 등에서 촬영한 내용이 있다는 것도 알게 되었다. 때마침 국제자매도시인 일본 쓰루가 시에서 사진관을 경영하던 시민이 '겨울연가 촬영지 동해시 사진전'을 기획하였고, 쓰루가 시청을 통하여 관련 자료를 요청하는 공문을 보내온 것이다. 우리 시에서 촬영했지만 나도 보지 않은 것인데 바다 건너 이웃 나라에서 드라마에 등장하는 내용을 가지고 전시회를 하겠다니 참 어이없었다. 하지만 자매도시이고 우리 시를 스스로 나서서 홍보해주겠다는 것이므로 두 손을 들어 환영할 만한 일이다. 요청한 자료 20여 점과 시 홍보에 도움이 될 만한 자료를 모아 국제우편으로 정성껏 포장해서 보내준다.

얼마 후 일본으로부터 깜짝 놀랄 만한 편지를 하나 받았는데 전시회 준비를 잘 도와주었기 때문에 고마운 뜻으로 나를 초청한다는 것이다. 13년 전에 무산된 자매도시 국외여행의 기회가 또 한 번 온 것이다. 속으로는 기뻤지만 일본말을 전혀 하지 못하므로 혼자 일본에 간다는 것이 여간 부담스러운 것이 아니다. 별로 한 일도 없고, 지난해에 장기교육 받으면서 유럽 여러 나라를 여행하였으므로 적당한 직원을 선발해서 보내줄 것을 시장과 과장에게 요청한다. 그러나 시장은 일본연수를 다녀와서 일본말을 잘하는 팀장을 통역으로 같이 보낼 것이므로 다녀오라고 한다. 최종적으로 나와 통역요원 1명, 발령받은 지 얼마 되지 않은 국제교류팀장 등 6급 3명으로 자매도시 방문단이 구성된다. 2005년 3월 2일부터 4일간의 일정으로 공식초청을 받아 쓰루가 시를 다녀오게 된다. 우리는 시장예방 및 시청시찰, 사진전 관람, 양 도시 간의 교류협력에 관한 실무협의, 쓰루가 시의 주요시설 및 관광지 시찰 등 체류기간 동안 극진하고 융숭한 대접을 받으면서 정해진 임무를 마치고 무사히 귀국하였다.

'겨울연가'가 일본에서 한류(韓流)의 첫 출발이라고 한다. 아니, 한류를 나라 밖에서 널리 알린 시작일 것이다. 지금의 '한류'는 과연 어느 정도, 어떤 수준인가? 아시아를 넘어 미국과 유럽, 심지어 회교 국가는 물론 아프리카에서까지 그 맹렬한 위력을 떨치고 있다. 머지않아 한글, 팔만대장경, 최초의 금속활자, 세계문화유산, 김치, 고추장·된장 문화 등과 함께 미디어에서의 '한류'와 'K-POP'이 지구촌을 주도해나갈 날을 기대해본다. 그 일을 국제자매도시인 쓰루가 시에서 어느 정도 도와주었고, 그 자리에 내가 있었음이 신기할 따름이다. 다시는 이런 기회가 내게는 없을 것이다.

해양관광 활성화를 위한 해외연수, 미국

관광홍보담당으로 근무한 지 얼마 되지 않아 관광기획담당으로 발령받는다. 4명의 직원과 함께 관광개발 계획수립 및 추진, 해수욕장 운영, 시민 친절운동 등의 업무를 담당하게 된다. 강원도로부터 2004년도에 추진한 업무실적이 우수하다는 평가를 받아 상사업비를 받았는데 일부를 직원 선진지 견학예산으로 편성하였다. 또한 2005년도에도 우수한 평가를 받기 위하여 부서 내 직원들의 뜻을 모아 열심히 일한 결과 더 좋은 평가를 받는 성과를 거두기도 한다. 공무원과 관련 민간인 15명으로 동남아를 시찰하기로 계획을 확정한다. 나는 연초에 일본을 다녀왔는데 또 가는 것이 남에게 손가락질받을 것도 같고, 직원에게 양보하는 것이 합당하다는 생각에 몇 번의 권유를 거절한다. 하지만 한 번도 가보지 못한 동남아를 무척이나 가고 싶었던 것이 속마음이었다.

아니! 그런데 이게 웬 행운이라는 말인가? 시찰단이 확정되고 여권과 비자를 발급하는 등 출국수속을 한창 진행하고 있는데 강원도 환동해출장소 주관으로 '해양관광 활성화를 위한 연수계획'이 도착한 것이다. 대상은 해수욕장 운영업무를 담당하는 강원도와 6개 시·군의 공무원으로서 연수장소는 미국이라는 것이다. 그때까지만 해도 미국으로는 공무 국외여행이 거의 이루어지지 않는 시기였는데 동해시에는 두 명이 배정되었다. 이미 관광개발과장을 비롯하여 해수욕장 운영 및 관광지와 관련 있는 부서의 담당자들은 대부분 동남아 시찰단으로 확정되었던 탓에 나와 해양수산과 팀장이 연수직원으로 선발된다. 조금은 욕심이 있었지만 당연하다 싶은 것을 포기했다가 해수욕장 운영과 친절·청결운동 업무의 총괄담당으로서 또 한 번의 공무 국외여행 기회가 주어진 것이다.

2005년 11월 30일부터 9박 10일간의 일정으로 14명의 일행과 함께 미국의 플로리다 주와 뉴욕 주 연수를 다녀오게 된다. 30일 동해를 떠나 인천공항에서 항공편을 이용, 플로리다 주의 탈라하시에 도착한다. 12월 1일 플로리다 주정부와 플로리다 대학교 방문, 2일 올랜도의 Sea world 견학, 3일 디즈니월드 에코센터 체험, 4일 마이애미 이동 및 베이사이드 항과 사우스비치 견학, 5일 사우스·노우스 비치와 스노우 마이애미비치 답사, 6일 뉴욕 이동 및 롱 아일랜드 웨스트 힘턴비치 답사, 7일 뉴욕 항과 자유의 여신상 및 시내관광, 8~9일 존에프케네디 공항에서 항공기에 탑승, 영종도를 통해 귀국하게 된다. 첫 미국여행에서 불과 2개 도시의 일부 지역밖에 다니지 못하였다. 한 주가 우리나라 크기와 같다는 얘기는 들었지만, 캘리포니아에서는 여름 피서를 즐기는데 뉴욕은 한겨울이었으니 이 나라의 크기와 문화에 대하여 더 이상 무슨 말이 필요할 것인가? 책임자도 아니고 일행으로 갔으니 부담도 별로 없는 상태에서 꿈같은 아메리카 여행을 처음으로 잘 끝내고 무사하게 귀국하게 된다. 또다시 내게 과연 이런 기회가?

이런 경험 때문이었을까? 아니 그것보다는 훨씬 먼저 계획하고 준비하였다는 것이 마땅하겠다. 2002년에 동해시청 마라톤클럽을 내가 주도하여 만들면서 '보스턴 마라톤대회' 참가에 대한 꿈을 남몰래 키웠는데 2008년 4월에 개인적인 첫 해외여행으로서 아내와 함께 보스턴 마라톤대회에 참가하여 완주하고, 10박 11일간의 미국과 캐나다 여행을 하게 된다.

국제자매도시 학생교류 대표단 인솔, 러시아 나홋카 시

2007년 2월 조직개편에 따라 기획감사담당관실에 속해 있던 교류협력담당과 함께 통상경제과 경제지원담당으로 발령받는다. 통상경제과에는 경제정책·북평산업단지지원·취업지원 등 5명의 팀장이 있는데 경제정책담당은 5급 승진교육으로 공석이고, 북평산단지원담당은 공무여행의 기회가 있었다. 이런 상황에서 해마다 정기적으로 청소년 국제교류를 하고 있는 일본 쓰루가 시와 러시아 나홋카 시를 방문하는 학생의 인솔공무원이 필요하였던 것인데 내가 러시아를 맡게 되었던 것이다. 이것 또한 부서와 이웃직원을 잘 만났다고밖에는 더 이상의 설명거리가 없다. 교류협력팀이 기획감사담당관실에 계속 있었다면 상상조차도 불가능한 일이었기 때문이다.

뜻밖의 기회를 잡아 2007년 7월 30일부터 8월 6일까지 지도교사 2명, 동해시 관내의 7개 중학교에서 선발된 학생 대표 12명과 함께 나홋카 시를 방문하게 된다. 7월 30일 동해에서 출발하여 인천공항에서 항공편에 탑승, 블라디보스토크에 도착한 후 버스를 타고 나홋카 시의 청소년 휴양소에 도착한다. 31일 시청·박물관·백화점·볼링클럽 견학 및 시찰, 8월 1일 중학교·음악학교 견학, 2일 수영장·말 조련장·전쟁기념관·미술관 견학, 3일 해수욕장·어린이 합창학교 견학, 4~5일 홈스테이(Home

Stay), 5~6일 나홋카 시 출발 및 블라디보스토크를 경유하여 귀국함으로써 무사히 여행을 마치게 되었다. 교장 선생님과 인솔교사 한 분, 그리고 각 중학교에서 선발된 모범학생 12명과의 해외여행은 또 다른 의미와 재미가 있었다. 어린 학생들이었기 때문에 미처 생각지 못한 일들도 있었지만 선생님 두 분께서 헌신적으로 애썼고, 블라디보스토크 공항과 나홋카 시에서 각별하게 신경 써준 덕분에 안전하고 재미있게 연수를 마칠 수 있었다. 언제 또 내게 이런 행운과 기회가 있을 것인가? 아마도 없을 것이다.

일본 대표적인 역전마라톤대회 참가, 일본 사카이미나토

기회와 때는 기다리고 준비하는 자에게 있다고 하였던가? 2002년에 동해시청 마라톤클럽 창립을 주도하였고 그 이후 누구보다 열심히 운동하였으며, 내 나름대로 어느 정도의 성과를 거두었다고 생각할 만큼 노력하였다. 달리기의 '달'자도 모르던 놈이 마라톤에 미치다시피 하여 풀코스 40여 회를 뛰었으며, 심지어 국내가 비좁다고 미국 보스턴과 중국 대련에서 개최되는 마라톤대회에 참가하였으니 주변에 나의 마라톤 열정을 알리기에는 전혀 부족함이 없었다.

이런 탓이었을까? 2010년 14일부터 18일까지 일본 사카이미나토 시에서 개최되는 국제 역전마라톤대회에 동해시 대표로 참가하게 된다. 이는 동해시 주도로 일본의 사카이미나토 시와 러시아 블라디보스토크 시 간에 DBS 국제크루즈 항로가 개설되었고,

사카이시에서 이를 기념하기 위하여 국제 역전마라톤개최를 개최하였으며 나는 그간의 마라톤 참가경력(?)이 인정되어 실력은 별로 좋지 않지만 선수로 선발된 것이다. 이것 또한 내가 마라톤을 하지 않았다면 그리고 열성적으로 뛰는 노력이 드러나지 않았다면 도저히 불가능한 일이었다. 왜냐하면 나는 당시 체육부서에 근무한 것도 아니고, 동해시의 마라톤 선수 중에서 기록이 형편없이 뒤처지는 편에 속하였기 때문이다.

10월 14일 체육산업과장을 단장으로 선수단 14명과 함께 동해항 국제여객선터미널에서 DBS크루즈훼리를 타고 출발한다. 15일 사카이미나토 항에 도착하여 시장예방, 육상경기장 시찰, 16일 마츠에 성·무사의 집 견학, 달리기 연습 및 개회식 참석, 17일 역전마라톤대회 참가 및 시내관광, 18일 오카야마 공항 출국 및 인천공항으로 입국하여 동해에 귀청함으로써 5일간의 여행을 마무리하였다.

14 비공식적 소모임은 활성화되어야

공식적 조직과 비공식적 조직

'비공식적 조직'은 어떤 행정조직 내부에 잠재하는 것으로 심리적·감정적인 면의 공통성에 의해 자연발생적으로 결합되는 조직을 말한다. 행정조직의 목표와는 다른 규범력을 가지고 조직 구성원의 태도나 행동에 영향을 주므로 행정목표에 협조를 유도할 필요가 있다. 또한 '공식적 조직'은 능률적으로 목적을 달성하기 위하여 조직원들이 상호관계를 이성적·합리적·인위적으로 규정하고 제도화한 조직을 말한다. 일반적으로 조직이라 하면 이를 말하며 시장, 부시장, 국장, 과장, 계장 등의 제도적인 조직(종적인 조직)이다.

모든 인간은 수많은 공식적·비공식적 조직 속에서 구성원과 가깝거나 먼, 좋거나 나쁜 관계를 맺으며 생활하고 있다고 해도 과언이 아닐 것이다. 혈연을 기초로 한 것으로는 가정이나 형제 모임, 문중(門中)이나 종중(宗中) 등이 있다. 학연을 기반으로 하여 반창회,

동창회, 동문회 등의 모임이 있다. 지연을 기초로 도나 시·군 및 지역 향우회 등 지역출신 모임이 있다. 영리를 목적으로 하는 수많은 종류의 조직이 있고 비영리를 목적으로 하는 사회·봉사·협회 등의 수많은 단체도 있다. 조직에 속한 특정 개인은 맡은 역할과 성격에 따라 공식적이거나 비공식적인 관계가 설정될 수 있다. 공무원이 행정기관에서는 공식적인 조직에 속하지만 동창회나 향우회에서는 비공식적인 관계를 맺는 것이다. 또한 회사원도 회사에서는 공식적인 관계이지만 지연·혈연·학연 등의 단체에서는 비공식적인 것이 된다. 그러나 혈연·지연·학연이나 단체 등에 속하면서도 급여를 받는 등 공식적인 관계를 맺고 있는 경우도 있음을 알 수 있다.

아홉 개 모임의 구성원으로 활동

시청에 근무하면서 직원을 구성원으로 하는 비공식적인 모임 중 총 9개에 가입한 적이 있으며 지금은 3개의 모임에서 활동하고 있다. 1982년 처음으로 공무원이 된 지 2~3년밖에 되지 않은 친구 5명과 어울려 '오우회(五友會)'라는 모임을 만들었다. 회원의 가입과 탈퇴, 화합과 갈등 등 어려운 여건 속에서도 30년이 되어가는 지금까지도 유지되고 있다. 친목을 도모하고 우의를 돈독히 하는 목표가 있는데 충분한 성과를 거두고 있는 것으로 생각한다. 두 번째로 발한동사무소에서 특정한 시기에 같이 근무하던 남자직원 9명이 뜻을 모아 '발한동사무소출신 직원모임'을 만들었다. 친목모임으로서 10여 년간 운영하다가 같이 근무한 다른 직원들과의 위화감 조성 등의 이유로 해체하였다. 세 번째로 총무과 시정계(市政係)에서 근무하던 직원들이 '시정계(市政契)'라는 친목모임을 만들었다. 처음에는 10여 명으로 시작하였는데 시간이 지날수록 전입·전출하는 직원 수가 늘어나 30여 명까지 되었다. 이 모임도 갈수록 늘어만 가는 회원 수를 감당하기가 어렵고, 특정시기로 한정하자니 위화감과 갈등이 조장될 우려가 있어 5년여 만에 해체하였다.

네 번째로 '동해시청 테니스클럽'에 가입하여 10여 년간 회원으로 활동하였다. 특별한 취미도 없던 차에 운동의 필요성을 느껴 자발적으로 가입한 것인데 내 적성과 크게 맞지 않은 까닭인지 꽤 오랜 기간임에도 테니스를 제대로 배우지 못하였다. 전반적인 클럽활동이 침체되어 회원 간의 접촉과 소통이 잘 이루어지지 않으므로 탈퇴하였다. 다섯 번째로 1980년도에 고등학교를 졸업한 남자직원 28명 모임인 팔우회(八友會)를 1999년에 만들었다. 일반적으로 나이나 띠를 기준으로 모임을 만드는데 서로 간에 나이 차이도 나고, 기존의 모임과 중복되는 부분도 있으므로 졸업연도로 정한 것이다. 10년간 모임의 구성원으로 활동하다 대학원에 진학하면서 일시적으로 모임에서 탈퇴하였다. 아내와 학교 다니는 동안만이라도 모임을 줄이는 조건으로 입학하였기 때문이다.

여섯 번째로 2002년에 마라톤의 활성화와 친목 도모를 목적으로 '동해시청 마라톤클럽'을 만들었다. 전혀 운동을 하지 못하고 있는 상태에서 운동의 필요성을 절감하고 뜻있는 직원 26명을 모은 것인데 현재까지 잘 운영되고 있다. 회칙 제정과 초창기 사무국장을 맡는 등

클럽회원으로 활동하면서 풀코스를 47번, 100km 울트라 코스를 1번 뛰었다. 미국 보스턴 국제마라톤대회와 중국 대련 국제마라톤대회에 아내와 함께 다녀왔으며, 시 대표로 일본 사카이미나토 국제마라톤대회도 참가하였다. 몸과 마음에 맞는 운동을 발견하고 열심히 운동한 결과 건강을 다지는 계기도 되었으며 스포츠동호회 활동을 통하여 회원들과의 친목과 우의도 더욱 돈독하였다.

일곱 번째로 2006년에 강원도인재개발원에서 주관하는 장기교육인 중견간부 양성과정 교육생 모임인 '밀알회'를 만들었다. 나는 2004년 제1기 교육을 수료하였으며, 2011년 현재 8기까지 이어져 오고 있다. 매년 2~3명이 교육을 마치며 수료생들은 회원으로 가입, 활동하고 있다. 회칙 제정 및 초창기 사무국장을 맡는 등 회원으로 모임 활성화를 위해 노력하였으나 대학원 진학과 함께 2010년에 탈퇴하였다. 팔우회와 밀알회의 탈퇴과정에서 회원들의 만류가 있었으나 아내에게 확실하게 공부하겠다는 의지를 보여주어야 대학원 진학이 가능하므로 양해하여 줄 것을 사정하였다. 공부가 끝나면 다시 회원으로 받아줄 것도 부탁하였다.

여덟 번째로 2010년에 자원봉사에 뜻이 있는 직원 8명으로 '동해시청 물방울봉사단'을 만들었다. 대학원 진학하면서 시청에서 2개, 외부에서 3개의 모임을 줄였다. 따라서 봉사단 모임에 가입할 때는 사전에 아내와 협의하였으며 봉사활동은 괜찮다는 허락을 받았다. 2010년 7월에 2대 회장으로 선출되었고 매월 1~2회에 걸쳐 2개소의 지역아동센터 후원활동과 도배봉사활동 등을 해오고 있다.

2011년 말 현재 34명의 회원으로 늘어났으며, 직원들의 신규회원 가입이 계속 이어지고 있다. 또한 1년간 한시적으로 혁신연구 모임의 일원으로 가입, 활동한 적도 있다.

비공식적 모임의 활성화는 소통의 활성화로

대다수 공무원이 비공식적 조직의 일원으로 가입하여 활동할 것으로 생각한다. 나도 공무원으로 시작할 때부터 지금까지 많을 때는 5개의 모임에 가입한 적이 있다. 조직 내 민주화가 성숙되기 이전에도 모임의 구성은 자발적이었으며 어떠한 간섭이나 통제도 받지 않았다. 지금까지 공직 생활을 해오면서 공식적이거나 비공식적으로 직면하게 되는 수많은 어려움을 그 안에서 위로받고 해결하는 과정에서 도움받은 적이 매우 많았다. 공식적인 조직 내에서도 끈끈한 인간관계가 형성되고 감정적 교류도 있지만 비공식적인 조직을 통하여 훨씬 더 매끄러움을 느껴왔다. 지금까지의 경우를 살펴보면 테니스클럽, 마라톤클럽, 혁신연구 모임의 경우에는 활동과정에서 일부의 재정적 지원을 받았다. 아마도 어느 정도는 공적인 측면이 있다고 여겼는가 보다. 그러나 나머지의 경우에는 어떠한 지원도 받지 않았는데 사적인 측면이 더 많아 지원이 불합리하다고 판단하였을 것이다. 그럼에도 공식적 조직 측면에서의 관심이나 재정적 지원 여부에 상관없이 조직운영과 구성원 간 소통의 활성화를 도모하고 개인과 조직의 발전을 도모하기 위하여 비공식적 소모임은 활성화되는 것이 바람직할 것으로 생각한다.

제3부

왜! 9급 공무원을?

01 왜! 9급 공무원을?

공무원이라는 직업을 선택하게 된 동기는 막연한 동경과 꿈으로부터 시작되었다고 할 수 있다. 1980년 2월 고등학교를 졸업하였으나 가정 사정으로 대학교 진학은 포기하였다. 성적이 어중간해서 장학생은 꿈도 꾸지 못하고 혼자 학비 벌어가면서까지 굳이 대학교에 진학할 뚜렷한 목표나 필요성은 전혀 느끼지 못하였다. 어떤 상황에서든지 공부할 마음은 있었지만 오죽 철없던 때인지라 차라리 군부대에서 하기로 작정하고 일찍 공수부대를 지원하였다. 그러나 신체검사 과정에서 결격사유가 있는 것으로 판정받아 입대하지 못한다.

다음으로 생각한 것은 얼토당토않게 젊은 혈기에 자신감만 믿고 행정고시를 독학으로 준비해보자고 마음먹은 것이다. 그해 4월 벽돌공장에서 막노동하다 H일보 삼척지국에서 총무라는 나름 고정된 직장을 처음 가지게 되었다. 하는 일은 새벽 일찍 신문 배달원을 감독하고, 배달 사고 난 곳은 직접 배달하였으며 주간에는 신문대금이 체납된 곳을 찾아다니며 수금하는 것이었다. 시간 쓰는 방법에 따라서 틈새 시간을 내는 것이 가능하였다. 우선 행정고시 1차 시험 도서를 모두 구입하여 공부를 시작하였다. 고등학교에서 배우던 것과는 전혀 다른 내용을 한자옥편을 뒤져가며 어렵게 했는데 조금씩 진도 나가는 것이 뿌듯한 느낌이 든다. 건방진 시도였지만 내 주제 파악은 하였기에 최소한 3~4년간 준비하여 고교동창생들이 대학교를 졸업할 즈음에 맞춰 응시하기로 계획하였다.

새벽에 신문 배달부터 저녁의 신문대금 수금까지 하는 일이 쉽지는 않았지만 사무실에서 틈틈이 시간을 내고 집에서도 나름대로 열심히 하였다. 특히 사무실에서는 내 공부를 해서도 안 되겠지만 드러내놓고 하기에는 남부끄러워 도둑공부를 한 것이다. 객지(客地)였기에 동창이나 친한 사람도 몇 되지 않아 내 의지에 따라 얼마든지 시간을 낼 수 있다는 것은 매우 바람직한 상황이었다. 시간이 지나 해를 넘기면서 1차 시험과목을 어렵사리 한 번 읽어갈 무렵이다. 전직 지방공무원으로 재직하다 상공회의소에서 근무하던 지국장은 내가 시건방진 공부를 한다는 것을 눈치챘다. "일단 강원도에서 시행하는 5급을류(9급) 지방공무원 시험에 응시해보라"는 조언과 함께 결과에 따라서 앞으로의 진로를 결정하라는 격려의 말씀을 해주시는 것이었다. "공무원이 되면 신문사보다는 공부하기가 더 좋을 것"이라는 방향제시 등 그때 느꼈던 그 고마운 마음을 아직까지도 깊이 간직하고 있다.

이미 정한 목표와 미래에 대한 생각으로 조금 망설이다 지방

공무원시험을 준비하기로 마음을 정한다. 4급 을(7급)류 시험도 있다는 것은 알았지만 3~4달 정도의 짧은 기간이므로 불가능할 것으로 판단하고 일찌감치 포기한다. 마침내 1981년도 강원도 지방공무원 시험에 응시하였고 조금이라도 관련된 공부를 한 까닭인지 운 좋게 합격하였다.

후회 없는 삶을 사는 사람은 과연 얼마나 될 것인가? 두 갈래 이상의 길을 만나 한 길을 선택하게 될 때 모든 길의 끝을 집요하고 끈질기게 따지고 분석하는 사람은 얼마나 될 것인가? 이것이 내 인생에서 잘한 판단인지, 잘못한 것인지를 30년이 다 되어가는 아직까지도 결론짓지 못하고 있다. 앞으로 남은 기간 어떤 모습으로 공직 생활을 하게 될지, 그리고 과연 어떻게 끝내게 될지 미래가 궁금하다.

02 하룻강아지, 9급

1981년 7월 1일, 지방공무원으로서 신규 임용되어 강원도 동해시 사문동사무소로 근무명령을 받는다. 지방행정서기보시보로 6개월 근무하다 1982년 1월 1일 지방행정서기보로 정규공무원 임용을 받게 되었고 3년 6개월 동안 2개소에 근무하며 9급 생활을 한다.

근무기간	부서명	직급	주요업무
1981.7.1.~ 1984.7.22.	사문동사무소	지방행정서기보	새마을, 사회, 산업
1984.7.23.~ 1984.12.27.	망상동사무소	〃	새마을, 사회, 건축

사문동사무소(1)

비좁은 사무소에는 동장(별정 5급), 사무장(6급), 차석(7급, 공식명칭 아님), 직원 4명(8급, 9급, 일용직)이 반겨준다. 타인의 권유에 따라 이루어졌지만 내가 희망하고 선택한 새로운 인생이 시작되는 순간이다. 당시에 근무하던 분 중 지금 세 분은 퇴직하여 두 분은 돌아가셨고, 한 분은 왕성하게 사회활동을 하고 계신다.

동사무소는 명주군 묵호읍 당시의 이사무소(里事務所)를 개조하여 사용하고 있다. 단층 블록 슬레이트 건물로서 20여 평 정도로 비좁았으며 오죽하였으면 인근의 개인주택 재래식 화장실을 사용하고 있었을까? 처음 가보는 시청사는 신축건물로서 웅장한 규모와 시설에 놀랐다. 시험이라는 선발과정을 거쳐 처음으로 갖게 되는 첫 직장에 첫 출근을 하는 날이므로 큰 기대를 가졌는데 조금은 실망스럽다. 하지만 내가 이제껏 생활해온 환경이 이보다 나빴고, 당시에는 부모·형제나 거처할 곳도 없는 최악의 상황이었으므로 설레고 기쁠 뿐이었다.

동장님에게 신고하고 직원들과 인사를 나눈 후 자리를 배치받는다. 처음으로 맡은 업무는 새마을, 산업, 사회, 지역경제 등으로 기억된다. 교육원에서 8주간의 교육을 받았지만 실무에서 바로 써먹을 수는 없으므로 선배님들이 친절하게 잘 가르쳐주신다. 공직에 들어오기 전에 막노동과 한국일보 삼척지국에서 1년간 어설픈 사회생활을 하였지만 올바른 직장이 아니므로 차원이 다르다. 만 18세 갓 넘은 어린 나이에 내가 맡은 일을 해야 하는데 스스로는 할 능력이 되지 않는다. 시청에서는 수시로 전화하여 일이 제대로 되지 않는다고 조져 대니 그저 의지할 데라곤 선배공무원밖에 없으며 하루빨리 일을 배워야만 한다. 본인들이야 전혀 그럴 뜻이 없겠지만 내게는 말 한마디가 지상명령이 될 수밖에 없으니 무서운 형님이자 누님이고 아버님뻘인 분들에게 잘 보일 수밖에 없다. 깍듯이 모시고 궂은일은 눈치껏 알아서 처리해야 한다.

8주간 배운 것도 있고, 자식이나 동생처럼 친절하고 자상하게 가르쳐주며, 선배들이 해놓은 서류들을 여러 번 보면서 흉내를 내어보니 그리 머지않아 업무가 손에 익는다. 기안문과 계획서는 펜을 이용하여 손으로 쓰고, 공문은 타자 원지나 등사기(謄寫機)를 이용하여 문서작성을 하던 시기였으므로 지금과 비교해보면 컴퓨터의 등장과 전산화의 영향으로 행정이 비약적으로 발전하였음과 함께 격세지감(隔世之感)을 느낀다.

동에는 통·반장, 남녀 새마을지도자, 체육회, 번영회, 개발위원회, 방위협의회, 사회정화위원회, 4-H, 영농회 등 여러 분야별로 행정기관과 밀접한 관계를 맺고 있는 사회단체와 그 구성원이 다양하고 매우 많다. 이분들과의 유대관계와 친밀한 정도에 따라서 업무수행 진도와 실적에 큰 차이가 난다. 동사무소는 행정의 최일선 관청으로서 모든 일이 주민과 직접적으로 관계되므로 주민을 만나야 하는 일이 많은데 그렇게 하기에는 한계가 있으므로 위와 같은 관변단체(官邊團體)의 도움이 매우 중요할 수밖에 없다. 또한 이분들은 지역의 구석구석에서 여러 모양으로 동 행정에 적극 참여하면서 지역여론을 주도하고 지역발전을 이끌어가는 지도층 인사라고 할 수 있다.

이 시기는 1979년 박정희 대통령 서거 이후 신군부가 정권을 잡은 이후 1980년 5·18 광주 민주화운동과 비상계엄 등이 계속 이어지던 격변의 시기로서 정치·사회 분위기가 매우 암울하였다. 새

정권에서는 사회의 분위기를 바꾸기 위하여 새마을운동 활력화와 사회정화운동 등을 강력하게 추진하였다. 또한 동사무소에서는 지금에는 사라진 병무(兵務), 세무(稅務), 영세민(零細民, 지금의 기초생활수급자) 조사·관리 등의 업무까지 행정직이 맡아 받는 보수에 비하여 업무량은 매우 많았다고 할 수 있다. 직원별로는 특정사무가 나누어져 있으므로 종합계획 수립·보고 등은 맡아서 한다. 그러나 동 전역에 대한 조사(인구조사, 재해 피해조사 등), 행정지도(모내기, 벼 베기, 농약 뿌리기, 퇴비 생산, 체납세 징수, 산아제한 등), 주민참여 독려(새마을 대청소, 산불진화, 반상회 참석 등), 단속(무허가건축물, 쓰레기 불법 투기 등) 등은 직원들이 몇 개의 통(統)이나 마을을 나누어 맡아 공동으로 처리한다. 시기별, 단계별로 어떤 광범위한 업무가 발생되면 동원 가능한 인력과 재정 등 모든 행정력을 투입하여 공동으로 처리하는 것이다.

풋내기 말단공무원, 사회 초년생임에도 선배공무원들의 애정 어린 관심과 지도, 그리고 지역 지도층 인사의 지도편달(指導鞭撻)과 보살핌 속에서 행정업무를 한 가지씩 숙련시키고 지역주민과 동화하며 호흡하는 가운데 하루가 다르게 잘 적응해간다. 첫 발령을 받은 이후 특히, 동사무소에 근무하면서 통·반장이나 부녀회장 등 동행정과 각별하게 지내는 분들로부터 '면서기(面書記)나 동서기(洞書記)'라는 표현을 많이 들었다. 친밀감과 격의 없는 표현으로 받아들였는데 사무실만 벗어나면 시도 때도 없이 술을 내놓았으며 술을 마시면서 대화를 나누고 업무를 처리하였다. 공무원은 되었지만 법적으로는 미성년자 신분이고 모두 연세가 지긋한 분들이기 때문에 결례인 것 같아 처음에는 여러 번 사양하였으나 막무가내였으며 그리 오래지 않아 이런 분위기에 적응하게 되었다. 이러는 과정에서 술을 본격적으로 배우게 되었고 그때의 술이 아직까지도 연결되어 오고 있다.

여러 사람을 자주 만나다 보면 사람에 따라 친밀도가 달라지는데 이로 인하여 별것도 아닌 일로 감정이 상하여 갈등이 생긴다. 또한 일을 하다 보면 특정한 사안에 대하여 보는 시각과 관점의 차이로 갈등이 발생하는 경우도 있다. 이 때문에 형님뻘이거나 아버님 내지는 그보다 연세가 많은 분들과도 언쟁하는 경우가 간혹 있었다. 절대 해서는 안 될 일이지만 젊은 혈기를 자제하지 못한 치기(稚氣) 때문이었고, 그나마 발생 즉시 사죄하고 인간관계를 악화시키지 않은 것은 공무원 교육의 결과였을 것이며 다행스럽다 하겠다.

1982년 동사무소를 2층 건물(100여 평)로 신축하여 이사할 때는 마치 내 집에 입주하는 것처럼 기뻐하였는데 지금은 망상동 주민자치 센터 건물로 활용되고 있다. 1983년 봄 깊은 밤 망상톨게이트 맞은 편(구 성림물산 뒤)에서 강풍을 동반한 대형 산불이 발생하였을 때에는 구 화약고가 폭파된다고도 하였으며 인명과 재산피해를 줄이기 위해 주민을 대피시키기도 하였다. 실제적으로 근무한 기간은 1년 반 정도에 불과하였지만 일하면서 온 동네 구석구석을 숱하게 돌아다니며 주민을 자주 만났기에 어른들은 거의 모르는 사람이 없을 정도가 되었다. 그때 맺어진 인간간계가 아직까지도 끈끈하게 이어지는 사람들이 있는데 중·고교 동창이나 먼 이웃사촌보다 오히려 반갑고 편하게 느껴진다면 문제가 있는 표현일까?

1981년 가을 사무소에 근무하던 중 민원사무를 보러온 아가씨를 보고 첫눈에 반해 적극적인 구애(求愛) 끝에 서로 사랑하게 되었고 마침내 결혼에 골인하게 된다. 또한 1983년 2월 사랑의 증표인 첫딸을 보았으며 그해 5월 16일부터 1984년 7월 22일까지는 국방의 의무를 완수하기 위해 단기복무사병(방위병)으로 입대하게 된다.

'의식주'는 인간이 생존하기 위하여 가장 기본적으로 해결해야 할 일이다. 이것을 해결하기 위한 방법도 여러 가지가 있다. 부모를 잘 만나거나 배우자를 잘 고르거나 아니면 구걸을 할 수도 있을 것이다. 그러나 가장 좋은 것은 일정한 소득과 미래가 보장되는 안정적인 직장을 구하는 것이다. 나로서도 의식주 문제를 해결할 일정한 소득이 발생되니 큰 걱정거리는 줄었지만 주거공간을 마련하는 일은 여간 어렵지 않다. 첫 근무지에서의 그 짧은 기간 동안 조금씩 환경이 나아지는 곳을 찾아 무려 5곳의 사글셋방을 옮겨 다녔다. 나 혼자부터 아내와 딸을 갖기까지 수저와 냄비 하나부터 시작하였으므로 살림살이라고 해봐야 '단봇짐' 수준에 가까웠고 젊은 나이에 힘과 패기가 넘쳐났기 때문에 가능한 일이었을 것이다.

나는 첫 근무지에서 하루하루를 그럭저럭 잘 버티면서 적응하였으나 같이 발령을 받았던 3명은 6개월을 넘기지 못하고 공직을 벗어 던졌다. 지금 돌이켜보면 보수는 '쥐꼬리 같다'라는 표현이 딱 어울린다. 반면에 일은 감당할 수 없을 정도로 많았다. 사회 초년생으로서

2개월간의 합숙교육을 강도 높게 받은 동기생들이 그만둘 때에야 오죽하였을까마는 단지 일에 대한 부담감 때문에 그만둔 것은 아니고 나름대로 새로운 선택을 하기 위해서였을 것으로 생각한다. 그러나 혈혈단신인 나로서는 선택의 폭이 그만큼 좁았고, 적성에 어느 정도는 맞았던 것 같다.

망상동사무소(2)

1984년 7월 22일 망상동사무소로 복직하게 된다. 강릉시 옥계면과 시 경계를 이루며 사문동과는 맞닿아 있는 전형적인 농촌지역이었지만 지금은 동해고속도로가 통과하고 망상해수욕장, 망상오토캠핑리조트, 망상역, 망상보양온천 등 전국적으로 유명한 사계절 관광지로서 해마다 1천만 명에 가까운 관광객이 찾고 있는 곳이다. 아직도 나이는 23살밖에 되지 않았지만 이젠 공무원 경력이 3년을 넘어 어느 정도의 짬밥이 생겼다. 또다시 새로운 지역에서 지도층 인사와 주민을 만나고 인간관계를 맺게 되는데 '내가 벌써 이렇게 바뀌었나?' 할 정도로 서먹서먹함이나 망설임이 전혀 없다. 이곳에서도 5개월간 논과 밭, 과수원 등 마을 곳곳을 돌아다니며 새로운 환경에 적응하면서 새로운 자세로 새로운 일을 맡아서 하게 된다.

전 근무지에서 망상동사무소까지는 불과 5km 정도의 거리지만 시 외곽의 농촌마을이므로 교통편이 매우 불편스럽다. 출퇴근 시간과 생활의 불편함을 조금이라도 줄이기 위해 적당한 집을 구하여 다시 망상동으로 이사를 한다. 전체 인구수가 그리 많지 않으므로 몇 달 근무하지 않아 동네 사람들의 상당수를 알게 되었다. "농촌 인심 참 좋다"라는 말이 있는데 망상에서 만난 사람들이 바로 그 주인공들임을 지금까지 느끼고 있다. 도시지역에 비하면 면적이 넓어 업무하러 다니기에는 조금 불편했지만 주민을 쉽게 만날 수 있고 그곳 사람들과 끈끈한 정을 느낄 수 있었는데, 일 할만 하다 싶을 때 8급으로 승진하면서 5개월간의 근무를 끝내고 어달동사무소로 발령을 받았다. 동장님과 직원들에게 감사의 인사를 한 다음, 통장과 동 단위 단체장 등 그동안 각별한 관계를 맺으면서 도움을 받은 분께도 찾아다니거나 전화로 고마운 뜻을 전한다.

03 좌충우돌(左衝右突), 8급

1984년 12월 28일, 8급으로 승진하면서 어달동사무소로 발령받는다. 이후 5년 5개월간 어달동과 총무과에서 근무하면서 새로운 사람을 만나고 새로운 업무를 맡아 배우면서 일하게 된다.

근무기간	부서명	직급	주요업무
1984.12.28.~ 1986.1.23.	어달동사무소	지방행정서기	세무, 농수산
1986.1.24.~ 1990.4.12.	총무과	〃	사회정화, 민원 부동산중개업

어달동사무소(3)

인사발령을 해도 어떻게 이렇게 낼 수 있을까 싶다. 목호지역의 서로 이웃한 3개 동을 차례로 돌아가면서 근무를 시키니 참 신기할 정도다. 낯선 곳에서 생활하다가 동해에 온 지 얼마 되지 않은 놈이니 차라리 한곳에 오래 두면 옮겨 다니는 불편도 줄어들고 주민을 좀 더 깊게 사귈 수 있을 텐데 하는 아쉬움이 든다. 하지만 자리를 옮긴다는 것은 생활에 변화가 생긴다는 것이고, 새로운 사람을 만나 새로운 환경에서 새로운 일을 한다는 것을 뜻하므로 오히려 잘된 일이다 싶기도 하다.

어달동은 전형적인 어촌지역으로서 3개 통에 인구는 1,500여 명이 겨우 넘는 시에서 가장 작고 소박한 동네이다. 동장을 비롯하여 8명의 직원이 근무하고 있으며 세무, 농수산 등의 업무를 맡아보게 된다. 이곳 역시 처음 접하는 업무는 전임자나 선배가 알려주고, 혼자 하기 어려운 것은 모든 직원이 나누어서 하니 일하는 데 있어 어려움은 전혀 느끼지 않는다. 내 능력 밖의 일이 가끔 발생하기도 하지만 그럴 때 도움을 요청하면 누구 할 것 없이 먼저 나서서 도와주고 해결해주었기 때문이다.

주민이 동해를 터전으로 삼고 어업에 종사하므로 생활방식이나 성향이 망상동과는 많이 다르다. 그러나 투박스럽지만 인정이 많고 삶의 질이 농촌보다는 나아 보인다. 맑고 깨끗한 바다에서 고기가 많이 잡히고, 어획량에 따라 발생되는 소득의 현금출납이 바로바로 이루어지기 때문인 것 같다. 어달항과 대진항이 소재하고 있는데 어선이 들어올 때에 맞춰 항포구에 나가 어슬렁거리면 푸짐하게 먹고도 남을 정도로 많은 양의 수산물을 흔쾌히 나누어주었다. 식당에서 점심 식사하는 것이 여의치 않아 동사무소에서 해결하는 경우가 많았는데 좋은 직원과 인심 많은 어촌주민을 만나 거의 매일 싱싱한 해산물 맛을 보았으며 원 없이 먹었던 것 같다. 1년 1개월간의 짧은 근무기간이었지만 어달과 대진 주민과도 너무 가깝고 정들게 생활하였다. 내가 보기에 행정에서 주민을 위해서 해주는 것은 크게 없어 보이는 데도 지역 지도층 인사와 주민은 동 공무원들에 대하여 매우 호의적이었으며 뭔가를 마냥 해주고 싶어 하였던 것 같다. 마음에서부터 우러나온 술이나 음식, 그리고 나의 협조요청 사항에 대한 적극적인 지원 등 늘 부담이 될 정도로 받기만 한 것 같다.

망상에서 어달동은 시 외곽이고 지역 간에 연결되는 버스 편도 자주 없어 출퇴근이 불편하므로 동사무소 가까운 곳으로 7번째 이사를 한다. 단독주택에 2가정이 사글세로 사는데 동거 가정이 평온하지 못해 얼마 생활하지 못하고 시청이 소재한 천곡동으로 8번째로 집을 옮기게 된다. 이렇게 자주 옮기는 게 가능한 이유는 주거환경이 매우 중요하지만 가족과 살림살이가 단출하였기 때문이다.

집을 먼저 옮겨서일까? 1986년 초에 느닷없이 총무과에서 근무할 의향이 있는지 내 의사를 알아보는 전화를 받는다. 이제껏 세 번의 인사에서는 없던 일이므로 조금은 의아스럽기도 하지만 당시에 총무과라는 곳은 일이 엄청 많아 근무하기가 매우 어렵다는 얘기를 여러 번 들어왔으므로 선뜻 대답하지 못한다. 또한 당시에는 1986년도 7급 공채시험을 준비하던 시기였으므로 많이 망설일 수밖에 없었다. 방위병 복무를 하면서 실직(失職) 상태에 처하게 되자 아내가 생계를 책임졌으며 고생하는 아내와 갓 태어난 딸에게도 미안한 마음이 들기 때문에 보답하는 뜻에서 한 가지는 이루어내자고 결심하였기 때문이다. 선배공무원과 새로 사귄 친구들의 의견을 들었는데 "7급 합격의 보장이 없는 상태에서 좋은 기회가 될 수 있으므로 무조건 OK 하라"는 것이다. 시험이 몇 달 남지 않았으므로 조금만 더 준비하면 될 것 같아 두 마리 토끼를 잡거나, 뜻대로 안 될 경우에도 총무과 근무라는 좋은 기회를 가지게 되므로 아내와의 오랜 상의 끝에 "챙겨줘서 고맙고, 앞으로 잘 부탁한다"는 뜻을 전한다. 결과적으로 총무과에서 근무하면서 응시를 포기하고 만다. 바뀐 업무환경에 빠르게 적응하기 위하여 나로서는 엄청나게 노력하였는데 지금까지 나름대로 준비해온 수험 준비생의 생활리듬이 완전히 깨어진 탓도 있지만 시험에 자신이 없었기 때문이다.

총무과(4)

1986년 1월 24일, 총무과 시정계로 발령받는다. 공직 생활한 지 4년 7개월 만의 첫 본청 근무다. 시청의 가장 요직 부서로서 서무, 시정, 기획, 예산, 통계의 5개 계(係) 조직에 30여 명의 직원이 일하고 있으며 시정계(市政係)의 말단으로 자리 배치를 받는다. 사무실과 직원들의 일하는 분위기가 동사무소와는 전혀 딴판이다. 시청사는 지은 지 6년밖에 되지 않는 새 건물이고, 총무과 사무실은 매우 넓고 직원도 많으며, 직원들은 외모나 복장이 동 직원과 비교해볼 때 단정하고 말끔하다. 처음 사무실에 문 열고 들어갈 때 마주치는 여러 명의 눈초리가 부담스럽고 주눅이 들었으나 며칠 가지 않아 금방 적응이 된다.

직원은 계장 포함 7명이었으며 주어진 업무는 민원, 새마을유아원,

사회정화위원회(바르게살기협의회), 부동산중개업소 관리 등이다. 수년이 지나 업무가 어느 정도 궤도에 오른 후에 민원업무는 민원실로, 부동산중개업소 업무는 지적과로, 새마을유아원 업무는 사회복지과로 이관된다. 시정계라는 곳은 선거, 시·도정 주요시책, 동향관리, 지휘보고 등 고정적인 업무도 있지만 정부에서 새로운 정책으로 추진코자 하는 일을 시범적으로 맡아 하는 곳인 것 같다. 3년 넘게 근무하다 부서 내 서무계로 자리 이동을 한다. 이곳에서는 회계, 교육, 보안 등의 새로운 업무를 1년간 맡아 처리하게 된다.

총무과, 특히 시정계라는 곳은 시와 나라의 고민을 모두 짊어지고 가는 곳이 아니냐는 생각을 갖게 하기에 충분하였다. 전입 첫날, 근무요령을 알려주는데 출근은 오전 8시 이전이고 퇴근은 시간이 정해진 것이 없단다. 직원별로 담당업무는 분장하였지만 무의미하며 내 일 남의 일 구분 없이 총체적으로 추진한다는 것이다. 낯선 도시에 와서 동사무소에서만 몇 년 근무하다 중추부서라는 곳으로 왔는데 공무원 경력과 나이로서도 막내다 보니 아들과 동생같이 안쓰러운 마음으로 애정을 갖고 잘 봐준다. 하지만 층층시하(層層侍下)의 자리에서 이 눈치 저 눈치 봐가면서 일하는 것이 여간 힘든 것은 아니다. 특히 몇 년간을 동사무소에서 뚜렷한 근무시간 개념 없이 주민과 밀착하면서 비교적 편하게 지내다 업무환경이 바뀌니 모든 게 여간 힘든 것이 아니다.

이때는 정말 열심히 일하였다. 하루하루 떨어지는 일을 처리하지 않으면 헤쳐 나갈 수 없을 정도로 업무량이 많았기 때문에 선택의 여지가 전혀 없다. 또한 직원마다 자기 맡은 일을 처리하기에 급급하여 옆 직원의 일에 깊은 관심을 가질 수도 없을 정도였다. 특히, 나는 워낙 신참에다 어리벙벙하여 미결업무가 자꾸 쌓이니 마음은 바쁘고 속은 시커멓게 타들어 갈 수밖에 없다. 선배들은 "자기 코가 석 자"인 상황에서도 보기에 안되었던지 수시로 업무진도를 확인하면서 틈틈이 거들어주니 여간 고마운 게 아니다. 마음과 행동으로 크게 도움을 받으며 가만히 있을 수는 없으니 "아침에 좀 더 일찍 출근하기, 점심시간 교대근무 맡아 하기, 조금 나은 글 솜씨로 대필(代筆)해주기, 워드 작성해주기" 등으로 고마운 뜻을 대신한다.

시정계에 전입할 당시 딸의 나이가 만 3살이었고, 88년에 아들을 보았는데 빠른 출근 시간과 늦은 퇴근 시간, 그리고 주말과 공휴일이 거의 없는 생활 때문에 1주일에 아이들과 눈 마주칠 때가 한 번도 없었던 적도 있다. 처음 한 2년 정도는 아예 가정생활은 포기하고 살았다고 해도 지나치지 않을 정도로 직장과 업무에 빠져 살았다. 게다가 직원들이 업무적으로 서로 바쁘고 얼굴을 마주하는 시간이 잦으므로 업무 외적인 친목모임이나 음주 시간도 제한된 범위 안에서 자주 이루어질 수밖에 없다. 많은 업무와 이로 인한 적잖은 스트레스, 늦은 음주나 가족을 배제한 동료직원 및 친구들과의 잦은 음주 등으로 아내와 아이들의 불만이 갈수록 쌓여가는 것은 당연한 일이다. 아내와 아이들은 평일에는 정시에 퇴근하고 주말에는 가족이 함께 많은 시간을 보내는 다른 가정이 무척 부러웠을 것이다. 가족과 가정을 뒷전으로 밀어놓은 채 무슨 영화를 보자고 그런 생활을 하였는지 지금으로서는 도대체 이해가 되지 않는다. 결과적으로 보았을 때 내가 직장에서 얻은 것보다는 가정적으로 잃어버린 것이 얼마나 큰지 비교하는 것 자체가 창피스럽고 부끄러울 정도이다. 아내와 가정을 꾸리고 아버지가 된 지 얼마 되지도 않았는데 모두에게 관심과 애정을 적극적으로 표현하지 못하였고 소홀한 까닭에 때론 아내와의 불화도 있었고, 딸로부터도 외면을 받은 적이 있기 때문이다.

특별하게 기억에 남는 일로서는 격주(隔週) 및 월별(月別)로 새마을지도자에게 배부되는 '동해시 지도자 순보(指導者 旬報)' 발간과 직원을 대상으로 하는 '동해시 행우 순보(行友 旬報)' 발간, 새마을유아원 여교사 성추행 및 뇌물수수 건으로 고발당했으나 무혐의로 처리된 일(무고죄로 고소 검토하다 포기), 부동산중개업소 정수제(定數制) 최초 시행추진 및 지도·단속 과정에서 공여(供與) 뇌물 거부, 고위층 인사에 의한 부동산중개업소 정수 해제 압력에 맞선 일 등이다.

1990년 4월 7급으로 승진하기 며칠 전, 시청직장예비군의 동원훈련이 있었다. 훈련 끝나고 뒤풀이 겸 단합대회 장소로 20여 명이 이동하여 모두 기분 좋게 마셨다. 5명이 2차를 가기로 하였는데 음주운전을 막지 못하고 같이 승용차를 타고 가다 덤프트럭에 받혀 뒤집어졌다. 공무원 5명이 탄 대형 음주운전사고가 벌어진 것이다. 나는 어수선한 틈을 타 사고현장에서 재빨리 벗어나 총무과에 즉시 보고하였고, 유관 기관 등과 협조가 긴밀하고 유기적으로 이루어져 사고 처리되지 않았다. 나는 전혀 상처를 입지 않았고, 피 한 방울 흘리지 않았지만 정말 아찔한 위기상황을 무난하고 슬기롭게 해결한 것이다.

개인적으로는 직원들의 능력을 평가하는 시 단위 '소양고사(素養考査)'에서 입상하여 시 대표로 강원도 시험에 응시하고 이것이 계기가 되어 도로 전출할 기회가 생겼으나 몇 차례 포기한 일, 아내와 때 늦은 결혼식을 한 일, 둘째로 아들을 낳은 일 등이다. 또한 아홉 번째 이사를 공무원 임대아파트로 하게 된다. 총무과에 같이 근무하는 선배가 계약기간이 끝나 이사하면서 인계를 해준 것으로서 입주 경쟁이 치열한 가운데 도움을 많이 받아 이루어진 것이다. 문 틈새로 비바람이 들어오고, 위풍이 심해 젖은 걸레가 얼 정도의 단독주택 단칸방에서 생활하다 새마을(연탄)보일러를 갖추었으며 단열이 잘되는 13평의 두 칸 방으로 이사할 때는 가족 모두가 대궐 같은 내 집을 가진 듯 좋아하였다.

일반적으로 부서 내 자리배치와 전보는 전입할 때 같은 직급의 고참자가 주무계(主務係), 그다음은 차석계(次席係) 등으로 자리가 정해진다. 승진요인이 생기면 주무계 근무자부터 먼저 승진하여 동사무소로 나가고, 차석계에서 빈자리로 이동하게 되는데 나는 그 관행적인 혜택을 제대로 받지 못해 승진함에 있어 불이익을 받게 된다. 시정계에 계속 근무하더라도 차기에 승진요인이 생기면 서무계 신규 전입자보다 먼저 내보내 준다는 말을 믿었으나 그 약속이 지켜지지 않은 것이다. 앞이 빤히 내다보이므로 자리를 옮기고 싶지만 계장이나 과장 입장에서 볼 때 자리가 바뀌면 나나 새로 전입한 직원이나 업무를 숙달하는 데 상당한 시간이 걸리고 지장이 초래되기 때문에 한 명만 바꾼다는 것이다. 직속상관이 보내주는 것을 싫어하고 계속 데리고 일하고 싶다는데 어떻게 그에 대항하여 자리를 옮기겠다고 한다는 말인가? 원칙과 약속을 지키지 않은 것은 분명 문제가 크다. 그러나 하소연도 일절 하지 못하였고, 아픔과 분을 속으로 삭였으며 받아들이기로 체념하고 말았다. 그때 틀어진 내 공무원으로서의 운명은 그 이후로 계속 이어져 오고 있다.

04 알 듯 말 듯, 7급

1990년 4월 13일, 7급으로 승진하여 발한동사무소 등 3개 부서에서 8년 9개월을 근무하였다. 일반적으로 1년 반 내지 2년마다 순환보직이 이루어지는 것을 감안하면 총무과 시정계에서만 4년 6개월간의 오랜 기간 일한 것이다.

근무기간	부서명	직급	주요업무
1990.4.13.~ 1992.2.27.	발한동	지방행정주사보	일반서무, 건축
1992.2.28.~ 1994.7.19.	동해시의회 의회사무과	〃	의회 의사진행
1994.7.20.~ 1999.1.20.	총무과	〃	선거, 지휘보고

발한동사무소(5)

발한동은 묵호항과 맞닿아 있으며 1980년 4월 동해시가 생기기 전까지는 명주군 묵호읍의 중심시가지로서 1990년대 초반까지도 동해시의 중심상권을 이루고 있었다. 첫 근무지였던 사문동과는 붙어 있고, 어달동과는 묵호동을 사이에 두고 있다. 어느덧 공무원이 된 지 거의 9년 가까이 되었고, 3번이나 동사무소에서 근무하였으며, 시에서는 통장과 새마을부녀회장 등 지역 지도층 주민들과 인간관계를 많이 넓혔으므로 새로운 동사무소 근무가 전혀 낯설지 않게 느껴진다.

동사무소는 묵호읍사무소로 써오던 일본강점기 건물을 계속 사용하고 있으므로 낡고 퇴색되었으나 건물과 대지면적은 매우 넓다. 업무는 시에서 보던 것과 연속되거나 관련이 있고, 지역 지도층 인사들은 뜻밖에 아는 얼굴이 많으므로 오히려 반갑고 친근하게 대해준다. 동 단위에서 직접적으로 주민을 위하여 하는 일은 아주 제한적이다. 시에서 최종적으로 종결되는 대부분의 일을 중간에서 시민과 이어주는 역할을 하는 것이다. 주민들이 피부로 느끼는 수도, 도로, 하수도, 가로·보안등, 재해위험지, 생활보호대상자 책정, 병무민원 등 대부분은 시에서 해결된다. 이런 내용이 시에 근무하다 동사무소로 나오니 눈에 자세히 보이고 이해가 되는 것이다. 따라서 주민을 만나고 일을 하는 안목과 방법이 바뀌어 5년 전에 비하여 일하기가 한결 쉽다. 이곳에서의 생활도 사문, 망상, 어달동에서 일하는 것과 큰 차이가 없다. 다만 도심 지역이므로 농경지와 산림면적이 작아 상대적으로 일하기가 쉽게 느껴진다. 농촌과 어촌지역은 도시지역의 일을 기본적으로 하면서도 농민과 어민을 위한 행정서비스를 추가적으로 해야 하기 때문이다. 상대적이라는 뜻이지 일이 없다는 것은 아니며, 도심 지역에서 특별하게 발생되는 새로운 행정수요는 물론 있다.

일반서무는 직원들의 고정업무를 제외한 모든 것을 말하는데 주로 기획실이나 총무과의 일을 처리한다. 동장과 사무장을 보좌하여 직원들을 통솔하고 업무를 협의·조정하는 등 동행정의 전반적인 계획과 시행 및 조정의 역할을 하는 것이다. 매일 및 연간 업무계획의 수립 및 추진과 결산, 직원의 업무조정 및 총괄, 선거사무 관리, 통·반장 및 주민여론 파악·관리, 시 및 동 단위 행사의 지원 및 시행 등이다. 건축은 일정규모 이하의 건축신고 접수 및 처리, 불법·무허가 건축물 적발·단속 등의 업무를 처리한다.

특별히 기억나는 일로서는 1990년에는 정부에서 법질서 확립을 위하여 '새 질서·새 생활 실천운동'을 강력하게 추진하였다. 시정계에서 해당 업무를 총괄적으로 추진하다 현장부서로 발령받았으니 업무에 대한 열의와 의욕이 조금 높았을 것이다. 불법 노상적치물(路上積置物) 단속과정에서 동 행정에 매우 비판적인 사업주와 갈등이 생겼다. "지정된 날짜까지 치우지 않으면 강제 집행하겠다"는 안내문을 보냈는데 술에 취하여 동사무소를 찾아온 것이다. 자세하고 친절하게 설명하였지만 대화가 되지 않은 것은 당연한 일이었다. 결과적으로는 폭언과 욕설에 이어 내 책상을 뒤엎고, 멱살을 붙잡아 넘어뜨렸으며 이 과정에서 책상과 목재 칸막이 등이 파손되었다. 직원들이 빨리 만류하여 상처를 입지 않았지만 어이없고 황당한 일이었다. 계속 소동을 피우므로 직접 파출소에 신고하자마자 경찰관이 도착하였고, 바로 수습되었다. 그러나 당시의 상황이 공권력과 법질서 확립이었고 초기 단계였으므로 '시범 사례'가 필요한 때였다. 파출소와 경찰서를 오가면서 조서를 작성하면서 선처를 요청했으나 공무집행 방해죄, 공공기물 파손죄 등이 적용되어 징역 1년 6월에 집행유예 2년을 선고받았다. 우발적으로 일어난 사건이 아름답게 끝나지는 않은 것이다. 하지만 처벌받지 않기를 희망하였고 감경(減輕)을 위해 애쓴 까닭인지 마무리된 후에는 관계가 더 좋아졌으며 지금까지도 마주치면 반갑게 인사 나눌 정도는 된다.

동해시의회 의회사무과(6)

1992년 2월 28일, 22개월간의 발한동 근무를 마치고 동해시의회 의회사무과로 발령받는다. 동사무소에서 비교적 편안하게 생활하다 의회가 무엇인지도 전혀 알지 못하는 상태에서 일반적으로 쉽게 접하기 어려운 업무를 배우기 위해서 자리를 옮기는 것이다. 이제는 공직 생활한 지 11년 차에 접어들었고, 어느 정도의 경험도 있으므로 새로 맡게 될 업무가 두렵지는 않다.

지방의회는 1952년 5월 10일 제1회 시·읍·면의회의 개원으로 시작되어 1961년 5·16 군사쿠데타로 중단되었고 30년이 지난 1991년 4월 15일에 부활되었다. 발령 당시는 제1대 동해시의회가 개원된 지 불과 10개월밖에 되지 않아 의원이나 직원이 의회 운영전반에 관하여 공부하면서 기초를 다지고 전통을 하나씩 이루어가는 과정이라고 할 수 있다. 그나마 나는 10여 개월 뒤에 업무를 보게 되었으므로 선배들이 어느 정도 다져놓은 기반 위에서 그만큼 고생을 덜하게 된 것이다. 의원 수는 15명으로서 3개의 상임위원회가 구성되어 있고 필요에 따라 예산결산, 청원심사, 행정사무감사 및 조사 등 특별위원회를 구성 운영한다. 내가 맡은 일은 의회의 핵심이라고 할 수 있는 본회의와 위원회의 의사(議事)진행 업무로서 회의준비부터 진행보조 및 마무리까지 담당하였다. 또한 부수적으로 의장의 연설문 작성과 의정백서(議政白書) 발간업무도 맡아 추진하였다.

행정 내부적(상급기관 포함)으로 해오던 조례와 예산 및 결산에 관한 사항, 예전에 없던 시정질문과 행정사무 조사 및 감사, 수시로 이루어지는 각종 자료요구 등 초창기 시의회의 위상은 대단히 막강하게 느껴졌다. 시 집행부에서도 새롭게 변화된 행정환경에 적응하느라 몹시 힘들어하는 모습이 역력하였다. 나도 15명이나 되는 의원의 의정활동을 차질 없이 보좌하느라 정신없이 바쁘고 힘들었지만 의회와 집행부의 매개역할을 하는 것이 훨씬 더 어려웠다.

의회청사는 개원 초기에는 시 본청의 3층을 같이 사용하였으나 테니스장을 줄이는 등 부지를 확보하고 1993년에 시청사 옆에 3층 건물을 신축하였다. 당시에는 상임위원회 사무실과 회의실, 의원사무실 등이 없어 불편한 점을 호소하기도 하였으나 지금은 의원 수도 8명으로 줄어들고 상임위원회도 없어졌으므로 지금 되돌아보면 선견지명(先見之明)이 있었다고 하는 것이 맞을 것 같다. 이곳에서 시장을 견제하면서 동해시를 이끌어가는 지도층 인사들을 직접적으로 자주 접하면서 안목을 보다 더 넓히고 오랜 경륜에서 우러나오는 많은 것들을 배울 수 있었음을 매우 다행스럽고 고맙게 생각한다. 특별히 기억에 남는 것은 아직 업무가 미숙한 상태에서 의사계장이 신병(身病)으로 6개월간의 병가를 내어 몹시도 고생했던 일, 30년 만에 부활된 지방의회의 개원 초창기에 의회업무의 실무를 담당하였던 일, 1991~1992년도 의정백서를 처음으로 발간한 일, 1992년 4월에 공무원 임대아파트에서 벗어나 15평짜리에 불과하지만 가족의 보금자리(아파트)를 처음으로 마련하였고, 2년 뒤 우리 가족 수준에 맞는 27평짜리 아파트(엘리베이터 없는 6층)로 이사한 일 등이다.

총무과(7)

1994년 7월 20일, 2년 5개월 만에 총무과 시정계로 자리를 옮긴다. 시정계에서 8급으로 4년 3개월간 근무하다 승진하면서 동사무소로 나간 지(당시에는 시청에서 승진 시 동 발령 근무 관례화) 4년 3개월 만에 되돌아온 것이다. 달라진 점은 8급 때는 말단(末端)으로, 이제는 차석(次席)으로 앉는 자리의 위치가 바뀐 것이다. 길 수도 짧다고 할 수도 있겠지만 예전의 그 사무실에 직원만 일부 바뀌었으므로 전혀 낯설지 않고 '친정에 돌아온 듯' 많이 반겨준다. 하지만 내 속내가 그리 달가운 것만은 결코 아니다. 시정계에서 담당하고 있는 업무의 성격과 그 양을 너무도 잘 알고 있으므로 얼마나 긴 시간이 될지 알 수 없지만 '고생문이 활짝 열렸다'는 걱정과 부담스러움이 앞선다. 결국 총무과의 다른 계나 타 부서로 한 번도 옮겨보지 못하고 4년 6개월간을 근무하게 된다.

맡은 업무는 선거사무, 지휘보고(指揮報告), 행정구역 조정, 군(軍)의 시민화 운동과 출향단체(出鄕團體)의 시정 참여운동 등이다. 직원 수는 변동 없지만 민원, 부동산중개업, 새마을유아원 등의 업무가 다른 부서로 이관되어 전반적인 업무량은 줄어들었다. 예전에 차석이 보던 업무에 새로운 시책사무가 추가되었으나 불평불만 할 수는 없다. 선거사무는 시장과 시의회의원, 도지사와 도의회의원, 국회의원과 대통령 선출에 관한 업무로서 대통령과 국회의원선거 각 1회, 4대 지방선거 2회, 시의회의원 재선거 1회를 치른다. 지휘보고는 시장이 동해시의 현안사항(懸案事項) 중 법적·제도적·재정적인 문제 때문에 스스로 처리하기 어려운 사항의 해결을 편지형식으로 도지사에게 요청하는 것이다. 일반문서와는 달리 시장이 단어 하나, 어구 하나의 사용에도 심사숙고하며 친필로 서명 후 밀봉하여 보내는 것으로서 70여 건을 작성하였으며 많은 것들이 반영되어 지역문제를 해결하는 데 큰 도움이 되었다. 행정구역 조정은 지방자치단체 간 통합, 동의 통·폐합(統·廢合) 등을 말하며 통·반 조정은 다른 직원이 맡아 처리하였다. 군의 시민화 운동은 북한과 휴전선을 사이에 두고 있는 강원도의 지형적 환경 때문에 타 시도에 비교하여 주둔하는 군부대가 많아 만들어진 것이다. 동해시에도 해군사령부와 육군사단의 예하부대가 있으며 군관협의회(軍官協議會) 구성 및 운영, 주둔 군부대와의 자매결연 체결 및 교류, 군부대와 행정 및 시민단체 간의 교류 및 협력에 관한 일 등을 하였다. 출향단체의 시정참여 운동은 동해시에 고향을 둔 외지거주 시민이 고향에 애정과 관심을 가지고 적극적인 참여를 이끌어내기 위한 운동을 말한다. 일반적으로 선거사무는 까다롭고 정치적으로도 민감하여 맡기를 싫어하는데 상당히 오래 맡은 덕분에 '선거박사', 지휘보고를 많이 썼다고 하여 '지휘보고 맨'이라는 별명을 얻기도 하였다.

총무과에는 서무, 시정, 전산, 통계계가 있었으며 보통은 총무과에 전입하게 되면 통계를 거쳐 시정, 서무로 자리를 옮겨 때가 되면 승진하게 된다. 여러 동료직원이 순서를 지켜가면서 조금씩 이 맛 저 맛을 보았는데 내 경우에는 그렇게 하지 못한 것이 아직까지도 아쉽게 느껴진다. 기획계와 예산계가 분리되고 단위업무도 타 부서로 이관되었지만 총무과의 기능은 여전히 다양하고 직원 수도 많다. 이제는 공직 생활 13년 차로서 시 전체적으로 보았을 때도 거의 중간쯤에 도달해가는 위치에 있으며 부서 안에서도 관리자와 하위직원들의 매개역할을 해야 한다. 조직의 목표를 원만하게 이루기 위해서는 업무를 중심으로 하는 공식적인 직위나 직급을 떠나 비공식적인 소통과 유대강화를 위한 시간이 반드시 필요한 것이다. 계 직원들은 많은 시간을 밤낮과 공휴일은 물론 가정도 뒤로 한 채 업무에 매어 달렸다. 그러나 그 와중에도 짬짬이 시간을 만들어 등산, 체육활동, 뿌구리탕 모임(천렵), 단합 소주모임 등의 기회를 자주 만들어 업무로 인한 스트레스와 불편한 감정을 풀고 단합과 인간적인 신뢰를 쌓아나갔다.

직접 추진하거나 지원하던 일 중 특별한 것으로는 금강산 관광선의 동해항 기항지 유치, 삼척시로부터 대입수학능력 시험장소의 분리, 북한 잠수함의 안인해상 침투에 따른 대책추진, 시장 입후보 예정자에게 행정 내부 자료를 미제공하여 갈등을 빚은 일, 15개 동사무소의 10개소로 통·폐합, 시정계에만 붙박아두려는 상사와의 갈등을 혼자서 술로 해결하던 일, 총무과 단합대회 차 천렵(川獵)하러 정선에 가서 술에 취하여 강물에 떠내려가다 구사일생으로 살아난 일 등이다.

서무계 인사담당자나 시정계 차석은 타 부서에 있는 고참을 추월하면서까지 승진을 상당히 빨리하는 것으로 인식하고 있었고 나 또한 그렇게 되기를 바랐으나 내 뜻대로 이루어지지 않았다. 때문에 학연, 혈연, 지연이 없는 것을 혼자 마음으로 많이 원망하였지만 절대적으로 내 잘못이므로 누구를 원망할 수도 없는 일이었다. 하지만 상사들은 조금만 더 그 자리에 있으면 다음 기회에는 분명히 승진을 책임진다는 말을 여러 번 하면서 나를 이용하고 기만하였던 것만은 분명한 사실이다. 이 또한 믿은 내 잘못이지 나를 이용한 사람들의 잘못은 아니다. 1999년 1월 초에 거의 10여 명에 가까운 7급이 6급으로 승진하는데 이번에도 내 이름은 없다. 무슨 언질을 받은 것도 없으므로 정말 마음 상하고 열 받는 일이지만 하소연할 데도 없다. 이번에도 기쁠 때나 슬플 때나 괴로울 때나 늘 하던 대로 그 좋아하는 술로서 마음을 달랠 뿐이다. 그러나 며칠 뒤 나 혼자만 6급 승진과 함께 청소관리계장으로 발령을 받는다. 당시에는 거의 모든 직원이 승진하면 동사무소로 이동하는데 시정계에서 좀 더 고생했다고 배려받은 것이었으며 시장으로부터 점심식사까지

대접받는다. 남의 이목이 신경 쓰이기는 하지만 이제껏 오라면 오고, 있으라면 있었고, 가라면 갔으니까 이번에도 따라야지 굳이 마다할 이유는 전혀 없다.

05 늘 새롭다, 6급 13년째

1999년 1월 20일, 9급 공무원으로 시작한 지 17년 6개월 만에 6급으로 승진하여 총무국 환경관리과 청소관리담당으로 발령받는다. 6급 13년째를 맞고 있는 지금까지 11개 부서(실, 과, 사업소)의 16개 담당(팀장)을 거치면서 여러 가지 일을 맡아 처리하였다. 조직개편에 따라 부서 명칭만 바뀐 경우도 있고, 통·폐합이 되면서 뭉치고 흩어짐도 있었는데 정식발령장을 받았으므로 근무경력에 포함시켰다. 앞으로 5급(지방행정사무관)이 언제 될지 알 수 없는데 얼마나 더 많은 부서를 거치게 될지 앞날이 궁금하다.

근무기간	부서명	직위	주요업무
1999.1.20.~ 1999.8.10.	환경관리과	청소관리담당	생활폐기물 수거, 시 전역 청소
1999.8.11.~ 2001.2.28.	환경관리사업소	청소관리담당	〃
2001.3.1.~ 2001.9.28.	환경보호과	청소관리담당	〃

2001.9.29.~ 2002.9.30.	환경보호과	환경관리담당	환경보호, 환경개선부담금
2002.10.1.~ 2004.2.22.	공보문화담당관실	공보담당	시정 홍보
2004.2.23.~ 2004.12.28.	자치행정과	강원도지방공무원 교육원 파견	장기 교육훈련 (2.23.~12.24.)
2004.12.29.~ 2005.2.6.	관광개발과	관광홍보담당	관광 홍보
2005.2.7.~ 2006.3.13.	관광개발과	관광기획담당	관광지 운영, 관광 기획
2006.3.14.~ 2006.10.1.	사회복지과	노인복지담당	노인복지
2006.10.2.~ 2007.2.19.	기획감사담당관	의회법무담당	의회업무 지원, 자치법규 관리
2007.2.20.~ 2007.7.19.	통상경제과	경제지원담당	기업지원, 에너지 관리
2007.7.20.~ 2008.3.2.	통상경제과	경제정책담당	경제정책, 시장관리, 소비자·물가 관리
2008.3.3.~ 2008.9.30.	문화체육과	문화예술담당	문화예술단체 관리, 축제·이벤트 운영
2008.10.1.~ 2010.8.30.	기획예산담당관	지식정보담당	행정전산화, 정보보안, 정보화마을
2010.9.1.~ 2011.7.20.	주민생활지원과	복지기획담당	기초수급자 급여, 보훈단체 관리
2011.7.21.~	세무과	세정담당	취득세·등록세· 자원시설세

* 2004.4.1. 5급(지방행정사무관) 대우 선발

환경관리과·환경관리사업소·환경정책과 청소관리담당(8~10)

청소관리담당으로 3개 부서를 옮기면서 2년 8개월간 재직하였다. 처음에는 환경관리과 소속이었는데 몇 개월 뒤 조직개편으로 인하여 환경관리사업소가 신설되면서 통·폐합되어 소속이 바뀌었다. 이후 다시 조직이 개편되어 환경보호과가 신설되면서 부서를 옮기게 되었다. 청소관리팀은 청소차량 운전기사와 환경미화원을 제외하고 직원은 4명(나 포함, 이하 같음)이며 시 전역의 청소, 환경미화원 관리, 폐기물처리업체 관리 등 청소에 관한 업무를 처리한다. 근무기간에 IMF 시대를 맞아 구조조정이 진행됨에 따라 124명의 환경미화원을 90명 대로 감축하였고, 강원도에서 처음으로 환경미화원 공개채용 시험제도를 도입하였다. 연간 한 번씩 열어주던 청소 분야 근무자 위로회를 2~3회로 확대하여 노고를 위로하고 단합과 소통의 기회로 활용하였다. 전국 최초의 폐기물종합단지 준공식을 맡아 추진하였고, 생활쓰레기와 음식물쓰레기의 분리수거제를 정착시키기 위하여 노력하였다. 폐기물 소각장의 이용률을 제고함은 물론, 활용되지 않고 있는 폐기물 처리장비를 생산적으로 활용하고자 전(前) 처리시설을 구상 설치하기도 하였다.

환경정책과 환경관리담당(11)

2001년 9월 29일부터 1년간 환경보호과의 주무(主務)를 맡는 환경관리담당으로 부서 내 이동을 한다. 주무담당은 과장의 명을 받들어 전체 직원을 통솔하며 팀은 환경지도팀 등 3개 팀이 있다. 환경관리팀은 직원이 7명으로서 환경정책 수립 및 시행, 환경개선부담금 징수, 환경단체 관리, 정화조 관리 등의 업무를 담당한다. 환경 분야 5개년 계획수립, 지방의제 21 추진기구인 '해오름의 고장, 푸른 동해 추진협의회' 창립 및 운영지원, 물 관리 대상 '특별상' 수상, '푸른 동해 환경지킴이' 구성 및 운영 등을 추진하였다. 2002년 8월 '태풍 제15호 루사'가 강원 동해안 지방을 초토화시켜 동해시에서도 1,500억 원의 피해가 발생하였다. 특별재난구역으로 선포되어 정부로부터 획기적인 지원을 받게 되었으나 수해폐기물 처리비는 지원대상에 포함되지 않았다. 지방자치단체에서 처음으로 청와대와 국회, 행정자치부장관 등에게 '수해폐기물 처리비 지원 건의서'를 보내 동해시 57억 원 등 영동지역 6개 시군이 정부지원을 받는 데 성공하였다. 특히 동해시의 피해액이 강릉이나 삼척 등 인근 시·군에 비하여 현저하게 적었음에도 수해폐기물 처리비는 가장 많은 비율로 지원받았다. 2002년 이후 수해폐기물 처리비는 정부의 지원지침에 포함되어 해마다 되풀이되는 수해피해 복구를 함에 있어 지자체의 부담을 줄이는데 크게 기여하고 있다고 생각한다. 개인적으로는 평상시에 모임과 술을 좋아하느라 늘 운동량이 부족하다고 느껴오던 터에 나의 주도로 회원 26명의 참여 속에 '동해시청 마라톤클럽'을 창립하였다.

공보문화담당관실 공보담당(12)

2002년 10월 1일부터 1년 5개월간 공보문화담당관실 주무인 공보담당으로 근무하였으며 문화·예술 담당 등 3개 팀으로 구성되어 있다. 공보팀은 직원이 7명으로서 언론매체와 관련된 업무, 사진 등 보도자료 관리, 시 대표 홍보물 제작, 시 홍보영상물 관리, 통·반장에 대한 신문보급 등의 업무를 처리한다. 제1회 동해 관광사진 공모전을 개최하였고, 제작한 지 오랜 시간이 지난 22분짜리 시 홍보영화를 8분용으로 획기적으로 바꿔 제작하였다. 시와 공무원 노조가 갈등을 빚는 가운데 통·반장 대다수가 구독할 필요가 없다는 지역신문 2,500부를 중단하였고 이 과정에서 언론사 대표로부터 폭행까지 당했다. 언론매체에 보도된 사항과 모든 사진 자료의 DB화 및 전 직원 공유를 시행하였다.

2011년 말까지 동해시를 대상으로 제작된 영화나 드라마 중 거의 50% 이상의 동해시 내용을 담은 정준호·공형진 주연의 〈동해물과 백두산을〉 유치하여 예산 한 푼 지원 없이 전적으로 맡아 제작 지원하였다. 개인적이나 동해시 역사적으로도 남을 일로서는 2012 태풍 제15호 루사 수해백서 발간을 들 수 있겠다. 여러 부서에서 핑퐁 하며 서로 맡지 않았으며, 영동지방의 다른 5개 시·군도 용역 수행하거나 별도 전담직원을 차출하여 제작하였는데 어쩌다가 내 손에까지 오게 되었으며 원고작성 전체를 전적으로 내가 맡아 완성하였다. 이런저런 노고를 인정받은 까닭인지 2003년 5월에는 공직 생활 21년 10개월 만에 첫 공무 해외여행을 하게 된다. '2010 평창 동계올림픽 유치 홍보 서포터즈'의 일원으로 4박 6일간 스위스와 스페인을 다녀오게 된다. 강원도 소재 언론사에서 주최하였으며 '내 복에 무슨 공무 해외여행?' 하는 생각에 불가능한 일로서 애초에 포기하였는데 시장과 홍보담당관이 장기근속 공무원 중 해외여행 경력이 없는 자를 우선적으로 배려해주어 새로운 경험을 하게 된 것이다.

총무과, 강원도 지방공무원교육원 파견(13)

2004년 2월 23일부터 10개월간은 강원도지방공무원 교육원에 입교하면서 자치행정과로 발령을 받은 후 교육원으로 파견발령을 받는다. 이 교육은 장기 근무한 7급 공무원의 6급 승진 인사 숨통을 틔워주기 위해서 만들어졌으며 제1기 교육생으로 선발된 것이다. 승진과 자리싸움 등으로 경쟁이 매우 치열한 상태에서 거의 1년간 조직에서 벗어나 있다는 것이 조금 부담스럽기도 하였다. 그러나 지나온 22년간의 공직 생활을 되돌아보고 앞으로 남은 공직 생활을 계속해 나가는 과정에서 재충전의 시간이 필요하다고 판단하였으며, 공부하는 데 들어가는 비용을 공금으로 대준다고 하니 대단히 매력적으로 느껴졌다.

조금은 부담스러운 마음을 가지고 담당관에게 먼저 내 뜻을 전달하니 다행스럽게 찬성한다. 6급 교육 차출이 시장에게까지 보고되는 사항은 아니지만, 예의상 미리 시장의 뜻을 알아보는 것이 좋다고 판단하고 결재받는 기회를 이용하여 장기교육 입교의 뜻을 얘기하니 선뜻 허락한다. 반대의 뜻을 들을 수도 있었겠지만 잘 판단했다는 생각과 함께 내 인생에 있어 전기(轉機)가 될 만한 일이 이루어진 것 같아 대단히 기쁘게 느껴졌다. 동해시에서는 5명이 신청하였으며 토목직 1명과 함께 2명이 입교하게 된다. 강원도청과 18개 시·군에서 40명이 '2004 초급관리자 양성과정교육'이라는 이름으로 10개월간(44주간, 3주 합숙 포함) 1,566시간의 교육을 받는다. 교육비는 1인당 대략 1,600~1,700만 원(해외연수 3주간 포함) 정도 되며 국정 이념 및 기본소양, 도정시책 및 직무 교과, 직무 전문지식, 외국어 교육, 연구논문 및 기타 등 6개 분야 143개 과목을 수강하였다. 1980년 2월 고등학교 졸업 이후 초급공무원

교육, 각종 직무 및 전문교육, 개인적으로는 방송대학교 공부 등을 튼튼이 받았지만 업무를 수행하는 과정에서 이루어진 것들과는 질적·양적·내용적으로 큰 차이가 있었으며 앞으로의 공직 생활과 인생행로에 큰 도움이 될 것으로 기대하고 있다.

처음 겪어 보았거나 기억에 남는 일로서는 10개월간의 연수원 기숙사 합숙생활, 금강산 육로관광, KTX 고속열차 탑승 및 여수견학, 강원랜드 카지노와 탄광갱구 견학, 지자체 사례발표와 논문작성 우수상 수상, 40명의 교육생과 끈끈한 인간관계 맺기 등이다. 특히 잊지 못할 아픈 일로서는 한글날 공휴를 맞아 귀가하였다 잘 아는 직장 선배를 만나 음주 후 운전을 하게 된 일이다. 이 일로 해외여행을 가지 못할 뻔했으며 교육이 끝난 후 견책의 징계를 받았다. 그래도 가장 기억에 남을 일은 20명의 교육생과 함께 16박 17일간의 여정으로 스위스를 거쳐 체코, 오스트리아, 슬로바키아, 헝가리, 폴란드, 덴마크, 노르웨이, 스웨덴, 핀란드, 러시아 등 동·북유럽을 여행한 것이다.

관광개발과 관광홍보담당(14)

2004년 12월 24일 장기교육이 끝나자 12월 29일자로 관광개발과 관광홍보담당으로 발령을 받고 1개월 9일간 근무한다. 빨리 발령받은 까닭은 전국공무원 노조의 불법집회로 동해시청 직원 60여 명이 징계를 받아 빈자리가 매우 많았으며 홍보팀은 직원 3명이 모두 징계처분을 받았기 때문이다. 관광홍보담당은 다양한 관광홍보물 제작 및 설치, 관광마케팅 활동 등 동해시의 관광자원을 대내외로 널리 알려 관광객을 많이 끌어들임으로써 지역경제 활성화에 기여토록 하는 일을 한다. 불과 10개월 만에 업무에 복귀하였는데 그동안 행정전산화에 따라 업무시스템이 많이 바뀌어 새로 일을 배우다시피 한다. 짧은 기간이었으므로 제대로 매듭지은 일은 없이 3명의 빈자리만 메웠다고 하겠다. 기억에 남을 만한 일로서는 드라마 '겨울연가 동해시 사진전'이 국제자매도시를 맺고 있는 일본 쓰루가 시에서 개최되었는데 동해시청 대표로 6급 2명과 함께 일본여행을 처음 다녀온 것이다. 일본 측에서 초청장이 왔으나 일본어를 전혀 하지 못하므로 다른 직원이 가도록 시장에게 요청하였으나 "관계되는 일을 착실하게 준비하였으므로 통역을 만들어주겠으니 같이 다녀오라"는 것이다. 1개월간 자리 지킨 대가로 첫 일본여행, 그것도 1992년 눈앞에서 사라진 자매도시 여행이 11년 뒤에 운 좋게 이루어진 것이다. 6급 3명이 3박 4일간 동안 동해시청 대표로 공식초청을 받고 가서 극진하게 대접받고 귀국하였다.

관광개발과 관광기획담당(15)

2005년 2월 7일부터 관광개발과 주무인 관광기획담당으로 옮겨 1년 1개월간 근무하며 팀은 관광홍보, 관광개발, 망상오토캠핑장 관리 등 4개로 구성되어 있다. 직원은 4명으로서 관광계획 수립 및 추진, 해수욕장 관리 및 운영, 손님맞이 운동추진과 회계사무 및 일반서무 등을 담당한다. 내가 발령받기 이전부터 추진 중인 레포츠 관련 용역이 잘못 수행되고 있으므로 백지화하고, '동해관광 마스터플랜' 용역으로 바꿔 처음으로 장기 기본계획을 수립한다. 망상해수욕장 개장기간에 맞춰 새로운 개념의 해변무대를 설치하였고, 이벤트 회사를 적극적으로 유치하여 국내 최초로 해변 모터쇼를 개최하기도 하였다. 그해 여름은 유난히 무더워 42일간의 개장기간 동안 3일밖에 비가 오지 않았으며, 예년에 비하여 많이 늘어난 피서객 때문에 언론매체와의 인터뷰를 꽤 많이 하였다. 해수욕장 운영과 4대 손님맞이 운동을 잘 추진하여 강원도로부터 우수기관으로 평가받는다. 동해안의 아름다운 절경은 군부대의 철조망이 모두 망치고 있어 주민은 철조망의 철거를 지속적으로 요구해왔다. 강원도와 육군부대에서 철조망 정비 및 철거 협의 시 동해시는 완전철거나 경관철조망의 높이를 획기적으로 낮추어줄 것을 강력하게 요구하였고 2006년부터 점진적으로 철거됨을 목격하게 된다. 이 과정에서 대통령에게 철조망의 철거를 요청하는 민원을 개인적으로 제기하기도 하였다.

1년간 관광 분야 업무추진을 위하여 애쓴 직원들에 대한 동남아 관광지 견학이 처음으로 실시되었으며 나는 연초에 일본을 다녀왔으므로 다른 직원에게 양보하였다. 그런데 이게 웬 횡재라는 말인가? 동남아 견학단 출발을 며칠 앞두고 강원도 주관으로 미국 해수욕장 관광지 견학계획이 급하게 잡힌 것이다. 과장과 해수욕장 담당자 등은 모두 여권과 비자를 발급받고 출국 대기 중인 상태라 미국 견학은 운 좋게 내 차지가 되었으며, 미안한 마음에 사양하는 모양새는 갖추었지만 9박 10일간 동안 캘리포니아와 뉴욕을 다녀올 수 있었다. 많은 성과도 있었지만 업무 추진과정에서 과장과 갈등이 있었다. 불편한 상태에서 같이 계속 근무해봐야 서로에게 도움이 되지 않을 것 같아 부시장에게 아무 곳에나 보내달라는 고충을 얘기하였고 곧이어 자리를 옮기게 된다. 개인적으로는 1991년에 시작한 방송통신대학교 국어국문학과를 무려 14년 만에 졸업한 것이다.

사회복지과 노인복지담당(16)

2006년 3월 14일, 사회복지과 노인복지담당으로 자리를 옮겨 6개월간 근무하게 된다. 직원이 4명이며 노인복지 급여 및 시설관리, 매화장 및 장사시설(葬事施設) 관리, 공설묘지 조성공사 등을 추진하였다. 시에서 폐차한 통근버스의 노인종합복지관 관리전환, 동해시 경로수당 지급조례 제정, 노인요양시설 '이레마을' 증축, 경로당 통·폐합 추진계획 수립 등을 추진하였다. 동해시 화장장이 노후되었으나 보수비용을 확보하지 못하던 상태에서 타 지자체의 사업이 취소된 것을 알고 보건복지부에 적극적으로 요청하여 4억 5천만 원의 사업비를 추가로 확보하였다. 또한 10년 가까이 끌어오던 공설묘지 조성공사 마무리를 앞두고 공사감독 및 설계보완 등이 답보상태에 놓여 과나 지휘부 차원에서 몹시 고심하였다. 평상시 잘 알고 지내던 선배공무원을 몇 번 만나 간곡하게 부탁하여 마무리해 주기로 확답을 얻어내었고 마침내 1년 뒤에 준공소식을 듣게 된다. 짧은 기간이었지만 능력껏 열심히 일했는데 또 내 의사와 관계없이 새로운 곳으로 가라는 발령을 받는다.

기획감사담당관실 의회법무담당(17)

2006년 10월 2일, 기획감사담당관실 의회법무담당으로 자리를 옮겨 5개월간 근무하게 된다. 직원은 두 명이며 의회업무 지원, 자치법규의 제정·개정·폐지 등 관리, 행정소송 및 행정심판 수행 및 관리 등을 담당한다. 의회의 요구사항 접수와 각 부서 전달 및 파악·회시, 시장 제출 조례안의 의회 제출 및 의결된 조례안의 공포·시행, 예산안 및 시 현안사항의 시의회 제출 및 의결 후 처리 등 동해시의회 임시회·정례회 개최를 지원하여 시와 의회가 동반자 관계를 구축하는 가운데 서로 협력해나가도록 하였다. 행정소송과 행정심판을 수행 및 관리하여 시의 승소를 유도하는 한편, 시민의 권리도 구제되도록 하였다. 시 행정을 수행하는 데 기본이 되는 조례와 규칙 및 훈령 등을 시민에게 입법예고, 조례·규칙심의위원회 개최, 시의회 제출, 의결조례안의 접수 및 공포함으로써 시정이 원활하게 수행되도록 하였다. 이곳은 시민의 복지와 직접적으로 관련된 일이나 시책을 추진하는 곳이 아니므로 특별하게 기억나는 것은 없다. 그러나 지방자치의 근간이 되는 시의회 운영과 자치입법권에 관계되는 일을 직접 담당함으로써 새로운 지식과 경험을 쌓게 되었다. 이곳에서는 대의회 관계업무를 수행함에 있어 자질과 능력이 부족한 것으로 판단되어 자리를 옮기게 된 것 같다.

통상경제과 기업지원담당(18)

2007년 2월 20일, 통상경제과 기업지원담당으로 발령받아 5개월간 근무하게 된다. 직원은 4명으로서 기업체에 대한 자금 융자알선, 기업체 창업 및 공장등록 관리, 공해방지사업 추진, 발전소 주변지역 지원사업 추진, 전력관리 등의 업무를 처리한다. 산업자원부 및 한전과 적극 협력하여 동해시에서 유일하게 전기 혜택을 받지 못하는 삼화동 서학골에 전기가 공급되도록 하였다. 북평변전소와 시내 곳곳에 설치되어 있는 송전 철탑의 지중화와 이전 설치를 추진하였으나 성과를 내지는 못하였다. 특별한 일로서는 산업자원부와 한전에서 동해시 망상동에 변전소 설치를 추진하였는데 망상동을 중심으로 북부지역 주민 대다수가 반대하였다. 정부와 주민의 대립이 극단적으로 치닫고 집단행동이 발생하자 이 업무를 직접 맡았다. 시와 의회, 주민이 참여하는 3자 협의회를 구성·운영하면서 반복적인 대화와 타협점 모색, 대안 마련 등 바람직하게 해결되도록 많은 노력을 기울였다. 그해에 착공하려던 것이 2011년까지도 시행되지 못하고 있는 것으로 판단하건대 3자 협의회에서 한목소리로 반대하던 것이 통했는가 보다.

통상경제과 경제정책담당(19)

2007년 7월 19일, 통상경제과 주무인 경제정책담당으로 발령받아 7개월간 근무하였으며 팀은 교류협력, 북평산업단지 지원 등 5개로 구성되어 있다. 직원은 4명으로서 경제정책 일반, 대형마트 및 재래시장 관리, 물가 관리, 에너지 관리 등의 업무를 담당하며 주무담당은

5급으로 승진하여 몇 달간 공석(公席) 상태였다. 부곡재래시장 차광막 설치공사 완료, 동호농수산물시장 차광막 공사를 추진하였으며 시민 공청회를 거쳐 북평 5일장 장기발전 및 활성화계획을 수립하였다. 특기할 만한 것으로는 부서 안에 교류협력팀이 같이 있던 덕분에 국제자매도시를 맺고 있는 러시아 나홋카 시를 7박 8일간의 일정으로 다녀왔다. 매년 양 도시의 중학생 15명이 오고 가는데 학교 선생님 두 분과 함께 아이들을 인솔하게 된 것이다. 블라디보스토크 시를 통하여 출·입국하였으며 나홋카 시에서만 머물렀지만 5일간으로는 부족하였다. 러시아의 모습을 새로운 각도에서 가까이 볼 수 있는 행운이었으며 친절하고 융숭하게 대접을 받았다. 과분하고 운이 좋게도 2003년부터 5년간 연속 6번의 공무 해외여행을 하게 된 것이다.

9월에는 개인적으로 제주마라톤대회에 참가신청을 해놓고 들떠 기다리던 시기였다. 느닷없이 '환동해권 경제자유구역' 지정 신청을 하겠다는 문서가 강원도로부터 시행되었으며 몇 개 팀에서 며칠간 미루다가 우리 팀으로 업무가 분담된다. 직원에게 맡기기에는 부담스러워 내가 맡으면서 제주도 마라톤대회 참가는 물 건너가고 만다. 강원도에서 좌동 동해·강릉·삼척시가 포함되는데 동해항을 중심으로 동해시의 면적이 대부분을 차지하므로 업무량도 가장 많다. 지정신청서 작성 용역은 강원도에서 맡았지만 모든 기본·참고자료는 시·군에서 제공되어야만 하였다. 업무를 맡은 날부터 중앙평가단의 심사가 끝날 때까지 3개월간은 거의 밤낮없이 일했으며 강원도와 집행부의 모든 관심이 이 일에 집중되었으므로 잠시도 소홀히 할 수는 없는 일이었다. 그러나 막대한 예산과 행정력을 투입한 노력에도 불구하고 준비기간이 타 지역에 비하여 상대적으로 짧아 탈락하고 만다. 최종적으로는 황해와 새만금 군산 및 대구·경북 경제자유구역이 지정되었다.

문화예술과 문화예술담당(20)

2008년 3월 3일, 문화예술과 주무인 문화예술담당으로 발령받아 6개월간 근무하며 팀은 향토문화·체육진흥·체육산업 등 4개 팀으로 구성되어 있다. 직원은 4명으로서 수평선 및 오징어축제와 무릉제 개최, 문화예술단체 및 공연관리, 노래방 관리 등의 업무를 담당하며 이곳 역시 주무담당은 다른 부서로 발령받아 공석이었다. 동해시 축제위원회 구성·운영, 수평선축제 및 오징어축제 개최, 추암 누드사진 촬영대회 개최지원 등을 하였다. 특별한 업무로서 전임자가 추진 중이던 추암조각공원 조성공사와 동해예술인촌 건축공사는 완공하였으나 마무리하지 못한 것은 아쉽다. 동해시 한마음경영인연합회에서는 시장에게 '화이트견운모축제'를 제안하였으며 시장도 적극적인 의지를 갖고 추진코자 하였으나 시와 단체 간에 협의가 이루어지지 않아 2년째 답보상태에 있었다. 자리를 옮기자마자 대표자와 몇 번 만나면서 이견을 좁혀 합의점을 찾았고 그해 여름 수평선축제 시 '제1회 화이트견운모축제'를 성황리에 개최하였다. 기획예산담당관실로 자리를 옮긴 그해 겨울 경영인연합회 총회 개최 시에 축제지원에 대한 고마운 뜻으로 감사패를 받는다.

개인적으로는 2002년 동해시청 마라톤클럽을 창립할 때부터 꿈꾸어오던 보스턴 마라톤대회에 아내와 함께 참가하여 11박 12일간의 일정으로 미국과 캐나다 여행을 다녀온 것이다. 아내 모르게 용돈으로 몇 년간 펀드에 가입하여 목표한 금액을 만들었으며 장기근속 공무원 특별휴가를 써가면서 다녀온 것이다. 내 돈을 투자한 첫 번째 여행으로서 여행사 지급액과 용돈 등을 포함하여 대략 1천만 원의 비용이 들었는데 여행상품에 있던 것이 계획대로만 추진되었다면 14박 15일간의 일정으로 하와이까지 다녀왔을 것이다. 아쉬운 점은 축제위원회에서 프로그램을 확정한 이후 이벤트 업체대표가 방문하여 수용할 수 없는 제안을 하였다. 협의가 되지 않자 나를 넘어 부서는 물론, 공무원 노조와 축제위원회까지 평지풍파를 일으켰고 시장이 대로(大怒)하는 사태까지 벌어지기도 하였다. 5급 이하 공무원 알기를 우습게 아는 안하무인(眼下無人)격인 사람이 문화예술단체의 대표라는 것이 의아스러웠고, 그런 사람을 높게 인정해주는 기관·단체장들이 참 안타깝다는 생각을 갖게 하기에 충분하였다.

기획예산담당관실 지식정보담당(21)

2008년 10월 1일, 기획예산담당관실 지식정보담당으로 자리를 옮겨 23개월간 근무하게 되는데 전임자는 5급으로 승진하여 몇 달간 공석인 곳이다. 직원은 5명으로서 시 전체의 전산장비 및 프로그램 관리, 전산실 운영, 정보보안 및 개인정보 보호, 정보화마을 관리,

정보화교육 운영, 중고 PC 보급 등의 업무를 처리한다. 나는 개인정보 보호와 정보보안 업무를 맡았는데 직원의 도움 없이 스스로 할 수 있는 것은 별로 없었다. 단순하게 컴퓨터를 조작하여 문서 작성하는 정도에 불과하였기 때문에 정보화 능력을 키우려고 마음먹었으나 결국은 자격증 하나 따지 못하고 만다. 정보화마을 및 디지털 공부방 각 1개소 개관, 개인 및 부서용 전산장비의 대폭확충 등을 추진하였다.

개인적으로는 시청 친구들 모임인 '팔우회'의 월례회 모임에서 친구와 팔씨름을 하는 과정에서 다른 친구가 장난을 치는 바람에 왼쪽 팔이 부러져 무려 2개월간 병원에 입원치료를 받은 것이다. 2년이 지난 뒤에 재수술을 받았으나 지금까지도 제 기능을 다하지 못하고 있으며 아마도 평생 원상회복은 불가능할 것으로 생각한다. 또한 아내와 함께 두 번째로 중국 대련 국제마라톤대회에 참가하였다. 풀코스를 좋은 기록으로 무사히 완주하였으며 5박 6일간의 일정으로 대련시, 압록강 철교, 광개토대왕과 장수왕릉, 만리장성(천리장성), 북한과의 국경 등을 두루 살펴보았다. 특히 가슴까지 빠지는 폭설을 헤치고 백두산(장백산) 천지에 오른 것은 영원토록 잊지 못할 추억으로 남을 것 같다.

주민생활지원과 복지기획담당(22)

2010년 9월 1일, 주민생활지원과 주무인 복지기획담당으로 발령받아 11개월간 근무였으며 팀은 통합조사·서비스연계·장애인복지·위생 등 5개로 구성되어 있다. 업무성격에 맞게 사회복지직이 가장 많고, 행정직·보건직·비정규직 등으로 복잡하게 구성되어 있다. 팀원은 정규직 4명 등 7명으로서 지역사회복지계획 수립 및 협의체 관리, 기초생활수급자에 대한 급여, 의료급여, 재해구호, 보훈단체 관리, 행려자 관리, 불우이웃돕기 및 성금 모금 등의 업무를 담당한다. 보훈업무를 담당하면서 참전유공자 명예수당을 3만 원에서 5만 원으로 인상 추진하였고, 몇 년간 미뤄오던 현충탑 부지 기증비를 설치하였다. 보훈회관의 건립을 위해 애썼으나 국가보훈청과 강원도의 재정지원이 어려워 장기과제로 추진키로 하였다. 불우이웃돕기 성금목표 초과달성 및 동해 해오름 천사운동 후원금 조성을 추진하였고 지역사회복지협의체도 정기적으로 개최하여 사회복지업무 수행에 차질이 없도록 하였다. 특히 수년간 부지를 정하지 못하고 지지부진하던 '동해종합사회복지관'의 조성 부지를 짧은 기간에 확정함으로써 복지관 건립사업이 탄력받을 수 있도록 하였다. 개인적으로는 친구 부부 동반모임을 만들고, 해외여행을 제안한 지 10여 년 만에 가족동반 5박 6일간의 일정으로 베트남과 캄보디아 여행을 다녀온 것이다.

세무과 징수담당(23)

2011년 7월 21일, 세무과 주무인 세정담당으로 자리를 옮겨 근무 중이며 팀은 재산세·조사과표·징수·세입관리 등 5개로 구성되어 있고, 28명 중 행정직은 4명에 불과하다. 팀원은 7명으로서 취득세·등

록면허세·지역자원시설세의 부과 및 징수, 지방세 위원회 구성 및 운영, 세무 전산시스템 관리 및 운영 등의 업무를 담당한다. 세무는 모든 업무가 법에 근거하여 엄정하게 집행되고, 절차와 형식이 까다롭기도 하지만 한 치의 실수도 발생해서는 안 될 것 같다. 그렇기 때문에 전문직으로 선발하여 업무를 맡게 한 것이다. 공무원 초기에 동사무소에서 잠깐 스치듯이 세무업무를 접해본 것 외에는 처음이므로 전혀 알지 못한다. 일반 행정업무만 30년 넘게 보다가 이제야 세무업무를 배우려고 하니 '얼마나 있다 옮길 건데?'라는 생각마저 든다. 또한 어설프게 주워듣고 아는 체하다 전문직들에게 혼날 생각을 하니 차라리 가만히 지켜보는 것이 낫겠다는 판단이 선다. 하지만 찾아보면 무엇인가 할 일이 있을 것이다. 힘이 닿는 대로 능력껏 해볼 일이다.

06 별일, 안 될 일, 어처구니없는 일

전부는 아니겠지만 많은 사람이 세상을 살아가다 보면 자기가 의도하건, 의도하지 않건 황당하거나 어처구니없는 일들을 많이 겪게 되기 마련이다. 나도 지금까지 공무원 생활을 하면서 이루 셀 수 없을 정도로 많은 경험을 하였는데 이런 일들이 비단 나만 겪는 것만은 아니라는 것이다. 술 문화가 보편화된 직장문화상 술자리에서 많은 얘기가 허심탄회(虛心坦懷)하게 오간다. 이런 자리를 통하여 직장에서 공식적인 업무를 처리하는 과정에서 생긴 앙금을 털어내고 인간관계를 돈독히 하게 된다. 술자리에서 한잔 거나하게 취한 다음에 얘기 보따리를 풀어놓으면 너나 할 것 없이 많은 얘깃거리가 나오는데 비슷한 경우도 있지만 그 내용이 무궁무진할 정도다. 이제부터 풀어놓는 얘기들은 내가 공무원이 되지 않았다면 절대 생길 수가 없는 일이라 생각한다. 소재는 많지만 지면관계상, 그리고 이 책을 통하여 하고 싶은 얘기의 본질에서 벗어나지 않도록 10여 건 정도만 간략히 적는다. 공감하는 사람이 있는가 하면 어이가 없다거나 욕하는 사람들도 있을 수 있겠지만 후회하고 반성하면서 나에게는 재발방지의 각오를 다짐과 함께 어느 누군가에게는 타산지석(他山之石)이 되지 않을까 하는 마음 때문이다.

선배 및 상사에게 겁 없이 덤벼들다

첫 번째는 9급으로 첫 발령을 받아 불과 몇 달밖에 안 되었을 때, 같은 사무실에 근무하는 고참 7급에게 덤벼들었다. 신참인 나에게 일을 가장 많이 가르쳐주었으며 결혼을 빨리한 덕분에 나와 비슷한 딸을 두었는데 내 능력을 벗어날 정도로 일을 시키고, 섭섭하게 대한다고 따진 것이다. 19살밖에 안 된 젊은 나이였는데 좋지 않은 내용의 '공무원 영웅담'을 듣고 따라서 못된 행위를 직접 실행해버린 것이다. 그러나 가깝고 친근하게 대해주는 것을 잘못 이해한 것이었으며 바로 잘못을 사과하고 용서를 빌었다. 그분은 퇴직한 지 10여 년 되었으나 지금까지도 반갑게 만나고 인사를 나눈다. 이후로도 여러 부서에서 선배 및 상사들과 근무하면서 업무적으로 또는 술자리에서 도를 넘어 갈등을 일으킨 적이 간혹 있었다. 모든 갈등에는 상대방이 있고 원인이 있지만 계급이나 나이는 물론이고, 기본적인 예의와 조직의 분위기, 더 나아가서는 자신의 미래와 발전을 위해서도 절대 해서는 안 될 일이다.

민원 보러온 아가씨에게 프러포즈, 그리고 결혼에 성공하다

첫 발령을 받아 동사무소에서 근무한 지 2개월 정도 지났다. 사무실에서 근무하고 있는데 전출입신고를 하러 온 아가씨가 매우 아름다워서 내 마음을 설레게 했다. 마침 사무실에는 그 아가씨의 친구가 근무하고 있었는데 민원창구에서 둘이 얘기 나누는 기회를 이용하여 "첫눈에 반했습니다. 한번 만나봅시다"라는 과감한 프러포즈를 했고, 마침내 만남이 이루어진다. 이후 몇 달간 교제하다가 아내의 집에 가서 인사를 하게 되었으며, 나는 부모님이 없던 터라 급하게 결혼 쪽으로 방향을 틀었으며 만난 지 6개월여 만에 살림을 차리게 된다.

서로 좋아하기는 했지만 아내의 부모로부터 결혼 허락을 받지도 않은 상태에서 속도위반을 한 것이다. 정상적인 절차를 모두 무시함으로써 아내와 처가댁 식구에게 큰 실망감을 주었고 죄를 진 것이다.

이로 인하여 나로서는 당연히 겪어야 할 군(해군 방위병) 복무로 인하여 아내와 아이까지도 꽤 오랜 기간 엄청난 고생을 하게 된다. 그뿐만 아니라 어느 날 느닷없이 아내의 전 애인이 나를 죽여버리겠다고 찾아오기도 하였으며, 망상동사무소에 근무할 때에는 사무소에 같이 근무하는 여직원과의 관계를 오해하여 동네 청년들이 나를 찾아와 집단으로 행패를 부린 적도 있다. 죽을 때까지 변함없이 사랑할 것이고, 행복하게 해주겠다고 하였는데 30년이 지난 지금까지 그 약속을 제대로 지키지 못하고 있다. 하지만 아직은 진행 중이고, 앞으로 살아가야 할 날이 많이 남았으므로 그 약속을 꼭 지키련다.

영농지도 나갔다 농주(農酒)에 취하여 논을 삶다

내가 담당하는 마을은 사문동 8통으로서 반상회 개최, 영농지도, 인구조사, 자연재난 피해조사 등의 업무를 수행한다. 1982년 초여름, 좌동 마을은 15가구 안팎의 전업농가가 거주하고 있는 곳인데 한창 모내기를 하던 계절이다.

농작물 재배계획, 수확량 조사 때문에 출장 갔는데 마을 입구의 첫 번째 집에서 모내기를 하는 것이다. 동 서기가 왔다고 논에서 나와 잠깐 쉬며 술잔을 권하므로 못 이기는 척하며 몇 잔을 거든다. 조사를 끝낸 후 "모내기 잘 마치세요" 인사를 하고 자리를 뜬다. 보통 농번기에는 집이 비어 있는 경우가 많은데 이날 따라 빈집은 몇 곳 없고 만나는 주민마다 반갑게 맞아주면서 술을 꺼내어놓는 것이다. 근무 중에 이러면 안 되는데 하면서도 아마 대여섯 곳에서 몇 잔씩 받아 마신 것 같다.

일이 얼마 남지 않은 상황에서 평상시 호형호제(呼兄呼弟)하며 지내던 형님 집으로 가니 모내기를 거의 끝마칠 무렵이었는데 "모내기 해 본 적 있느냐"면서 조금만 거들어 달라는 것이었다. 멀쩡한 정신이었으면 거절하였을 텐데 술이 약간 오른 상태이므로 용감하게 바지를 걷고 논에 들어갔으나 몇 포기 심지도 못하고 그만 넘어져 버린다. 모내기는 곧이어 끝났고, 흙탕물에 젖은 옷을 말리며 동네 주민과 담근 술을 마시면서 일과는 끝이 났다. 조사하러 나갔으면 맡은 일이나 제대로 빨리 끝내고 사무실로 돌아가야지 이게 무슨 안 될 짓인가? 하지만 반겨주는 주민이 좋고, 인정이 넘쳐 권하는 잔을 매정하게 거절하는 것이 너무 각박한 것 같아 교감하고 소통하는 마음으로 근무 중에 음주를 한 것이다. 하지만 근무 중 음주는 가급적이면 하지 않는 것이 바람직스럽다고 생각한다. 요즈음은 옛날 같지 않아 이런 인정이나 정겨운 풍경이 있는지 의문스럽기는 하다.

방바닥 난방용 고무호스에 종아리를 데다

1984년 12월 말, 9급에서 8급으로 처음 승진하면서 망상동에서 어달동사무소로 발령받는다. 별로 먼 거리는 아니지만 버스가 자주 운행하지 않으므로 출퇴근하는 게 쉽지 않아 사글셋방에서 사글셋방으로 이사한다. 지난 후에 생각해보니 참으로 어처구니없다 싶지만 남의 셋방 사는 주제에 친구들을 불러 음식상 차려놓고 입택식을 치렀다. 마음에 맞는 친구들이 매월 유사(有司)를 정하여 모임을 가지고 있었기에 가능한 일이었을 게다. 손님 모셔 거나하게 술 마시고 배웅한 후 잠이 들었는데 다음 날 깨어보니 오른발의 종아리가 벌겋고 따끔거린다. 방바닥 밑으로 깔린 새마을(연탄)보일러의 고무호스가 지나간 자리와 똑같이 두 줄이 생긴 것이며 화상을 입은 것이다.

한창 젊었으며 술 좋아하던 시기인지라 대수롭지 않게 생각하고 화상연고를 발랐는데 얼마간 지난 후부터 호전되기는커녕 곪아가며 악화되는 것이다. 결국 안 되겠다 싶어 병원을 찾아가 피부이식

수술까지 받았으며 아직까지도 그 어리석은 행동의 흔적이 남아 있다. '호미로 해결할 일을 가래'까지 동원한 것이다. 얼마나 미련하고 무식한 일인가? 일이건, 상처건 환부의 상태를 제대로 파악하고 빨리 적절한 치료를 받는 것이 최선, 최상의 해결책이다.

때늦은 결혼식, 카메라를 두 개나 구입하다

1987년 11월 23일, 아내와 만나 생활한 지 6년, 딸을 낳은 지 4년 만에 때늦은 결혼식을 하였다. 살다가 하는 결혼식이라 책이나 TV 드라마에서 보는 것처럼 꿈과 같지는 않지만 그래도 설렘은 있다. 나에게는 혼사를 챙겨줄 사람이 하나도 없으므로 아내에게 모든 것을 맡겼으며 전혀 신경 쓰지 않아도 알아서 잘 준비한다. 결혼식을 이틀 앞두고 우리에게는 상당한 거금을 들여 삼성 자동카메라를 구입하였다. 결혼식을 며칠 앞두고 이벤트 관계로 친구모임을 가졌는데 기분 좋게 긴장 풀고 마시다 그만 고주망태가 되어버렸다. 다행스럽게 집은 잘 찾아갔으나 새로 산 카메라는 포장도 벗기지 못한 채 잃어버렸다. 당연한 일이겠지만 다음 날 아내에게 엄청나게 혼났으며 똑같은 카메라 한 대를 또 구입하였다. 결혼식 이후로 디지털카메라가 등장할 때까지 잘 사용하였으며 지금은 우리 집의 골동품으로 보관되어 있다. 적은 봉급으로 먹고살기에도 빠듯한 시절에 큰 맘 먹고 구입한 물건을 술에 취하여 잃어버렸으니 나도 아까웠지만, 아내 마음은 오죽하였을까? 크고 좋은 일을 앞두고 작지 않은 사고를 쳤지만, 결혼식은 무사히 잘 치렀으며 아직까지도 계속 유지되고 있다. 금혼식(결혼 50주년), 회혼식(60주년)이라는 것을 한번 해보았으면 하는데 그때까지 건강하게 살아 있을지는 더 두고 볼 일이다.

직장상사의 살인 혐의를 받다

1990년 1월의 일이다. 1월 31일부터 동해안 지방에 많은 양의 눈이 내렸으며 강릉은 68cm로서 1일 강설량 최고기록을 세웠다. 직원들은 출근하자마자 시청 구내와 주변의 제설작업에 매달린다. 전 직원은 작업을 끝내자마자 시가지로 나가 시민이 통행할 수 있도록 인도 위에 토끼길을 낸다. 직원들을 제설작업에 참여토록 유도하고, 제설작업에 참여하면서 연초인 까닭에 맡은 업무도 하는 등 바쁘게 하루를 보내었다. 야간 당직근무자로 편성되었기 때문에 18시에 당직실로 내려가니 제일 먼저 도착했다. 수면실 방문을 열어보니 직원 한 명이 등을 문쪽으로 향한 채 잠을 자고 있다. 아마 제설작업 때문에 피곤해서 쉬는가보다는 생각으로 조용히 문을 닫는다. 이내 당직자들이 모두 들어온다. 시민으로부터 제설작업이 늦어져 불편하다는 전화가 많이 걸려오지만 달리 해결할 방법이 없으므로 양해를 구한다. 너무 늦으면 귀가하는 데 문제가 생기겠다 싶어 방에 들어가 몸을 흔들어 깨우니 몸이 경직된 듯하고 느낌이 이상하다.

아직까지는 사람이 죽은 모습을 직접 보거나 만져본 적이 없기에 깜짝 놀라 “계장님이 이상합니다. 빨리 들어와 보세요” 하며 당직자를 부른다. 직원이 들어와 같이 똑바로 눕히려고 하니 이미 몸이 굳어 있는 것이다. 곧바로 119구급대에 연락하고 몸을 이곳저곳 주물러도 전혀 반응이 없다. 구급차가 도착하여 즉시 병원으로 후송하였는데 사망한 지 벌써 오래되었다는 연락을 받는다. 총무과와 서무계에 또 다른 비상사태가 발생한 것이다. 바로 지휘부에 보고하고 동해시청 장례식 준비에 들어간다. 과 내에서 나이가 가장 어린 상태에서 회계업무를 담당하였으므로 궂은일은 당연히 내 차지이다. 기본업무, 제설작업, 장례실행 등으로 정신없는데 고인(故人)의 부인과 딸이 나를 살인자로 지목하고 시청에 찾아와 소란을 피우는 것이다. 민원실에서 내 멱살을 잡기까지 하고, 경찰서에 고발까지 하였다. 고인과 나는 근무 한 번 같이 한 적도 없는데 이유는 단 한 가지, 최초 발견자라는 것인데 너무 황당해서 기분 나쁘고 화도 나지만 유족들이 안쓰러워 맞대응할 수도 없다. 빈소를 병원에 마련하고 직원들이 교대로 24시간 문상근무를 하는데 고인의 가족·친지들은 시청과 시 직원들에 대하여 큰 반감을 가지고 죄인을 대하듯 한다. 영결식장을 시청에 만들어 장례는 무사히 치렀다.

장례가 끝나고 유족은 고인이 근무하던 부서를 통해 고맙다는 뜻을 전하면서 담배 2보루를 보내왔으며 과 내의 흡연자들에게 나누어준다. 이때부터 '살인자'일지도 모른다는 혐의로 경찰서에 소환되어 4번이나 조사를 받는다. 당연한 결과로서 최종적으로 혐의가 없는 것으로 끝나지만 그때의 기분은 정말 황당하고 불쾌할 뿐이었다. 그해 4월에 7급으로 승진하여 발한동사무소로 발령받는다. 고인이 몸도 약하고 많은 나이에 제설 작업하다가 사망하였으므로 시에서는 순직처리를 하기 위하여 행정절차를 밟았으며 이 과정에서 내 진술이 매우 중요하다는 연락이 왔다. 유가족에 대하여 서운한 마음이 없지는 않았지만 제설작업 추진상황과 최초 목격자로서의 정황 등을 고인에게 도움이 되도록 작성하여 마침내 공상으로 인정받았으며 공무상 유족연금이 추가 지급되었다.

홍수에 천렵(川獵)하던 중 급류(急流)에 떠내려가다

1995년 여름 일이다. 늘 바쁜 총무과에서 토요일 시간을 내어 정선읍의 북한강 상류인 조양강에서 천렵하면서 과 단합대회를 하기로 결정하였다. 2주일 전에 택일(擇日)하였는데 하루 전까지 비가 계속 내린다. 연기하기로 하고 포기하였는데 당일 아침에 비가 그친다. 논의 끝에 오늘 하지 못하면 올여름에 다른 날 잡기는 어려우므로 강행키로 결정한다. 나는 물고기 잡고 음식 장만을 하기 위하여 선발대로 직원 4명과 함께 먼저 정선으로 향한다. 비는 그쳤지만 홍수 뒤인지라 시뻘건 황토물이 간담을 서늘하게 한다. 큰 강으로 합류하는 지천(支川)의 물살이 약한 곳을 찾아 물고기를 잡으러 들어간다. 물이 너무 차가우므로 몸을 덥히자며 소주를 몇 잔씩 급하게 들이켠다. 술기운에 몸에 열이 나므로 나는 고기 담을 양동이를 들고 물속으로 들어갔다. 원래 물고기가 많은지 아니면 큰물이 지나간 뒤인지 물고기는 잘 잡히는데 물살이 센 곳일수록 어획량이 더 많다. 물이 차가와 물 밖으로 들락거리며 소주를 연거푸 마셔대니 대범해지면서 갈수록 물살이 세고 수심이 깊은 곳으로 다가간다.

네 명이 한창 고기를 잡고 있을 때 그만 내가 발을 헛디뎌 넘어지면서 급류에 휩쓸리고 만다. 직원들이 천렵을 멈추고 급하게 물속에 뛰어들어 휩쓸려가는 나를 꺼내 구해주었다. 나는 바로 고기 잡는 팀에서 퇴출당했으며 물가에서 음식준비나 하는 신세가 되고 말았다. 그나마 떠내려가면서도 양동이를 꽉 잡고 있던 덕택에 고기를 몽땅 놓치지는 않았으며 그 책임(?) 있는 행동 때문에 체면은 살렸다. 고기를 많이 잡아 뿌구리탕을 끓이던 중에 직원들이 모두 도착하였으며 직장과 업무에서 쌓인 스트레스를 풀고 직원들 간의 화합을 돈독히 하는 계기가 되었다. 직원들이 붙잡아주지 않았다고 하더라도 수영을 할 줄 알기 때문에 어떻게 되었을지는 장담할 수 없다. 하지만 소주로 어지간히 취한 상태에서 넘어지면서 얼떨결에 물도 몇 모금 먹었으므로 큰 사고가 발생할 수도 있었던 아찔한 상황이었다. 지금도 당시에 같이 근무하던 직원들과 함께하는 자리가 되면 이 일은 화제로 등장하곤 한다.

산불 비상근무 중 개울에서 라면 끓여 소주 마시다 들켜 징계 위기에서 구사일생으로 살아나다

2000년 4월, 환경관리사업소에 재직할 때 산불 비상근무 중에 발생한 일이다. 강원영동지방은 건조한 날씨와 강풍으로 인하여 산불이 자주 발생하는 곳으로서 6개 시·군에서 모두 대형 산불이 발생하여 엄청난 인명과 재산피해를 입었다. 그중 가장 유명한 산불은 2005년 4월 5일 양양에서 발생하여 천 년 고찰 낙산사를 잿더미로 만든 것이 아닌가 한다. 매년 연초부터 5월까지 건조한 날씨에는 전 직원을 비상근무조로 편성하여 산불발생의 위험이 높거나 주민통행이 잦은 산간계곡의 길목 지키기를 한다. 바람이 많이 불던 어느 날, 직원 2명과 함께 내 승용차를 이용하여 이기마을로 비상근무를 하러 갔다. 날씨도 춥고 외진 곳이며 가까운 근처에는 식당이 없으므로 도시락을 가져가면서 라면과 휴대용 가스레인지, 소주 몇 병을 준비해 갔다. 근무지 옆에는 개울도 흐르고 우리가 산불 지키러 가는데 불을 낼 일은 전혀 없으니 괜찮겠지 하는 마음이었다.

점심때가 되어 라면을 끓여 점심 먹으면서 소주를 몇 잔 마시니 몸이 훈훈해지는 기분이다. 나는 운전을 해야 하므로 소주 몇 잔만 일찍 마시고 계곡 안쪽으로 들어가는 차량과 주민을 통제하면서 점검반의 순찰 여부도 살핀다. 16시경 되었을까 멀리서 순찰차량이 보이므로 직원들에게 빨리 정리하라고 신호를 보냈는데 동작이 떠서 부시장에게 가스레인지와 소주병이 들키고 말았다. 사정설명을 하지만 통하지 않고 질책만 된통 듣는다. 다음 날 출근하니 감사실에서는 사유서를 작성하라 하고 부시장실에서 호출한다. 장황한 훈시와 함께 시범적으로 엄중하게 처벌하겠다는 얘기를 듣는다. 6급 동료가 있었지만 내가 행정직이니 대표로 사유서를 작성하여 제출하게 되었는데 조금은 억울한 생각이 들지만 하소연할 데도 없다. '꼼짝없이 공직 생활 19년 만에 처음으로 징계 한 개 먹겠구나' 하는 마음으로 체념하고 기다린다. 우리뿐만 아니라 다른 곳에서도 적발되었는데 이번에 한하여 없는 것으로 하겠으며 향후 철저히 근무하라는 시장 지시사항이 시행된다. 아직까지는 깨끗했던 공무원 경력에 오점을 남기지 않게 되어 얼마나 반갑고 고마웠는지 이루 헤아릴 수 없었다. 그러나 부시장이 발령 나서 다른 곳으로 옮겨갈 때까지 내 앞길은 가시밭길이었다.

음주운전으로 망신당하고, 징계 먹고, 돈 날리고, 인사에서 손해보고, 출국 금지당할 뻔하다

2004년 10월 9일의 일이다. 동해에서 맺은 의형(義兄) 집에서 평소 가깝게 지내는 직장의 형과 만나 아침 일찍부터 동해의 싱싱한 해산물로 술을 마신다. 집에서 꽤 먼 거리에 있으므로 둘이 만나 택시를 이용하면 편하고 경제적이건만 각자 승용차를 몰고 갔다. 당시 춘천에 소재한 강원도인재개발원에서 10개월간의 장기교육을 받는 중이었는데 주말에 귀가하면 시청이나 지역소식을 듣기 위하여 자주 만나던 사이다. 평소에 좋아하는 사람 만나 좋은 안주에 바다를 보면서 마시는 술맛은 끝내준다. 서너 시간 동안 소주와 맥주를 번갈아가면서 거나하게 마신다. 의형님이 취하여 잠이 들자 술자리는 끝나고 이제는 귀가할 큰일이 남았다.

같이 마신 형의 음주운전을 막으려다가 실패하였으며 차를 끌고 먼저 가버린다. 평상시와 같이 아내에게 태우러 와 달라고 부탁하니 일이 있어 안 된다고 한다. 음주 운전할 생각은 애초에 갖지도 않았기에 콜택시를 부른다. 보통은 5분 이내에 도착하는데 10분 넘게 기다려도 오지 않는다. 술에 취해 평상심(平常心)을 잃은 상태에서 먼저 출발한 형 생각이 자꾸 나면서 음주운전을 해보고 싶은 욕구가 생긴다. 형수님의 간곡한 만류에도 기어코 운전대에 앉고 만다. 아직 정신은 말짱하므로 절대 과속하지 말 것을 다짐하면서 출발한다. 5분 정도 지났을까 백미러에 경찰차가 보이므로 더욱더 조심해서 천천히 안전운행에 힘쓴다.

10여 분 지나 집에서 그리 멀지 않은 남호초교 옆 해안도로를 지나가는데 느닷없이 경찰차가 내 앞을 가로막는 것이다. '아차, 이거 큰일 났다. 첫 음주운전 제대로 걸렸구나' 하는 마음으로 체념하고 차를 세운다. 운전대를 경찰에게 빼앗기고 파출소로 끌려가 음주측정하니 0.217이 나온다. 아내에게 곧 연락되어 파출소에 와보니 너무 황당해서 미처 화내지도 못한다. 손발이 닳도록 빌지는 않았지만 미안하고 참담한 마음은 그보다 훨씬 더했다. 이후 40일간은 임시면허증으로 운전하였지만, 얼마 가지 않아 운전할 수 없으므로 내 차는 팔아치우고 아내 차만 남는다. 차가 없어지는 게 안타깝지만 죄를 지어 면목도 없고 팔지 못하게 막을 명분도 없으니 아내 말에 따를 수밖에 없다.

얼굴을 제대로 들지 못할 정도로 개망신당하는 것은 당연하나 그 이후부터가 진짜 문제다. 공직자로서는 해서는 안 될 '품위유지의 의무'를 크게 위반하였으므로 견책의 징계처분을 받고 6개월간

승급(昇級)이 늦어지는 인사상의 손해를 본다. 사면은 받았지만 향후 5급으로의 승진에도 영향을 주지 않을까 크게 걱정된다. 경제적으로는 승급이 늦어지므로 그만큼 보수액도 줄어들며, 성과상여금도 받지 못하게 된다. 또한 벌금납부와 법정 소양교육 이수, 운전면허 재취득에 따른 비용 등의 손해도 입었다. 경찰서에서 조서작성 차 방문하라는 것을 알아서 하겠거니 하는 마음으로 미련을 썼다. 교육과정 중에 해외연수가 있는데 "정해진 날까지 안 오면 출국금지를 시키겠다"는 연락이 다시 왔기 때문에 서둘러 가서 "잘못했다. 미처 몰라서 그랬으니 잘 봐 달라"고 통사정까지 했다.

인명이나 재산상의 손해는 끼치지 않았는데도 과오에 대하여 응분의 혹독한 대가를 치렀다. 이런 음주운전 다시 할 마음도 없고, 하지도 않겠지만 나뿐만 아니라 남에게도 회복할 수 없는 피해를 줄 수 있으므로 누구든지 절대 해서는 안 될 것이다.

팔씨름하다 팔이 부러지다

2008년 11월, 시청에 근무하는 친구들 월례회 모임을 가졌다. 계획대로라면 이날 동해시청과 울릉군청의 행정교류를 위해 울릉군청에 가 있어야 한다. 오전에 일행과 같이 묵호항 여객선터미널에 갔다가 배편이 연결되지 않아 사무실로 되돌아와 근무를 마치고 모임에 참석하였다. 소주 몇 잔씩 마시고 한창 분위기가 무르익을 무렵에 한 친구가 내게 "너는 마라톤을 너무 많이 해서 다리 힘은 있어도 팔 힘은 하나도 없는 게 맞지!" 하며 경쟁을 부추기는 것이다. "팔 힘은 없지만 마라톤도 팔을 많이 쓰기 때문에 팔굽혀펴기는 많이 하고 있다"고 답하면서 화제를 돌린다. 그러나 집요하게 끌어들이려는 그 정성이 가상하여 내 팔뚝의 배는 됨직한 친구와 왼팔을 마주 잡게 된다. 아무리 봐도 승부가 되지 않을 것 같으니 동석(同席)한 친구들의 관심도 끌지 못한다. 시작하자마자 내 팔은 꺾였고, 젖 먹던 힘까지 다 쏟아 버틸 즈음에 한 친구가 "음식 먹다 말고 무슨 짓이냐?"고 상대방을 툭 친다. 그 순간 "뚝, 뿌지직" 하며 내 팔이 그만 맥없이 부러지고 만다.

모임은 끝이 나고 바로 119구급차에 실려 병원으로 후송된다. 뼈가 뒤틀리면서 부러진 '복합골절'로서 4시간 이상의 수술을 받았으며 2개월간 입원치료를 받게 된다. 팔씨름하다가 팔이 부러졌다는 진실을 얘기하면 대부분 믿지 않는다. TV 프로그램인 〈세상에 이런 일이〉에 소개할 법한 일이라고도 한다. 지금도 온전하게 사용하지 못하고 있는데 아마도 영원히 원상회복은 어려울 것 같고, 때가 되면 장애등급이라도 받아볼까 생각 중이다.

공식행사에서 사회 보면서 시장 소개를 잘못하다

2009년 4월의 일로서 심곡약천 정보화마을 정보센터 개소식이 있었다. 신흥마을에 이어 동해시에 2번째로 생기는 것이다. 신청부터 개소식까지는 2년간의 적지 않은 기간이 소요되었으며 주요 기관·단체장과 지역주민 등 3백여 명을 초청하였다. 일반적으로 관공서에서 개최하는 행사에서는 내빈소개를 하지 않는데 일이 꼬이려는지 민간행사의 추세에 따라 소개하기로 하였다. 행사시작에 앞서 내빈소개를 하는 과정에서 "김학기 동해시장님, 참석하셨습니다" 해야 할 것을 시장의 형님으로서 전직 시장을 역임한 "김인기 동해시장님, 참석하셨습니다"라고 한 것이다. 소개 대상이 되는 주요 참석자들을 파악하면서 시나리오에 이름을 적었는데 시장 이름은 적지 않은 것이다. 엄청나게 큰 문제가 발생한 것이며 얼굴이 화끈거리고 이마와 등에서는 식은땀이 흐른다. 하지만 전혀 내색하지 않고 태연한 척하며 사회를 본다. 보통은 참석 많이 하고 앰프만 이상 없으면 행사는 성공인데 전혀 문제가 발생하지 않았으며 순조롭게 잘 끝났다.

이제는 적당한 기회를 만들어 빨리 수습을 해야만 한다. 괜히 시간 끌었다가는 좋지 않은 상황이 올 수도 있겠다 싶어 행사장에서 마무리 지어야겠다고 생각하니 마음이 조급하다. 테이프 절단 및 현판식, 센터 시찰 및 다과회 등 후속행사가 계속 이루어지므로 기회가 나지 않는다. 정해진 식순을 모두 마치고 행사장을 떠나기 위하여 승용차로 이동할 때 배웅하면서 "시장님, 죄송합니다. 제가 큰 실수를 하였습니다. 용서하여 주십시오" 하며 사죄를 한다. "큰일도 아니고, 실수 할 수 있지. 행사도 잘 끝났는데 양계장 수고했어" 하며 격려해주는 것이다. 정말 그렇게 고마울 수가 없었으며 이로써 내 실수는 치유된 것이다. 부주의와 자만심 때문에 어처구니없는 실수를 저질렀다. 매사에 신중하고 차분하게 준비하는 것만이 실수를 예방하고 일의 완성도를 높이는 길이다.

양원희(楊元熙)

한국방송통신대학교 국어국문학과 졸업(2005)
한국방송통신대학교 관광학과 졸업(2010)
현) 강원도 동해시청 근무(1981년 7월부터)
　　한중대학교 경영대학원 호텔카지노관광경영학과 재학

2002년 7월 마라톤 시작
풀코스 47회 완주, 100km 1회 완주

『마라톤 아무것도 아니다』(2009)
『나는 아직 진행형』(2010)
『마라톤 뛰는 것만이 아니다』(2010)
『방위병 아버지와 병장 아들』(2011)

초판인쇄 2012년 4월 2일
초판발행 2012년 4월 2일

지은이 양원희
펴낸이 채종준
펴낸곳 한국학술정보(주)
주소 경기도 파주시 문발동 파주출판문화정보산업단지 513-5
전화 031) 908-3181(대표)
팩스 031) 908-3189
홈페이지 http://ebook.kstudy.com
E-mail 출판사업부 publish@kstudy.com
등록 제일산-115호(2000.6.19)

ISBN 978-89-268-3235-6 03040 (Paper Book)
978-89-268-3236-3 08040 (e-Book)

이담Books 는 한국학술정보(주)의 지식실용서 브랜드입니다.

책에 대한 더 나은 생각, 끊임없는 고민, 독자를 생각하는 마음으로 보다 좋은 책을 만들어갑니다.

부산의 문화예술
도시재생
사례를 중심으로

바다와
예술이
만나는 로컬

이 책은 2020년 대한민국 교육부와 한국연구재단의 지원을 받아 수행된 연구임
(NRF-2020S1A5C2A02093112)

부산의 문화예술
도시재생
사례를 중심으로

바다와 예술이 만나는 로컬

조아락 · 예동근 지음
현민 감수

이담북스

추천사

도시재생 또는 중점 특화지역에 대한 도심재생이라는 개념이 등장한 지도 꽤 많은 시간이 흘렀다. 시간의 흐름에도 불구하고 도시재생에 대한 정책 실행과 보다 나은 이론을 탐색하려는 노력들이 지금도 꾸준히 진행되고 있다. 그리고 도시재생의 모범적인 사례들도 꾸준히 쌓이고 있는 중이다. 그럼에도 불구하고 또 다른 한편에서는 도시재생의 부정적인 측면을 거론하기도 한다. 다음과 같은 내용들이 대표적이다. 관 주도로 진행되는 도시재생 사업의 획일성, 도심재생을 통한 문화활력화가 아닌 토지 및 집값의 상승, 무분별한 개발에 따른 상업화, 그리고 지역 주민들의 일상생활에 피해를 주는 매스 투어리즘 등이 그것이다.

몇 년 전 영국 에든버러에서 열리는 프린지 축제를 견학한 적이 있다. 세계적으로 잘 알려진 공연문화로 자리 잡은 축제이다. 초청공연뿐만 아니라 초청받지 못한 공연이나 문화예술가들의 거리공연도 함께 어우러져 어딜 가더라도 축제의 분위기를 느낄 수 있었다. 이 축제를 위해 에든버러시는 일 년 내내 문화기획과 도시재정비를 하고 있다. 필자는 몇몇 곳을 둘러보며 프린지 축제의 성공 요인을 나름대로 생각해 보고 이론적 모델을 구상해 보기도 했다. ABCD-모델이 그것이다. A는 Academy(대학과 연구기관 등), B는 Business(기업체), C는 Community(해당 지역의 공동체와 주민들), 그리고 D는 District(지방정부 등의 지원)를 뜻한다. 에든버러시는 위의 각 주체들이 꾸준한 상호작용을 통해 긴장과 갈등을 조정하고 성공적인 축제로 안착할 수 있도록 노력하고 있었다. 이 결과 비교적 오래된 도시임에도 불구하고 도심의 재생과 문화적 활력이라는 성과를 모두 가져올 수 있게 되었다고 생각한다.

조아락 선생의 저작은 이러한 요소들을 염두에 두면서 부산의 문화예술 도시재생이 어떻게 하면 활력을 지속시킬 수 있을지에 대한 연구의 결과이다. 도시재생에 대한 저간의 이론적 논의들을 비판적으로 살펴보고 이론적 논의들이 갖는 한계 등을 보완하기 위해 주민들과 관계 전문가들과의 인터뷰, 그리고 현지조사 사례연구 등을 통해 꼼꼼하게 진단한다. 그래서 이 책이 제시하는 정책인 대안은 매우 구체적이다. 이 책에서 소개하고 있는 감천문화마을, 깡깡이예술마을은 부산의 모범적인 문화예술 도시재생의 사례로 꼽히는 곳이다. 저자는 그간의 긍정적인 평가들을 적극적으로 수용하는 한편, 현재 여전히 안고 있는 문제점들에 대해서 구체적으로 지적하고 있다. 저자가 직접적으로 ABCD 모델을 언급하는 것은 아니지만, 이들 요소 간의 바람직한 네트워크화를 염두에 두고 있음을 알 수 있다.

도시재생, 그중에서도 문화예술을 통한 도시재생은 무엇보다 위의 요소들이 생산적으로 결합되는 데 있다고 해도 과언이 아닐 것이다. 이런 면에서 조아락 선생의 저작은 그간의 도시재생 논의와 일정한 차별성이 있는 귀한 연구 결과물이다. 관련 분야의 연구자들뿐만 아니라 일반 독자들의 일독을 권한다.

이성철(창원대학교 사회학과 교수, 문화사회학 전공)

서문

추천사에서 창원대학교 이성철 교수님은 문화예술 도시재생 중 도시재생에 초점을 맞추어 추천사를 썼다. 저는 "문화예술"에 초점을 맞추어 도시재생의 의미, 조아락 박사의 저서가 갖고 있는 의미를 한층 깊게 소개하고자 한다.

책 표지는 내가 직접 찍은 사진이다. 조아락 박사한테 준 선물이다. 한창 개발 중인 북항이다. 뒷켠에 북항대교가 바다를 육지와 잇고 있다. 흰색 구조물은 등대이고, 검은 말뚝과 옆에 있는 나무갑판은 요트를 정착시키는 곳이다. 사진에 나오지 않았지만, 사진의 왼쪽에서 부산오페라하우스가 쑥쑥 올라가고 있고 오른쪽에는 요트경기장이 마무리 공사에 들어가고 있다. 이 사진은 부산의 대표적인 문화예술 도시재생의 현장을 보여 주고 있다.

한국의 저명한 문자학자 하영삼 교수는 여러 칼럼에서 "문"과 "예"를 해석하고 있었다. 월간중앙 2019년 1호에서 "문"에 대해 매우 상세히 소개하고 있다. 하 교수는 文은 갑골문에서 사람의 가슴 부위에 칼집을 새겨 넣은 모습이라고 해석한다. 원시인들은 죽은 사람들의 가슴에 칼집 무늬를 새겨 피를 나오게 하고 피가 나오지 않으면 무늬를 새겨 주사를 갈아 넣어서 빨간색을 띠게 한다고 한다. 그의 해석에 따르면 원시인들은 사고로 피를 흘리며 죽어가는 동료를 보면서 몸속에 든 영혼이 피를 타고 나와 육체로부터 분리되는 바람에 죽는다고 생각했다. 朱砂(주사 · 붉은색 안료)를 시신에 칠하거나 뭉친 흙을 붉게 칠해 시신 주위에 뿌렸는데, 이는 '피 흘림'을 통해 영혼이 육체로부터 분리되도록 하기 위한 주술 행위였다고 해석하고 있다. 어쨌든 '문'은 영혼을 중시하는 주술행위와 관련이 있는 것이다. 도시재생과 연결시키면 도시는 "영혼"이 있어야 하고 텅 빈 공간에 "영혼"을 불어넣는 "주술행위"라고 볼 수 있다.

그럼 "예"는 어떠한가? 하 교수는 2004년 동아일보 "한자뿌리 읽기"에서 "藝" 자에 대하여 탁월한 해석을 하고 있다. 그 일부를 옮겨와서 재정리하면서 보자. 공자는 "志於道 據於德 依於仁 遊於藝"란 말을 했는데 송나라 때 주희(朱熹, 1130~1200)는 "遊於藝"를 이렇게 풀이하고 있다. "예(藝) 속에 노닐면 작은 것이라도 놓치는 법이 없어 자나 깨나 성장함이 있게 될 것이다." 예(藝)가 예술이라면 언제나 남이 생각하지 않는 생각을 하면서 창의적으로 살려 했고, 음악이 상징하듯 남을 위로하고 긍정적인 정서를 찾으려 노력했다는 말일 것이다.

도시재생과 연결시키면 창의적인 공간재생, 위로와 정서를 공유할 수 있는 공감재생, 음악이 존재하는 힐링재생이라고 볼 수 있다.

이처럼 고전에서 문화예술의 의미를 되새겨 보면 산업화, 도시화, 표준화로 특색이 사라지고 실용적인 장소를 추구하면서 전통과 문화가 사라지면서 죽어가는 장소에 "영혼"을 불어넣고, 즐겁게 창의적으로 노닐 수 있는 공간을 만드는 것을 문화예술 도시재생으로 볼 수 있는 것이다.

조아락 박사도 문화가 어떻게 살아나고 예술이 어떻게 위로와 공감을 전달하며 문화예술 도시재생 방식으로 공동체를 재건할 수 있는지, 깊은 고민을 담고 조사와 연구한 글이라고 판단한다.

그녀는 부산에 유학 온 중국인 유학생임에도 불구하고 부산의 감천문화마을, 깡깡이예술마을, 부산의 미래를 디자인하는 부산오페라하우스에 관심을 갖고 1년 넘게 현장조사를 하면서 도시재생의 새로운 의미를 찾고자 노력하였다. 현장전문가를 인터뷰하기 위해 항상 녹음하고 녹음파일을 수십 번 들으면서 현장의 목소리를 정확히 파악하고자 노력하였다.

그녀의 논문에는 이런 노고가 파묻혀 있고, 부산을 사랑하는 마음이 활자문체 형태로 책 안에 깊게 새겨져 있다. 매번 현장조사를 하면서 찍은 사진들은 도시재생에서 영혼과 공감의 중요성을 잘 보여주고 있다. 문화의 영혼이 다양한 예술작품으로 재현되고 있으며, 위로와 공감 및 추억의 정서가 마을 곳곳에 그림과 조각으로 나타나고 있다. 그녀는 이런 그림들을 사진 찍어서 재현하고 있다.

도시재생과 관련한 이 책은 부산, 아니 전 한국에서 외국인 유학생이 쓴 가장 빛나는 저서로 볼 수 있다. 그녀의 피땀이 박힌 박사학위논문을 수정 보완하여 책으로 내면서 나의 마음도 한결 뿌듯하다. 학술적인 내용을 짧은 시간에 수정 보완하는 것이기에 대중적으로 완전히 읽기 쉽게 본문이 서술되었다고 보기는 어렵다. 그러나 보다 편하게 읽을 수 있게 수정의 수정을 거듭해 준 조아락 박사의 꼼꼼한 연구 스타일을 높게 평가하고 싶다. 비록 함께 수정하는 작업과정이 너무 짧았지만 함께 할 수 있어 즐거웠다. 또한 이 책의 출판 전체를 기획하고 감수해 준 현민 교수에게도 깊은 감사를 전한다.

서문을 쓰다 보니 그와 함께 현장조사를 하고 인터뷰를 다니면서 만난 사람들이 떠오른다. 현장에서 만난 분들의 따뜻한 관심에도 이번 기회에 감사의 인사를 전하고 싶다. 조아락 박사가 현장조사에서 보여준 성실하고 선량한 성품과 부산을 사랑하는 마음을 옆에서 함께 엿볼 수 있어서 즐겁고 행복하였다.

조아락 박사의 저서 출판을 다시 한번 축하한다.

예동근(부경대학교 중국학과 교수)

2023년 6월 1일

목차

추천사 | 4

서문 | 6

제1장 문화예술은 해변 마을을 디자인할 수 있는가? | 12

01 도시는 어떤 새 옷으로 갈아입어야 하나? | 16

02 천천히 문화예술마을에 들어가기 | 26

03 우리가 놓칠 수 없는 것들 | 30

제2장 세계 석학의 시선으로 보는 공공성과 문화예술 | 38

01 공공성 및 공공 영역 | 40

02 문화예술형 도시재생에 대한 논의들 | 73

03 공공성을 바라보는 새로운 창구 | 83

제3장 바다와 로컬을 이어주는 공공의 예술
- 부산오페라하우스 | 86

01 공공성, 정부와 오페라하우스 | 89

02 부산오페라하우스, 누구를 위해 짓는가? | 97

03 숨은 주인이 시민을 대변할 수 있는가? | 123

제4장 녹슨 선박마을에 예술을 입히는 활동가들 | 132
01 시민사회와 도시재생 | 135
02 대안문화행동 문화예술 플랜비 | 142
03 깡깡이예술마을 프로젝트의 공공성 탐색 | 155

제5장 바다가 보이는 난민촌에 다섯 가지 색채를 입히다 | 176
01 공공예술과 도시재생 | 179
02 감천문화마을 프로젝트 | 186
03 감천문화마을의 공공성 | 196

제6장 마무리 | 214

저자 후기 | 225
참고문헌 | 229

제1장

문화예술은 해변 마을을 디자인할 수 있는가?

바다는 망망하다.

하지만 개발과 성장의 안경을 낀 인간의 안목은 근시안적이다. 부산의 초량동, 깡깡이마을, 감천문화마을을 비롯한 많은 해변 마을들은 오랫동안 근대무역과 해외 수출을 위한 배후공간으로 역할을 하였다. 마을의 남자들은 선원으로 망망한 바다를 헤매고 다녔다. 가깝게는 고기잡이배, 멀리는 석유운반선, 한국전쟁과 베트남전쟁 시기의 군사물자 운반 등 다양한 용도의 배들과 사람들이 망망한 바다를 가로지르고 있었다. 육이오전쟁 때 부산 앞바다의 해변 마을들은 운명적으로 피난민수용소의 역할을 하였다. 한국의 근대화, 산업화의 전초지로 노동자들이 집결되고 빈민들이 집결되는 장소로 국제화에 연결된 한국 이주자들의 중심 거주지역이기도 하다.

아파트는 빽빽하다.

70~90년대 부산의 인구는 폭증하고 있다. 수십만의 도시에서 450만 명이 넘는 도시로 확장하고 있다. 전망 좋은 해변에 마을들이 사라지고 아파트들과 상업시설들이 들어서면서 철거-개발은 도시의 아이콘으로 등장한다. 영화, 드라마처럼 철거를 둘러싼 갈등, 좋은 입지에 위치한 아파트 가격은 천정부지로 상승하면서 심각한 빈부 격차를 낳고 있다.

삶은 팍팍하다.

아파트단지 뒤편에 가려진 해변 마을들은 망각된 지 오래다. 사람들이 기피하는 지역, 몰락의 공간, 철거의 대상, 재건의 욕구로만 보이고 있었다. 두 배의 택시비를 주어도 가려 하지 않는 감천마을, 한 시기 만 원짜리 돈은 개도 물어가지 않는다고 자부하던 깡깡이마을은 폭삭 몰락하였다. 텅 빈 공장, 썰렁한 골목 분위기는 부산이라고 믿기 힘들다. 누나골목에 할머니들만 보였고 빠르게 늙고 노후화된 곳에 청춘은 떠났다.

해변은 반짝반짝한다.

오직 전망이 좋은 해변만 반짝반짝한다. 고층 건물의 유리 벽은 햇빛을 반사하면서 그 오만을 뱉어내고 있다. 해운대, 광안리, 남항 개발로 우뚝 솟아나고 있는 요트경기장, 오페라하우스, 영화의 전당까지 이어지면서 부산의 1번지로 재탄생하고 있다. 광안대교를 둘러싼 아이파크, 부산의 상징인 LCT 최고층 빌딩은 부산이 아직 성장 발전하고 있다고 착각하게 한다.

문화예술은 귀족의 소유물인가?

해변, 센텀, 해운대, 남항개발지역에 집중된 갤러리, 미술관, 극장들은 마치 문화예술은 귀족들의 전유물처럼 착각하게 한다. 고급레스토랑, 와인바 등에 비치된 미술품, 로비에 자유분방한 피아노 연주들은 문화예술이 사치의 상징으로 인식되게 한다. 그럼 빈곤한 해변 마을, 몰락한 산업 배후지역의 마을에도 문화와 예술로 새롭게 디자인할 수 있을까?

이 책에서 비록 딱딱하지만 이런 고민들을 보다 깊게 공유하면서 감천마을, 깡깡이마을, 그리고 이런 마을들을 디자인하는 시민단체들을 집중적으로 분석하면서 독자들과 함께 문화예술이 꽃필 수 있는 새로운 토양을 찾아보고자 한다.

01

도시는 어떤 새 옷으로 갈아입어야 하나?

도시란 인간이 건설하여 장기간 거주한 생활공간이기에, 그 도시 자체로 생명 주기를 지니고 있다. 산업화에 기반한 도시 팽창은 인구의 증가와 외부로의 확장을 가져다주었지만, 시간의 추이에 따라 그 팽창의 둔화가 드러나 원도심과 외곽 지역과의 충돌이 야기된다. 그래서 원도심의 쇠락한 지역에 대해 새롭게 중건하고자 노력하고, 또 이전의 모습을 되찾아 그 지역의 역사와 유산을 새롭게 탈바꿈하여 지속 가능한 발전을 유지하는 데 힘쓰게 된다.

문화자원은 도시의 지속 가능한 발전을 위한 고유한 자원이자 그 가치의 기초를 이룬다.[1] 그래서 우리는 지역사회에 존재하는 고유의 문화적 심미 가치를 이용하여 지역사회를 새롭게 창조해 낼 수 있기에, 문화적 총체를 지속 가능한 도시재생의 관건으로 볼 수 있다.[2] 하지만 문화예술형 도시재생에 대한 각 영역에서 연구자들의 평가는 각기 달리 나타난다. 이처럼 다

---

1 Landry, C.(2000). The creative city: a toolkit for urban innovators. London: Earthscan, p.7.

2 Evans, G. & Shaw, P.(2004). The contribution of culture to regeneration in the UK: a review of evidence: a report to the Department for Culture Media and Sport, p.60.

양한 평가 속에서 인간과 긴밀히 연계된 문화예술형 도시재생에 대해 어떠한 각도로 또 어떠한 표준으로 평가를 내려야 할 것인가라는 문제가 제기된다. 그래서 본 논문은 사회학 이론 가운데 전체와 개체, 국가와 사회, 담론과 행동을 연결시키는 '공공성(公共性)' 개념을 가지고 상기 문제에 대해 탐구하고자 한다.

도시의 창조성을 핵심 요소로 하는 도시재생은 서구와 미국 등지에서 먼저 시작되었다. 1970년대 이후 제조업 감소, 실업률 증가, 사회적 갈등의 심화에 따라 서유럽과 미국은 도시재생 전략을 추진하였다. 1980년대 이후에는 경제성장과 도시 이미지 제고의 장점을 지닌 문화주도 재생(Culture-led Regeneration)이 중요한 도시개발계획에 포함되었다.[3] 수년간의 실천 끝에 영국 정부는 문화미디어스포츠 부처를 새롭게 발족시켰고, 그 정책 문건으로 '창조산업지도그리기(Creative Industries Mapping Document, CIMD)'를 발간하였다. 여기에서 문화주도 도시재생이 지역 주민들이 지역 감각과 역사 감각을 형성하고 현지와 영역에 대한 소유권을 다시 확립하며, 지역사회 발전을 촉진하고 지역의 경제적 효과를 향상시킬 수 있음을 밝혔다. 이러한 문화산업은 빈곤 감소, 사회적 차별 해소, 고용기회 증대, 사회통합 촉진에 중요한 역할을 한다(The European Commission, 2005). 결과적으로 문화주도 도시재생 전략은 탈산업화 국가에서 점차 수용되어 활발하게 전개되고 있다.[4]

---

3 Bianchini, F. & Parkinson, M. (Eds.)(1993). Cultural policy and urban regeneration: the West European experience. Manchester University Press.
García, B.(2004). Cultural policy and urban regeneration in Western European cities: lessons from experience, prospects for the future. Local economy, 19(4), 312-326.

4 Evans, G. L. and Shaw, P.(2004). Culture at the Heart of Regeneration. London, Department for Culture Media and Sport.

최근 30여 년 동안 많은 국가에서 중시하고 있는 문화예술형 도시재생은 원도심의 재생을 추진하는 중요한 수단의 하나로 되었다. 에반스(2004)는 '도시재생'을 "환경 · 사회 · 경제적 측면에서 쇠락한 거주공간과 상업공간 그리고 개방공간에 대한 개조"라고 정의 내리고 있다.[5] '도시재생'의 이론과 실천의 발전에 따라, 그 성격은 순수한 물질적 측면의 개선에서 경제사회적 측면의 부활로 이어지게 되었고, 더 나아가 커뮤니티 공동체의 회복과 도시의 종합적인 평가에 대한 제고라는 변화과정으로 이어져 나갔다.[6] 이러한 도시재생의 발전과정 속에서 문화예술형 도시재생은 더욱 중요한 지위를 점유하게 되었다. 그것은 경제적 효익의 제고와 거주환경의 개선에 그치는 것이 아니라, 도시 이미지의 제고와 지역 공동체 의식의 재정립 그리고 새로운 도시의 공동체 구축 등에 아주 큰 우세를 지니고 있기 때문이다. 대다수 선진국들은 일찍이 80년대부터 탈공업화로 나아감과 동시에 문화지향형 도시재생을 도시 발전의 중요한 계획 속에 담았다.[7]

90년대 이후 등장한 신발전주의(New Developmentalism) 사조는 이론적으로 자본 축적과 경제 극대화에만 치중하는 발전관을 비판하면서, 경제와

Bailey, C., Miles, S. & Stark, P.(2004). Culture-led urban regeneration and the revitalisation of identities in Newcastle, Gateshead and the North East of England. International journal of cultural policy, 10(1), 47-65.

5 Evans, G. & Shaw, P.(2004). The contribution of culture to regeneration in the UK: a review of evidence: a report to the Department for Culture Media and Sport, p.4.

6 윤희진(2016). 현대적 공공성 구축을 통한 도시재생 모델 연구. 예술인문사회융합멀티미디어논문지, 6, 657-666.

7 Bianchini, F. & Parkinson, M. (Eds.)(1993). Cultural policy and urban regeneration: the West European experience. Manchester University Press.

García, B.(2004). Cultural policy and urban regeneration in Western European cities: lessons from experience, prospects for the future. Local economy, 19(4), 312-326.

사회의 조화로운 발전, 발전의 정체성과 내생성(Endogeneity)에 주목하게 끔 하였다. 이를 통해 역사와 문화의 발전 과정에서의 역할과 인류 공동체의 연결과 사회 구조의 정합을 강조하였다.[8] 이러한 사조가 이끄는 발전방식은 도시재생의 변혁을 더욱 추동시켰을 뿐만 아니라 문화예술형 도시재생의 프로세스를 더욱 신속하게 이끌었다.

한국은 쇠락한 지역의 재건을 촉진하고자 「서울시 지역균형발전 지원에 관한 조례」(2003)와 「도시재정비 촉진을 위한 특별법」(2005) 등의 조례를 잇달아 공포하였다. 2006년에는 또 국토해양부의 VC(Value Creator)-10 사업의 일환으로 '도시재생사업단(Korea Urban Renaissance Center, KURC)'을 발족시켜, 낙후된 국내 기성시가지 및 원도심 지역의 재생 등 국가 차원의 도시재생 전략을 갖추게 되었다. 이 사업단의 최종 목표는 도시 문제 해결을 위한 모델을 제시하는 것으로, 그 첫 번째 핵심 과제가 바로 도시의 쇠퇴 현상을 진단하고 이를 재활성화하는 방안인 '쇠퇴도시' 연구인 것이다.[9] 이러한 점에서 조직화된 기구를 통해 도시재생의 중요성을 더욱 명확히 한 것이라 볼 수 있다.

2012년 한국관광연구원은 문화예술형 도시재생을 문화 영역 발전의 최신 방향으로 보아,[10] 이러한 도시재생 전략에 대한 국가적 차원의 중시를 드러내었다. 아울러 도시재생의 중점 또한 기존의 오래된 생활환경의 단순한 정돈이나 정체지역의 발전 자극이라는 것에서 더 나아가 새로운 사회문화

---

8 埃德加 · 莫兰(2001). 社会学思考. 上海人民出版社, p.462.
许宝强 · 汪晖(2001). 发展的幻象. 中央编译社, p.2, 25.

9 도시재생종합정보체계. https://www.city.go.kr/portal

10 Korea Culture and Tourism Institute(2012). Survey report on cultural enjoyment, Seoul: Ministry of Culture, Sports and Tourism.

를 창조하고 또 도시 환경의 지속적 발전을 촉진하는 방향으로 전환하게 된 것이다.[11] 다시 말해 문화예술형 도시재생은 이전의 도시재생 방식과 비교해 볼 때, 도시 발전의 정체성과 다원성 그리고 지속성에 더 주목하였다. 이는 아주 거대한 잠재능력을 구비함과 동시에 다양한 도전에 직면해야 하는 도시재생 방식인 것이다.

한국 최대의 항구도시이자 서울 다음으로 큰 부산은 자체적인 문화적 특성과 문화재생의 기초를 지닌 한국의 대표적 지방 도시이다. 먼저, 관련 산업의 발전적인 측면에서 볼 때, 부산은 한국에서 가장 빨리 개항하였다. 이는 항만경제와 국제경제를 발전시키는 데 있어 상대적으로 우세를 지니고 있을 뿐만 아니라 천연적으로 문화적 개방성과 융합성을 구비하게끔 하였다. 그래서 부산시 정부는 이러한 특징을 가져와 부산 자신의 브랜드로 만들었다. 개항 이래로 서구문화와 일본문화가 신속하게 부산으로 들어옴에 따라, 오락성을 구비한 영화와 유행 음악 등 대중문화산업이 빨리 발전하게 되었다. 이러한 대중문화산업의 발전 등으로 부산시는 1998년에 영상산업을 부산시 발전의 10대 전략사업 가운데 하나로 집어넣었다.[12] 이에 시정부의 총체적 계획 아래 영화 감상, 제작, 교육 등을 중심으로 한 영상산업을 개척하였고, 이와 동시에 '부산국제영화제'를 대표로 하는 도시 브랜드를 형성하였다. 영상산업을 대표로 하는 부산 문화산업의 신속한 발전은, 문화예술형 도시재생 사업을 전개하는 데 선도적 기초를 다졌다. 아울러 최근 들어 부산은 또한 여행과 마이스(MICE) 산업을 발전시키는 데 가장 적합한

11 조연주(2011). 도시재생을 위한 유휴 산업시설의 컨버전 방법에 관한 연구. 한양대학교 석사학위논문.

12 류태건(2009). 부산광역시 문화산업의 발전추이와 현황. 부경대학교 석사학위논문.

도시로 수차례 평가를 받았는데,[13] 이 또한 문화예술형 도시재생 사업을 전개하는 데 많은 힘을 더하고 있다.

그뿐만 아니라 부산의 광활한 해변지역 또한 문화예술형 도시재생 사업의 선호지역이다. 이 지역은 다른 도시에서 나타나는 탈공업화 도시의 쇠락한 모습과 비교되는 특징을 지니고 있을 뿐 아니라 문화적 상상을 새롭게 할 수 있는 장소인 것이다. 해안과 해양 그리고 예술 간의 유구한 연관 또한 현지인의 동적인 심미감을 만들어내었다.[14] 그래서 이 지역은 도시재생 전략을 일찍 확대하였고, 아울러 새로운 사회연결망과 도시 이미지 그리고 창의문화를 가져와 시민들에게 끊임없는 변화의 품위를 만족시켜 주었다.[15]

최근 몇 년 사이에 부산은 탈공업화와 원도심 공동화 그리고 인구노령화라는 빠른 과정을 겪고 있다.[16] 이에 부산시 정부는 새로이 드러나는 사회문제에 직면하면서, 무엇보다 먼저 문화예술형 도시재생을 주요 해결 방안으로 삼았다. 그래서 지역문화자원을 이용하여 새로운 도시 브랜드를 만들어내었고, 이것에 기초하여 부산의 세계도시, 해양도시, 항구도시라는 지위를 부각시켰다.

셋째, 문화예술형 도시재생과 공공성은 일정한 내재적 관계를 지니고 있다. 문화예술형 도시재생은 다원성과 전체성 그리고 지속가능성을 중시하는 구도심의 재건 방식이자 도시발전계획의 중요한 부분이다. 도시개발과

---

13 부산경제통계포털. http://www.becos.kr/

14 Feigel, L. & Harris, A. (Eds.)(2009). Modernism on sea: art and culture at the British seaside (Vol. 2). Peter Lang.

15 Jonathan Ward(2018). Down by the sea: visual arts, artists and coastal regeneration, International Journal of Cultural Policy, 24:1, 121-138.

16 Seo, J. K., Cho, M. & Skelton, T.(2015). "Dynamic Busan": Envisioning a global hub city in Korea. Cities, 46, 26-34.

공공성은 본질적으로 일정한 '공생과 상호 촉진'[17] 관계를 가지고 있기 때문에 사회발전의 수단 중 하나인 문화주도 도시재생 역시 공공성의 고유한 속성과 밀접하게 관련되어 있다.

공공성의 특징으로 볼 때, 공공성은 절차적 공개성과 개방성, 가치 지향의 전체성과 다원성, 실천상의 상호작용성과 균형성 그리고 일상성과 같은 내재적인 속성을 지니고 있다.[18] 절차상에 있어 공공성의 사업 진행 절차는 대중에게 공개할 수 있고, 사업에 관련한 논의는 사적이거나 소수집단에 국한되지 않을 뿐만 아니라 특수하거나 특권적인 영역에 한정되지 않는다. 가치 지향 측면에서 공공성은 개인이나 일부 주체의 이익보다 전체 대중의 이익을 중시하고, 실천적인 측면에서 공공성은 다양한 계층과 집단 그리고 개인 간의 자유로운 표현과 소통을 더욱 중시하여, 이를 일상생활 속에 융합시킨다. 이러한 특성 또한 사회의 건전한 발전을 도모하는 중요한 요소이자, 도시재생 사업의 원활한 발전을 도모하는 중요한 특성이기도 하다.

전체적으로 볼 때 문화예술형 도시재생과 공공성이 추구하는 이상적인 목표는 모두 '주체'와 '주체 간의 관계'를 중심으로 전개되는 것이다. '공공성'을 핵심으로 추진하는 도시재생 사업은 절차상에 있어 사업정보의 공개에 중점을 두어, 사업을 진행하는 지역의 주민들에게 곧바로 정보를 인지하고 사업 항목을 이해할 수 있도록 하며, 아울러 공개적 토론과 협의를 할 수 있는 권리를 가지게 하는 것이다. 가치 지향적인 측면에서 '공공성'은 전체와 개체 간에 서로 결합하는 특징을 지니고 있다. 먼저, 사업 참여의 주체와 대상에 있어서는 하위문화계층, 취약계층을 내포하는 사업 구역의 모든 시

---

17 芦恒(2016). 东亚公共性重建與社会发展. 社会科学文献出版社, p.8.

18 이승훈(2010). 계급과 공공성: 공공성 주체로서 노동계급의 가능성과 한계. 경제와사회, 12-34.

민을 포괄하는 것이다. 사업의 목표는 개인의 사회적 권익을 보호함과 동시에 여러 주체의 협력을 강조한다. 아울러 다른 그룹의 문화를 다양하게 융합하고 개인의 내재된 공공의식을 자극하게 한다. 사업 기획과 전개 또한 단일성을 깨고 종합적인 성격으로 전환해야 한다. 실천적인 측면에서는 사업에 참여하는 각 주체들 간에는 주도적인 참여와 상대방에 대한 충분한 이해를 통해, 상대적인 균형 관계를 형성함으로써 사업의 최종적 의견 형성에 각자의 가치를 발휘해야 하는 것이다.

이상적인 문화예술형 도시재생은 본래 자체로 공공성을 추구하지만, 민영화 정책의 발표나 사업의 실제 주체 권력의 과도한 집중 그리고 사업 설계의 '동질화' 등은 모두 관련 사업의 공공성에 일정 정도의 상실감을 가져다 준다.[19] 도시재생 사업의 절차와 가치 그리고 실천 속에서 추구하는 공공성은 원래 사업 가운데 존재하는 공익과 사익 사이의 모순을 해소하고, 개인의 욕구 해결과 사회 전체의 이성적 균형을 이루며, 민주적 질서로 사업의 프로세스를 규범화하기 위한 것이다.[20] 그러나 도시재생 사업 주체 간에 서로의 역할 균형을 이루지 못한다면, 그전보다 더 심각한 인구이동, 빈부 격차, 공공 정신의 상실, 공공 영역의 축소 등 사회 위기를 초래하게 될 것이다. 그래서 이에 대한 이론과 실천 연구는 반드시 의제로 올려야 한다.

하지만 현재 관련 연구는 여전히 현실문제를 해결하는 데 부족함이 있다. 먼저, 문화예술형 도시재생의 연구에 있어 한국 국내 학계의 주안점은 변화과정을 겪었다. 초기 연구는 주로 국내외의 성공 사례의 비교에 중점을 두었고, 이를 기초 삼아 한국 문화형 도시재생의 발전 방향을 탐색하였다. 최

---

19 AKKAR, Z. M.(2005). Questioning the "Publicness" of Public Spaces in Postindustrial Cities. Traditional Dwellings and Settlements Review, 16(2), 75-91.

20 佐佐木毅. 金泰昌主编(2009). 社会科学中的公私问题(公共哲学 第2卷). 人民出版社.

근 연구 동향은 이러한 도시재생 사업의 사회성을 언급한 부분에 주목하고 있는데, 여기에는 주민 참여와 지역문화 관리 그리고 커뮤니티 공동체 건설 등의 방면을 포괄하고 있다. 학계의 관심 분야의 전이 또한 문화형 도시재생이 경제적 효과를 얻음과 동시에 일련의 사회문제를 야기하고 있음을 반영한다. 어떤 학자는 문화형 도시재생 사업이 정치가의 '가면'이라 제시하면서, 지방권력의 확장에 대한 사람들의 주의력을 이전시키는 데 유리하다고 하였다. 이것은 사회적 불평등과 계층 간의 분화와 충돌을 덮어 감추고 예술적 패권을 밀고 나가는 것이다.[21] 또 어떤 학자는 문화재생으로 가져오는 경제적 성장이 지속 가능한 것인가에 질의를 하면서,[22] 목전의 평가방식과 데이터수집 주기의 유효성에 회의를 던지고 있으며, 아울러 문화형 도시재생이 정말로 사회 각 계층에 적극적인 작용을 할 수 있는가에 확신하지 않고 있다.[23] 이 문장에서는 '패권' 개념을 차용하여 문화형 도시재생 가운데 '문화'가 왜곡되고 또 문화와 관련 있는 공공 영역은 '적대성'에 의해 훼손되

---

21 강지선(2016). 문화적 도시재생과 샹탈 무프의 '투쟁적 공론영역'에 대한 연구. 홍익대학교 박사학위논문.
주명진(2013). '확장된 공론의 장'으로서 미술관 공공성에 관한 연구. 이화여자대학교 박사학위논문.
Evans G.(2005). Measure for Measure: Evaluating the Evidence of Culture's Contribution to Regeneration. Urban Studies, 42(5-6): 959-983.
Malcolm Miles(1997). Art, space and the city public art and urban futures, Routledge, London.

22 Belfiore, E.(2002). Art as a means of alleviating social exclusion: Does it really work? A critique of instrumental cultural policies and social impact studies in the UK. International journal of cultural policy, 8(1), pp.91-106.
Hewitt, A.(2011). Privatizing the public: three rhetorics of art's public good in "Third Way" cultural policy, Art and the Public Sphere, 1:1, pp.19-36.

23 Colomb, C.(2011). Culture in the city, culture for the city? The political construction of the trickle-down in cultural regeneration strategies in Roubaix, France. The Town Planning Review, 77-98.

는 등의 문제를 지적하면서, 각기 다른 주체 간의 투쟁적 토론을 통해 활기 넘치는 공공 영역을 재건하기를 희망하였다. 공공성 연구 방면에 있어서, 이와 관련된 연구는 여러 학문 분야(정치학, 법학, 사회학, 경영학, 교육학 등)에서 다루었지만, 그 의미와 내용은 정교화됨과 동시에 범주의 불명확성을 드러내었다. 일부 학자들은 서구의 성숙한 공공성 이론 체계로 자국의 공공성 문제를 분석하고 있지만, 대부분은 서구의 비판적 시각으로 도시재생의 공공성을 읽어내고 있는 실정이다. 그러나 동아시아의 사회적 · 역사적 · 문화적 발전 맥락은 서구와 매우 다르기에, 단지 서구적 시각으로만 동아시아 문제를 조명할 수 없다.

본 연구는 서구 사회학의 공공성 이론을 기초로 하여 동아시아 공공사회학 및 공공철학의 관련 이론을 참조하고 동아시아 사회의 문화적 전통과 구조적 특성을 결합하여, 사회학 시각의 공공성 개념을 재정립하고자 한다. 그래서 한국의 문화예술형 도시재생의 세 가지 사례를 돌파구로 삼아, 한국의 문화예술형 도시재생 사업의 각기 다른 유형과 그 사례 각각의 공공성의 존재 형태 및 문제점을 탐구하여, 이를 통해 그에 상응하는 대책을 제시하고자 한다.

마지막으로 한국 문화예술형 도시재생의 연구 성과는 중국의 관련 문제 해결에 참고가 될 수 있을 것이다. 중국과 한국의 공공성에는 차이가 존재하지만, 도시재생 사업의 발전단계와 사회문화적 전통의 관점에서 한국이 겪었거나 겪고 있는 어려움과 갈등은 중국이 현재 혹은 장래에 유사한 문제에 맞닥뜨리게 될 것이다. 우리 또한 본 연구를 기반으로 한국의 관련 경험을 참조하여 중국 도시재생 사업의 공공성 재건에 활용할 수 있을 것이라고 믿는다.

02

천천히 문화예술마을에 들어가기

문화와 예술에 다양한 정의가 있지만 부산은 크게 두 개의 문화예술이 있다고 볼 수 있다. 하나는 세계화와 맥락을 함께하는 귀족형, 소비형문화예술이 존재한다면 다른 하나는 빈곤지역의 생활 영역의 문화예술이다. 지금 우리가 연구하는 해변 마을들은 시민운동가, 문화예술가들이 한편으로 형식적으로 '위로의 문화'를 내부로 유입하는가 하면, 다른 한편으로 내부의 문화를 발굴하고 스토리텔링 등을 거쳐 재구성하는 두 개의 작업이 동시에 진행되는 곳이다. 하지만 빈곤지역은 주민들이 새로운 문화예술에 익숙하여 가고, 외부의 관광객들이 해변 마을의 문화를 향유할 수 있는 '코드'를 맞추고 브리지를 구축하는 일은 결코 쉽지 않은 일이다. 여기서 매우 중요한 것은 '함께 공유'할 수 있는 '공공성'이란 의미를 얼마나 잘 담는가가 매우 중요하다. 본 글에서 이런 공공성에 초점을 맞추어 천천히 문화마을들을 산책하면서 '문화와 예술'이 어떻게 마을에 들어가고 어떤 영향을 끼치고 있는지를 파악하기 위해 다양한 조사방법을 시도하였다. 아래와 관련된 준비과정들을 간단하게 설명하고 본문으로 들어가고자 한다.

1. 문화예술형 도시재생에 관련된 회의와 활동에 참가

2019년 12월 31일에 '부산 문화예술 진흥 대책 공개 간담회'에 참가하였다. 이 회의는 부산시 중앙동의 구도심에 건립된 '원도심 문화창작공간(또따또가) 운영지원 사업'을 주제로 하여 진행되었다. 부산시의회와 부산문화재단 그리고 예술가와 시민 등 여러 주체가 참여한 이 간담회를 통해, 예술가의 창작 공간 건립, 예술가 지원, 예술가 권익 그리고 문화정책 조정 등 여러 방면의 토론을 청취하였다.

2021년 9월 1일부터 9월 5일까지 문현동 도시재생 현장지원센터에서 개최한 '2021년 문현동 도시재생대학 및 워크숍' 관련 과정과 '문현동 도시재생 주민협의체' 발대식에 참가하였다. 이를 통해 시민들에게 도시재생의 지식을 전달하는 정부 측의 방식, 공공기관이 도시재생 사업을 시행하기 전에 해당 지역 주민들에게 의견 수렴과 교육을 어떻게 진행하는가를 관찰하였다. 필자는 그 행사의 일원으로 참여하여, 그 활동에 참여하는 거주민과 조별 토론을 진행하였다. 아울러 이후 관련 자료 수집을 위해 해당 지역 주민 대표와 교류를 하였다.

2. 문화예술 공공성 관련 강좌에 참가

2021년 10월 6~7일 이틀간 부산시와 부산문화재단이 후원하고 문화예술플랜비가 주최한 공공예술 강좌에 참가하였다. 이 강좌에 참가한 공공예술 영역의 전문가와 공공예술 사업을 기획하는 주 책임자는 공공예술의 제도와 정책 현황 그리고 미래 발전에 대해 다양한 시각으로 발표를 하였다. 필자는 현장에서의 질문을 경청하면서 부산의 공공예술 사업에 대해 깊은 이해가 있었다. 아울러 논문 작성에 더 많은 사례를 축적하였을 뿐만 아니라 관련이론의 시야를 확장시키는 계기가 되었다. 강좌를 마친 후 향후 인터뷰를 위해 현장에서 플랜비의 주 책임자와 교류를 하였다.

본 연구에서는 현장을 매우 중시하고 있다. 문화예술형 도시재생 사업은 특정 지역을 대상으로 설계되고 시행되는 것으로, 그 가운데 공공성의 현실적 상황을 이해하기 위해서는 깊이 있는 현장관찰이 필요하다. 그래서 사업 관련 주체와 인터뷰를 진행하여 현장을 세밀하게 파악하고자 노력하였다. 예를 들어 도시재생 사업의 공공성 가운데 절차성과 가치성이 실천 과정에서 구체화되고 있는지, 사업 진행 가운데 각 주체들이 어떻게 참여하고 있는지, 지역 소통에 어떠한 연결망을 구축했는지 등이다.

필자는 2019년도 말에 감천문화마을, 깡깡이예술마을, 부산오페라하우스 등 도시재생 프로젝트 소재지와 관련 사무실을 여러 차례 탐방하여, 해당 지역에 입주하고 있는 예술가와 소기업주 그리고 주민 대표들과 교류를 하였다. 아울러 해당 지역에서의 그들의 생활 상황, 문화재생 사업 전개에 따른 그들의 태도, 사업 공공성에 대한 그들의 태도와 참여 요인 등에 대해 여러 차례 면담하였다. 여기에는 주로 문헌자료에서 부족한 부분에 천착하여 의견을 나누었고, 이로써 사업 진행에 따른 구체적인 내용에 대해 전반적으로 파악할 수 있게 되었다.

현장조사를 수행하면서 필자는 다양한 노선을 설계하여 해당 지역 도시재생의 전모를 파악하고자 하였다. 이것은 일반적인 공식 관광코스와 내부 탐방코스로 나뉜다. 일반 관광코스는 대체로 번화가에 위치해 있어 인공성과 도시성이 두드러지게 나타나고 있다. 하지만 내부 탐방코스는 해당 지역의 역사성과 주민생활 형태의 변화를 자세하게 발굴해 낼 수 있다. 필자가 구체적인 조사코스에 대해 정리한 내용은 다음과 같다.

1) 감천문화마을

일반 관광코스	감천문화마을의 관광지도에는 A, B, C 세 종류의 코스가 있지만, 실지 고찰을 할 당시에 공교롭게도 코로나 기간이었기에 마을 문화해설사는 일정 정도 관광코스 조정을 하였다. 필자가 취합한 관광명소는 다음과 같다. 마을안내센터—작은박물관—감내카페—하늘마루—감천제빵소—기념품숍—어린왕자와 사막여우—작가공방—감내골행복발전소(30분 주민협의회회장 발표)—감천2동 전통시장
내부 탐방코스	필자는 관광코스 중에 주의를 기울이지 않는 부분에 역점을 두어 탐방하면서 마을 주민생활을 관찰하였다. 또한 슈퍼 주인, 커피숍 주인, 마을 대표 등과의 대화를 통해 주민생활의 다양한 정보를 얻게 되었다. 감내아랫길—태극문화홍보관—감내어울터—마을지기사무소—골목길—감천경로당—감내꿈나무센터—제2마을안내센터

2) 깡깡이예술마을

일반 관광코스	유람선과 해당 지역의 문화해설사를 따라 마을 형성의 역사를 이해하고, 스토리가 있는 예술작품을 감상하며, 대평동 조선소와 부산 남항의 수려한 풍경을 관람하는 코스이다. 깡깡이안내센터—깡깡이해상투어(20분)—신기한 선박체험관—뱃머리길—옛 다나카조선소 자리—마을공작소—상징조형물, 벽화—마을박물관—마을다방
내부 탐방코스	관광지로 설정되지 않은 골목으로 들어가 생활하고 있는 노동자와 상점 운영 상황을 관찰하였고, 아직 남아 있는 일본식 주택과 공장 상점의 간판을 주의 깊게 살폈다. 그리고 조선소가 흥성한 기간에 개업한 후 지금까지 남아 있는 커피숍을 방문하여 복잡한 배경을 지닌 주인과 가까이 대화를 하였다. 삶의 흔적이 강하게 드러나고 또 주민과 직접적인 관련이 있는 배경 자료를 수집하였다. 마을 위원회 관련 구성원과 심도 있는 접촉으로 마을 운영에 따른 관련 문제에 대해 인터뷰를 계획한다. 마을골목—조선기업과 공장—양다방—마을주민문화센터

이 코스는 이 글을 읽은 독자들이 부산을 관광할 때 보다 자유롭고 즐겁게 보낼 수 있다고 생각하고 드리는 팁이다. 똑같은 공간도 시간, 방향에 따라 다른 의미를 지닌 듯하다. 수십 번 현장조사를 다녀왔지만 매번 부동한 계절, 혹은 평일과 휴일, 아침과 저녁에 따라 느끼는 감정은 다 달랐기 때문이다. 이 책은 코로나가 한창 확산되는 그 시기에 담은 현장이란 점을 다시 한번 강조하는 바이다.

03

우리가 놓칠 수 없는 것들

전반적으로 볼 때, 본 연구의 분석대상은 부산의 문화예술형 도시재생 사업으로 사례 분석을 통해 결론을 도출한다. 논문에서는 부산의 감천문화마을, 플랜비 문화예술협동조합(깡깡이예술마을), 부산오페라하우스의 세 가지 사례를 중심으로 고찰한다. 이 세 가지 사례를 선택한 이유는 아래 몇 가지 원인이 있다.

우선 공간적으로 볼 때, 세 가지 사례는 부산의 사하구, 수영구(영도구),[24] 중구의 일부 지역에 분포되어 있다. 이들 지역은 모두 해당 지역의 문화예술형 도시재생의 핵심 지역이자 예술가와 창의 계층들이 결집되어 있거나 중시하는 지역이다. 이 세 가지 사례는 모두 다음과 같은 주체가 참여하여 진행된다. 여기에는 공공정책을 공포하고 공공사업을 실행하며 공공재정 지원을 제공하는 정부, 창의적 사고를 제공하고 창의적 사업을 전개하는 창의계층(예술가), 지역문화 거버넌스를 촉진하고 예술교육과 기획을 추진하

24 플랜비 문화예술협동조합의 사무실은 수영구에 위치하고 있으며, 이 조합에서 실행한 깡깡이예술마을은 영도구에 위치하고 있다.

는 시민단체, 각종 문화적 복지를 향유하고 문화 사업에 참여하며 세금 지원을 제공하는 주체적인 시민이 포함된다. 이 세 가지 사례는 또 서로 다른 그룹이 주도하여 진행하였기에, 각기 다른 측면에서 공공성의 특징이 드러나고 있다.

1. 부산오페라하우스

북항재개발 사업의 한 분야에 속하는 부산오페라하우스는 정부 주도로 일관되게 진행된 도시재생 사업이다. 이 사업은 시민의 직접 참여가 적은 편이었고, 예술가 단체와 시민단체의 쟁론 속에 완만하게 추진되었다. 이 사업은 제안된 날로부터 관방 색채와 엘리트 색채를 현저하게 지니고 있었다. 물론 양측의 공공성 쟁취라는 게임에서 정부의 공적 권력이 조금은 완화되었지만 여전히 절대적 주도권을 쥐고 있는 반면, 민중과 시민사회가 역량을 발휘할 수 있는 공간은 상대적으로 적은 편이었다. 이 사례는 동아시아 전통의 영향 아래 공적 업무에 대한 관료체제의 제어와 관리를 반영하고, 공공권력과 공공권위가 주도하는 도시재생의 공공성이라는 특징을 체현한 것이라 할 수 있다.

〈그림 1-1〉 부산오페라하우스 렌더링(외부)

〈그림 1-2〉 부산오페라하우스 렌더링(대극장)

이 사례를 분석하는 데 있어 공적 자료와 시민사회 대표와의 인터뷰 그리고 인터넷 자료를 종합적으로 활용하였다. 본 논문에서는 상징권력이론을 운용하여, 부산오페라하우스의 관련 주체가 사업 추진 중에 어떠한 역량을 발휘했는지를 분석하고, 이를 통해 그 속에 담긴 공공성의 특징을 발굴하였다. 오페라하우스의 진행과정과 결과는 시민단체와 시민들의 부산종합문화공간 건설에 대한 중시와 공공의식의 적극적인 표현으로 구축된 공공성이 뚜렷하게 드러났다. 이와 동시에 공공성 측면에서의 문제가 가시화되었는데, 여기에는 두 가지 문제를 제기할 수 있다. 하나는 예술 자체의 엘리트화와 적합성 문제이고, 또 다른 하나는 정부의 절대적 주도로 야기된 공공재정 문제와 절차상의 공공성 문제이다.

2. 문화예술 플랜비[25] 협동조합 및 깡깡이예술마을

협동조합은 같은 목적을 지닌 사회경제적 조직형식으로 자발성과 민주성 그리고 경제성을 하나로 융합하였기에, 공공 영역의 형성을 촉진시킬 수 있다. 플랜비문화예술협동조합은 부산문화재단에서 재정지원을 대부분 지원받아, 기획과 교육 그리고 연구를 독자적으로 수행하는 문화예술조직이다. 여기에는 부산에 거주하는 문화 활동가, 문화연구자, 문화기획단체로 구성되어, 지역문화의 공공성 발전에 이로운 네트워크를 구축하고 있기에 시민단체적인 성격을 지니고 있다.

2015년부터 2019년 기간 동안 플랜비 문화예술협동조합은 부산 영도구 대평동에서 도시재생 사업인 깡깡이예술마을 프로젝트를 주도적으로 시행

25 이 단체가 최초 설립 시에는 플랜비란 명칭을 사용하였고 최근에 "문화예술 플랜비"로 명칭을 변경하였다. 독자들의 가독성을 고려하여 본 글에서는 "플랜비"로 명칭을 통일하여 사용하겠음.

〈그림 1-3〉 깡깡이예술마을 – 깡깡이생활문화센터

하였다. 진행과정에서 여러 좋은 평판을 받은 이 사업은 부산 문화예술형 도시재생의 대표적인 사업으로 되었다. 플랜비(creative plan b)는 그 자체로 재정과 절차상의 공공성, 공익 목적의 공공성, 다양한 주체 참여의 공공성, 시민문화권의 공공성을 지니고 있다. 이러한 공공성의 특징은 깡깡이예술마을 프로젝트를 운영하는 과정 중에 아주 두드러지게 나타났다. 이 외에도 기획에 있어서 선명한 지역적 공공성의 특징과 프로젝트의 지속가능성을 더하는 공공성의 특징을 지니고 있다. 하지만 협력 주체 간의 관계 처리나 공공성의 성찰과 비판성 형성 측면에 있어서는 다소 부족함을 드러낸다.

3. 감천문화마을

감천문화마을의 공공예술 프로젝트는 먼저 예술가가 주도하여 발굴한 것

〈그림 1-4〉 감천문화마을

으로, 예술가와 해당 지역 주민이 협력하여 전개한 것이다. 이에 정부는 뒤이어 도시재생의 재정지원과 정책기획을 이 지역에 기울임으로써 진일보 확장된 프로젝트로 되었다. 현재 감천문화마을은 한국에서 아주 유명한 관광단지로 되어 한국의 산토리니라고 불리고 있으며, 2021년과 2022년 한국 100대 관광지 가운데 하나로 선정되었다. 여기서 알 수 있듯이, 문화예술형 도시재생 프로젝트의 전개는 감천문화마을의 관광업 발전에 조력 작용을 하였고, 아울러 이것은 공공예술 프로젝트를 통해 진행된 도시재생의 전형적인 사례로 되었다.

먼저 공공예술은 그 자체로 공공성을 지니고 있다. 그것은 절차상에 있어 참여성이 두드러지게 되고, 공간적으로 개방성으로 표현되며 매개 수단으로는 다양성으로 표현되고, 기능적으로는 반(反)엘리트화를 드러내는 특징을 지니고 있다. 공공예술 프로젝트에 참여하는 예술가는 개체 예술의 심미적 복합성을 드러낼 뿐만 아니라, 이와 동시에 자아를 초월한 전체 지역발전에 자신의 역량을 공헌하는 공공가치를 추구한다. 다년간의 프로젝트 진행 과정 속에서 공적·사적 이익을 융합하는 참여식 공공성과 보전과 재생의 균형을 유지한 지속 가능한 공공성이 두드러지게 드러났다. 하지만 이와 동시에 일정 정도 공공성 문제가 존재하고 있다. 이는 신형 마을 공동체의 미형성, 마을 상업화가 야기한 공공기관과 마을 주민, 예술가와 마을 주민의 관계에 있어 존재하는 일정 정도의 불균등성, 예술가의 본질성과 완정성의 상실, 개체와 공동체 가치의 모순 등의 문제이다.

다양한 유형의 문화예술재생 프로젝트에 대한 연구를 통해, 우리는 그 속에서 다양한 유형의 공공성 문제를 찾아낼 수 있고, 그에 상응하는 복원방식을 제시할 수 있을 것이다. 아울러 이 세 가지 사례의 비교와 종합적인 연구를 통해 문화예술지향형 문화재생 프로젝트의 공공성이 어떻게 해야만 최대화로 될 것인지, 또 어떻게 해야만 그것의 공공가치를 발휘할 수 있을 것인지를 탐색할 수 있을 것이다. 이를 통해 문화 거버넌스를 촉진하고 지역 문화를 활성화하여, 도시 전체의 발전과 혁신에 균형 갖춘 방안을 제공하게 될 것이다.

제2장

세계 석학의 시선으로 보는 공공성과 문화예술

01

공공성 및 공공 영역

시장 경쟁이 날로 심화되고 개인화, 세분화되는 현대사회에서 공공성은 핵심 이슈가 되고 있으며, 민주주의, 교육, 법치, 사회통합, 공동체 형성 등의 문제는 모두 공공성과 관련되어 있다. 학계에서는 여러 학문의 융합을 통해 다양한 관점에서 공공성에 대한 연구를 수행하고 있으며, 사회발전 속에서의 공권력의 행사, 공공장소의 활용, 공공서비스 제공 등의 주제에 대해 여러 연구를 수행하고 있다.

공공성은 다양성과 포용성으로 널리 활용되고 있다. 정치학, 법학, 사회학, 경영학 등의 학문 분야는 모두 각자의 연구수요에 따라 공공성 연구를 수행했기에 그 개념이 모호한 면이 존재하고 있다. 공간 매개체의 관점에서 볼 때, 공공성이 형성되고 존재하는 공공 영역의 장 또한 공공성과 관련된 중요한 개념이다.

일반적으로 정치학에서의 공공성의 정의는 권력과 자원의 공정한 분배에 편향되어 있고, 법학은 제도적 규범의 수준에서 개인의 행동과 사회적 행동에 포함된 공공성에 더 많은 관심을 기울이는 반면, 사회학은 개인행위와 사회행위 속에 포함된 공공성과 정체성에 더 중점을 둔다. 또한 역사적 · 문화적 맥락에서 볼 때, 서구의 공공성 이론은 자본주의 사회의 공공성 상실에 대한 비판과 시민사회와 정부의 대립에 관한 연구를 더욱 강조하고 있다. 예를 들어 아렌트(Hannah Arendt)와 하버마스(Habermas)의 관련 이론이다. 하지만 동양학자들의 공공성 연구는 서구 이론의 현대사회에 대한 건설적인 비판을 참조하는 것 이외에, 전통문화에서의 공공성의 존재와 근원, 공공성 형성을 촉진하는 지혜, 그 속에서 추구되는 공공-민간 균형의 상태에 대한 탐구에 더욱 주목하고 있다.

사회학 분야에서 공공성 연구를 가장 먼저 중요한 사회학의 분파로 삼은 사람은 미국 사회학자 마이클 부라보이(Michael Burawoy)였다. 그는 사회학이 실생활을 이탈하는 문제를 다루기 위해 공공사회학의 설립이라는 아이디어를 제안하고, 다중의 대중(multiple publics)과 시민사회가 시장과 국가에 의해 침식되는 문제 등을 공공사회학으로 해결하자고 호소하였다. 그래서 공공사회학은 학문적 논의에 그치지 않는 사회학 유형이다. 공공사회학은 시장화로부터 사회를 보호하는 것을 주요 목적으로 하며, 사회 정치, 도덕 문제와 대중의 담화에 대해 토론하여, 대중과 대화를 하고 또 협력을 강조한다. 그래서 반성과 성찰을 지닌 대중사회학인 것이다.[26]

하지만 공공사회학도 기타 학문분과처럼 탄생과 함께 많은 논란을 겪었다. 일부 학자들은 그가 공공사회학과 비판 간의 관계를 분리하고, 현재의 사회정의 문제에만 초점을 맞추고 있기에, 역사적으로 일부 집단이 받는 인종적 억압, 아동 폭력, 노인 차별 등 고의적 압박을 무시했다고 주장하였다. 그들은 공공사회학이 자원 분배의 평등과 공정에 전념하고 다양성을 존중하며, 사회의 기존 억압을 제거하기 위해 노력하고 의사결정 과정에서 진정

26 Burawoy, M.(2005). For public sociology. American sociological review, 70(1), 4-28.

한 민주적 참여를 보장해야 한다고 하였다(Feagin, 2001b: 5).[27] 일부 학자들은 또한 부라보이의 관점에서 사회학자의 도덕적 우월성, 그의 가설의 불성립, 전문 사회학의 발전에 대한 그의 학설의 장애를 비판하였다.[28]

부라보이가 제안한 공공사회학은 일정 정도 창조성과 계몽성을 지녀 대중과 커뮤니케이션 그리고 미디어의 중요성을 강조하였지만, 공공성에 대한 자세한 설명을 가하지 않았다. 그것의 이론적 출처는 여전히 아렌트, 하버마스와 테일러이다. 중국과 한국의 공공성에 관한 연구는 그들의 이론적 틀을 벗어나는 경우가 거의 없으므로, 본 연구에서는 주로 상기의 세 학자의 관련 이론을 정리한다.

1. 세상을 바꾸는 정치학자 아렌트와 공공성

1) 아렌트 공공성 이론의 공공성 특징

아렌트는 인간 상황에 대한 심도 있는 사고를 바탕으로 고전적 정치철학에 대한 성찰과 현대성 비판을 결합하여 처음으로 공공 영역(Public Realm) 이론을 제시하였다. 그녀는 공공 영역이 인간 실천의 동적인 구성이며 공공성이 그 핵심 개념이라고 주장하였다. 어원학적 관점에서 볼 때 '공공'의 반대말은 '개인'이다. '사(私)'는 다른 개인을 배제하는 특성을 가지고 있다.[29] '공공'은 대부분 사람들의 공동생활과 공통 관심사를 가리키는데, 이는 전체

---

27 Feagin, Joe R., and Hernan Vera(2001). Liberation Sociology. Boulder: Westview Press, p.5. Adam, B. Bell, W. Burawoy, M. Cornell, S., DeCesare, M. Elias & Westbrook, L.(2009). Handbook of public sociology. Rowman & Little field Publishers에서 재인용.

28 Tittle, C. R.(2004). The arrogance of public sociology. *Social Forces,* 82(4), 1639-1643.

29 阿伦特(Arendt H.) 著. 王寅丽 译(2009). 人的境况. 上海人民出版社, p.112.

성을 의미한다. 동시에 "공공 영역에 드러나는 모든 것은 사람들이 보고 들을 수 있다"[30]는 것은 개방성 특성을 더 잘 보여준다.

아렌트는 또한 공공 영역이란 행위자가 자신의 개성을 드러내고 '타자'를 판단하고 논평하기 위해 말과 행동을 하는 장소이며, 그 '공공성' 또한 인간 개성의 완전한 발현, 전개, 표현을 의미하기도 한다고 지적하였다.[31] 이상적인 공공 영역 역시 정치실천의 다원주의를 가지고 있으며, 이 다원주의의 실현은 다양한 주체들의 상호 연결과 약속을 하고 지키는 능력에 달려 있다.[32] 이것은 공공성의 관계와 다양성을 강조할 뿐만 아니라 공공성 형성을 위한 도덕적 요구사항의 중요성을 보여준다.

아렌트 역시 하이데거의 공공 영역의 관점을 계승하였다. 즉 공공 영역은 개인의 말과 행동을 하나로 모으며 자유와 평등은 진리에 가장 가까운 곳이므로 세속적 영원성을 갖는다. 다시 말해 아렌트의 공공 영역은 말과 행위를 통해 '나를 남에게 보이고 남이 나에게 보임'으로써 서로의 존재를 확인해 주는 '현상의 공간'이자, '공동의 것'에 대한 관심으로 성립되는 세계로 인간이 작업하는 과정을 통해 만든 영역이라 할 수 있다.[33]

---

30 위와 같은 책, p.38.

31 川崎修 & 斯日(2002). 阿伦特. 河北教育出版社.

32 Hannah Arendt(1963). On Revolution. Penguin Books, p.175. 转引自蔡英文(2006). 政治实践與公共空间: 阿伦特的政治思想. 新星出版社, pp.107-108.

33 주명진(2013). '확장된 공론의 장'으로서 미술관 공공성에 관한 연구-한나 아렌트(Hannah Arendt)의 공공성 개념을 중심으로. 이화여자대학교 박사학위논문, pp.46-50.

2) 아렌트의 현대사회 공공성 상실에 대한 비판

현대 서구 국가의 공공 영역은 쇠퇴하고 있다. 서양철학은 전통적으로 사색을 중시하고 행위[34]를 경시하며 정치생활을 경멸하기에, 권위주의적 정치적 거짓말이 진정한 정치생활을 대체함으로써 공공 영역을 부분적으로 없애버렸다. 한편, 사적 영역에서는 소비사회에서 사람들이 물질적 이익과 경제적 가치를 열렬히 추구함으로써, 그들의 시야를 개인적 이익에 집중하게 하고 또 공동의 가치에 대한 관심을 잃게 만들었다. 정치생활은 경제에 의해 압착되고 관료주의적 관리 및 행정으로 전락하여, 사람들이 옳고 그름을 구별하고 또 비판적인 사고를 하는 것에 방해하게끔 하였다.[35]

사회 영역의 출현은 공공 영역과 사적 영역의 경계를 더욱 모호하게 함으로써, 사람들 간에는 혈연, 직업, 금전에 더욱 밀접하게 연관되고 사생활에 대한 인식이 강화되고 있다. 사회 영역에서 제창한 공평과 동일성은 개인의 우월성을 말살시켰다. 이에 사람들이 모이는 목적 또한 공공의 일을 해결하는 것에서 자신의 욕망과 욕구를 충족시키는 것으로 변했다. 그래서 사람들이 자신의 개성을 자유롭고 공개적으로 드러내는 생활 영역, 즉 공공 영역이 상대적으로 축소되었다. 다시 말해 사적 영역의 지속적 팽창과 사회적 영역의 공동(共同)의 부상으로 공공 영역은 점차 그 공공성을 잃게 되었다. 물질적인 풍요와 인간성이 결여된 이러한 사회에서, 경제적 발전은 사람들이 진정한 행복을 얻고 인간다운 삶을 추구하며 공공 영역에서 개인의 가치를 자

---

34 여기서 '행위'는 아렌트가 인간에 대한 근본적인 활동 분류 중 하나로 '노동'과 '작업'보다 우위에 있다. 노동은 인간의 생물 과정과 관련하여 인간의 자연성을 나타내는 과정이며, '일'은 개체조물의 세계로서 인간의 비자연성에 상응하는 활동이며; '행위'는 사람끼리 직접 하는 활동으로 말과 행동을 통해 바람직한 정치생활을 전개하는 것이다.

35 한나 아렌트(2002). 칸트 정치철학 강의. 김선욱(역). 서울: 푸른숲, p.198.

유롭게 발휘할 수 없을 것이다. 이러한 점에서 공공성 회복만이 현대성 위기를 완전히 해결할 수 있을 것이다.

3) 현대사회의 공공성 회복 경로

아렌트의 견해에 따르면, 공동세계에 대한 사람들의 관심을 회복함으로써 상호주체성의 의사소통에서 공공성을 발견할 수 있으며, 여기에는 두 가지 주요 경로가 있다. 첫째, 개인의 영적인 삶을 깊이 파고들어, 영적인 삶을 탐구하는 과정에서 개인의 사고, 의지, 판단, 행동의 융합을 촉진한다. 아울러 사람들의 자아성찰, 원동력 유지, 다른 사람을 돌보는 등 행동에 유리한 능력을 향상시키는 것이다.[36] 둘째, 영적 인도하에 적극적인 행동은 혁명정신을 추구하고 공권력을 이용하여 공공 영역을 재건하는 것이다.[37] 이에 연구자는 이를 개인의 영적 측면과 공동체적 행동 측면으로 나누었다.

먼저 인간성이 있는 삶은 사실 개인이 공공 영역에서 자유롭게 자신의 가치를 발휘하고 공동의 문제에 관심을 기울이는 것을 의미한다. 그러나 현대인들은 일상생활에 대한 관심과 공통 문제에 대해 사고하는 능력을 상실하였다. 그래서 아렌트는 사회에서 자주적 사유를 이끄는 오피니언 리더들이 사회와 자신의 행동에 대한 대중의 성찰 능력을 자극하도록 해야 한다고 지적하였다. 사유는 "전복적"[38]이자 일종의 자기 대화이기도 하다.[39] 사고의 주도권을 잡지 못하고 다른 사람에게 의사결정권을 부여하는 것은 개성의 상

36 汉娜 · 阿伦特 著. 姜志辉 译(2006). 精神生活 · 思维. 江苏教育出版社, pp.180-226.

37 张静(2016). 行动何以可能-汉娜 · 阿伦特的公共领域思想研究. 吉林大学. 博士论文.

38 汉娜 · 阿伦特 著. 姜志辉 译(2006). 精神生活 · 思维. 江苏教育出版社, p.199.

39 김선욱(2002). 한나 아렌트 정치판단이론. p.94; 김선욱(2002). 문화와 소통가능성: 한나 아렌트 판단 이론의 문화론적 함의. 정치사상연구, 6, 169-192에서 재인용.

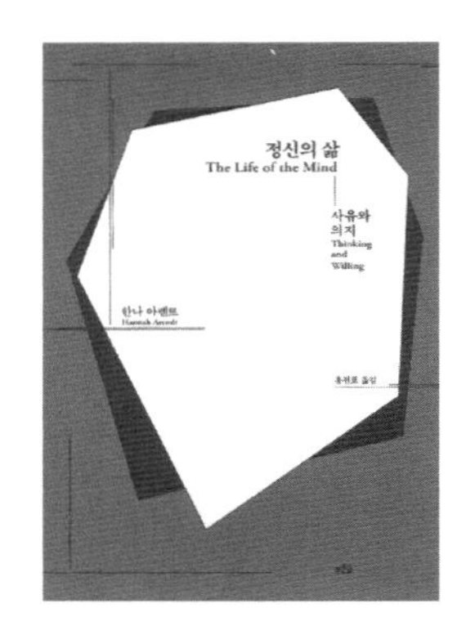

실이자 공공성의 상실을 의미하는 것이다. 그리고 자율적인 사고는 모든 고유한 행동 규범과 확립된 가치 패러다임을 타파할 수 있고, 기존의 사유 프레임과 강제적인 이데올로기에서 벗어날 수 있다. 또 다른 면에 있어, 개인은 자율적 사유를 통해 자신과 이야기를 나눌 수 있고, 화합의 원칙에 따라 삶을 이성적으로 조명하고 사회를 성찰하며, 외부의 목소리를 버리고 내면의 영혼에 도달함으로써, 수동적인 행동을 변화시켜 '행동'의 세계로 나아가게 된다. 이것은 사유의 주도권과 공공성을 반영하는 것이다. 모든 사유 활동은 새로운 시작이다. 이것은 개성의 재생과 새로운 의미의 생성, 세계의 다양성 유지, 공공 공간의 완전성 보존을 의미하고 있다.

'의지'는 공공성 회복을 촉진하기 위한 중요한 개인적 요구사항이다. 의지는 사고의 내적 성찰과 달리 외적 실천이자 미래의 불확실성에 대한 행동이다. 그래서 공공 영역에서 개체 자신의 다양성을 드러내고 정치적 자유를 실현할 수도 있기 때문이다. 한 사회가 전제주의에 의해 위협받을 때, 개인의 다원주의적 의지가 소수의 '보편적 의지'로 대체되어 버리고, 공공 영역에서의 공공성도 사유성과 전제성으로 대체되어 버린다. 개인의 사리사욕이 중시되는 현대사회에서 의지는 전제화되는 것이 아니라 다른 극단으로 발전하게 된다.

전통적 이데올로기가 부단히 무너지는 상황에서, 개인의 의지는 유례없는 자유를 얻었지만 '그 어느 것도 자유롭고 의지할 수 없는'[40] 심지어 허무주의까지 낳았다. 의지가 그 특수성을 충분히 발휘하고, '일련의 연속적인

40 王寅丽(2008). 汉娜 · 阿伦特: 在哲学与政治之间. 上海: 上海人民出版社, p.257.

사건이나 상태를 자발적으로 시작하는 힘'[41]을 발휘하며, 과거를 '용서'하고 미래를 '약속'하는 방식으로 개인의 행동을 자극할 때만이, 공동세계의 공공성 삶이 회복되고 마침내 현대성의 딜레마로부터 벗어날 수 있게 된다.

공동체 차원에서 아렌트는 칸트의 '판단력 비판' 이론에 기초하여 '공통감(common sense)'의 개념을 제안하였다. 이것은 사람들이 스스로 말하고 의지를 표현할 때 타인의 입장에서 생각하고 서로를 영적으로 이해하고 포용하여 어울릴 것을 희망하는 것이다. 이러한 '공감각'은 인간 본성에 내재되어 있는 일종의 감정의 보편성이기에, 교류가 가능하고 전달이 가능한 것이다. 이것은 사람들이 사적인 이기적 사고를 버리고 공공 영역의 삶에서 공적인 행동 습관을 형성하도록 요구한다. 혼자 판단하더라도 상상의 소통을 통해 타인의 잠재적인 동의를 얻어야 한다. 이러한 공공성을 갖고 있는 유효한 판단은 고립적이지 않고 타인의 자리에 항상 존재하기에, 타인의 상황과 처지를 고려의 범위에 끌어들인다. 이처럼 공감각을 지닌 사고가 많아질수록 그 판단의 유효성이 더욱 높아져서 공공 영역의 공감대를 형성한다.

'공감각'에서 중요한 점은 '용서'이다. 엘리자베스 영 브륄(Elisabeth Young-Bruehl)은 아렌트의 사상을 정리하면서, 처음으로 용서를 '필요한 정치 조건, 기본적인 정치 경험'으로 현대 정치철학에 포함시켰다. 그것은 '행동으로 인한 불가피한 피해에 대한 필연적인 시정'으로, 이렇게 해야만 과거의 행동에서 벗어나(releasing) 미래를 향해 나아갈 수 있는 것이다.[42] 이 점에 있어 그것은 동양 문화와 공통점이 있는 듯하다. 용서와 '공감'을 바탕으로 판단하는 사람들은 공동체의 구성원으로 존재하는 것이다. 판단은 사

41 汉娜 · 阿伦特. 姜志辉 译(2006). 精神生活 · 意志. 南京: 江苏教育出版社, p.4.

42 伊丽莎白 · 扬-布鲁尔 著. 刘北成 · 刘小鸥 译(2008). 阿伦特为甚麼重要. 南京: 译林出版社, p.66, 78.

유와 의지에 비해 공공 영역과 더 직접적으로 연결된 내적 힘으로, 이는 개인의 행동을 통한 공공성을 갖춘 공동체의 형성에 더 중요한 영향을 미친다.

행동 측면에서 아렌트는 잃어버린 혁명 정신을 되찾고 고전주의적 도시국가의 자유를 추구하자고 제안하였다. 여기서 이야기하는 '자유'는 대중이 자유롭게 공공 영역에 들어가 공공업무에 참여하여 자신의 언론과 행동에서 행복감을 얻을 수 있음을 의미하며, 이는 혁명 정신의 본질을 반영하기도 한다. 이러한 정신의 인도로 공공의 자유와 행복에 대한 대중의 동경, 즉 일종의 언론, 소통, 의사결정에서 생겨나는 즐거움을 불러일으키고, 이로써 지속 가능한 공공 영역을 구축하게 될 것이다. 아렌트는 제도 측면에서 위원회 체제를 발의하고 대의민주주의에 반대하며 시민의 적극적인 행동과 직접적인 참여를 강조하였다. 평의회 제도는 개인의 공동적인 추구를 포함할 뿐만 아니라 개인의 다원성을 충분히 반영하고 정치적 무관심과 경제적 침식을 반대하는 진정한 공동체이기 때문이다.

이 공동체의 설립은 또한 사람들이 오랫동안 잃어버린 고전적 도시국가 시대 사람들의 마음에 '선'과 '정의'를 찾는 데 도움이 될 것이고, 사람들이 장기적인 공공의 행복감을 얻을 수 있도록 할 것이다.[43] 공동체의 집적과 단합된 행동은 허위 정치의 발전을 억제하는 힘을 낳을 수 있고, 행위자들이 일단 모이게 되면 그 인원이 많든 적든 불문하고 공권력과 공공이익이 표출된다.[44] 공권력이 표출되는 것은 전제주의 아래 폭력은 개체의 다양한 억압

43 汉娜·阿伦特. 陈周旺 译. 论革命(2011). 南京: 译林出版社, pp.207-265.

44 蔡英文(2006). 政治实践與公共空间: 阿伦特的政治思想. 新星出版社, p.243.

에 대한 실패를 의미한다.[45] 따라서 개체가 모여 공동체로 되고 또 그 공동체 안에서 행동과 권력은 '상호주체성' 가운데 생겨나게 된다. 이로부터 폭력을 추방하고 공공 영역을 유지할 수 있게 됨으로써, 사람들이 보다 오래 지속적이고 안정적인 공공 생활을 얻을 수 있게 된다.

아렌트의 당시 시대와 경험을 통해 개척한 공공 영역 이론은 인성의 광채를 지닌 순수한 정치세계의 유토피아라고 할 수 있다. 그의 이론은 고전적 정치생활로의 회귀가 강한 지향성과 이상적 색채를 지니고 있다. 하지만 그 이론은 현대성의 위기 해소에 큰 계몽효과가 있고 공공 영역 연구의 토대를 마련하고 있지만, 공공 영역의 구체적인 실현에 있어서 정신적 요구를 과도하게 강조함으로써 실천적 방법론이 결여되어, 현대사회의 근간을 건드리지 못하고 있고 또 사회 영역에 대해서도 완전히 비판적인 태도를 견지하여 공공성 형성에 따른 시민사회의 영향을 홀시하고 있다.[46] 따라서 하버마스는 공공 영역의 개방적 자유성과 공공담론 등 사상을 흡수하는 기초 아래, 실천 속에서 국가 현대성의 근본적인 문제에 초점을 맞추어 '부르주아적 공공 영역'과 같은 일련의 이론들을 제시하였다.

2. 의사소통의 대가 하버마스와 공공성

1) 하버마스 이론 중의 공공성 특징

1960년대 초반 서유럽 국가들의 복지 사회적 배경과 새로운 사회운동의 출현으로 하버마스는 본래 주체들 간의 합리적인 의사소통에 의해 유지

---

45 汉娜 · 阿伦特. 郑辟瑞 译(2012). 共和的危機. 上海: 上海人民出版社, 2012:137; 张静(2016). 行动何以可能?. (Doctoral dissertation, 吉林大学)에서 재인용.

46 江宜桦(2001). 自由民主的理路. 台北: 联经出版事业公司, p.228.

되었던 생활세계가 화폐와 권력을 매개로 하는 논리에 침식되었음을 인식하게 되었다. '생활세계의 식민화'에 저항하고 시민들 삶의 질을 향상시키는 것이 이전의 계급갈등과 분배갈등을 대체함으로써 사회적 핵심 갈등으로 되었다.[47] 이러한 새로운 사회적 갈등에 직면하여 하버마스는 18세기부터 19세기까지의 유럽사를 배경으로 하여, 아렌트의 공공 영역과 사적 영역의 구분 그리고 근대사회에 대한 비판을 기초로, 민주주의 이론 관점에서 '부르주아 공공 영역'과 자유 모델을 탐구하였다.

A. 공공 영역의 의사소통적 합리성

하버마스는 공공 영역은 모든 사람에게 열려 있고, '개인의 집합에 의해 형성된 대중의 영역'[48]이며, "내용과 관점 또한 의견의 의사소통적 네트워크이다. 그곳에서 의사소통의 흐름은 특정 방법으로 필터링되고 통합됨으로써, 특정 주제가 모여 이루어진 대중의견 또는 여론이 된다."[49] 이 개념을 통해 하버마스가 개체의 의사소통 가운데 형성된 대중여론을 중시하였음을 명확히 알 수 있다.

그는 공공성은 원래 모든 사람이 자신의 개인적인 욕망, 신념, 사상 등을 평등하게 표현할 수 있는 민주주의 원칙이며, 이러한 개인의 의견이 대중의 비판에 의해 여론으로 전환될 때만 공공성이 실현될 수 있다고 여겼다.[50] 공공성이 발전함에 따라 공공 영역에서 모인 대중은 점차 일정 수에 도달하게 될 것이다. 이때 대중의 의사소통은 일정한 연결방식에 의존해야 하고, 대

47 김상돈(2018). 공공사회학. 서울: 소통과공감, pp.41-42.

48 哈贝马斯(Juergen Habermas). 曹卫东等 译(1999). 公共领域的结構转型. 上海: 学林出版社, p.32.

49 哈贝马斯(Jurgen Habermas). 童世骏 译(2003). 在事实與规范之间 关於法律和民主法治国的商谈理论. 北京: 生活·读书·新知三联书店, p.446.

50 哈贝马斯(Juergen Habermas). 曹卫东等 译(1999). 公共领域的结構转型. 上海: 学林出版社, p.252.

중매체는 이러한 매개 기능을 부담하여 대중언론이 신문, 포럼 등 플랫폼을 통해 여론효과를 형성할 수 있게끔 한다. 따라서 대중매체 또한 광범위한 공공성을 갖는다. 하지만 후기 자본주의 단계로 진입한 후 국가와 사회, 공공 영역과 사적 영역의 통합, 국가 독점의 언론단체 형성, 발전 및 콘텐츠 생산으로 인해, 대중언론은 점차적으로 개인 이익이 공공성을 잠식하는 도구로 변질되었고, 공공 영역 또한 그에 따라 정치 쇼의 무대로 되었다.[51]

B. **공공 영역의 물질적 토대와 절차성**

아렌트가 공공 영역에서 개인의 탁월함을 강조한 것과 달리 하버마스의 공공 영역 구축은 경제적 이익을 기반으로 한 시민사회에 의존하였다. 아렌트는 사적 영역과 사회적 영역(시민사회)의 존재를 부정하지는 않았지만, 양자 모두에 대해 과도한 긍정은 하지 않았다. 아렌트가 공공성의 정치적 의미를 강조한 것에 비해 하버마스는 공공 생활의 물질적 기반과 제도적 지원에 더 주목하여 합리적 의사소통에 의해 형성되는 공공성을 강조하였다. 따라서 그는 '공공 영역'을 국가와 사회 사이의 경쟁과 협력의 영역이자 국가와 사회 중간에서 상대적으로 독립적인 존재가 됨을 드러내었다. 이 분야의 구조는 또한 국가와 사회 간에 있어 권위와 민주에 관한 양방향적 상호작용의 공간을 형성하게끔 촉진하여, 이로써 공공 영역과 시민사회 사이의 직접적인 양방향 지원을 더 잘 보여준다.[52]

---

51 조대엽 & 홍성태(2013). 공공성의 사회적 구성과 공공성 프레임의 역사적 유형. 아세아연구, 56(2), 7-41.

52 정성훈(2013). 도시공동체의 친밀성과 공공성. 철학사상, 49.

먼저 하버마스의 시민사회는 공동의 이익 등의 문제를 해결하기 위해 충분한 논의와 제도화된 비정부적 · 비경제적 조직과 자발적인 단체로 구성된 사회적 네트워크라고 하였다. 그 추구의 핵심은 대중이 공개적 기관을 통해 의사소통 구조의 민주화를 추구하는 것이다.[53] 한편으로 공공 영역 형성의 근간은 시민사회이며, 또 한편으로 성숙한 공공 영역은 시민사회의 독립성과 자율성을 제고하여, 그들이 외부 영향을 받는 가치와 관점을 변화시키고 창의적으로 넓히며 비판적으로 걸러낼 수 있게 함으로써, 국가의 권위를 상호 제어하는 능력을 지닐 수 있도록 한다.[54]

국가권력 행사가 적법한지, 시민 의견을 충분히 대변하는지 여부는 공공 영역에서의 의사소통 공동체가 자유 · 평등 · 개방의 '민주적 협상과정'을 갖고 있는지, 권력의 운용이 여론의 전폭적인 지지를 받고 있는지 여부에 달려 있다. 의회 내부의 내부 공론장과 의회 밖의 외부 공론장 간의 활발한 소통을 통해 생산적 긴장과 협력 관계를 유지하는 정치는 생활세계의 식민화에 효과적으로 저항할 수 있는 민주적 전략이다.[55]

C. 공공 영역의 발전과 유형

하버마스는 또한 발전 과정과 공공 영역의 분류에 대해 자세히 설명하였다. 공공 영역에서 토론하는 내용이 개체 간에 차이가 있음에 따라, 하버마스의 공공 영역은 정치적 공공 영역과 문학적 공공 영역으로 나눌 수 있다. 그중 문학적 공공 영역에서의 의사소통은 주로 외부세계에 대한 개인의 경험 표현과 개인감정의 표현이다. 아울러 동시에 객관 세계와 주관 세계의 두

---

53 조승래(2007). 자유주의 시민사회론을 넘어서. 세계 역사와 문화 연구, 1-21.

54 David Held, Models of Democracy, Stanford, Calif: Stanford University Press, 1987, p.31 재인용.

55 최용성(2013). 해방적 합리성과 의사소통적 도덕교육의 실천. 윤리교육연구 (31), 349-380.

부분을 포함한다.[56]

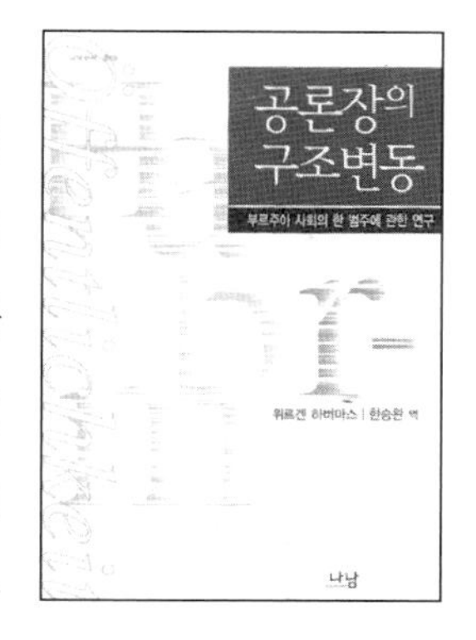

대중은 먼저 문학, 예술, 철학 등에 대한 비판적 토론을 통해 자기 계발을 하고, 이를 바탕으로 정치 공공 영역에 진입하여 정치권력 문제에 대한 비판을 하며, 공공 영역의 개방성, 공공성, 이성적 가치를 추구한다. 또한 하버마스는 1990년에 재출판된 『공론장의 구조변동』에서 공공 영역의 위계적 특성을 보완하였다. "지배적인 공공 영역과 더불어 상호의존적인 시민의 공공 영역도 있다." 이것은 "소시민과 하층민의 삶의 특별한 단계"를 보여준다. 그것은 공공 영역의 변형일 뿐만 아니라 부르주아 공공 영역의 해방 잠재력을 보여준다.[57] 즉, 공공 영역은 여러 계급을 수용하는 장인데, 이러한 보완은 그의 저서에서 공론장의 '계급성'을 타파하고 더 수용적으로 만드는 것이다.

2) 하버마스의 공공성에 대한 비판

공공성에 대한 비판에 있어 하버마스는 주로 공공성의 기능과 실현 방법에 주안점을 두어 논지를 전개하고 있다. 공공 영역과 사적 영역의 통합으로 인해, 대중의 중개 기능은 사회단체와 정당으로 대체되었다. 기능 면에서 공공성은 원래 대중의 비판에 근원을 둔 원칙이었으나, 현대 자본주의 사회에서는 도리어 권력기관에 의해 조작되어 그 '공공 속성'을 과시하고 그 지배의 정당성을 드러내는 방식으로 탈바꿈하였다. 그래서 공공의 이익은 정

---

56 哈贝马斯(Jurgen Habermas) 著. 洪佩郁 · 蔺菁 译(1994). 交往行动理论. 重庆出版社. 王晓升(2011). "公共领域"概念辨析. 吉林大学社会科学学报, 51(4), 22-30에서 재인용.

57 哈贝马斯(Juergen Habermas). 曹卫东等 译(1999). 公共领域的结構转型. 上海: 学林出版社, 序 pp.2-6.

치인들이 정치권력을 가지고 노는 허울로 되었고, 피상적인 대중투표나 정책적인 공공복지는 공공성 공연이란 무대로 되었다. 아울러 여론과 사회적 공통 인식도 일부가 언론매체를 이용하여 꾸민 '정교한 계략'으로 되어, 이에 공공성은 또다시 '봉건화'로 되었다.

실현 수단에 있어서 정보 네트워크의 발달과 경제·정치 분야의 지속적인 통합으로 대중매체는 권력기관이 여론을 조작하는 도구가 되어버려, 개인의 공공 의사소통에 영향을 미치는 침투성 압력으로 되었다.

대중매체가 지닌 편향성과 압도적인 영향력은 공공성의 중립성 원칙을 훼손하고, 은밀한 책략으로 다양한 커뮤니케이션 채널을 통제하려 하며, 민심을 여론으로 대체하고, 공공 영역의 공공성을 누그러지게 함으로써, 공론장을 '권력 상실의 장'으로 전락시켜 버렸다.[58]

3) 하버마스의 공공성 회복에 대한 구상

이상적인 공공 영역은 정부에 정당성을 부여하고, 자유·평등·개방을 지닌 민주적 협상과정의 의사소통 공동체이다. 이러한 공공 영역에서 대중은 평등하게 출입하고 자유롭게 의견을 발표하여 여론을 형성하고, 아울러 대중매체의 여론감시 기능을 빌려 공권력의 합리화를 실행한다. 그렇다면 공공 영역의 공공성을 어떻게 회복할 수 있는가?

하버마스는 이후 연구에서 몇 가지 제안을 하였다. 가장 근본적인 것은 공공 영역을 의사소통이론과 협상론을 바탕으로 구축함으로써, 공공 영역을 공공성을 반영하는 공간 장으로서뿐만 아니라 시민사회를 기반으로 '삶

58 哈贝马斯(Juergen Habermas). 曹卫东等 译(1999). 公共领域的结構转型. 上海: 学林出版社, 序 p.15. 백완기(2007). 한국행정과 공공성. 한국사회와 행정연구, 18(2), 1-22.

의 세계에 뿌리를 둔 일종의 의사소통 구조'로 이해하는 것이다. 이러한 의사소통 구조는 조직이나 시스템이 아니라 사회적 현상이다. 공공성의 재정립은 의사소통 주체, 의사소통 담론, 행정 절차, 공간장과 기능 등 몇 가지 측면에서 전개되어야 한다.[59]

주체 측면에서는 모든 대중의 생각을 고려 범위에 넣어야만 사회 전체의 문제를 발견하게 되고 또 이를 공공 영역의 중요한 문제로 추출할 수 있게 된다. 담론 측면에서 대중은 자연 언어를 사용하여 '평등한 의사소통, 세속에 대한 관심, 열린 토론'의 정신에 따라 대화와 의사소통을 진행하고, 기존의 문제에 대해 성찰하고 비판하며, 충분한 민심을 기반으로 여론을 형성하여, 공공 영역이 정치권력의 남용을 제한하는 역할을 발휘하게끔 한다. 이와 동시에 사회문제의 센서 역할로써 대중은 문제를 포착하여 그것을 공공 의견으로 추출하고 공공여론을 형성하는 데 능숙해야 한다. 절차적 차원에서 공공 영역은 의회처럼 엄밀하게 규범화할 수는 없지만, 대중의 이성적 비판과 법적 감독을 확보하고 공공성의 지속적인 안정성과 실효성을 제고하기 위해서는 헌법과 같은 규범적 법률의 보호가 필요하다. 공간적 측면에서 공공 영역은 개방성, 침투성, 가변성을 지니고 있어, 그것은 공공 영역과 사적 영역을 분리하고 또 둘을 서로 결탁시킨다. 대중은 그 안에서 '공과 사'라는 이중적 정체성을 가지고 있다. 하나는 공공성을 보장하는 공공 영역의 담당자이고 다른 하나는 어느 정도 친밀감을 갖는 생활세계의 사적 영역의 주체이다. 기능 측면에서 볼 때 공공 영역은 궁극적으로

59 傅永军(2008). 公共领域與合法性-兼论哈贝马斯合法性理论的主题. 山东社会科学, (3), 5-11.

정치체제를 통제하고 권력을 통제하는 것이 아니라, 공권력에 대해 성찰하고 조명하는 것이다. 정보 커뮤니케이션 중개자로서 대중매체는 가능한 한 자신의 중립성을 유지하여 권력의 도구로 매몰되지 않아야 하고, 대중이 위탁한 '대리인'으로 공공 영역에서 정치 활동을 감독하는 역할을 해야 한다.[60]

공공 영역이 위의 몇 가지 기준을 충족할 때 국가, 사회, 시민 간의 관계를 조절하는 '제3의 공간'으로 재구성되어, 자유와 질서, 여론과 제도가 서로 결합된 '도덕적 · 법적 공동체'를 형성함으로써 자본주의 사회의 통치에 대한 정당성을 제공한다.

3. 테일러의 생각: 다문화주의와 공공성

2017년에 하버마스와 함께 '존 클루지 인문사회과학 평생공로상(Kluge Prize)'을 공동 수상한 찰스 테일러(Charles Taylor)는 공공성 연구에 중요한 영향을 미친 또 다른 정치 철학자이다. 공공 영역에 대한 테일러의 생각은 다문화주의의 발달과 공동체의 상실로 인한 공공성 상실의 숨은 걱정에서 비롯된다. 시장경제와 시민사회의 발전은 전통적 혈연마을로 형성한 공동체가 점차적으로 사라져 정체성 위기가 발발했으며, 공동체가 가져온 공통성은 점차 기억 속에 존재하게 되었다.

사회의 개인화와 세분화가 점점 심각해지고 있으며, 일종의 극단적 자아실현의 개인주의가 점차 출현하고 있다. 한편으로 개인은 외부 규제에 얽매이지 않고 자신의 진정성을 실현하기 위해 사회와 타인의 간여를 강력히 거

60 哈贝马斯 & 童世骏(2003). 在事实與规范之间: 关於法律和民主法治国的商谈理论. 生活 · 读书 · 新知三联书店, p.467.

부하며, 다른 한편으로는 심리학, 사회학 등 과학기술에 대한 믿음을 갖고 자신의 내면세계를 지지한다. 이런 종류의 사고는 진정한 가치감이 부족하고 결국 허무한 주관주의로 이어질 것이다.

자아실현에서 개인은 효율과 편익을 정확하게 계산한다. 이 '도구적 합리성'은 모든 관계를 목적달성 하기 위한 수단으로 바꾸고, 생활의 숭고함을 이익의 종속물로 폄하함으로써, 삶의 자연적 가치를 물질화시켜 인간의 삶이 도구로 조작되게 한다. 개인의 의지는 쇠약해지고, 개인은 자아 밖의 세계에 무관심하여, 권력기관의 안배에 기계적으로만 복종할 수밖에 없을 뿐이다. 개인과 국가, 집단의 상호작용이 감소하고, 삶에는 공동체의 사랑과 귀속감이 결여되어 자연스럽게 공공성이 상실하게 된다. 이에 개인의 개별화, 문화적 다원주의, 공공 생활 사이의 관계를 어떻게 균형을 이루게 할 것인지가 해결해야 할 시급한 문제로 되었다.

1) 테일러 이론 속의 공공성 특징

테일러는 다중 공공 영역 설립의 관점을 제시하고 앤더슨의 '사회적 상상력' 개념을 공공 영역 이론에 도입하여, 공공 영역에서 대중을 '상상적 공동체'로 간주하였다. 이러한 공공 영역에서 사람들은 공공 사건을 위해 동일한 물질적 공간에서 특별히 모일 필요가 없고, 대부분 대중매체를 통해 가상의 공간에 대중을 모이게 하여, 분산된 토론으로 무형의 공공 공간을 형성한다. 이것은 인터넷 시대에 전통적인 미디어와 디지털 미디어를 포함한 대중매체의 공공성 역할을 강조하며, 미디어를 통해 분산된 대중이 더 광범위한 '상상적 여론 공동체'를 조성한다. 공공 영역에 대한 테일러의 구상은 이전의 단일 유형을 깨고 다양한 공공 영역을 이끌어내었다. '다양성'은 한편으로 대중매체의 공공성 역할을 강조하는 한편, 대중의 정체성과 의견의 다양성을 강조하기도 한다.[61]

테일러는 일반적으로 공공 영역에서 의사소통의 기본 원칙과 특성 등에 대해 하버마스와 유사한 견해를 가지고 있다. 그는 공공 영역에 대해 다음과 같이 여겼다. 공공 영역은 문화적 의사소통을 위한 공공 공간이며, 사회구성원이 다양한 매체를 통해 소통하거나 직접 만나 공익과 관련된 문제를 논의하고 여론을 형성한다. 그것은 소통성, 자율성, 비판적 합리성 및 정치구조로부터의 독립성이라는 특성을 가지고 있다. 이러한 특성은 대중 여론과 구별되는 여론에 의해 형성되며, 공공 영역의 담론적 특성을 반영한다.

여론(public opinion)의 형성은 어떤 권력기관의 통제도 받지 않고, 오히려 정치권력의 운용에 일정한 규제 및 감독효과를 가질 수 있다. 왜냐하면 그것은 인류의 의견을 수동적으로 수용하는 대중여론(the opinion of mankind)과는 다르기 때문이다. 그것은 사회구성원의 공동의 행동과 상호 이해를 바탕으로 만들어진 것이기에, 이성적인 성찰을 바탕으로 형성된 적극적인 공감대이다.[62] 공공 영역의 구성원은 서로를 알 수 있지만, 낯선 사람이 더 많음으로 인해 매체 기술의 발전이 이러한 낯선 사람의 가상적 취합에 그 가능성을 제공하였다.

이로부터 알 수 있듯이, 테일러의 공공 영역 이

61 查尔斯·泰勒. 公民與国家之间的距离; 汪晖 & 陈燕谷(2005). 文化與公共性. 三联书店, pp.199-201.

62 Taylor, C.(1995). Philosophical arguments. Harvard University Press, pp.259-267.

론은 소통성, 자율성, 비판성을 강조하는 것 이외에, 현대사회의 공공 영역에 있어 다양성과 가상성을 더욱 강조하고 있다.

2) 공공성의 재구성 방식

뉴미디어 기술의 발전을 배경으로 테일러는 공공 영역의 재구성에서 공공매체의 핵심적 역할을 제시하면서, 공공매체의 품질과 기능이 공공 토론의 질과 범위에 결정적인 역할을 한다고 여겼다.[63] 이른바 '공공매체'는 "정치체제에 직접적으로 예속되지 않는 매체 또는 정치적 입장에서 중립적인 매체"를 의미한다. 바로 이러한 공공매체의 공공성이 현대 공공 영역의 공공성을 만들어낸 것이다.

테일러는 현대사회 상황에서 공공 영역을 어떻게 제도화할 것인가의 문제와 관련하여, 한편으로는 공공 영역이 정치권력 체제로부터 독립한 초월성과 중립성을 갖추어, 공공 영역이 정치적 간섭을 받지 말아야 하며 정치 이외의 세력을 배제함으로써 공공 영역의 순수성과 자유를 유지해야 한다고 하였다. 또 한편으로 공공매체는 공공 영역에서 대중을 연결하는 매개체로서 시민사회의 일부로 되었기에, 시민사회에서 역할을 발휘하는 중요한 메커니즘이 된다.[64]

물론 오늘날 사회의 공공매체는 정치권력기관과 사적 영역 모두에 의해 침식당해, 여론의 위선적인 공공 성격이 진정한 공감대를 은폐하게 되었다. 이러한 현상의 발생을 피하고 공공 영역의 공공성을 유지하기 위해, 테일러

---

63 查尔斯·泰勒. 公民與国家之间的距离; 汪晖 & 陈燕谷(2005). 文化與公共性. 三联书店, pp.199-208.

64 黄月琴(2008). 公共领域的观念嬗变與大众传媒的公共性-评阿伦特. 哈贝马斯與泰勒的公共领域思想. 新闻与传播评论辑刊 (1), 11.

는 정보를 전달하는 과정에서 공공매체가 조작을 당한다면 의사결정을 내릴 때 매체를 통해 진정으로 열린 다단계 의사소통을 수행하는 것이 필요하다고 제안하였다. 다시 말해 모든 대중의 보편적인 의지가 민주적 의사결정의 기준으로서 최대한 대중매체의 독립성을 유지하도록 노력하는 것이다.

공공 영역에 참여하는 개인에게 있어서 피차간에 평등하고 정당한 인정이 매우 중요하다. 이러한 피차간의 인정은 타인의 독립을 존중하는 바탕으로 하는 것이지, 그 어떤 외부의 강제력에 의존하지 않는 것이다. 개인의 정체성은 부분적으로 타인의 인정을 받아야 하기 때문에, 타인의 인정을 받지 못하거나 왜곡된 인식을 얻게 된다면 개인의 정체성이 일탈하게 된다. 개인 간의 왕래에 평등과 존중을 전제로 한 상호 인정은, 주관주의로 야기된 극단적 개인주의의 발생을 방지하고 그들 자신의 유일성과 진정성에 대한 인식을 올바르게 강화할 수 있다.

또한 계층과 사회적 역할의 고착화로 야기된 정체성의 차이를 멀리하여, 사람과 사람 사이에 더욱 견고한 유대감을 형성하고, 공공 영역에서의 공공성 형성을 위한 정당한 집단 정체성의 토대를 마련할 수 있다. 이러한 정당한 인정은 모든 개인의 가치와 결코 동등하지 않으며, 평등한 태도와 비판 정신의 지도하에 평등하게 의견을 교환하고 개인과 다른 문화의 가치에 대해 실제에 부합한 판단을 내리는 것이다. 만약 개인이 의견을 표현할 때 실수가 있어 전체 사건의 진실한 피드백에 영향을 미치게 된다면, 우리들은 의식적으로 이러한 인식을 재검토하고 새로운 대화와 협상을 통해 잘못된 인식을 변경하여, 최종적으로 형성된 의견이 개인의 진정성을 반영해야 하는 것이다.

그러나 실생활에서 대중의 의지는 공공의 의사결정에서 너무 멀리 떨어져 있는 것처럼 보인다. 왜냐하면 의사결정 과정에서 직접적으로 실질적인 역할을 할 수 없기에, 불가피하게 일종의 '시민 소외감(the sense of citizen alienation)'이 발생하여 국가권력에 대한 대중의 의존으로 나아가, 통제되고 온건한 전제정치 속에서 자발적으로 생활하게 된다.[65]

이를 위해 테일러는 다차원적 중첩(nested) 공공 영역을 제안하였다. 이것은 지방 공공 영역으로 국가 공공 영역의 권력을 분산시켜, 더 많은 대중이 지역 문제에 대해 공개적으로 토론하고 공공 의제에 직접 참여할 수 있도록 한다. 이로써 참여의식을 높이고 대중과 공공 생활의 거리를 끌어당기며, 지역 공공 영역을 통해 국가 공공 영역에 영향력을 행사함으로써 각 공공 영역 간의 상호작용을 강화시킨다. 이것으로부터 테일러의 연구는 공공 영역의 위상을 더욱 현실적으로 향상시켰음을 알 수 있다. 그것은 정치를 제한하는 형식일 뿐만 아니라 더욱이 민주적 실현을 위해 성장과 생존의 환경을 제공한 것이다.[66]

정보기술이 나날이 발전하는 오늘날 사회에서 1인 미디어는 점점 더 번성하고 있으며, 문턱을 넘을 수 없는 일반 사람들도 소셜 플랫폼에서 자신의 의견을 공개적으로 표현할 수 있다. 지난 2년 동안 코로나19의 영향으로 많은 공공 업무 처리에서 면대면 소통을 할 수 없었다. 이때 전자출판물, 화상, 생방송 등 미디어와 미디어 플랫폼은 시공간을 초월한 사람들의 소통에 더 큰 힘을 발휘하고 있다.

서로 낯선 대중은 계급과 경제적 능력의 차이를 벗어나게 했고, 미디어

---

65 Taylor, C.(1995). Philosophical arguments. Harvard University Press, p.208.

66 Taylor, C.(1995). Philosophical arguments. Harvard University Press, p.287.

플랫폼을 통해 텍스트와 도구를 사용하여 관점을 교환하고 서로를 이해하고 공감대를 형성하였다. 이로부터 개인의 정체성을 형성하고 자발적으로 공동체를 이루며, 사회적 관계를 재편하고 피차간의 이해와 공무에 대한 공감대를 이룸으로써, 공공 영역 공공성이 무형의 공간 속에서 실현될 수 있는 것이다. 아울러 지역 공공 영역의 영향력을 강화하는 관점은 한국이 근래에 제창한 지방분권의 주장과 같은 맥을 가지고 있어 강한 현실적 의미를 지니고 있다.

4. 동아시아 사회와 공공성

전 세계적으로 세계화와 탈세계화가 진행되면서 동아시아 학계는 점차 동양적 특성을 지닌 동아시아 사회의 발전에 주목하게 되었다. 이러한 동아시아 사회 발전의 주목은 일본의 공공성에 대한 논의에서 발전한다. 일본은 1990년도에 공공철학적 입장에서 21세기에 알맞은 공공성을 제시하였다. 이것은 서구적 개념의 적용이 아닌 동아시아적 관점, 즉 한중일의 사상 자원을 재해석한 점임을 강조하면서, 이에 구체적인 생활세계의 공공성과 국가를 넘어선 공공성의 지평이 결합된 '글로컬한 공공성'의 창출을 제안하고 있다.[67]

동아시아에 있어 공공사상의 근원을 탐색하기 위해서는 무엇보다 먼저 동아시아의 고대 경전에서 출발해야 한다. 이에 중국 한자 가운데 동아시아 사회에서 '공(公)'이 최초로 어떠한 의미를 지니는지 갑골문을 통해 살펴본다. '공(公)'의 갑골문 글자 모양은 "항아리의 입 모양과 같으며 항아리

67 박규태(2014). 현대일본 공공철학 담론의 의의-김태창을 중심으로. 비교일본학, 제31집, p.34, 45, 47.

의 처음 글자이다. 복사(卜辞)에서는 왕공(王公)을 가리키는 공(公)이다."[68] 이 시기의 '공(公)'은 주로 왕공, 귀족, 궁실 등의 의미를 가리킬 뿐만 아니라, 이는 영역과 장소의 의미로도 확장될 수 있다. 이후 '공'은 공평, 공정, 공공, 공동의 의미로 확대되었다.[69] 그래서 고대 동양의 '공' 개념은 '지배권력'이나 '지배 영역'에서 시작되어 '공정성'이나 '공평성'과 같은 윤리적인 의미로 확장되고, 나아가서는 '함께', '더불어', '공동'의 의미로 진화되어 나갔다. 이러한 과정을 거치면서 이것은 '지배 권력은 공정(공평)하게 행사되어야 하며, 또한 모든 자격을 갖춘 사람들이 더불어 참여할 수 있어야 한다'는 복합적인 의미를 함축하게 된다.[70] 동한시대의 〈설문해자(说文解字)〉에서는 '공(公)'과 '사(私)'의 개념을 서로 연계시키고 있다. 여기에서 '공'은 '균등하게 나누다'로 해석하고, "从八从厶, 八犹背也"로 표현하였다. 한비(韩非)는 사(私)의 반대를 공으로 이해하고 있다(背私为公). '사(私)'는 한나라 이후 '厶'의 가차자(假借字)로 사용되었으며 '공(公)'보다 약간 늦게 나타났다.

일본은 전통적으로 '공'은 '사' 위에 군림하면서 '공'에 의한 '사'의 지배를 정당화시켰기에, '공(公)'에 대한 이해는 '천황'을 정점으로 하는 가치질서에 국한되었다. 이 때문에 미조구치 유조(溝口雄三)는 한자에서 '공(公)'의 '평등한 분배'를 의미하는 '천하위공(天下为公)'이라는 개념을 일본의 공공성과 사적 개념에 도입한 것은, 동아시아 공공성 및 현대 공공성 이론의 연결에 도움이 된다고 주장하였다.[71]

---

68 徐中舒(2014). 甲骨文字典. 四川辞书出版社.

69 『吕氏春秋 · 序意』: "夫私视使目盲, 私聽使耳聋, 私虑使心狂. 三者皆私设精则智無由公." 『禮记 · 禮运』: "大道之行也, 天下为公."

70 채장수(2009). 공공성의 한국적 현대성: 상황과 의미. 21세기 정치학회보, 제19집 1호, p.56.

71 溝口雄三(1995). 中国の公と私. 研文社. p.84; 张彦丽(2012). 公共哲学與东亚研究-中,日,韩之间的对话. 日本学研究 (1), pp.277-283에서 재인용.

공공철학은 공공성을 철학적 관점에서 탐구하는 것을 임무로 삼고, 공공 영역과 사적 영역 사이에 상하관계가 아닌 대등관계의 입장에서 자유롭게 대화할 수 있는 공공세계의 구축을 옹호하며, 규범 이론과 실천 논리를 결합한 연구를 수행하였다.[72] 한국에서 태어난 일본 학자 김태창은 공공철학의 선구자로서 고대 문헌에 나오는 '공(公)' 사상을 연구했다. 그는 동아시아에서 공공 행복과 사적 행복을 연구하면서 동아시아의 공(公)을 천하 공공의 법, 원리, 도리, 학문이라고 하였다.[73] 그는 공공철학을 '공공의 철학', '공공성의 철학', '공공(하는) 철학'이라는 세 범주로 나누었다. 여기에서 '공공성의 철학'은 공공성이란 무엇인가라는 문제를 학술적으로 규명하고자 하는 철학을 의미한다.[74]

'공공성'은 공개성, 공평성, 공정성 및 공공 분배성의 특성을 가지고 있다.[75] 동아시아의 공공철학은 공공과 사적의 일원론을 비판하고, '정부의 공공-사적 공공-사적 영역'과 '자기-타자-공공 세계'의 삼원론을 옹호하고, '활사개공(活私開公)'[76]을 강조한다. 그래서 사회적 개체 간의 소통에 주의를 기울이고, 권위주의에서 벗어나 사유를 향유하고 실천적 발전을 촉진시킴으로써, 서로 간에 조화로운 관계를 형성하여 정의롭고 선량하며 공동의 행복

72 卞崇道(2008). 日本的公共哲学研究述评. 哲学动态 (11), 95-97.

73 金泰昌(2010). 公共哲学. 东京大学出版会, p.2; 张彦丽(2012). 公共哲学與东亚研究-中,日,韩之间的对话. 日本学研究 (1), pp.277-283에서 재인용.

74 박규태(2014). 현대일본 공공철학 담론의 의의-김태창을 중심으로. 비교일본학, 제31집. p.46.

75 林美茂(2009). 公共哲学在日本的研究现状與基本视点. 学习與探索 (03), 17-23.

76 공과 사의 어느 한쪽만을 강조해 왔던 것에서 탈피하여, 양자를 연결하여 국가나 제도세계를 뜻하는 '공'과 개인과 생활세계를 뜻하는 '사'를 모두 살리고자 하는 의미를 지니고 있다. 특히 여기에서 '사'는 단순히 자신이 아닌 타자의 '사'를 살리는 것과 동시에 자신의 '사'도 살게 된다는 의미를 지니고 있다.

을 추구하는 사회를 건설하는 것이다.[77] 그리고 그 실천은 자신과 타인의 세계를 서로 이해하는 '상화상생(相和相生)'의 원칙을 종지로 삼고, 민간 주도에 의존하여 공동의 역사와 서로 간의 문화적 특성과 가치를 존중하는 것을 바탕으로 상호 이해의 기반을 구축해야 하는 것이다.

동아시아 사회학에서 '공공성'은 공익사업의 발전에 합리성을 부여하기 위해 '공공사업 및 기타 공권력 활동의 정당성'을 의미하는 단어로 자주 사용된다.[78] 유럽이나 미국에 비해 동아시아에서의 이러한 용어 사용은 사회복지 실현에 그 가치 중점을 두고 있다. 일본어에서 'public'은 영어로 public(대중, 인민 등)의 의미가 아니라 주로 상위 권력계층(천황 및 관료)을 지칭한다.[79] 따라서 동아시아의 '공공성'은 주로 '공공' 권력의 운영에 반영되어 국가의 관료제 체제에서 수행되기에, 시민사회와 권력계급의 대립적 특성이 결여되어 있다. 이는 동아시아의 전통문화와 사회적 특성과 관련이 있을 뿐만 아니라 유럽과 미국 등 국가의 발전 속도 차이에서 기인한 결과이기도 하다.

1990년대 이후 경제 글로벌화와 소비사회의 형성에 따라 새로운 사회적 모순이 나날이 대두되고 있다. 이에 동아시아 세계도 정부와 무관한 '새로운 공공성'이 등장하였다. 이는 현대성 문제를 해결하는 핵심으로, '커뮤니티'를 통해 구축하는 일종의 다원화된 공공성이다. 여기에는 공공 언론의 발전을 촉진하는 '시민 공공성'을 담고 있을 뿐만 아니라, 민족이나 국가의 범위

---

77 김상돈(2018). 공공사회학. 서울: 소통과공감, pp.1-3, 11-12.
张彦丽(2012). 公共哲学与东亚研究——中,日,韩之间的对话. 日本学研究 (1), 8, 277-283.

78 廣松涉(1998). 岩波哲学・思想事典. 岩波書店, p.486; 田毅鹏(2005). 东亚"新公共性"的構建及其限制——以中日两国为中心. 吉林大学社会科学学报, 45(6), 65-72에서 재인용.

79 山口定(2003). 新しい公共性. 东京: 有斐閣. 2003, p.14; 田毅鹏(2005). 东亚"新公共性" 的構建及其限制——以中日两国为中心. 吉林大学社会科学学报, 45(6), 65-72에서 재인용.

를 뛰어넘는 '영역 공공성'을 내포하고 있다. 이것은 개체가 주도적으로 형성한 개방적이고 기능의 분화와 조직의 교차를 이루는 공공성이자, 비정부와 비영리단체 등 새로운 사회공동체에서 점점 더 중요한 역할을 하고 있는 공공성이다. 아울러 동아시아 지역의 통합과 공동체 의식을 구축하는 데 분명 있어야 할 공공성인 것이다.

그러나 동아시아의 새로운 공공성의 발전은 여전히 맹아 단계에 처해 있어, 그 속에 내포된 복잡성과 잠재적인 문제는 홀시할 수 없다. 사회 개혁이 이루어지고 전통적인 동아시아 사회의 권위주의가 부분적으로 흔들렸지만, '공공' 권력에 대립하는 '상향식' 시민사회는 아직 성숙하지 않았다(예를 들어 중국의 공익사업은 종종 사회에서 정부의 기능이 확장된 것이다). 그래서 새로운 공공성과 기존의 공공성은 상당 기간 동안 공존하게 될 것이다.

동아시아 전통문화에서 개인의 수양과 덕은 '공덕(公德)'보다 우선시되는 경우가 많다. 전통적인 유교의 영향으로 시민들은 종종 정부에 대해 '화해적 입장'을 취하고 정부의 의사결정에 어느 정도 의존하기까지 하여, 현대사회의 공공성을 발휘하는 데 있어 제약 요소로 작용하고 있다. 국경을 초월한 '영역 공공성' 실천도 더 큰 문제에 직면해 있는 것으로 보인다. 중국, 일본, 한국은 역사적 상처로 봉합하기 어려운 '영역 균열'이 있다. 그래서 서로 간 신뢰 위기와 모순을 어떻게 해결할 것인지 그리고 지역통합을 어떻게 조속히 실현할 것인가라는 것은, 동아시아의 새로운 공공성의 확립과 발전에 깊은 관련이 있다.[80]

이러한 문제에 대해 중국학자 루헝(芦恒)은 서구 사회학 이론의 족쇄를

80 田毅鹏(2005). 东亚"新公共性"的构建及其限制——以中日两国为中心. 吉林大学社会科学学报 (6), 65-72.

벗어나고자 하였다. 그래서 그는 한국을 경험의 주체로 하여 강한 동아시아 정체성을 지닌 동아시아 사회의 공공성의 존재 방식을 모색하고자 하였다. 이러한 관점에서 공공성은 '민주적 거버넌스 이념에 기초한 공공 권위'이자, 소통을 통한 '공동의 이익을 유지하는 참여 규범'이기도 하다. 결론적으로 공공성은 '개인으로부터 비롯되지만 외재적이고 개인에 의해 제약을 받는 동시에 일종의 집단적 도덕의 가치 합리성을 보여주는 공공 구조'에 의해 형성되는 논리와 내재 관계이다.[81] 이런 공공성의 제일 바람직한 존재방식은 공공 권위의 '공(公)'과 공공의 소통을 의미하는 '공(共)'이 균형을 이루어 조화롭게 공존하는 상태로, '국익'과 '공익' 간에 균형을 이루는 것이다. 이럼으로써 국가와 관료기구가 주도적으로 이끌어 나갈 수 있을 뿐만 아니라 대중과도 충분히 소통하고 이해하게끔 할 수 있다.

하지만 현실 속에서 '국익'과 '공익'은 균형을 이루기가 상당히 어려워, 이 둘 사이의 강약과 대비의 변화는 서로 다른 사회적 모순과 공공성 위기를 초래하였다. 동아시아 사회의 공공성 문제에 직면하면서, 공공성을 재구축하는 방식 또한 단지 서구이론 중의 대항적 방식에 근거할 것이 아니라, '균형적' 실천 논리에 따라야 할 것이다.

이러한 실천 속에서 동아시아 사회는 '국가-시장-사회'의 틀 아래 '긍정과 부정의 해소 그리고 조화로운 통합'이라는 전통적 지혜를 활용하여, 모든 주체 간의 권익을 보장하고 '서로 간의 대화를 통한 이해와 용서'를 유지시킬 수 있는 관계, 즉 역동적인 평형 관계를 건립해야 한다. 동아시아 사회는 가족과 국가의 동일한 구조를 지니는 전통을 가지고 있기에, '국가'는 공공성 건립에 있어 공공 권위의 정합(整合)에 역할을 하여, 공공적 책임을 지

---

81 芦恒(2016). 东亚公共性重建與社会发展——以中韩社会转型为中心. 社会科学文献出版社, p.8.

고 공공 서비스를 제공하여야 한다. '시장'은 규범화된 사회질서의 자주성을 발휘하여, 일정한 사회적 책임을 져야 한다. '사회' 방면에 있어서는 시민사회의 자율적 운영과 자율적인 발전이 필요하다.

이 가운데 어느 하나가 다른 두 가지와 균형을 이루지 못하면, 사회 발전의 공정성에 훼손을 가져다줄 수 있다. 이러한 비대항적 공공성은 용서의식과 발전의 관계를 중시하며, 동아시아 사회에 잠재된 서구적 사고방식을 성찰할 수 있는 기회를 제공하게 될 것이다. 이는 동양의 융통적 사유인 본체론적 기초로 회귀하는 중요성을 강조할 뿐만 아니라 서구에 의해 주변화된 동아시아의 주체성과 능동성을 발굴하게 될 것이다.[82]

현대사회에 있어 문화의 다원화는 다른 문명의 '순수성'을 위축시켰을 뿐만 아니라 고립되게 하였다. 새로운 공공성의 구축은 우리에게 정감, 정치, 윤리를 연결하는 동아시아 고대사상의 전통을 거울삼게 할 뿐만 아니라, 특정 국가의 사상만을 참조하지 않도록 요구한다. 다양한 문화와 사상이 얽혀 있는 현대사회에서, 우리는 일방통행의 사고를 깨고 통합적 사고로 나아가 다문화의 정수를 끌어내어 새로운 공감대를 형성해야 할 것이다.

5. 한국 학술계의 공공성에 관한 이론 및 실천연구

21세기 초 한국의 신자유주의 운동이 실패한 이후 불건전한 경쟁 메커니즘으로 인한 불평등이 더욱 심화되었고 사회 민주의 효능이 약화되었으며 사회적 연대와 협력이 더욱 어려워졌다. 이에 많은 연구자들은 현실에 대해 비판적으로 사고하고 반성하고 생활의 가치를 추구하며 공동의 행복을 가

82 芦恒(2016). 东亚公共性重建與社会发展——以中韩社会转型为中心. 社会科学文献出版社.

져올 수 있는 생활 방식을 모색하기 시작하였다. 이와 더불어 공공성에 대한 연구도 생겨났다.[83] 공공성의 의미를 정의하는 데 있어 한국 학자들의 연구는 기본적으로 서구 연구의 고정관념에서 벗어나지 않았지만, 한국의 실제 상황과 밀접하게 결합된 연구로 확대되었다.

사실 한국사회에서 공공성은 지속적인 공론 과정이나 사회적 담론으로 부각된 적이 없었다. 여기에는 다양한 원인이 존재한다. 먼저 '국가(公)'와 '가정(私)'이 명확히 구분되지 않았고 또한 국가가 '모두의 것(res publica)'이었던 적이 없었다는 '역사적 경험'을 들 수 있다. 둘째, 박정희 시대 이후로 더욱 내재화되는 경향을 보이는 '소유적 시장사회'와 '수동혁명적 발전주의'라는 '근대적 과정의 특수성'이다. 셋째, 한국에서의 공공성은 '신자유주의적 세계화'의 영향으로 인하여, 공공성의 실현 주체인 국가와 민주주의의 약화, 반(反)정치적인 시장이데올로기의 확산 등의 현상이 공공성 지체의 주요한 원인으로 작용한다. 넷째, '사회운동의 한계'에 따른 공공성의 지체를 야기하였다.[84] 이는 한국사회가 공공성에 대한 공론이나 사회적 담론에 대한 적극적인 논의가 없었음을 드러내고 있다. 하지만 이러한 공공성과 연결되는 사회문제가 점차 현실화되고 있다는 점에서 향후 충분한 논의와 연구가 진행될 것이다.

한국의 공공성에 관한 기존 연구는 시민성, 공공이익, 국가 공공기관 등의 특성과 결합되는 경우가 많다. 그래서 윤리적으로는 사회정의나 공공이익을 강조하고, 정치적으로는 대한 대중의 참여를 강조한다. 공공성이라는 용

---

83 나종석(2009). 신자유주의적 시장 유토피아에 대한 비판: 시장주의를 넘어 민주적 공공성의 재구축에로. 사회와 철학, 18: 187-215.
박영도(2016). 신자유주의적 자유의 역설과 민주적인 사회적 공공성. 사회와 철학, 31: 131-158.

84 채장수(2009). 공공성의 한국적 현대성: 상황과 의미. 21세기 정치학회보, 제19집 1호. pp.49-51.

어는 정부 관련성, 대중성, 공식성, 공익성, 접근성 및 공유성, 개방성, 공시성, 인권, 시장공공성 등을 포함하고 있다.[85] 일부 학자들은 이를 절차성, 주체와 가치라는 세 가지 차원으로 세분화하고 있다.[86] 그래서 특성의 관점에서 볼 때 공공성은 시민성, 공익성, 개방성의 세 가지 개념 요소를 포괄한다고 할 수 있다. 첫째, 공공성의 주체 측면을 반영한 시민성은 정의, 평등, 자유, 충성, 타인에 대한 배려 등과 같은 시민의 자질에 대한 요구인 것이다. 이것은 공공성 주체로서 시민이 추구하는 민주적 성취의 수준을 가리키며, 공공성과 관련된 사회 영역이나 생활 영역에서 자아의 민주성을 직접 체험하고 실현할 수 있도록 한다.

둘째, 공공성의 기능 가치적 측면에서의 공익성이다. 사회는 자원과 복지의 공유를 달성하기 위해 적절한 법률과 규정으로 물질적 자원을 배분한다. 셋째, 공개성은 소통행위를 본질로 하는 공공 영역의 개방성이다. 여기에는 절차상에 있어 행정관리과정의 공개성을 표방하고, 프로젝트의 세부사항을 진행하기 전에 공청회를 개최하여 시민 의견을 청취하는 것이다. 아울러 개인의 사회 규범과 가치 체계를 공유하는 전제 아래 상호 이해를 목적으로의 의사소통이 바로 절차적 차원이 된다.[87]

---

85 백승현(2002). 한국의 시민단체(NGO)와 공공성 형성. 시민정치학회보, 5.
임의영(2003). 공공성의 개념, 위기, 활성화 조건. 정부학연구, 9(1), 23-52.
조대엽(2007). 공공성의 재구성과 기업의 시민성: 기업의 사회공헌활동에 관한 거시 구조변동의 시각. 한국사회학, 41(2), 1-26.
홍성태(2012). 공론장, 의사소통, 토의정치-공공성의 사회적 구성과 정치과정의 동학. 한국사회, 13(1), 159-195.

86 이승훈(2019). 공공 미술과 공론장 형성: '공공성 딜레마'를 중심으로. 현상과인식, 43(4), 43-68.
권혁신 & 방두완(2021). 도시재생사업의 공공성과 지속가능성에 관한 연구. 도시연구, (19), 151-185.
박진수. "도시정비사업의 갈등요인을 통해서 본 도시재생의 공공성 증진방안." 동아대학교 대학원 박사학위논문, 2013, 부산.

87 김상돈 · 황명진(2018). 공공사회학. 서울: 소통과공감, p.145.

한국사회의 뿌리 깊은 가족주의는 전쟁과 독재 등 사회변화의 시기에 아주 적합한 메커니즘이었으나, 현대사회에서는 이러한 가족적 대인관계가 사회 영역으로 확대되어 관계주의로 발전하였다. 이러한 소그룹 네트워크는 소그룹의 이익에만 초점을 맞추고 있기에, 타인의 이익을 무시하는 집단적 이기심과 혐오 경향은 의심할 여지 없이 전 사회의 공동체 형성에 소극적인 작용을 한다.[88] 강렬한 반공정서와 독재의 역사는 사회구성원 간의 평등한 소통과 협력에 이롭지 않을뿐더러 민주사회의 형성에 일정한 위협이 되고 있다.

한국에서의 공공성 상실 문제에 견주어, 일부 학자는 다양한 제안과 계획을 제시하였다. 그래서 이들은 유교 '예의' 문화의 전통 아래 규범적 공존규칙과 시장 경쟁 그리고 민주적 참여를 통해 공사 관계가 조정되기를 희망하였다.[89] 공감대의 인식론과 관계의 존재론 그리고 공유 책임의 윤리 이론 관점에서 볼 때, '공동-의사소통-사랑'을 논리로 삼는다. 이것은 실천 영역에서는 개체와 개체가 함께 행동하고 협력하며, 공공 영역에서는 자유롭게 자신의 의견을 표현하게 된다. 아울러 비참한 현실과 잠재적 가능성에 대해 공동체 구성원으로서 책임을 다하고, 차별화된 주체가 자유롭고 평등한 소통을 통해 공공성의 실현을 촉진하는 사회적 책임을 진다.[90]

임의영(2018). 공공성 연구의 풍경과 전망. 정부학연구, 24(3), 1-42.

88 이명호(2013). 가족 관련 분석적 개념의 재구성, 가족주의에서 가족중심주의로. 사회사상과 문화, 28: 359-393.

이승환(2004). 한국 '家族主義'의 의미와 기원, 그리고 변화가능성. 유교사상문화연구, 20: 45-66, 戶主制度를 중심으로.

89 차동욱(2011). "公(publicness)과 私(privateness)의 대립 속에 묻혀버린 공(commonness)." 프랑스 혁명기의 주권론과 헌법담론을 중심으로. 평화학연구, 12.3: 5-26.

90 임의영(2017). 공공성의 철학적 기초. 정부학연구. 23(2), 1-29.

결론적으로 기존 연구결과에서 볼 때 국가적 차원의 공공성에 대한 연구는 많으나 특정 지역의 사례 연구는 적은 편이다. 또한 사회 전체의 공공성에 대한 연구는 많지만, 공공성의 유형화에 대한 연구는 부족한 실정이다. 그것은 공공성이란 것이 시장, 제도, 예술, 종교, 생태 등 다양한 측면을 포함하고, 또 각 지역의 생활양식 또한 고유한 특성을 가지고 있기에, 공공성에 대한 깊이 있는 계층적 연구 공간은 여전히 크다고 여겨진다.[91] 이에 아울러 공공성 연구의 핵심적인 공공성 실현방식과 공과 사의 협조방식 또한 구체적이고 효과적인 실현방안이 부족한 실정이다. 이러한 점에서 볼 때, 특정 지역의 사례연구와 공공성의 유형화 연구 그리고 공공성의 실현 방식과 방안에 대한 연구가 꾸준히 진행되어야 할 것이다.

91 이주하(2010). 민주주의의 다양성과 공공성: 레짐이론을 중심으로. 행정논총(Korean Journal of Public Administration), 48.
임의영(2018). 공공성 연구의 풍경과 전망. 정부학연구, 24(3), 1-42.

02

문화예술형 도시재생에 대한 논의들

1. 도시재생

'도시재생'은 지역 또는 커뮤니티의 재생, 부흥 또는 변형으로 정의된다. 도시재생은 과정이기도 하고 결과이기도 하다(Evans & Shaw, 2006).[92] 이론적 연구와 심화된 실천에 따라 그 개념 또한 순수한 물질적 차원에서 경제적 · 사회적 차원의 부흥, 그리고 커뮤니티 공동체의 회복과 도시의 종합적인 실력이 향상되는 변화 과정을 겪었다(조명래, 2010; 张伟, 2013; 윤희진, 2016).[93]

한국 도시재생의 발전단계는 그 개념의 발전과 기본적으로 궤를 같이하

---

92 Evans, G. & Shaw, P.(2006). Literature Review: Culture and Regeneration. Arts Research Digest, 37, 1-11.

93 조명래, 송두범 & 강현수(2010). 세종시와 충남의 상생발전 모색을 위한 심포지엄. 张伟(2013). 西方城市更新推动下的文化产业发展研究[D](Doctoral dissertation, 山东大学). 윤희진(2016). 현대적 공공성 구축을 통한 도시재생 모델 연구. 예술인문사회융합멀티미디어논문지, 6, 657-666.

고 있다. 60년대 한국의 산업화로 농촌에서 도시로의 인구 집중이 이루어져, 농촌 인구가 급격히 감소하였고 또 거주 환경이 악화되었다. 이에 정부는 농촌 발전에 공적으로 지원하기 위한 관련 정책을 제정하였다. 90년대 이후 정부는 프로젝트를 펼치기 적당한 신도시와 도시 주변 지역으로 시야를 돌려, 수도권을 중심으로 한 물리적 환경 개선에 중점을 둔 도시정비 사업을 펼쳤다. 이에 농촌과 구도심 지역은 그에 상응하는 기반시설이 부족하여 갈수록 노후화되고 공동화되었다. 신도시는 물리적 환경의 개선으로 일정 정도 경제적 효율을 가져왔으나, 주민들은 잦은 이사로 생활 부담이 가중됨으로써 삶의 질에 부정적 영향을 받게 되었다. 그래서 더욱 체계적인 도시개발을 진행하고 또 주민에게 공적 복지를 제공하여 주민 삶의 질을 제고하기 위해, 21세기 초에 정부는 관련 법률을 여러 차례 공포하였다. 이와 관련된 법률로는 「도시개발법」(2000), 「도시정비법」(2002), 「도시재정비법」(2005)이다. 2013년에 한국국토교통부에서는 '도시재생'이라는 단어를 정식으로 법안에 삽입한 「도시재생 활성화 및 지원에 관한 특별법」을 개략적으로 제정하였다. 여러 차례 수정과정을 거친 후, 2021년에 도시재생의 함의를 "인구의 감소, 산업구조의 변화, 도시의 무분별한 확장, 주거환경의 노후화 등으로 쇠퇴하는 도시를 지역역량의 강화, 새로운 기능의 도입 · 창출 및 지역자원의 활용을 통하여 경제적 · 사회적 · 물리적 · 환경적으로 활성화시키는 것을 말한다"[94]라고 규정하였다(「도시재생법」 제2조 제1항). 이것은 한국이 도시의 전면적 재생을 계획적으로 시행하여 도시의 자생성과 균형적 발전을 모색하기 위한 노력을 정식적으로 시작했음을 의미하고 있다.

2017년 9월 문재인 정부가 정권을 잡은 후 도시재생 뉴딜사업 추진을 선

---

94 국가법령정보센터. https://www.law.go.kr

포하였는데, 그 내용은 5년 내에 50조 원을 투입하여 각 지역의 도시재생 프로젝트(특히 소규모 커뮤니티에 지원)를 지원하는 계획이다. 도시재생 뉴딜 사업의 유형은 대상지역 특성, 사업규모 등에 따라 크게 5가지로 구분된다. 이것은 우리동네 살리기(소규모 주거), 주거지 지원형(주거) 일반 근린형(준주거), 중심 시가지형(상업), 경제 기반형(산업)이다. 이를 통해 정부는 이러한 공적 지원을 통해 물질적 환경을 개선하고 주민들의 역량을 강화하며, 일자리를 창출하고 사회복지를 제고하여 사회적 통합을 촉진하며, 도시 쇠락에 대처하여 전면적인 도시 발전을 추진하고자 하였다.[95]

도시재생사업의 구체적인 목적에 있어, Roberts와 Sykes는 도시재생이 도심의 경제 발전을 회복하고 도시의 물리적 환경을 개선하며, 도시의 정체성을 회복하고, 도시의 상주인구를 보장하여, 도시의 문제를 해결하고 지속적으로 개선하는 것이라고 하였다(Roberts와 Sykes, 2000: 31).[96] 한국은 이에 자국의 상황에 맞게 정책을 조정하였다. 첫째, 빈곤지역 주민들의 삶의 질을 개선한다. 이로써 국민의 생활복지를 실현하고 쾌적하고 안전한 거주환경을 조성한다. 둘째, 빈곤지역과 도시 경쟁력을 강화한다. 이로써 고용기회를 창출하고 도시경제를 활성화한다. 셋째, 도시의 정체성을 회복한다. 이로써 지역의 정체성을 바탕으로 문화적 가치와 지역 경관을 회복한다. 넷째, 주민참여형 도시계획을 추진한다. 이로써 주민참여 능력을 향상시키고 지역공동체를 활성화시킨다.[97] 이러한 목표는 주민의 물질적 삶, 환경적 삶, 문화적 삶 그리고 '집단적' 삶 등의 이익을 강조할 뿐만 아니라 해당 지역의 지역성

95 도시재생종합정보체계 Urban Regeneration Information System. https://www.city.go.kr/portal/policyInfo/urban/contents04/link.do

96 Peter Roberts, Hugh Syke(1999). Urban Regeneration: A Handbook, SAGE, p.31.

97 도시재생종합정보체계 Urban Regeneration Information System. https://www.city.go.kr/portal/info/policy/4/link.do

에 대한 중시가 스며들어 있다.

도시재생 정책이 단계적으로 발전하고 있으나, 실천적인 측면에서 볼 때 한국의 도시재생은 여전히 명확한 엘리트화 경향이 존재하고 있다. 그래서 우리는 관련된 모순을 분명하게 분석함과 아울러 공공 민간 파트너십(Public-Private Partnership)의 방안과 공동체 재건의 방안을 탐색하여야만, 최종적으로 공공 가치를 지닌 이상적인 도시재생을 실현할 수 있을 것이다.[98]

2. 문화예술형 도시재생

사람들은 문화 활동이 도시 생활의 질을 판단하는 핵심 지표이기에, 그곳에 사는 사람들과 더 밀접하게 관련되어 있음을 발견하게 된다.[99] 도시재생의 단계적 발전과정 가운데 경제와 문화 그리고 사회 효율을 겸비한 문화예술형 도시재생이 더욱더 주목을 받고 있다. 그래서 문화지향형/예술지향형 도시재생은 각 방면에 걸쳐 관심의 초점이 되었다. 어떤 학자는 문화적 도시재생(cultural urban regeneration)이란 문화를 재생 언어로 하여 도시를 재생시키는 방식으로, 그 과정이 문화적 방식으로 전개되고 문화적 콘텐츠로 이끌어 장소화된 컬처노믹스(place-bound culturenomics)를 창조하여 도시경제의 부가가치를 제고시키는 것이라 하였다.[100]

Evans는 일찍이 영국 문화가 도시재생에 기여한 점에 중점을 두어 연구를

98 채종헌 & 최호진(2019). 성공적인 도시재생을 위한 갈등관리와 공동체 정책에 관한 연구. 기본연구과제, 2019, 1-546.

99 Evans, G.(2005). Measure for measure: Evaluating the evidence of culture's contribution to regeneration. Urban studies, 42(5-6), 959-983.

100 조명래(2011). 문화적 도시재생과 공공성의 회복 한국적 도시재생에 관한 비판적 성찰. 공간과 사회, 37, 39-65.

하였고, 그것의 기여 방식에 따라 문화주도 재생, 문화를 결합한 재생, 문화와 재생의 세 가지 모델로 구분하였다. 문화주도 도시재생에서 "문화 활동은 재생의 촉매이자 엔진으로 간주된다." 이러한 활동은 지명도가 높은 도시재생의 상징으로 자주 사용되어, 혁신적인 디자인이나 건축 형식으로 표현되는 유명한 문화 플래그십(**flagship project**) 또는 통합 프로젝트이다. 문화를 결합한 도시재생에서 문화 프로젝트는 '환경, 사회 및 경제 분야의 다른 활동과 함께 대부분 지역 전략으로 들어가', 이로써 통합된 힘으로 지역의 부흥을 촉진한다. 세 가지 모델에서 문화 활동은 지역개발 계획에서 상대적으로 독립적이다. 그래서 재생 지역의 역사박물관 등과 같은 일정한 부속 기능과 함께 프로젝트의 후반 단계에서 수행된다.

본 연구의 사례가 다양하기 때문에 세 가지 모델을 모두 포함한다. 아울러 본문에서는 도시재생에서 문화 활동이 두드러진 예술적 작용에 중점을 둔다. 그래서 필자는 '문화예술형 도시재생'이라는 단어로 본 논문 연구의 중심으로 총괄한다. '문화예술형 도시재생' 가운데 예술은 회화, 음악, 공연 등 인간의 감각으로 향유할 수 있는 예술 형식일 뿐만 아니라, 더욱 광범위한 형식으로 나타나는 '예술'을 가리킨다. 예를 들어 여기에는 지역 주민이 참여하는 예술성 커뮤니티 모임, 예술가 등이 모이는 지역 또는 단체[101] 등이다. 이러한 비정상적인 '예술'은 종종 지역의 르네상스를 이끄는 진정한 잠재력이 담겨 있다.

---

101 CHA, M. J.(2021). Beyond community Beyond Art: Art-led urban regeneration in Heesterveld creative community.

3. 문화예술 프로젝트에 관련된 공공성

도시재생을 위한 문화예술 요소를 보다 표준화되고 방향성 있게 운용하기 위해, 많은 국가에서 관련 정책 및 규정을 수립하고 개선하려 노력하고 있다.

정책은 공공성과 밀접한 관련이 있다. 왜냐하면 정책은 프로젝트 진행 과정의 청사진, 프로젝트 진행 상황, 프로젝트에 의해 구축된 공공 공간이 어떻게 형성, 통제 및 관리되는지, 공공 영역에서 모든 당사자의 이익이 어떻게 균형을 이루는지를 포함하기 때문이다. 프로젝트 관련 정책과 프로젝트 내용은 정부를 비판하고 대중을 교육하는 동일한 기능을 한다.[102]

효과적인 문화예술 정책은 자본과 인재를 유치하고 보다 나은 창의적 도시를 창조하는 데 유리하다. 하지만 정책 우선순위의 어긋남은 문화예술에 기반한 도시재생의 지속가능성을 파괴하게 될 뿐만 아니라, 문화재생에서 문화는 도구화, 상업화 및 식민화되어, 도시 인구의 다양성 파괴와 젠트리피케이션(Gentrification)의 가속화를 야기함으로써 지역 주민들이 노숙자로 될 것이다.[103]그래서 프로젝트 진행상의 특정 지역과 이 지역의 생산자는 소셜 네트워크, 정책의 실효성과 적합성에 더 많은 관심을 기울여야 한다.[104]

---

102 Bennett, T.(2006). Intellectuals, culture, policy: The technical, the practical, and the critical. *Cultural Analysis, 5*, 81-106.

103 Rosenstein, C.(2011). Cultural development and city neighborhoods. City, Culture and Society, 2 (1): 9-15.

Young, A.(2014). Cities in the City: Street Art Enchantment and the Urban Commons. Law & Literature, 26 (2): 145 -61.

Murdoch, J., Grodach, C. & Foster, N.(2015). The Importance of Neighborhood Context in Arts-Led Development Community Anchor or Creative Class Magnet? Journal of Planning Education and Research, 36 (1): 32-48.

104 Jonathan Ward(2018). Down by the sea: visual arts, artists and coastal regeneration, International

이러한 점에서 합리적인 문화예술 정책에 대한 연구가 더욱 필요한 것이다.

구체적으로, 관련 정책은 예술 창작 및 관리 과정에서 필요한 법률, 규정, 지침, 디자인 관리방법 등 일련의 문제를 포함하고 있으며, 토지 이용, 재건축 방식, 창작 목표 등의 문제는 공공과 사적 간의 이익 분배와 권력 행사 방식을 모두 고려하고 조정해야 한다.[105] 예술 분야의 공공성은 가치중립의 개념이 아니라 말하는 주체의 차이에 따라 특정 집단과 이념을 배제하는 경향성인 것이다. 공공 자금을 제공하는 정부의 예술 정책은 종종 공리주의의 관점에서 고려되어, 재정 자립도 향상과 경제적 효율을 지향하는 평가방법이 더 중요하다고 여긴다.[106] 하지만 정부 지원을 받는 예술 종사자의 관점에서 볼 때, 예술 자체의 창의성, 자율성, 주관성의 특성을 고려하여 예술 정책이 예술의 본질적인 가치를 발전시키는 데 더 많은 관심을 기울여야 하는 것이다. 이처럼 양측의 입장과 각도가 다름으로 말미암아 예술 정책 공공성에 갈등이 야기된 것이다.

문화예술 프로젝트의 공공성 문제를 어떻게 해결할 것인가에 관련하여, 일부 학자들은 사고방식을 전환하고 공공의 지지를 받는 예술 창작으로 사

Journal of Cultural Policy, 24: 1, 121-138.

이보람 & 허자연(2018). 도시재생사업의 공공성 확보를 위한 대안 연구: 뉴욕시 로우 인 사례를 중심으로. 도시행정학보, 31(1), 1-19.

105 Conklin, T. R.(2012). Street art, ideology, and public space (Unpublished Doctoral thesis). Portland: Portland State University.

Zebracki, M.(2011). Does cultural policy matter in public-art production? The Netherlands and Flanders compared, 1945 - present. Environment and Planning A. 43(12): 2953-2970에서 재인용.

Shwartz, E. M. & Mualam, N.(2017). Comparing mural art policies and regulations (MAPRs). SAUC-Street Art and Urban Creativity, 3(2), 90-93.

106 문태현(1995). 정책윤리의 논거: 공리주의, 의무론, 의사소통적 접근. 한국정책학회보, 4(1), 87-110.

회적 공익을 실현하는 행위로 보아야 하며, 동시에 예술적 특성에 기반한 사업 개발을 실현해야 한다고 주장하였다.[107] 일부 학자들은 또한 도시 예술 활동과 관련된 연구 및 정책이 어떻게 상향식 협력으로 진행되는지를 깊이 있게 고찰해야 한다고 주장하였다. 이 접근법은 종종 거부되지만, 이것은 지역경제 발전을 촉진하고 (해외) 관광객의 수요를 만족시키는 데 더 설득력을 지니고 있다.[108]

적절한 정책 방향은 예술 공공 영역의 이익을 조정하는 데 도움이 된다. 그래서 공익, 예술가의 포지셔닝, 소유자의 권리라는 세 가지 차원에서 출발하여 정책 방향을 확정할 수 있다.

첫째, 공익을 정책 규범에 끌어들이는 것이다. 이로써 개인, 지역사회, 시민사회가 공공 영역에서 개인 또는 그룹의 구상에 따라 현지 이미지를 구축하고 상응하는 책임을 지게끔 한다. 이 정책에는 시민 참여의 필요성 및 권장 요건과 사적 장소에서의 공공 권리 보호 요건이 포함된다. 둘째, 예술가의 포지셔닝이다. 이 정책 속에 예술적 자유와 예술적 권리를 명확하게 보호한다. 셋째, 소유자를 위한 정책 지향성이다. 이것은 정책이 소유자의 권리와 이익을 보호하거나 촉진하는지 여부가 초점이다.[109] 큐레이터는 예술 프로젝트 공공성의 '제도적 장치'로서, 기획에서 '참관자 주권'을 강조하

---

107 박소현(2009). 미술의 공공성을 둘러싼 경합의 위상학: 일본에서의 미술가 비평가 탄생에 대한 재해석. 한국근현대미술사학, 20, 117-134.

108 Jonathan Ward(2018). Down by the sea: visual arts, artists and coastal regeneration, International Journal of Cultural Policy, 24:1, 121-138; Zebracki, M.(2018). Regenerating a coastal town through art: Dismaland and the (l) imitations of antagonistic art practice in the city. Cities, 77, 21-32.

109 Eynat Mendelson-Shwartz & Nir Mualam(2021). Taming murals in the city: a foray into mural policies, practices, and regulation, International Journal of Cultural Policy, 27:1, 65-86.

고 프로젝트의 대중성을 드러나게 하여 예술 프로젝트의 공공성을 실현해야 한다.[110]

구체적인 실천에서 일부 연구자들은 의식적으로 경제 지상주의, 행정 관료화 및 엘리트주의에 반대하는 것에서 시작하여, 예술 공간 공공성의 상실 문제를 개선하고 개인의 다양성을 발휘해야 한다고 여겼다.[111] 일부 학자들은 또 비정식적이고 일시적인 풀뿌리 창작방법과 대립적인 예술 실천을 제창하기도 하였다. 왜냐하면 일시적인 유명인의 예술 실천은 공공 재료 및 디지털 분야에서 도시 예술의 광범위한 '공동 창작'을 촉발할 수 있고, 적대적 도시예술 실천은 대중의 진정한 참여와 감성적인 영혼이 담긴 디자인을 불러일으킬 수 있기 때문이다.[112] 문화예술형 도시재생 과정에서 해석 · 공유 · 창조기능을 갖춘 사회관계망의 재생에 주의를 기울여, 이로써 도시재생의 공공성 실현에 논리적 동력을 제공해야 한다.[113] 예를 들어 지역사회와 지역 발전을 충분히 선도할 수 있는 예술과 조직이나 해당 지역 주민들과 더불어 형성한 예술연합체 등과 같은 공동체를 개발하는 것이다.[114] 건축의 각도에서 도시재생의 밀도를 집중화시켜, 공익과 사익 영역의 통합을 강화하고 재생 지역의 연속성과 통합성을 유지시켜야 한다.[115]

---

110 김세훈 & 정기은(2017). 예술정책에서 공공성의 함의에 대한 연구. 공공사회연구, 7(1), 282-307.

111 주명진(2013). '확장된 공론의 장'으로서 미술관 공공성에 관한 연구. 이화여자대학교 대학원 박사학위논문, 2013, 서울.

112 Zebracki, M.(2018). Regenerating a coastal town through art: Dismaland and the (l) imitations of antagonistic art practice in the city. Cities, 77, 21-32.

113 조명래(2011). 문화적 도시재생과 공공성의 회복 한국적 도시재생에 관한 비판적 성찰. 공간과 사회, 37, 39-65.

114 CHA, M. J.(2021). Beyond community BeyondArt: Art-led urban regeneration in Heesterveld creative community.

115 윤성훈 & 윤희진(2015). 공공성 회복을 통한 지방 소도시 구도심재생 연구: 역사, 문화, 생태 도시

플랫폼에서 현대 디지털 기술과 인터넷의 발달로 인해 미디어 플랫폼은 도시의 공공 예술 공간을 어느 정도 확장하여 사람들이 가상 환경을 통해 예술을 체험할 수 있게 했다. 대중 또한 인터넷과의 현장과 미디어와의 상호작용을 통해 예술 활동의 창조자가 되어, 그러한 예술 활동의 공공 공간을 재활성화하고 다시 심미화하였을 뿐만 아니라 문화예술 자체를 내부적으로 합법화(cultural inter-legitimation)하게 하였다.[116]

현재 중국의 관련 연구는 주로 공공미술 프로젝트와 상업공간에서의 미술 공공성 연구에 중점을 두고 있고, 그 기본적인 프레임은 대동소이하다. 공공성 구축 방식은 강한 프레임을 가지고 있지만, 심도 있는 사례연구는 적은 편으로 인해 현실 속에서 특정 세부 사항에 대한 지도적 가치가 부족하다. 2019년의 한 학위논문에서 관련 사례연구를 진행하였다. 이 논문에서는 앙리 르페브르(Henri Lefebvre)의 공간 생산론을 활용하여 선전 화교창의문화원에 대한 조사를 통해 도시공간에서 공공성의 발전 가능성을 분석하였다. 현재 중국의 도시 상업 공간의 공공성은 다자간 협업의 상대적 공공성이며, 그 가운데 정부는 제한된 지원과 통제를 하고 국유기업은 책임의 자율과 비(非)자본화의 운영을 제공하며, 예술기구는 예술형식의 전파를 담당하고 큐레이터는 관련 담론 네트워크를 구축한다. 그러나 공공성에 대한 분석틀이 완정하게 이루어지지 않음으로 말미암아, 민간에서 자발적으로 결성한 조직(시민사회적 성격을 띤 조직)에 대한 조사는 제한적이고, 그 조사 결과 또한 아쉬움이 존재하고 있다.[117]

완주군 고산을 사례로. 한국생태환경건축학회 논문집, 15(3), 83-92.

윤희진(2016). 현대적 공공성 구축을 통한 도시재생 모델 연구. 예술인문사회융합멀티미디어논문지, 6, 657-666.

116 Bourdieu, P.(1987). Distinction: A social critique of the judgement of taste. Harvard university press.

117 王璇(2019). 公共艺术介入與市空间的公共性潜力研究(Master's thesis, 深圳大学).

03

공공성을 바라보는 새로운 창구

기존 문헌에서 공공성에 대한 연구의 차원은 대략 아래 몇 가지가 있다.

첫째, 공공성의 개념에서 연구 차원을 구별하는 것이다. 이에 기존 연구자들은 공공성의 형식과 내용이라는 두 가지 측면에서 논의한다. 프로젝트의 공공성은 한편으로는 절차나 과정이 공정성과 개방성을 보장했는지 여부와 관련되고, 다른 한편으로는 프로젝트가 추구하는 목적이나 가치가 공공성이 있는지 여부와 관련이 있다.[118] 일부 학자들은 공공성 절차, 주제 및 가치 세 가지 측면 간에 상호보완적이면서도 피차간에 긴장된 모순 관계로부터 연구를 수행하면서, 이러한 복잡한 관계가 공공성의 딜레마를 야기했다고 여긴다. 공공미술 프로젝트 개발에 있어 합리적인 의사소통 매체, 타자의 시각화, 전반적인 통찰이라는 이 3가지 측면을 통해 딜레마 해결 가능성을 찾을 수 있으며, 프로젝트에 실제로 참여하는 주민과 시민의 경험에 대한 분석을 문제 해결의 초점으로 삼아야 한다.[119]

118 김세훈 & 정기은(2017). 예술정책에서 공공성의 함의에 대한 연구. 공공사회연구, 7(1), 282-307.
119 이승훈(2019). 공공 미술과 공론장 형성: '공공성 딜레마'를 중심으로. 현상과인식, 43(4), 43-68.

일부 학자들은 연구대상의 관련 차원에서 출발하여 공공성 분석을 수행하기도 하였다. 예를 들어 공공예술작품의 작품 자체, 장소, 거주민, 자금 및 제도라는 4가지 측면으로부터 참여형 공공미술의 공공성 실현에 견주어 연구를 수행하였는데, 장소성과 접근성, 주민 참여 정도, 주인의식 등이 공공성 실현에 매우 중요한 영향을 미친다고 여겼다.[120] 또 일부 학자들은 도시재생의 단계에 따라 다양한 사업에 대한 주민 참여 정도, 의사결정과 관련된 절차적 요인, 공익과 관련된 내용적 요인, 참여 주체의 입장과 이해관계 등을 살펴, 그 속의 문제점을 분석하고 또 그에 상응하는 공공성 강화 방안을 제정하였다.[121] 기존 연구 상황에 대해 일부 학자들은 예술 영역의 공공성 연구가 종종 공리주의적 시각을 피하기 어렵다고 비판한다. 하지만 예술 영역은 기존의 공공성의 프레임에 의해 평가해서는 안 되며, 예술 영역의 가치를 반영하고 그 내용을 반영하는 방향으로 논의되어야 한다.[122]

따라서 본 연구는 아렌트(Arendt), 하버마스(Habermas), 테일러(Taylor)의 공공성 이론을 살피고 선행연구를 참고하며, 예술 그 자체의 특성을 파괴하지 않으면서 문화예술형 도시재생사업의 공공성을 분석하고자 하였다. 도시재생사업은 적어도 정부(중앙정부와 지자체), 시민사회, 엘리트 계층(작가/대학교수/큐레이터 등), 대중이라는 4개 주체가 관련되지만, 도시재생사업마다 주도적인 역할을 하는 주체는 다소 다르며, 그에 따른 공공성 문제와 해결책도 다르다. 따라서 본 연구는 논술을 결합하여 세 가지 다른 사례를 정리하면서 그에 관련된 이론을 운용하여 공공성에 존재하는 문제를 발

120 김연희(2017). "공공미술의 공공성 실현에 관한 연구." 상명대학교 일반대학원 박사학위논문.

121 박진수(2013). 도시정비사업의 갈등요인을 통해서 본 도시재생의 공공성 증진방안. 동아대학교 대학원 박사학위논문.

122 김세훈 & 정기은(2017). 예술정책에서 공공성의 함의에 대한 연구. 공공사회연구, 7(1), 282-307.

굴하고 차별화된 해결책을 제공한다. 아울러 4개 주제의 다양한 관계 조합과 차별화된 공공성 실현 방식을 확연히 부각시킨다.

분석틀은 아래 그림과 같다.

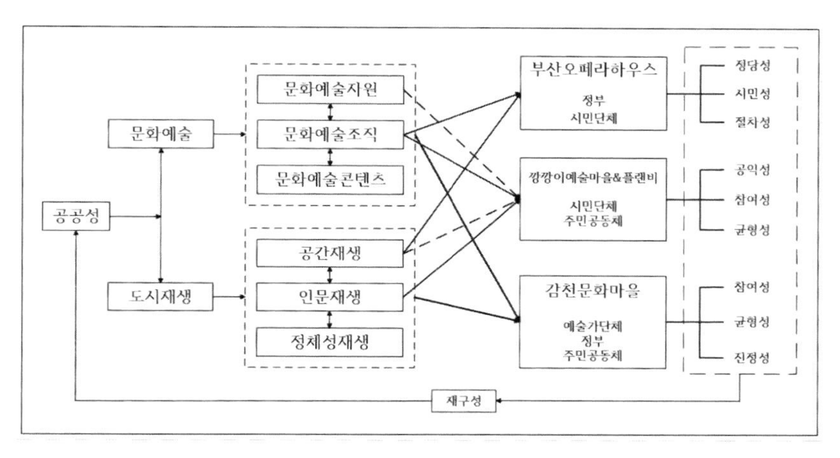

〈그림 2–1〉 분석틀

제3장

바다와 로컬을 이어주는 공공의 예술 - 부산오페라하우스

부산 북항의 오페라하우스 설계도만 보아도 눈이 부신다. 화려하다. 2022년에 완공되기로 한 부산오페라하우스는 2025년 2월로 완공이 미루어지고 있다. 이것이 몇 번째 연기인지 기억이 나지 않는다. 정부와 시민단체, 예술인, 지역 주민 등 다양한 주체들이 논쟁하면서 갑론을박하고 있다. 핵심은 부산은 오페라하우스가 필요한가? 누구를 위한 오페라하우스인가? 겉으로 보면 시드니 오페라하우스처럼 긴 다리 아래 바다의 진주처럼 빛나는 오페라하우스가 부산의 랜드마크로 자리매김하여 문화예술로 도시 브랜드 가치를 높이려는 욕구의 산물이라고 하여도 과언이 아니다.

하지만 부산에 꼭 있어야 할 문화예술 상징성이 꼭 오페라하우스여야 하는가? 서울 사당역 부근에 있는 "예술의 전당"이면 안 되는가? 아시아적이고 종합 용도로 사용할 수 있는 실용공간이 더 필요하지 않은가? 이런 현실주의와 아시아 가치를 재현하려는 시민단체와 제도권 밖에 있는 예술가들의 반론도 만만하지 않다. 본 글에서는 이런 이야기들을 보다 학술적으로 자세하게 논의하면서 전개하고자 한다. 논의과정에 부르디외 등 이론적 논의들이 있어 좀 무미건조하고 딱딱한 부분도 있지만 전반적으로 문화예술을 누구를 위해 봉사해야 하는가의 문제를 보다 깊게 논의하고 있기에 자세히 읽어주시면 좋겠다.

〈그림 3-1〉 시드니 오페라하우스

01

공공성, 정부와 오페라하우스

1. 문화예술 영역에서의 정부의 공공성

동아시아의 전통적인 '가정과 국가의 동일한 구조'로 인해 동아시아 공공성의 '공(公)'은 오랫동안 공권력과 공공 권위를 대표하는 '관(官)'과 동등하여, 공공 업무에 대한 관료체제의 통제와 관리를 반영하고 있다. 대중과 시민사회를 대표하는 '공(共)'의 한 측면이 상대적으로 약해진 것은 국가에 대한 국민의 신뢰와 기대에서 체현된다. 사회 개혁의 추진과 제도의 발전으로 동아시아 사회는 '커뮤니티'가 구축한 '새로운 공공성'이 출현하여 시민사회의 역량이 끊임없이 커지고 대중언론의 영향력도 확대되었지만, 전반적인 상황은 여전히 정부 주도이다. 이러한 점에 있어 문화예술형 도시재생 사업에서도 예외가 아니다. 부산오페라하우스 프로젝트는 제안 당시부터 확연한 정부 주도 색채와 엘리트 색채를 지니고 있었다. 정부의 공권력이 공공성 쟁취 게임에서 흔들렸지만 여전히 절대적인 주도권을 지니고 있다.

서구의 교회와 국가는 오랜 기간 동안 줄곧 예술 영역의 후원자 역할을 하였다. 자본주의 체제의 발전으로 예술 영역은 점차 자산계급의 교양 분야로 되어 자본과 시장의 영향 아래 놓인 공간으로 되었다. 서구 이외에 내부적으로 자본주의의 성숙한 발전을 겪지 않은 국가에 있어서의 공공 영역은 국가와의 상호작용 관계에서 형성된 것이기에, 정부를 비판하고 대중을 교육시키는 이중 기능을 지니고 있다.[123] 근대 이후 문화예술은 국가 경쟁력의 중요한 도구이자 조화로운 사회 발전의 핵심 수단 가운데 하나이기에, 공공기관의 전반적인 조정과 제어에 더욱 필요한 것이다. 역사적 유산을 보호하는 것에서 예술가의 창작활동을 지지하며 더 나아가 일반 시민의 문화향유 활동을 지지하는 데 이르기까지, 국가는 예술 영역에서 필수 불가결한 역할을 발휘해야 한다.

21세기로 접어들어 한국 시민사회의 역량이 부단히 확대되고 역할 또한 나날이 두드러졌지만, 이와 동시에 국가의 행정적 간여 범위도 더욱 확대되고 있는 상황이다. 정책 운영방안에 있어 국가는 국민의 '문화복지'를 중시하고 국민 생활의 질을 제고하는 데 주안점을 두며 국민 권리의 일부분으로 문화향유권을 강조한다. 이와 동시에 국가는 문화산업을 크게 발전시키고 이로써 국가의 문화경쟁력을 제고시킨다. 90년대부터 정부의 문화예산 규모는 줄곧 1% 내외 정도 유지했고 민간기구인 문화예술진흥위원회도 일부 자금을 지원하는 역할을 떠맡았다. 국가로 대표되는 공권력의 예술 등 사적 영역에 대한 개입은, 국가와 시민 간의 관계에 있어 직접적인 통치에서 벗어나 시민사회 간의 매개 영역 강화를 통해 민중의 자아관리능력을 간접적으로 제고하는 방향으로 바뀌게 되었다. 이것은 문화예술 영역의 발전에 일정 정도 촉진 작용을 한 것임은 의심할 여지가 없다. 하지만 이 영역 자체는

123 Bennett, T.(2001). Intellectuals, culture, policy: the practical and the critical. *A Companion to Cultural Studies*, 357-374.

아주 강한 자율성을 지니기에, 국가가 그 속에 개입하는 방식이 공평성을 드러낸 것인가, 그 간여 정도가 합리적 범위 내에서 이루어졌는가, 그 간여가 정당성을 가지고 있는가 등의 문제는 고정이 필요하다.

사회학적 각도에서 공공성은 국가, 시민, 예술을 이을 수 있는 한 개념으로, 우리는 예술 프로젝트의 발전과 시민 복지의 실현에 있어 국가의 개입 의의를 이해하는 데 유리하다.[124]

2. 공공 공간으로서의 오페라하우스의 변화

16세기 말 이탈리아에서 등장한 오페라는 르네상스 시기의 인문주의 학자들이 그리스 연극 전통을 되살리기 위해 만든 음악형식이다. 유럽 상업예술의 발전과 오페라 성악 기교의 성숙에 따라 상업 중심지 베니스는 오페라 예술 활동의 중심지로 되었다. 아울러 1637년에 세계 최초의 오페라 극장인 산 카시아노 극장(Teatro di San Cassiano)이 설립되었다.

초기에 오페라는 왕실과 귀족에게 독점되었지만 1792년에 베니스에서 건설된 라 페니체 극장(Teatro La Fenice)은 일반 대중에게 개방되었고 일반 시민들도 무료로 입장할 수 있었다. 귀족 살롱에서 탄생된 오페라 예술이 상업체제와 적응할 수 있는 민주화의 형식으로 되었으며, 오페라의 공연형식과 함축적 의미도 점차 시민계급의 미적 취향의 영향을 받았다.[125]

대양 건너편 미국에서 오페라하우스의 부상은 전적으로 오페라 예술의

124 김세훈(2008). 공공성에 대한 사회학적 이해. 문화・미디어・엔터테인먼트 법(구 문화산업과 법), 2(1), 20-34.

125 Fisher, B. D.(2005). A history of opera: milestones and metamorphoses. Opera Journeys Publishing, pp.13-22; 田宏玲(2013). 简述欧洲声乐艺术传播场所的历史演变. 大舞台, (5), 13-14에서 재인용.

〈그림 3-2〉 최초의 공공성 있는 오페라하우스: Teatro La Fenice

아름다움 때문이 아니라 산업사회의 발전과 사회적 고립 및 통합과 밀접한 관련이 있다. 19세기 후반, 새로운 이민자의 물결은 새로운 사회집단의 형성을 촉진시켰다. 교회와 사회조직에서 제공하는 공공장소와 비교할 때, 오페라하우스는 사회적 배척, 소득 차이, 종교적 편견[126]이 없는 중립지대와 같았다. 이러한 중립성과 평등성은 오페라하우스의 공공성을 높여 모든 시민이 즐겁게 소통할 수 있는 장소로 되게 하였다. 현지 주민들은 산업의 급속한 발달로 인해 바쁜 일을 마치고 휴식을 취하며 만나서 볼 수 있는 곳[127]을 더욱 갈망하였다. 이에 오페라하우스는 일반 시민들 생활의 중심지이자 미국의 도시에서 중요한 기구가 되었다.[128] 그러나 어느 곳에서나 푸대접을 받

126 Satterthwaite, A.(2016). Local glories: opera houses on main street, where art and community meet. Oxford University Press, pp.8-11.

127 위와 같은 책, p.35.

128 위와 같은 책, p.163, 181.

을 가능성이 존재하고 있다. 종교적 박해와 예술의 비정상적 발전, 할리우드와 유사한 새로운 유흥지의 등장에 따라 20세기 전반기의 오페라하우스는 유럽과 미국에서 쇠락의 길로 나아갔다.

1970년대와 1980년대가 되어서야 사람들은 역사문화유산 보호의 중요성을 깨달았다. 이에 시민들은 자발적으로 조직하고 적극적으로 기부하며 봉사단체에 합류했을 뿐만 아니라, 미연방 세법도 개정되어 새로운 세금 우대정책으로 미국 전역에서는 오페라하우스의 부흥 물결이 일어났다.[129] 오페라는 재차 고급 예술의 제단에서 시민계층에게 다가와 '위대한 이퀄라이즈'가 되었다. 오페라하우스에 연관된 사람들은 모두 평등하여 잠시 동안 세속적 편견으로부터 벗어나게 되어, 이에 오페라하우스는 사람들의 안전한 피난처로 되었다. 활성화된 오페라하우스는 도시재생의 촉매작용을 하였고 도시를 각성시켰으며 혁신에 대한 의지를 보여주었다. 아울러 지역사회에 새로운 자부심과 정체성을 불러일으켰다.[130]

3. 수변 지역 도시재생 프로젝트로서의 오페라하우스의 공공성

서구 도시부흥의 대표적인 프로젝트인 오페라하우스는 일반적으로 쇠퇴한 도시 연해산업 유적지에 건립되었다. 항구는 대해로 뻗어나가는 도시의 공공 공간이기에, 그것의 형상, 위치, 역사 등의 특징은 그곳만의 특정한 경관 가치, 사회관계 재구성 가치, 공공 가치를 부여하게 되었다. 아주 일찍부터 인류의 생활과 번영에 유리한 공간인 하천과 해양 등의 수변 공간은 자

---

129 위와 같은 책, p.264.

130 위와 같은 책, pp.286-287.

〈그림 3-3〉 오슬로 오페라하우스

연과 인문이 최초로 합류했던 곳이자 개체 간에 자유롭게 왕래했던 장소였기에, 그 자체로 많은 문화개발 잠재력과 강력한 공공성을 지니고 있다. 이후 산업화의 발전으로 수변 공간의 산업, 운수, 교통 기능이 점차 높아져 도시의 경제구역과 일상생활 구역이 자연적으로 분리되었다. 하지만 20세기 후반기에 항만산업 기능이 떨어지고 도심지가 내지로 이전함에 따라, 항구지역은 경제적 쇠락, 인구 감소, 취업 곤란 등의 문제가 일찍이 나타났다. 70~80년대부터 북미와 서구 국가들은 이 문제를 중시하여 수변 지역을 도시 회복의 중심지역으로 삼아, 항구 재개발을 통해 도시를 부흥시키고 도시 브랜드 확립을 이끌어 구도심의 공공성 문제 해결을 추진하였다.[131]

2003년 서울 청계천복원사업이 시작되기 전에, 한국은 수변지역의 개발

131 양도식(2006). 포스트모던 도시수변공간의 문화적 사용을 위한 도시설계과정 분석: 볼티모어 항구 문화 도시수변공간 사례를 중심으로. 서울도시연구, 7(3), 65-86.

이 치수 등의 기능적 목적에 줄곧 주안점을 두었기에, 시민이 향유하는 친수 공간으로 개발하지 못하였다. 그 이후 각 도시들은 지역경제 발전을 자극하고 수변지역의 문화와 사회적 기능을 강화하기 위해, 수변지역과 그 주변지역의 개발에 관심을 두기 시작했다. 한국의 항구도시인 부산은 최근 들어 항만의 장점을 두드러지게 하는 일련의 도시재생계획을 제시하였다. 이 계획에는 해수욕장, 생태공원, 해변 산책로 개발 등이 있다. 그리고 최근 2년 사이에 시작된 북항 재개발 사업은 여러 행정구역이 연루되어 있는 지역성과 역사성을 지닌 도시재생 프로젝트이다. 이것은 항구의 명확한 탈공업화로 인한 도시 쇠락의 특징과 현지 예술가들이 창조한 미적 품위로 문화적 재상상을 진행하는 것이다. 그래서 도시문화의 지역성과 세계성을 서로 융합시켜 그 속에 담긴 개방성과 문화 포용성을 두드러지게 하는 것이다. 정부도 부산오페라하우스 프로젝트가 북항 재개발 사업의 중요한 문화 프로젝트가 되어, 새로운 문화 네트워크를 구축하고 대중의 문화적 품위를 만족시키며 시대적 조류의 도시형상을 만드는 것에 충분한 역할을 해주길 바라고 있다.

미국이나 서구 국가의 역사에서 오페라하우스는 각 계층이 평등하게 소통하는 공공장소가 되어 존재하여 왔고, 현대사회에 있어서는 수변지역 재개발 프로젝트의 일종으로 되고 있다. 그래서 오페라하우스의 공공성은 대체로 다음 2가지 측면으로 나타난다. 첫째, 오페라하우스는 실내 예술 감상 공간으로 시민의 예술 품격을 높이고 그들의 문화향유권을 증진시킬 수 있다. 둘째, 오페라하우스는 실외 개방 공간으로 시민에게 개방적인 예술 교류, 예술 학습과 예술 공간을 제공하여, 예술을 일상 생활화하여 그 접근성을 더욱 강하게 드러낸다.

하지만 탈산업화 사회의 많은 국가와 지역에서 도시의 대형 공공사업의 일종으로 오페라하우스의 재건과 신축에 많은 논란이 일었다. 이러한 논쟁을 둘러싸고 있는 초점은 두 가지이다. 첫째, 공공건물에는 많은 세금이 필요하기 때문에 정부가 대중의 발언권을 중시하는지 여부이다. 둘째, 오페라하우스의 기능과 미학이 지역의 이미지에 적합하고 도시계획에 부합하는지 여부이다. 또한 정당의 이해관계가 사업 추진에 미치는 부정적인 영향에 대해서도 끊임없이 제기되었다.[132] 논란 속에서 종적을 감춘 오페라하우스 사업은 적지 않은데, 이는 국가 공공사업의 공공성 상실과 관련이 있다. 문화사회학적 각도에서 공공성의 상실은 사회 공간에서 행위자들의 권력 위치의 차이와 그 배후의 관습으로 야기되는 것이다.[133] 따라서 상징권력의 대비 측면에서 오페라하우스 사업 영역에서 각 주체 간의 관계를 해독한다면, 사업의 공공성 상실 문제를 해결하는 데 도움이 될 것이다.

프랑스 사회학자 피에르 부르디외(Pierre Bourdieu)는 장기간의 현장조사로 문화장 속의 권력 관계를 깊이 탐구하였고, 아울러 아주 특색 있는 실천이론과 분석체계를 형성시켰다. 아래 장절에서 우리는 부르디외의 관련 이론으로 부산오페라하우스 사업 진행을 자세히 분석하고자 한다.

---

132 McNeill, D. & Tewdwr-Jones, M.(2003). Architecture, banal nationalism and reterritorialization. International Journal of Urban and Regional Research, 27(3), 738-743;
Hofseth, M.(2008). The new opera house in Oslo–a boost for urban development?. Urban Research & Practice, 1(1), 101-103.

133 McNeill, D. & Tewdwr-Jones, M.(2003). Architecture, banal nationalism and reterritorialization. International Journal of Urban and Regional Research, 27(3), 738-743;
Ochsner, J. K. & Andersen, D. A.(1989). Adler and Sullivan's Seattle opera house project. The Journal of the Society of Architectural Historians, 48(3), 223-231.

02

부산오페라하우스, 누구를 위해 짓는가?

1. 부르디외가 알려주는 오페라하우스의 진정한 주인?

피에르 부르디외는 현대 문화예술의 중요한 비평가로 인정받고 있으며 그의 이론은 포스트모던 예술과 미학 문제에 있어 체계적인 분석방법을 제시하였다. 그의 이론은 예술 영역의 운영방식과 그 과정이 예술실천에 미치는 영향에 초점을 두고 있어, 부산오페라하우스 사업의 운영과정을 분석하는 데 적합하다. 이 과정을 분석하기 위해 부르디외가 제시한 장에 관련된 일련의 이론을 운용하고자 한다. 우리가 몇 개의 고립된 개념 대신 '일련의 개념'을 사용하는 이유는 부르디외가 제창한 학문적 방법이 체계적이기 때문이다. 그는 "현장에 기반을 둔 사고는 관계적 사고"[134]라고 여겼다. 어떤 개념이 시스템

134 皮埃尔·布迪厄(Pierre Bourdieu), 华康德(Loic Wacquant) 著, 李猛·李康 译(1998), 实践與思, 反思社会学导引, 中央编译出版社, p.96.

에 통합되어야만 정확하게 이해되고 정의될 수 있는 것이다.[135] 부르디외는 저서 『구별짓기』에서 사회적 실천을 분석하는 방법론을 하나의 공식으로 간략하게 요약하였다.

[(아비투스)(자본)]+장 = 실천[136]

위 공식의 구성을 보면 사회실천연구에서 장, 자본, 아비투스의 근본적인 역할을 명확히 볼 수 있기에, 연구자는 먼저 이 세 가지 개념을 정리하였다.

1) 장, 자본 및 아비투스

부르디외는 "분석적 관점에서 장은 하나의 네트워크 또는 구조로 간주되며, 이러한 네트워크나 구조에 다양한 위치의 객관적 관계가 존재하고 있다. 이러한 위치의 존재와 그것들에 대한 점유자, 행위자 및 기관에 대한 결정성은 권력과 자본의 분배 과정에서 획득하거나 잠재적인 조건에서 객관적으로 결정되는 것이다. 그리고 특정 이익을 얻을 수 있는 권력과 자본의 소유는 장에서 아주 중요한 역할을 한다. 동시에 한 위치와 다른 위치 사이의 객관적 관계(지배관계, 종속관계, 동원(同源)관계 등)에 의해 정의된다."[137] 이 내용은 권력과 자본의 소유와 분배 상황이 장에서 행위자의 위치, 즉 장의 구조적 공간의 구성에 결정적인 역할을 함을 암시한다. 따라서 장의 영혼

---

135 皮埃尔・布迪厄(Pierre Bourdieu). 华康德(Loic Wacquant)(1998). 李猛・李康 译. 反思社会学导引. 北京: 中央编译出版社, p.132.

136 Pierre Bourdieu, Richard Nice(1984). Distinction A Social Critique of the Judgement of Taste-Harvard University Press, p.101.

137 Bourdieu, P. & Wacquant, L. J.(1992). An invitation to reflexive sociology. University of Chicago press, p.97.

은 권력(정치적 권력만이 아니라 사회적 관계에 의해 형성되는 권력)의 투쟁이며, 장은 끊임없이 변화하는 투쟁의 공간이라고 할 수 있다.[138] 장에서의 상대적 위치와 권력 대비 관계는 주로 행위자들이 점유한 자본의 총액과 유형에 의해 결정된다. 사회자원이 행위자들의 투쟁의 대상이 되어 사회적 권력관계의 역할로 사용될 때, 그것은 자본의 형태로 변하게 된다.[139] 부르디외가 제시한 '자본'의 개념은 정치경제학에 도입되고 또 사회학 분야로 확장되었다. 그는 사회 공간의 자본이란 "축적된 노동이다. 이러한 노동이 행위자 또는 행위자 집단에 의해 사적·배타적으로 점유될 때, 이러한 종류의 노동은 그들이 물질화되거나 살아 있는 노동 형태로 사회 자원을 소유하게 한다."[140] 자본의 종류는 다양하며 그중 경제자본, 문화자본, 사회자본의 세 가지 기본 유형이 있다. 경제자본은 다양한 생산 요소, 경제적 자산, 다양한 유형의 소득 및 다양한 경제적 혜택으로 구성된 자본 형태를 말한다. 문화자본은 내재화된 형태, 객관적인 형태, 제도화된 형태의 세 가지 형태로 세분화될 수 있으며, 문화자본은 경제자본과 동일한 지위를 갖는 것으로 간주된다. 사회자본은 장기적 노력에 의해 소유된 지속적인 사회네트워크, 사회 자원 또는 부를 의미한다. 소위 상징자본은 예절, 명성, 위신 등의 전략에 의해 축적된 자본 형태로, 흔히 처음 세 가지 유형의 자본으

138 布尔迪厄 著. 刘成富等 译(2005). 科学的社会用途-写给科学场的临床社会学. 南京大学出版社, p.31.

139 戴维·斯沃茨(David Swartz) 著. 陶东风 译(2006). 文化與力 布尔迪厄的社会学. 上海译文出版社, p.142.

140 布尔迪厄 著. 包亚明 译(1997). 文化资本與社会炼金术: 布尔迪厄访谈录. 上海人民出版社, p189, 本文对原译文稍作了改动.

로 변형된다. 이러한 변형의 과정도 지배계급 권력이 은폐된 형태로 정당화되는 것을 의미한다.[141] 자본의 액수를 기초로 형성된 지배적 위치와 지배적 위치에 의해 형성되는 구조적 공간이 바로 장이다.[142]

자본이 행위자들의 사회적 실천을 위한 도구와 에너지를 제공한다면, 아비투스는 실천의 내생적 힘이자 행위의 근원이다. 다른 위치에 있는 행위자는 상대적으로 안정적인 내적 기질 경향(아비투스)[143]을 가지며, 이는 자연스럽게 행위자의 행위의 방향과 패턴을 지배하고, 장에서 행위 전략을 생성하며, 또한 그것의 실천에 특정한 의미를 부여하는 것이다. 부르디외의 후기 이론에서는 이 개념이 비록 끊임없이 확장되었지만, 그 핵심 의미는 여전히 동일하다. 그것은 "깊이 내재화된 행위 생산을 이끄는 주도적 경향"이다. 그래서 그것은 실천 가운데 존재하는 무의식적이고 구체화되며 끊임없이 재생산되고 혁신되는 이론이며, 특정 사회적 조건에서 발생하지만 다른 사회적 조건에도 적용 가능한 '심리적 습관'[144]이므로 지속적으로 사회적 실천을 구축한다. 그리고 사회적 실천도 객관 세계의 규칙을 행위자의 습관으로 끊임없이 내면화하여 아비투스가 형성되고 생성된다.[145]

---

141 高宣扬(2004). 布迪厄的社会理论. 同济大学出版社, pp.150-151.

142 高宣扬(2004). 布迪厄的社会理论. 同济大学出版社, p.143.

143 戴维 · 斯沃茨(David Swartz) 著. 陶东风 译(2006). 文化與权力 布尔迪厄的社会学 the sociology of Pierre Bourdieu. 上海译文出版社, pp.116-117.

144 戴维 · 斯沃茨(David Swartz) 著. 陶东风 译(2006). 文化與权力 布尔迪厄的社会学 the sociology of Pierre Bourdieu. 上海译文出版社, p.117.

145 张意(2005). 文化與符号权力: 布尔迪厄的文化社会学导论. 中国社会科学出版社, p.7.

2) 상징권력 투쟁

부르디외는 충돌을 사회생활의 기본 동력으로 간주하므로, 권력의 장에도 조직적 원리의 작용을 한다.[146] 현대사회의 민주주의 제도의 발달로 이른바 지배와 피지배는 대부분 보이지 않는 형태로 구현되고 있으며, 이러한 현상의 배후에 가장 중요한 원동력은 '보이지 않는 권력'이라는 상징적 힘의 작용이다. 부르디외의 관점에서 상징 권력은 "사회 공간에 만연하여 다양한 제도를 동반하며, 경제와 사회의 지배는 기호 권력의 변형과 수정에 의존함으로써 유지되고 지속될 수 있도록 한다."[147] 변형과 수정의 메커니즘은 '환상'과 '오해'를 통해 실현된다. 행위자들은 일정한 규칙으로 사회집단의 환상을 조장하고, "강제(이러한 강제가 신체적이든 경제적이든 상관없이)를 통해서만 얻을 수 있는 등가물을 획득하게 된다." 사회 전체가 이 규칙에 공감할 때 "다시 말해 오해되었을 때 효력을 발생할 수 있는" 것이다.[148] 실제로 장에 있는 많은 사람들은 지배계층의 권력 음모에 일정 정도 무의식적으로 가담해 왔다. 그래서 본 장절에서는 부산오페라하우스 사업의 실천에서 다양한 관련 주체들 간의 권력이 어떻게 경쟁을 했는지, 사업의 세부 내용에서 그들 간의 권력 불균형이 어떤 공공성 문제를 야기했는지, 이러한 문제가 또 어떻게 조화를 이룰 수 있는지를 살펴본다. 이것은 국가와 지역, 개인과 집단, 역사와 현실이 뒤얽혀 있기에, 그들과의 관계는 부르디외의 실천적 이론 틀 아래에서 보다 명확하게 드러날 것이다.

146 高宣扬(2004). 布迪厄的社会理论. 同济大学出版社, pp.156-157.

147 张意(2005). 文化與符号权力: 布尔迪厄的文化社会学导论. 中国社会科学出版社, p.178.

148 Bourdieu, P.(1991). ***Language and symbolic power***. Harvard University Press, p.170.

2. 부산오페라하우스 사업 개요

해양도시 부산은 2001년에 '부산의 진정한 매력으로 문화와 관광을 촉진하여' 부산을 '문화도시'로 건설하고자 희망하면서 '해양도시' 마스터플랜을 제시하였다. 여기에는 문화예술, 레저 및 엔터테인먼트 산업의 번영과 발전을 촉진하는 것이 정부의 중요한 업무 가운데 하나였다. 부산시의 문화발전 추진사업 가운데 신항만 개발과 구항만 개선 등 항만 건설에 각별한 관심을 기울이고 있었고, 항만 지역의 활성화를 통한 항만 기능과 해양산업 강화를 목표로 하고 있었다. 여기에는 정보 기술, 서비스, 연구 및 개발, 레저 및 관광 등이 포함된다. 그중 북항 재개발사업은 현재 부산의 9대 핵심사업 중 유일한 대규모 구도심 재개발사업으로 적극 추진되고 있으며, 관련된 구도심을 아시아 최전방 문호, 완전한 해상과 육상 운송 인프라, 완벽한 문화와 레저 서비스 시설을 갖춘 해변 지역으로 탈바꿈할 계획이다.[149]

부산오페라하우스는 이 사업의 해양문화지역(〈그림 3-4〉에서 연한 녹색으로 표시된 부분)에 위치하고 있다. 2018년 계획에 따르면 오페라하우스는 부지면적 29,542㎡, 총면적 51,617㎡로 지하 2층에서 지상 5층까지 총 7개 층으로 구성되어 있다. 주요 시설로는 대극장(1,800석), 소극장(300석), 다수의 전시장과 야외공연장이 있고, 주요 기능은 오페라, 뮤지컬, 발레 등 전문 공연을 위한 공간을 제공하는 것이며, 사업비는 2,500억 원으로 추산된다.[150] 관련기관은 사업이 완성된 후 '부산·울산·경남을 대표하는 문화

---

149 Park, G.(2014). *The role of cultural development in urban strategy: the Hub City of Asian Culture in Gwangju*, Korea (Doctoral dissertation, University of Leicester).

150 ㈜메타기획컨설팅(2019). 부산오페라하우스 개관준비 및 관리운영 기본계획.

〈그림 3-4〉 북항재개발사업 조감도

예술 공간이자 문화예술과 문화산업생태계의 핵심으로 자리매김하여 주변 지역 문화공간의 국제적 위상을 제고하는 것'에 힘쓸 것이라고 밝혔다.[151]

이것은 북항 재개발사업의 핵심 문화시설일 뿐만 아니라 북항의 구도심에 활력을 불어넣고 부산 해양문화도시의 위상을 대변하는 상징적 문화 건축물이 될 것이다. 그러나 대규모 공공문화 사업으로서 오페라하우스는 그 설계와 건설 과정에서, 특히 건설 초기 단계에서 다양한 문제에 직면하게 되었다.[152] 부산오페라하우스 사업 또한 2008년도에 제안된 이후 많은 관심과

151 부산광역시의회 입법정책담당관실(2012). (해양항만)부산시오페라하우스추진현황과 과제.

152 Smith, A. & von Krogh Strand, I.(2011). Oslo's new Opera House: Cultural flagship, regeneration tool or destination icon?. European Urban and Regional Studies, 18(1), 93-110; Clements, J.(2016). Opera as a Community Arts Project: Strategies for Engagement and Participation. The International Journal of Social, Political, and Community Agendas in the Arts, 11(3), 57-68; Satterthwaite, A.(2016). Local glories: opera houses on main street, where art and community

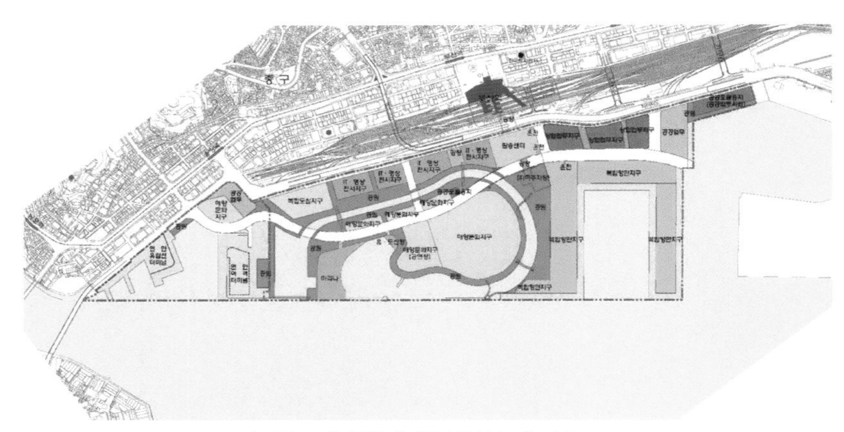

〈그림 3-5〉 북항재개발사업의 기능 분포도

논의를 불러일으켰고, 그동안 등장한 갈등과 문제점들은 이 사업 진행을 여러 차례 방해하기도 하였다. 그래서 먼저 지금까지 추진된 사업의 주요 경과를 정리하면 〈표 3-1〉과 같다.

〈표 3-1〉에서 알 수 있듯이, 이 사업은 2012년도에 설계 계획을 확정하여 본격적인 준비 작업을 하였으나, 행정상, 사업상의 이유로 2016년과 2018년 두 차례 중단되었다가 재개되어, 현재 활발히 추진 중이며 2022년에 준공하여 공식 운영될 예정이다. 비록 이 사업이 이미 진행되고 있지만, 지금까지 해당 당사자 간의 논의가 계속되고 있다. 그래서 본 장절에서는 그들의 논의의 초점은 무엇이고, 사업 진행에 미치는 영향은 무엇이며, 이러한 논쟁의 배후에 깔린 원인과 여기서 반영된 공공성 문제는 또 어떠한 것이 있는가를 살피고자 한다.

---

meet. Oxford University Press.

〈표 3-1〉 부산오페라하우스 사업 추진 경위표[153]

연도	월	주요 경과
2008	5	오페라하우스 사업 기부 협약 체결 (부산시, 롯데그룹)
2010	10	부산오페라하우스 건설추진위원회 성립
2011	4	부산오페라하우스 국제창작공모전 개최
2012	5	부산오페라하우스 사업 공청회 개최
	10	오페라하우스 국제 설계공모 당선자 선정 (노르웨이 스노헤타/한국 일신건설)
2014 2015	2014.4-2015.12	기본설계 및 시설설계 서비스 계속 추진
2016	12	행정절차 이행으로 설계용역 중지
2017	4 6 9 9 11 12	교통영향평가(1차)-사전검토의견 개선안 심의 지방재정투자심사승인 교통영향평가(2차)-개선계획(안) 심의 완료 실시설계 건설기술 심의 완료 설계의 경제성 검토(VE) 완료 공사발주 공고(조달청 입찰 공고)
2018	5	공사착공((주)한진중공업), 건설사업관리용역 착공((주)신화엔지니어링)
	8 11	사업재검토로 공사 중지, 건설사업관리용역 중지(8.31~11.28, 90일간) 공사재개
2019	3 하반기	토공사(흙막이, 파일공사, 차수공사(시트파일)) 토공사, 지하기초공사
2022	하반기	공사 준공 및 개관(예정)

153 부산오페라하우스 건립공사 홈페이지 참조 정리.
http://bohinfo.smartpmis.net/business_info/propel.asp 참조 정리.

3. 부산오페라하우스 사업에 있어 장의 상징적 권력 운영

사회 공간은 무수한 장으로 구성되며, 크고 작은 장 사이에도 복잡한 관계가 존재하고, 큰 장에는 종종 약간의 서브 장이 포함되어 있다. 장의 투쟁에서 쟁취하는 중심자원(자본)의 형태에 따라 장을 다양한 유형으로 분류할 수 있다. 부산오페라하우스 사업의 장에 있어서 행위자들이 쟁취하려는 초점은 문화자원의 배치와 활용이다. 따라서 오페라하우스 사업의 상징권력 투쟁의 장은 바로 문화의 장이다. 그래서 그 안에서 다양한 계층의 행위자들의 관습적 차이와 문화 · 경제 · 정치자본 점유량의 차이가 그들 사이에 필연적으로 갈등을 초래하게끔 한다.

1) 부산오페라하우스 건립의 필요성과 기능적 포지셔닝

많은 갈등 중 부산오페라하우스 사업에 대한 논의에서 시종일관 존재하는 중요한 문제는 현 단계에서 부산에 오페라하우스가 필요한가 하는 것이다. 부산오페라하우스가 건립될 경우 그 포지셔닝은 주로 한국의 지역적 특성을 반영하고 부산의 이질성을 부각시키거나, 아니면 국제적 노선을 취하여 유럽과 미국의 오페라하우스 운영모델을 모방하는 것이다. 이는 장에서 행위자들이 속한 계층이 다르기에, 이로 인해 생산되는 미적 취향의 분절 현상과 관련이 있다.

(1) 오페라하우스 건립 필요성에 관한 상징투쟁

부산시청은 2013년과 2019년 두 차례에 걸쳐 부산오페라하우스에 대한 기획안을 발표했는데 기본 개념은 거의 일치하였다. 후자는 내용상 좀 더 세부적인 보완을 했고, 보완 내용은 대부분 국제적으로 성공한 오페라하우스의 자료 정리와 참조였다. 이를 통해 정부는 오페라하우스의 국제화를 매우 중요하게 생각하였음을 알 수 있다. 2013년도에 공개한 기획안에 해양도시 부산의 상징적 문화시설 건설을 위해 오페라하우스를 건립 목표로 제시하였다. 세계적으로 유명한 오페라극장 대부분이 수변지역에 위치해 있기 때문에, 부산오페라하우스도 북항 재개발사업의 해양문화권에 자리 잡게 될 예정이다. 이로써 세계적인 오페라하우스가 될 수 있는 잠재력을 구비하여 부산의 문화적 랜드마크로 될 것이다.[154]

이 사업 기획안이 발표된 후 장에서는 즉각 지지와 반대의 두 진영이 형성되었다. 지지자들은 국제항만도시이자 한국 제2의 도시인 부산이 다른 광역시에서 오페라하우스를 운영하고 있는 상황에서 도시의 위상을 대변할 수 있는 전문적인 대규모 공연장이 부족하다고 생각하였다. 그래서 오페라하우스의 건립은 부산 시민의 문화생활 수준을 향상시키고 도시의 문화적 품격을 높일 수 있는 좋은 기회이며 또한 전문 오페라 예술가들에게 큰 힘이 된다고 하였다.[155]

반대론자들은 세계적으로 유명한 오페라 극장은 최초에 '문화적 랜드마크'가 되는 것을 목표로 하지 않았고, 문화적 랜드마크가 되는 것은 운영의 부가적인 효과일 뿐이라고 하였다. 더욱이 이번 부산 시민 문화수요 조사에 따르면 오페라하우스에 대한 시민들의 수요는 모든 공연예술 부문 중 가장 낮고, 공연예술에 대한 전반적인 수요도 전국 평균보다 낮은 것으로 나타났

---

154 부산광역시의회(2013). 부산오페라하우스.

155 https://blog.naver.com/lhkny96/221405891433 2018.11.25 YKTM
http://www.busan.com/view/busan/view.php?code=20180816000257
http://www.busan.com/view/busan/view.php?code=20180802000265
http://www.ohmynews.com/NWS_Web/View/at_pg.aspx?CNTN_CD=A0001888302

다.[156] 2018년 기준으로 부산에는 모두 80개 공연장(전국의 6%)이 있고, 그 가운데 대규모 공연장(1,000석 이상)이 3개 있다. 이러한 기존 공연장은 시민들의 기본적인 문화 욕구를 충분히 충족시켜야 하며, 거액의 세금을 들여 오페라하우스를 새로 건립할 필요는 없다. 그래서 전문적인 오페라하우스를 건립하는 것보다, 부산은 이미 건립되어 시민들이 사용하기에 편리한 중소극장을 잘 운영할 필요가 있다. 부산시민회관을 예로 들자면, 재단법인화를 거쳐 2년 동안 운영이 크게 개선되었다.

그 밖에 부산 시민의 예술 수요의 저하는 부산 소재의 대학에서 순수 예술 전공을 연이어 폐지한 것과도 관련이 있다. 예술인재의 육성이 부족하고, 예술에 관심이 많은 인재와 예술가도 대량 유실되고 있어, 부산 예술의 창조적 원천이 고갈되고 있는 상황이다.[157] 일부 예술가와 음악학과 교수들은 정부가 시민들의 예술적 욕구를 자극하기 위해서는 전문기관을 통한 예술적 인재양성에 앞장서고 부산 예술의 기반을 안정시키는 것이 무엇보다 중요하며, 텅 빈 화려한 오페라하우스를 건립하는 것보다 더 의미가 있다고 지적하였다. 공연장의 증가로 문화적 수요가 결코 증가하는 것이 아니므로, 도시의 문화적 품위 증진에도 건강한 문화생태를 기반으로 해야 한다.[158]

156 2017년 「부산사회조사 결과보고서」에 따르면 부산시민의 전반적인 공연예술에 대한 수요는 서울과 전국 평균보다 낮은 편이며 그 가운데 연극과 뮤지컬에 대한 수요는 높은 반면 무용과 국악, 오페라에 대한 수요는 적은 것으로 나타났다.

157 http://www.kookje.co.kr/news2011/asp/newsbody.asp?code=1700&key=20160121.22031192135 https://www.news1.kr/articles/?3683426

158 http://www.busan.com/view/busan/view.php?code=20180906000273

부르디외의 사회학 이론에서 사회계급 장과 일상생활의 공간은 구조적 동종성을 갖는다.[159] 문화소비 측면에서 보면 계급에서 높은 위치에 있는 사람들이 상대적으로 '높은' 삶의 품격을 갖고 있는 것으로 드러난다. 계급 위치의 수준은 주로 경제자본과 문화자본에 의해 결정된다. 높은 경제자본과 높은 문화자본을 가진 계층은 고아하고 일정한 재정 지원이 필요한 문화소비의 취향을 가지며, 문화자본은 높지만 경제자본이 부족한 사회계층은 '초현대적' 취향을 추구한다. 동시에 경제자본과 문화자본이 부족한 계층은 저속하고 실용적인 문화소비 취향을 나타낸다.[160]

구체적으로 문화장에서 미적 취향의 구별은 순수한 시선과 기능적 만족으로 설명할 수 있다. 예를 들어, 같은 오페라 감상에 있어 엘리트 계층은 어떻게 하면 편안한 분위기에서 우아하게 즐기는 방법에 대해 더 많이 생각하고, 하위 계층은 티켓 가격과 콘텐츠가 매력적인지 여부에 더 많은 관심을 기울일 수 있다. 오페라하우스가 유럽과 미국 국가의 부흥으로 대거 공적 재원의 지원을 받아 티켓 가격은 절반 이상 우대 혜택을 받을 수 있기에, 서구의 오페라하우스는 사치스러운 취향을 완전히 대변하지 않게 되었다. 그러나 한국에서는 여전히 '엘리트' 색채를 띠고 있다. 오페라 공연은 기획부, 공연 예술부, 기술부, 소품부 등 여러 부서의 조율이 필요하고, 또 극장의 음향설비와 건축설계는 뮤지컬, 드라마와는 다른 요구사항과 하드웨어 비용이 상대적으로 높기에, 공적 재원의 지원이 없는 상태에서 극장이 정상적으로 작동하기 위해서는 고비용이 필요하므로 오페라 소비에 '고소비'의 모

---

http://www.kookje.co.kr/news2011/asp/newsbody.asp?key=20171017.22011002023

159 Bourdieu, P.(1991). Language and symbolic power. Harvard University Press, p.186.

160 王宁(2017). 音乐消费趣味的横向分享型扩散机制-基於85后大学(毕业)生的外国流行音乐消费的质性研究. 山东社会科学, (10), 5-15.

습이 나타나고, 이에 응대하는 소비자 그룹도 대부분 상류층의 인사들이다.

사업 자료를 보면 오페라하우스 건립을 지지하는 단체에는 경제자본과 문화자본이 높은 공무원은 물론, 문화자본이 높은 대학교수와 예술가들이다. 신문 보도와 개인 블로거에 댓글을 달아 오페라하우스의 건립을 지지하는 시민도 적지 않은 듯하다. 가장 흥미로운 현상은 같은 그룹의 예술가와 교수 집단에 속한 행위자들이 서로 다른 진영에 속해 있는 것처럼 보인다는 점이다. 표면적으로는 취향 구별 짓기의 논리에서 벗어난 것처럼 보이지만, 사실 오페라하우스 건립을 지지하지 않는 예술가와 교수들은 고도의 문화 소비를 반대하는 것이 아니라, 오페라하우스라는 물질적 형태가 부산 문화계의 역사적 발전 환경과 서로 부합하지 않다고 여긴다. 이러한 관점은 또한 지지자 진영의 이견에 관계된다. 즉 오페라하우스의 미래 발전의 포지셔닝 문제에 관한 것이다.

(2) 오페라하우스 기능 포지셔닝의 상징투쟁

오페라하우스 사업은 2008년에 제안된 이후 구체적인 발전 방향이 정해지지 않았고 사업도 한 차례 정체된 적도 있었다. 이해동 의원은 2011년 5월 시의회 임시회의에서 오페라하우스의 발전 방향과 목표를 조속히 수립할 것을 정부에 촉구하였다. 그는 정부가 오페라 문화 기반이 없는 한국에서 시민에 대한 오페라하우스 건립의 의미를 자세히 고려해야 하고, 서구의 영향에서 벗어나 문화적 자신감의 태도로 오페라하우스를 건설할 것을 주장하였다.[161]

161 제210회 임시회 제1차 본회의 동영상. 2011.05.12.
http://council.busan.go.kr/broadcast/5minutes/view?num=359&key=1246&nums=6569

사실 문화 기반의 문제는 사회역사의 범주에 속한다. 부르디외의 사회실천 이론에서는 사회역사와 습관화의 양방향 구성을 매우 강조하는데, 역사적 기반이 없는 장은 그에 상응하는 관습을 생성하기 어렵고, 행위자의 행위 성향도 합리성과 배치될 수 있다. 지정학과 역사학의 관점에서 부산은 해양성, 서민성 및 다양성을 갖춘 도시이다. 개방적 · 유동적 · 포용적인 해양성은 주로 부산의 지리적 위치와 관련이 있으며, 부산의 역사적 발전에는 서민성과 다양성이 더 많이 내포되어 있다. 일제강점기 일본인들은 부산항을 중심으로 새로운 번화한 지역을 개척했고, 조선인은 어느 정도 소외될 수밖에 없었지만 한편으로는 부산항 무역의 번영과 대중가요 등 대중문화의 수용을 촉진하기도 하였다. 이후 한국전쟁의 영향으로 부산항 터미널, 국제시장, 자갈치시장, 산업단지, 산촌, 산복도로 지역에 타향인들이 더 많이 모여들게 되었고, 더욱 풍부한 이질문화도 수용하게 되었다. 그러나 이들 대부분이 피난하여 생존을 위해 왔기 때문에, 그들이 가장 좋아하는 문화도 대부분 대중문화였기에, 이러한 것은 자연스럽게 부산의 지역적 배경으로 되었다.

이러한 배경에서 부산은 영화와 대중음악으로 대표되는 엔터테인먼트 산업을 발전시켰지만, 양질의 문화 측면에서의 발전은 다소 미흡한 실정이다. 이것이 부산 시민들이 다양한 레퍼토리, 특히 오페라 공연에 대한 수요가 낮은 이유이기도 하다. 그렇다면 유럽과 미국에서 생겨난 오페라 예술을 대중예술이 발달한 부산에 '이식'한다면 그 '생존' 확률은 얼마나 될 것인가? 서민 계층이 주를 이루는 부산 시민들의 대중적이고 실제적인 문화소비 경향은 오페라하우스가 아무리 화려해도 쉽게 바뀌지 않는 것 같다. 아마도 어린 시절부터 엘리트 교육을 받은 소수의 오페라 예술 애호가들만이 오페라 공연을 자주 볼 것이다.

이에 부산시는 2019년 의원들의 제안과 각계 인사들의 논의를 거쳐 오페라하우스의 공간운영 방식을 복합문화공간으로 바꾸었다. 이 제안을 내놓은 비상대책위원회는 이 사업이 하드웨어 시설 건설을 강화하는 것일 뿐만 아니라 오페라하우스를 발판으로 한 풍부한 문화예술 향기를 지닌 '북항의 기적'을 촉진하는 것이고, 또 부산역 창의문화벨트 구축을 위한 타 사업과의 협력을 구축할 수 있다고 여겼다.[162] 그러나 이러한 기능적 포지셔닝은 기존에 있는 부산의 여타 예술기관, 특히 현재 공사 중인 부산국제아트센터의 기능과 겹쳐 중복투자의 의심을 낳고 있다. 부산의 문화현장에서 부산오페라하우스는 마치 처음으로 갓 온 '아방가르드'이자 '이단'과도 같아, 그곳에다 세련된 외관, 첨단 장비, 광대한 공간, 풍부한 콘텐츠 등 더욱 발전된 색채를 부여하고 있다. 외부인이 볼 때 부산오페라의 발전에 새로운 활력을 불어넣을 수 있지만, 동종업계의 입장에서 볼 때 그것은 분명 낙후된 시설과 열악한 관리의 기존 '정통' 극장에다 경쟁과 압력을 가할 수밖에 없다. 이는 도시재생사업의 전체적인 계획과 자금 분배의 합리성 측면에서 공공기관의 고려가 부족한 듯 보인다. 공공사업의 실행이 진정으로 공적 이익을 최대화하여 소기의 목적에 충분히 다다를 수 있을지에 대해, 필자는 여전히 의구심이 남아 있다.

2) 부산오페라하우스 사업자금 확보의 상징투쟁

대규모 공공사업의 경우 자금 조달은 매우 중요한 문제이다. 부르디외 또한 경제자본과 문화자본이 장의 위치 변화에 거의 동일하게 중요한 영향을 미친다고 언급하였다. 서구, 특히 유럽에서는 오페라하우스 운영비의 대부분을 공공재정으로 부담하고 있다. 운영비는 한편으로는 오페라 예술의 문

162 https://blog.naver.com/lhkny96/221405891433

화 유산적 지위에 따라 결정되고, 다른 한편으로는 유럽에서는 문화를 공공 서비스로 간주하여 문화 관련 사업 예산 비율이 상당히 높다. 통계에 따르면 2012년 독일 정부의 문화 관련 예산이 1인당 150달러에 달한다.[163] 그에 비해 한국은 가련한 수준이다. 2018년 부산시의 문화관광 예산은 3억 1,570만 원(약 26.8억 달러)으로 전체 예산의 3.7%에 불과하고, 2018년 1인당 문화 관련 예산은 0.08달러에 불과할 뿐이었다. 이 자료는 부산의 문화자금 투입이 상대적으로 제한적이어서, 국가의 공공재정 지원금과 민간 기부금이 오페라극장의 건설과 운영을 위한 자금 보장임을 충분히 보여준다. 경제자본을 가장 많이 가진 중앙정부와 지방자치단체 그리고 재벌그룹이 장의 위치에서 중요한 역할을 하고 있는 것은 사실이다. 오페라하우스 사업의 진행과정에서 이 사업이 수차례 중단된 대부분의 원인은 바로 재원을 확보할 수 없다는 점임을 알 수 있으며, 그 외에도 건축용지의 확보도 중요한 원인으로 작용하였다.

자금조달 측면에 있어 2008년 5월에 롯데그룹은 부산시와 1,000억 원을 기부하기로 협약을 맺고 2017년에 전액 납부를 완료하였다. 자금은 그 즉시 정확하게 접수되어 사업 건설에 사용되었으나, 사업 초기에 시정부는 롯데그룹의 신뢰를 얻기 위해 기초적인 문제가 확정되지 않은 상황에서 너무 성급하게 사업을 추진하여 시민사회의 반감을 샀다. 경제적 측면에서 더 큰 혼란을 야기한 것은 건설용지를 무상으로 사용할 수 있는지와 재정 지원 규모에 대한 부산항만공사(BPA)의 흔들리는 입장이었다. 2010년 시정부가 토지 일부를 건설용으로 무료로 사용할 것을 요청했을 때, 북항 재개발사업

163 Satterthwaite, A.(2016). Local glories: opera houses on main street, where art and community meet. Oxford University Press, p.335.

을 시행한 주체인 부산항만공사는 '법적 근거가 없다'는 이유로 이를 거절당했다. 여러 차례 조정과 협의를 거쳐, 시정부는 2016년에 부산항만공사와 사업용지에 대한 무상임대계약을 체결하였고, 2017년에 해양수산부의 북항 재개발사업에 대한 계획변경을 승인받았다. 그러나 2019년 5월 사업 재개 이후 얼마 지나지 않아 시의회에서 용지협의 체결이 불법이라는 질의를 받아 부득불 사업을 다시 중단해야 하였고, 필요한 검토 절차를 거쳐 3개월 만에 다시 공사를 계속하였다.

또 재정 지원 측면에서도 최초의 협의는 롯데가 기부한 공적자금 1,000억 원을 제외하고 나머지는 부산항만공사와 부산시가 공동으로 부담해 각각 800억 원과 700억 원을 제공하는 것이었다. 심지어 2018년 11월에 새로 취임한 오거돈 시장이 사업재개를 선언했을 때도 이렇게 담보하기로 했으나, 해양수산부가 2019년 말에 기획재정부에 제출한 〈북항재개발사업계획변경(안)〉에는 도리어 "부산항만공사가 오페라하우스 건설 재원으로 500억 원을 지원할 것"이라고 적혀 있었다.[164] 특히 경영 악화를 이유로 자금을 줄였다는 부산항만공사의 주장이 확산되면서 부산시 공공기관에 대한 시민의 불신이 가중되었다. 정치자본과 경제자본이 부족한 일반 시민들은 사건의 진행 상황을 지켜볼 수밖에 없었다. 부산참여자치시민연합회와 부산민속예술총연합회 등 시민단체가 다수의 시위에 참가해 정부의 관련 정책에 대한 불만과 반대를 표했음에도 불구하고, 사업의 중요한 의사결정에 효율적으로 대응하기 어려웠다. 정부 기획안에 '시민의 수요', '시민의 이익', '시민생화의 개선'과 같은 단어가 자주 등장하지만, 시민단체가 실제로 사업의

164 http://www.kookje.co.kr/contents/newsbody.asp?code=0300&clss_cd=320100&key=20200707.99099002381

진행에 '참여'한 경우는 후기 사업 운영계획을 논의할 때였다. 시민대표가 부산시와 롯데그룹 관계자, 문화예술단체 관계자, 민간전문가로 구성된 '긴급대책위원회'에 참가했지만, 그 속에서 그들의 발언권에 한계가 있었다.[165]

동시에 정치자본이 지배하는 두 주체 사이에는 잠재적인 발언권 쟁탈 문제도 존재한다. 현재 한국은 행정·입법·사법의 삼권분립 정치체제를 시행하고 있어, 정부는 제안권은 있지만, 이 행정 법안은 입법권을 지닌 의회의 심사와 감독을 받아야만 한다. 따라서 더 많은 정치자본을 보유하고 있는 의회와 정부 사이에도 일정한 상징적 투쟁이 존재한다. 다시 말해 예술장에 2차적인 정치장이 존재하는 것이다. 전체적으로 보면 국회의 정치자본 총액이 더 많은 것 같아, 이 장에서 더 많은 발언권을 지니고 있다. 시정부가 오페라하우스 사업을 제안한 후 의회는 시행 과정에서 줄곧 '통제자'로서의 위상을 보여주었다. 이러한 '통제'는 때로는 체제에서 때로는 다른 정치적 입장에서 비롯되었다.

예를 들어, 예산과 공사 규모의 갑작스러운 축소에 관한 문제에 있어서 정부는 시민을 직접 조사에 참여시키지 않고 또 참여전문기관의 조사 결과를 무시하고, 다만 전문가의 개인적인 의견에 따라 관련 의사결정을 내린 것이다. 2015년 10월 부산시의회 임시회의에서 강성태 의원은 김광희 문화관광청장에게 책임을 물었고, 오페라하우스의 건설 계획이 개인 의사에 따라 변경되어서는 안 되며 개발계획은 전문기관의 조사와 시민 의견을 충분히 참고하여 확정하고, 이에 따라 단계적으로 추진해야 한다고 주장하였다.[166] 이에 시정부는 2018년 전문기관 metaa다중분석기획 컨설팅업체에다

165 http://www.kookje.co.kr/news2011/asp/newsbody.asp?code=0500&key=20180906.22003002006

166 제248회 임시회 제3차 본회의 동영상. http://council.busan.go.kr/broadcast/question/view?num=1622&key=4448&nums=2136520151008

심도 있는 조사를 의뢰했으며, 2019년에 조사 결과를 공개적으로 발표하였다. 이 조사결과 보고서는 부지선정과 정책 환경, 공간 환경, 문화예술 환경 등의 각도에서 출발하여 전문가와의 심층 인터뷰를 결합하여 오페라하우스 사업의 필요성과 타당성을 구체적으로 논증하였다.[167] 그중에 검토할 내용이 제기될 수 있지만, 의회는 이 사업의 추진에 있어 장의 높은 권력 위치에서 정부를 촉구하는 데 중요한 역할을 하였다. 또한 2019년 4월 19일에 개최된 제276차 부산시의회 임시회의의 시정 질문에서 이성숙 부산시의회 복지환경위원회 위원은 부산오페라하우스가 건축용지협약에 있어 「공유재산법」을 위반했다고 지적하였고, 오페라하우스 건설 사업은 시정부가 강행하여 추진한 사업임을 질책하였다. 이에 이성숙 위원은 필요한 감사를 실시하고 해당 국가부처의 승인을 얻은 후에만 계속 추진할 수 있다고 주장하였다.[168] 정부 관계자는 〈부산항 항만재개발사업지구 공연장 건설을 위한 이행협약〉의 해당 내용을 수정하기 위해 노력하고 있으며, 기획재정부의 승인을 받겠다고 답변하였다. 이러한 심사와 확인을 거친 후에야 비로소 이 사업을 계속 추진할 수 있었다.

위의 논의를 통해 오페라하우스 사업을 운영하는 문화장에서는 경제자본을 대량으로 점유한 롯데그룹과 정치자본이 풍부한 시정부와 시의회가 전체 사업운영 과정에서 결정적인 발언권과 의사결정권을 갖고 있음을 알 수 있다(개별 문제 역시 중앙정부의 제약을 받음). 부산시민들도 이 사업에 적극적으로 참여하고 있지만, 찬반양론의 시민 개인과 시민단체, 예술가 단체 모두 정부 부처가 채택할 것을 바라는 마음으로 여러 형식을 통해 다양한

167 (주)메타기획컨설팅(2019). 부산오페라하우스 개관준비 및 관리운영 기본계획.

168 부산오페라하우스 기부채납, '공유재산법 위반' 작성자 뉴스원. https://blog.naver.com/khnewsone/221505278992 2019.4.4. 12:36

의견을 표명하지만, 그 효과는 극히 미미하다. 부산의 일반 시민들은 경제자본과 정치자본이 부족하고 문화자본과 사회자본도 상당히 부족하여, 정부와 재벌기업에 맞서 싸우는 것이 힘들기 때문이다. 따라서 '시민이 만든 오페라하우스'라는 비전 아래 다른 행위자들의 상징적 지배를 모르는 사이에 받게 될 뿐이다.

(1) 부산오페라하우스 설계와 운영 메커니즘의 상징투쟁

부르디외가 말하는 예술장의 자율성은 전문적인 예술계를 상대로 이야기한 것으로, 이것은 순수 예술을 추구하는 예술가들이 정치세력과 시장에 의존하여 특권을 획득한 아카데미 학파의 상징 폭력에서 벗어나기 위해 시작한 예술 혁명을 가리킨다. 예술 세계는 단일한 상태에서 다양한 상태로, 타율에서 자율 등으로 변모한다.[169] 오페라하우스는 공공사업으로 운영되고 있지만, 건물의 내·외부 디자인과 구체적인 운영 방식은 예술의 전문성과 밀접한 관련이 있다. 그것의 구체적인 부분에 있어 응당 전문 예술가와 디자이너가 결정한 부분이 상대적 자주성을 실현할 수 있는가라는 점은, 오페라하우스의 기능적 목표를 실현하는 데 매우 중요하다. 일반 대중의 경우 공공문화기관의 공간 디자인 차원이 기능적 차원보다 먼저 대중의 시야에 들어오게 될 것이다. 이는 문화기관이 독특한 창의성과 형태를 부여하여 그것이 더 많은 매력을 지니게 됨을 의미한다. 아울러 미학적 측면의 매력은 대중이 조직 내 문화적 전시에 관심을 갖도록 유도하여 엘리트와의 취향 차이를 어느 정도 좁힐 것이다(이 차이는 결국 좁혀지기 어렵지만).

---

169 Pierre Bourdieu, The Field of Cultural Production: Essays on Art and Literature, New York: Columbia University Press, 1993, pp.243-244; Pierre Bourdicu(1996). The Rules ofArt. Genesis and Structure the Literary Field, Stanford: Stanford University Press, p.49.

부산오페라하우스 사업팀은 대외적 매력을 높이기 위해 2011년부터 2012년까지 '국제 창작 공모전'과 '국제 현상 설계 공모전'을 개최하여, 최종적으로 오슬로 오페라하우스를 디자인하여 유명해진 스노헤타(Snøhetta) 회사가 디자인을 담당하였다. 디자인의 하이라이트는 걸을 수 있는 경사면으로 지붕을 디자인한 것과 건물과 바다를 일체화한 개념 등이다.[170] 이 회사의 오페라하우스 사업 담당자인 Thorsen은 공모전에 참가하기 전에 서적, 다큐멘터리, 문헌자료 등을 통해 한국에 대한 깊은 이해를 가졌으며, 부산의 문화, 인문, 지리, 산업현황 등을 고찰했다고 밝혔다. 이는 한국의 팔괘문화에서 영감을 받은 디자인으로 현지 문화를 기반으로 한 실용적인 디자인을 제공하고자 하였다. 그들은 건축의 외관을 동양의 상징적 기호 체계인 건(乾, 하늘), 곤(坤, 땅), 감(坎, 물)과 서로 대응시켜, 지면에서 출발하여 흐르는 물처럼 내부의 예술로 연결시킨 후, 사람들이 지붕에서 예술의 감동을 누릴 수 있도록 하고자 하였다. 이 점은 부산시 정부가 내・외부 공간의 개방성과 시민과의 친근성을 강화하겠다는 계획과도 일맥상통한다. 그러나 부산 시의회 기획행정위원회 조정화 의원은 2017년에 부산오페라하우스가 오슬로 오페라하우스와 매우 흡사하여 완공 후에는 '짝퉁 오페라하우스'로 불릴 수 있기에, 이 디자인은 아름다운 항구가 되려는 부산의 비전과 어긋날 수 있다고 지적하였다.[171] 하지만 이 의견은 사업의 디자인에 영향을 미치지는 않은 것으로 보이며, 대다수 시민들은 부산오페라하우스와 오슬로 오페라하우스의 디자인이 비슷하지 않다고 생각하고 있다.

2019년 5월에 디자인에 대한 큰 논의가 재차 벌어졌다. 재가동 후 원활한

---

170 https://blog.naver.com/lhkny96/2221568212592020.11.28. YKTM.

171 부산북항 건설 추진 오페라하우스 '노르웨이 짝퉁' 논란 그런가요? 돌고래 2017.06.16. https://cafe.naver.com/bukdc/36115

사업 진행을 위해 시정부는 전국 공연장 관련 전문가들로 구성된 오페라하우스 운영협의체를 구성하여 협의체의 논의를 거쳐 설계 일부를 재검토하고 확인하기로 결정하였다.[172] 이전에도 일부 예술가들은 "공연장 내부 디자인이 오페라하우스의 핵심"이라고 제안하기도 하였다.[173] 8월에는 부산문화회관 이용관 대표를 문화시설 총괄 프로젝트매니저로 선임하고, 문화예술인과 공연장 기술 감독 등 순수 민간 전문가 9명으로 소협의회를 구성하여, 디자인의 주요 쟁점을 집중 논의한 결과, 무대 확장, 퍼포먼스홀, 무대 형태 등을 변경하기로 결정하였다. 약 4개월간의 논의 과정에서 오거돈 부산시장도 이에 대해 적극적인 지지를 표명하였다. 오페라하우스의 건설은 대형 프로젝트로, 건축의 품질을 보장하기 위해 재시공하기 전에 더 나은 설계 방안을 논의하는 데 시간을 할애해야 한다고 하였다.[174]

연구에 따르면 랜드마크 건물은 단기간에 대중의 광범위한 관심을 끌 수 있지만, 동시에 '생명 주기'의 고급 단계도 신속하게 다가와 관광객 수가 급감할 수 있다.[175] 외부보다 내부가 더 중요하기에, 디자인과 비교할 때 더욱 관건인 것은 오페라하우스의 장기적인 계획, 즉 어떻게 운영되어야 할지의 문제이다.[176] 이러한 문제에는 오페라하우스의 주요 운영 주체로 상주 예술

---

172 부산오페라하우스 6개월 만에 또 스톱? 이번엔 설계 재검증. https://blog.naver.com/parasae/221549410340

173 유럽의 오페라 현장 〈5〉 전문가 좌담회: 부산오페라하우스 운영 · 미래 부산만이 가능한 것 주력… 개관 3년 전에는 운영자 찾아야. http://www.kookje.co.kr/news2011/asp/newsbody.asp?key=20171017.22011002023

174 부산오페라하우스 4개월 만에 공사: 재개 설계 재검증작업 최근 마무리. http://www.kookje.co.kr/news2011/asp/newsbody.asp?code=0500&key=20191120.22019008251

175 Plaza, B.(2000). Evaluating the influence of a large cultural artifact in the attraction of tourism: the Guggenheim Museum Bilbao case. Urban affairs review, 36(2), 264-274.

176 국립해양박물관 김태만 관장의 이터뷰 자료 참조.

단을 구성해야 할지, 공연 레퍼토리는 자체 제작 또는 외국 레퍼토리를 기반으로 해야 할지 여부 등의 문제가 포함된다. 그래서 운영주체에 있어서 부산문화회관의 사례를 참고하여 정부 관계자들은 재단법인 형태로 운영하는 것이 재정 자립도를 높이는 데 도움이 된다고 제안하였다.

다른 문제들에 대해서는 다양한 주체들 사이에서 일치된 합의에 도달하기가 어려운 듯했다. 2018년 9월에 열린 제5회 '북항 문화자유구역과 오페라하우스' 긴급토론회에서 일부 예술가들은 오페라하우스의 장기적인 발전을 고려하여 지역의 오페라 창작력을 향상시킬 것을 제안하였다.[177] 또한 송필석 전 을숙도문화회관장은 "생산(오페라 제작)은 조금 하고 결국 유통과 소비만 한다면 기존 극장과 차별화되지 못하고, 생명력이 길지 못하다. 제대로 생산을 해야 작곡자, 지휘자, 성악가 등 좋은 지역예술인을 만들어낼 수 있고 지역 문화를 살릴 기회가 될 수 있다"[178]라고 하였다.

그러나 자기생산성만 제고하려면 온갖 우수한 오페라 인재와 오페라 예술단이 필요하고, 시립 합창단과 시립 무용단이 오페라하우스에 상주할 수 있다고 해도 오케스트라의 상주 문제는 해결하기 쉽지 않다. 또한 일부 예술가들은 오페라하우스가 전문 오페라 공연장이어야 한다고 주장하며, 다른 형태의 공연을 도입하는 것은 바람직하지 않다고 여겼다. 심지어 일부 예술가들은 오페라하우스가 영리를 목적으로 한다는 것은 예술에 대한 모독이라고 주장하였다. 하지만 부산오페라 예술의 생태와 국가적 지원, 시장 요인 등을 고려하여 뮤지컬 등의 공연형식을 도입해야 한다. 전체 예술가 비율에서 보면 오페라하우스는 오페라 위주로만 운영되어야 하지만, 정부 보고서

---

177 http://www.kookje.co.kr/news2011/asp/newsbody.asp?code=0500&key=20180906.22003002006

178 http://www.kookje.co.kr/news2011/asp/newsbody.asp?code=0500&key=20190828.22019011208&kid=k11850

〈그림 3–6〉 2023년 초 부산오페라하우스 현장사진

에서는 여전히 오페라하우스를 복합문화공간으로 인식하고 있다. 물론 이 또한 크게 비난할 게 아니지만 국가 경쟁력을 높이고 양호한 도시 이미지를 수립하는 입장에서 보자면, 무형문화의 발전은 '가시적인' 하드파워 수준의 향상을 위한 것이기도 하다. 재정과 경제자본 유치의 한계를 고려한다면, 정부는 경제적 효과에 더 많은 관심을 기울일 것이다.

오페라하우스 사업에서 디자이너와 예술가는 건축 디자인 측면에서 상당량의 문화자본과 상징자본을 점유하여, 일부 정치 자본(정부)의 지원을 얻음으로써 예술의 상대적 자율성을 유지하였다. 오페라하우스 운영 방향에서는 일부 예술가들은 예술의 순수성을 지나치게 강조하여 정부와 이해충돌을 야기하였다. 그래서 그들은 자체 문화자본은 높지만 경제자본이 약하기에 장에서 '지배'를 받는 위치에 처하게 된다. 이것이 부르디외가 말한 장의 경쟁에 참여함으로써 예기치 않은 결과를 가져오게 된다는 것이다. 설

령 행위자가 장의 합법성에 이견이 있더라도 여전히 장의 구조를 생산하고 있는 것이다.[179]

179 戴维 · 斯沃茨(David Swartz) 著. 陶东风 译(2006). 文化與权力 布尔迪厄的社会学 the sociology of Pierre Bourdieu. 上海译文出版社, p.146.

03

숨은 주인이 시민을 대변할 수 있는가?

1. 공권력 정당성의 부각

한국에서 국가는 공공성 구성의 주체이다.[180] 중앙과 지방 공공기관은 공적 책임을 맡아 공적 관리와 공공 서비스 기능을 능동적으로 발휘한다. 이들은 균형적 동반자 관계를 구축하여 국가와 시민사회가 권력화되는 것을 방지하고, 사회와 윤리구조에서 잉태된 내재적인 새로운 공공성 구축에 결정적인 역할을 한다. 도시재생 사업에 대한 공공기관의 개입과 조정은 사업 자금의 확보, 사업 방향의 확정, 사업 진행과정의 제어에 관건적으로 작용한다. 정부가 대표가 되는 공권력이 예술 등 사적 영역에 대해 개입하면, 소재 지역 내의 시민단체와 예술가들을 폭넓게 유기적으로 조직할 수 있게 만든다. 이는 시민문화 복지 실현, 시민문화 권리 증진, 문화예술 영역의 발전 추동에 유리하게 작용한다.

180 芦恒(2016). 东亚公共性重建與社会发展. 社会科学文献出版社, p.133.

정부의 문화예산은 문화예술형 도시재생을 순조롭게 진행하는 보장 역할을 한다. 부산오페라하우스 사업에 있어 롯데그룹과 부산항만공사가 제공한 자금과 토지 지원은 정부와의 여러 차례에 걸친 협상과 불가분의 관계가 있다. 사업 제안 이후 몇 년 동안 부산시 정부와 시의회는 여러 차례 공개토론과 시민공청회를 열어 공공사업에 대한 시민들의 알 권리를 보장하였다. 사업이 정체되었을 때 시정부와 의회는 중앙정부와 문화예술단체들과 여러 번 협의로 다자간 협력을 이루어 더욱 완전한 사업 기획을 제정하고자 노력하였다. 사업 진행 과정 중에 맞닥뜨리는 충돌과 갈등은 공공기관의 조정 아래 해결하여 사업 관련 주체 간의 균형적 갈등을 이루게 함으로써, 최종적으로 사업을 전개할 수 있게 되었다.

2. 대중의 시민성 자극

시민성(citizenship)은 자신을 초월한 개체로 소속 공동체의 일원이 되어 마땅히 구비해야 할 소질을 가리킨다.[181] 이것은 국가와의 관계 속에서 형성된 시민사회 성격을 지닌 개체적 소질[182]이자 공공성 실현의 핵심 요소이다.[183] 동아시아 사회에서 시민은 공공 권위에서 멀리 떨어진 집합체로 공권력에 대해 항상 경외와 의존의 감정을 지니고 있어, 공권력에 대한 비판 의식이 상대적으로 박약하다. 공공 영역의 공정과 보편적 윤리로 서로 비교해 보면,

181 Theiss-Morse, E.(1993). Conceptualizations of good citizenship and political participation. Political behavior, 15(4), 355-380.

182 임의영(2010). 공공성의 유형화. 한국행정학보, 44(2), 1-21.
최지영, 천희주 & 이명진(2015). 한국사회의 세대별 시민성 비교 연구. 한국인구학, 38(4), 113-137.

183 김선경(2020). Q방법론을 활용한 시민성 인식유형 연구. 한국사회와 행정연구, 30(4), 51-70.

그들은 사적 영역 가운데 가족주의 윤리를 더욱 중시한다. 그래서 비판적이고 동등한 의사소통의 공공성을 실현하려면, 교육과 실천을 통해 일반 시민의 공공의식과 공적 배려를 양성해야만 한다.

부산오페라하우스 사업 제기는 부산시민의 시민성을 자극하는 계기가 되었다. 그것은 정부가 시행하고 막대한 자금이 소모되는 공적 문화 사업으로, 시민들의 많은 관심과 논의를 불러일으켰다. 그것은 예술가 단체와 문화재단 등 시민단체에서 자유로운 논의의 공공 공간을 형성하였을 뿐만 아니라 네트워크상에서도 개별적으로 분산된 가상적인 공공 공간을 형성하였다. 이에 일반 시민들도 관련 신문이나 블로그에 댓글을 달아 자신의 견해를 표현하였다. 이러한 의견은 일부 공공 여론의 형성과 정책 결정의 영향력에 제한적일 수밖에 없었지만, 공공 생활에 대한 시민들의 관심과 인식은 상당히 높아지게 되었다. 이는 부산시의 전반적인 시민성 형성에 기념비적인 영향을 가져다주게 되었다.

3. 부산오페라하우스 사업 과정의 공공성 결여

1) 공공기관과 기타 주체 간의 권력 불균형

부산오페라하우스 건설 과정 중 상징권력 투쟁에 대한 분석에서 우리는 다음과 같은 사실을 발견하게 된다. 그것은 장의 역사적 발전 과정에서 결정되는 문화적 토대와 대다수 행위자들의 문화적 관습에서 볼 때, 부산에서 오페라하우스의 적응성은 상대적으로 약하지만 그 건설은 지배계급의 경제적 · 정치적 이해관계에 부합된다. 비록 그것이 반복적인 질의와 심사를 받았지만 정상적으로 추진되고 있다. 실제로 부르디외가 말했듯이, 다양한 계층의 사람들은 자신의 취향이 정당성을 갖고 있다고 여겨 자신의 고유한 취향을 타인에게 강요하려 한다. 하지만 상징권력 투쟁에서 지배계급의 삶의 취향이 지배적인 지위를 차지하는 경우가 많으며, 피지배계급에 대한 상징권력 지배를 암묵적으로 시행하는 것이다. 정부의 기획안에는 곳곳에 시민의 지위를 분명하게 드러내고 있지만, 이는 정부가 의지를 표명하기 위한 담론 전략일 뿐이다. 이러한 잘못된 인식 속에서 대부분의 시민들은 자신도 모르는 사이에 상징폭력에 빠지게 된다. 그리고 상징투쟁에 적극 나서고 있는 서민계급과 창의 계층 역시 경제자본과 정치자본으로 인한 정부 부처와의 현격한 격차로 말미암아 어찌할 수 없이 '투항'하게 된다.

따라서 오페라하우스 사업은 본질적으로 '공공문화 사업'이 아니라 맥닐의 소위 '국가의 문화특성이 경제계획에 종속되는 사업'이라고 할 수 있다.[184] 이 성격은 또한 해당 사업 전체가 '공익'을 위해 추진되지 않고, 아주 선명한 엘리트주의와 단일화의 경향을 지니게 되는 것이다. 따라서 부산오페라하우스의 공공성 문제는 주로 '정부'의 주도적 지위가 지나치게 드러나 주체 간 관계의 불균형을 야기하였다. 세부적으로 살펴보면 공공성 문제는 주로 다음과 같은 측면에서 나타난다.

2) 부산오페라하우스 사업 지원의 공공성 결여

전반적으로 미술계에 대한 한국사회의 국가적 지원은 비판적 소통의 공간이든 자기관리능력 강화의 공간이든 다소 미흡하다. 국가의 지원을 받는 예술 분야는 비판적 발언과 토론의 공간으로 될 수 없으며, 예술 활동에

184 McNeill, 2000: 490, Smith, A. & von Krogh Strand, I.(2011). Oslo's new Opera House: Cultural flagship, regeneration tool or destination icon?. European Urban and Regional Studies, 18(1), 93-110에서 재인용.

참여하는 사람들의 자기관리능력을 향상시키는 데 사용될 수도 없다.[185] 부산시는 최근 정책 방향에서 문화예술을 중시하는 추세를 보이고 있으며, 2018년에는 '시민이 행복한 동북아 해양도시 부산'이라는 종합계획 아래 '문화가 넘치는 세계적인 도시' 건설이라는 중요한 목표 과제를 제시하였다. 2021년 부산시 문화체육국은 '지속 가능한 문화 공유 환경 조성'을 제안하였고, 오페라하우스 건설이 이 목표를 실현하는 중요한 사업으로 되었다. 그러나 2008년도에 이 사업이 제시된 이후 많은 여론이 들끓었고, 또 공공성과 관련된 일련의 갈등이 야기됨으로 인해 이 사업은 정체되어 진행되지 못하였다.

우선 가장 중요한 것은 공공재정과 관련된 문제이다. 일반적으로 문화예술은 사적 영역에 속하여 개체성을 지니고, 또 지역적 정체성 형성의 내생적 요소인 공공 영역에 속하여 사회성과 공공성을 지닌다. 따라서 이와 관련된 재정지원의 주체도 정부를 주체로 하는 공공지원과 민간단체와 개인을 주체로 하는 지원으로 나눌 수 있다. 여기에는 주로 중앙과 지방 정부기관, 민간문화예술단체, 기업과 개인이 포함된다. 한국의 문화예술지원제도는 정부, 특히 중앙정부를 중심으로 하는 수직적 관리체제이며, 그 공공문화서비스도 이에 따라 직접적이고 강제적인 특성을 일정 정도 갖고 있다.[186] 사업 도중에 토지사용비용과 협약문제, BPA자금 연체 등 문제로 여러 차례 정체되어 공공재 낭비가 과도하게 많아, 공공기관과 국유기업에 대한 국민 신뢰의

185 김세훈(2008). 공공성에 대한 사회학적 이해. 문화・미디어・엔터테인먼트 법(구 문화산업과 법), 2(1), 20-34.

186 김평수(2010). 문화공공성과 저작권: 저작권 강화의 정당성에 대한 비판적 연구. 한국외국어대학교 대학원 문화콘텐츠학과. 박사학위 논문; 김정인(2014). 문화예술지원 거버넌스 분석: 기업 메세나 활동을 중심으로. 문화정책, (2), 1-23.

위기를 촉발하였다. 이에 시민단체는 여러 차례 시위를 했지만 소용이 없었다. 이런 상황을 만든 중요한 원인 중 하나가 사업의 지원 주체이다. 롯데그룹(1,000억 원), 부산항만공사(800억 원), 부산시(700억 원)의 지원 자금 비중 측면에서 볼 때, 민간기업과 정부가 절대적 지배권을 가지며 시민과 시민단체의 '여론'이 사업 운영 중에 발언권을 갖기가 매우 어려움을 알 수 있다.

동시에 서구에서 파생된 예술형식인 오페라는 서구 역사에서 서민의 자유로운 소통을 위한 공공 공간을 대표한다. 이에 현대 서양 오페라하우스의 운영회사는 국가의 지대한 후원을 받아 국가재정을 활용해 티켓 가격의 80%를 인하시킬 수 있었다. 한국, 특히 부산오페라하우스는 관객과 시장에 한계가 있고, 기본적으로 오페라 예술가와 일부 엘리트 계층에게만 알려져 있을 뿐이다. 이러한 형식 자체가 엘리트주의적 특성을 갖고 있다. 이에 비해 한국의 오페라하우스는 사적 영역의 성격이 더 우세한 반면 공공재로서의 성격은 매우 취약한 편이다. 따라서 많은 일반 시민과 시민단체는 국가와 재벌단체가 시민의 삶과 동떨어진 사업을 추진하기 위해 많은 국민 세금을 지출하는 것이 국민의 전체적 이익을 위한 것이 아니라고 생각하여, 중요한 공공 공간으로서의 오페라하우스 건설을 반대하고 있다. 향후 오페라하우스 운영에 있어 서구 정부와 같이 시민들이 오페라 등 연극을 즐길 수 있도록 재정적 지원을 지속하여 공공성 문제를 해결할 수 있을지가 관건이 된다.

3) 사업 절차상의 공공성 결핍

오페라하우스 사업의 절차적 관점에서 볼 때, 그 사업의 전반적인 개방성도 현저히 부족하다. 현재 해양수산부와 부산시청의 공식 홈페이지와 언론보도를 보면 최초의 정보공개가 2013년경임을 알 수 있다. 부산시는 이미 2008년 5월에 롯데그룹과 사업 기부 협약을 체결했지만, 2012년이 되어서야 첫 시민공청회를 열었다. 이로부터 사업 정보가 시민들에게 상당히 늦게 공개되었는데, 이는 처음부터 시민의 의견을 존중하지 않았음을 알 수 있다. 이러한 상황에서 2018년 시민단체의 수차례 시위와 협의 끝에 부산시, 롯데그룹, 문화예술단체, 민간 전문가로 구성된 '긴급대책위원회'에 일부 시민들이 참여해 공공사무 논의에서 일정한 역할을 수행하였다. 그러나 2021년 10월 25일에 열린 '부산항 북항 재개발사업 변경안' 공청회에서 일부 시민들은 여론이 공론화되고 정부가 시민과 시민단체의 의견을 경청하여 필요한 문제를 적시에 해결하기를 바라는 마음으로 민관협력기구 설립을 제안하였다. 이러한 측면에서 볼 때 부산오페라하우스의 사업변경 논의에서 정부와 시민단체 간의 원활한 소통 메커니즘이 형성되지 않았고, 시민들의 여론 역량에 여전히 한계가 있음을 알 수 있다.

그러나 기존의 유사한 사업과 비교할 때 부산오페라하우스 사업의 추진 과정에서 시민들의 온라인 여론과 시민단체의 행동이 어느 정도 역할을 하여 정부 부처의 성찰과 개선 그리고 행동을 촉진하였고, 정부가 절대적 주도권을 가진 사업에 있어 공공성 측면에 어느 정도 진전이 있었다.

우리는 부산오페라하우스 사업을 통해 정부 주도하의 문화예술형 도시재생의 공공성을 고찰하였다. 이 사업은 여전히 진행 중으로 거의 10년간 논의 끝에야 비로소 원만하게 시공단계로 들어가게 되었다. 그래서 본문에서는 이 사업의 논의 과정을 분석하였다. 문헌 방면에 있어서는 정부 측 자료, 관계자 인터뷰 자료, 미디어 자료를 주로 참고하였고, 또 다양한 시각으로 사업 진행 과정의 세부 내용을 폭넓게 수집하였다. 분석에 있어서는 부르디외의 문화장과 예술장 실천이론을 주로 운용하여, 일련의 개념들을 통해 부산오페라하우스 사업이 진행되는 과정 중에 드러난 각 주체 간의 상징투쟁을 정리하였다. 이러한 분석에서 사업의 각 주체들은 부산오페라하우스 건립의 필요성, 부산오페라하우스의 기능 포지셔닝, 사업 재원과 토지사용의 내원 등 방면에 갈등이 존재하고 있음을 발견하였다. 이러한 갈등의 부각과 해결 과정은 이 사업의 공공성 특징을 드러내었다.

먼저, 부산오페라하우스의 추진 과정과 결과는 정부의 예술 영역 개입의 정당성을 더욱 인정하게 되었고, 부산의 종합문화공간 건설에 대한 예술가 단체와 문화단체 그리고 일반 시민의 중시를 반영해 내었다. 이로 인해 공적 사안에 대한 시민 의식을 자극함으로써 성숙한 시민성 형성에 좋은 계기를 제공하였다. 왜냐하면 공공 영역을 구성하는 기초는 공감대가 아니라 대립과 투쟁이다. 공공 영역 중에 공동으로 관심을 가지는 토픽이건 공공 사건의 처리방식 등 세부 문제이든 간에, 대중 의견의 전달과 상호 간의 논쟁만이 공공성 형성에 있어 필수 과정인 것이다.[187]

비록 시민 의견으로 형성된 여론이 이 사업에 가져다준 영향은 제한적이었지만, 시민성의 각성과 발전을 일정 정도 촉진시키기도 하였다.

동시에 이 사업이 완만하게 진행되는 과정에서 공공성 결핍 문제가 그 속에서 드러났다. 이는 한편으로 예술 자체의 엘리트화와 현지화 문제이다. 오페라하우스는 서구의 대표적인 공공 공간이지만 동아시아 세계에서는 여전히 다소 생소한 문화 건축 양식이다. 한국에 있어서도 이것은 아주 엘리트적 상징이기에 이에 대한 대중의 반대 목소리가 거세게 나타난다. 또 다른 한편으로는 정부의 절대적인 주도로 야기되는 공적 재원과 절차상의 공공성 문제이다. 이 사업의 발전 과정에서 정부와 시민, 기타 공공 기관 간의 갈등이 끊임없이 생겨난다 하더라도, 이 모든 문제에 있어 절대적 주도권을

187 Mouffe, C.(2002). For an agonistic public sphere. Documenta 11_Platform, 4, 87-96.

갖는 것은 정부이다. 이것은 사업 재원 지원 주체의 단일화와 밀접한 관계가 있다. 이에 정부와 시민단체 간에도 양호한 소통 메커니즘이 없어, 시민의 정부에 대한 신뢰도가 다소 저하되었다.

제4장

녹슨 선박마을에 예술을 입히는 활동가들

정부는 항상 하드웨어 중심으로 일을 한다. 가장 큰 예산이 들어가고 인프라 구축이 가장 눈에 띄는 업적이기 때문이다. 그러나 누군가 텅 빈 마을에 영혼을 불어넣고, 활기를 불어넣는 도시재생에 앞장서야 한다. 하드웨어와 소프트웨어 투입이 함께 이루어지면 가장 좋지만 엇박자로 잘 조화롭지 않은 경우도 많다.

영도에 있는 깡깡이마을이 그 대표적 사례이다. 부산의 영도 대평동은 수리조선시설1번지이다. 한 시기 대한민국에서 가장 변화하고 활기찬 지역이었지만 조선산업의 쇠퇴와 함께 몰락되고 정지된 해변 동네가 되었다.

쇠퇴 지역을 어떻게 재생하는가? 부산의 플랜비 활동가들을 중심으로 "깡깡이문화마을" 도시재생 프로젝트가 디자인되었고 다양한 문화자원을 발굴하고 역사를 정리하는 도서들이 출판되면서 깡깡이마을은 다시 주목을 받게 되었다. 정부가 체험관, 역사문화거리, 예술조각품 설치 등 다양한 하드웨어 투자와 주변 문화예술 인프라 구축을 통해 마을이 잠시 활기를 얻기 시작하였고 전국적인 관심을 받고 관광투어도 활성화되기 시작하였다. 깡깡이마을을 기획하는 문화예술단체들은 어떻게 담론을 만들어가며, 이것이 어떻게 현실적인 변화를 일으키는 것인가를 저자는 오랫동안 지켜보았다.

본 장에서 주로 플랜비의 활동을 중심으로, 깡깡이마을의 재생과정을 공공성과 연계시켜 전개하여 보고자 한다. 우선 하버마스의 시민사회의 공공영역(공론장) 논의를 좀 더 이론적으로 전개하면서 깡깡이마을의 도시재생의 공론장 형성을 보다 깊게 살펴보고자 한다.

01

시민사회와 도시재생

1. 시민사회와 경제

하버마스는 시민사회란 공공 영역에서 독립된 외적인 대상이어서 공공 영역의 형성은 시민사회에 의해 보호되어야 한다고 여겼다. 그 이유는 "시민사회의 핵심을 구성하는 것은 일부 비정부, 비경제적인 연결 및 자발적인 조합이다. 그것들은 생활세계의 사회적 요소에 뿌리를 둔 공공 영역 커뮤니케이션 구조를 만든다."[188] Taylor의 관점에서 볼 때, 시민사회와 공공 영역은 각각 독립된 것이 아니라 교차되고 중첩되는 것이다. 그는 국가와 사회의 상대적 입장에서 현대 시민사회의 의미와 구성에 대한 새로운 구상을 제시하였다. 그래서 현대 시민사회는 국가와 무관한 자율적 자치 단체들의 네트워크(a web of autonomous associations)를 추구하는 데 힘써야 하며, 대중의 공통 관심사나 문제를 통해 그것을 연합하고, 또 그 존재 자체나 연합

188 哈贝马斯(1998). 公共领域. 汪晖陈燕谷主编, 文化與公共性. 三联书店, p.454.

행동을 통해 공공 정책에 영향을 미쳐야 한다고 하였다.

Taylor는 항상 평등한 인정과 높은 관용의 특성을 지닌 공동체의 설립을 주창했기 때문에, 그의 시민사회 이론에서도 이를 언급하였다. 그는 시민사회가 국가에 통합되는 경향, 즉 '협동조합주의(corporatism)' 경향을 지니고 있고, 아울러 시민사회의 발전은 시장과 국가의 협력하에 이루어져야 한다고 하였다. 구체적으로 시민사회의 이상적인 상태는 국가권력에 얽매이지 않는 자유로운 결사단체 속에 존재해야 하며, 나아가 국가는 그것이 자유롭게 존재하고 행동할 수 있는 사회 환경을 제공하여 국가의 의사결정과 의제를 크게 결정하거나 변경할 수 있도록 해야 한다.

시민사회 구성의 관점에서 볼 때 그것은 비정치적 목적을 가진 비공식적 사회단체로 구성되어야 한다. 목적의 관점에서 보자면 시민사회는 집단적 목표에 의해 결집되는 것이기에, 고유한 문화와 민족의 공통성을 가지고서 집단적 · 도덕적 목표를 추구한다. 기능적 관점에서 볼 때 시민사회는 국가와 개인 사이에 있는 영역으로, 어떤 권력에 의해 조작되어서는 안 되지만 공공정책 의사결정에 영향을 미쳐야 한다. 이러한 시민사회의 형성은 반드시 국가의 중앙집권화와 극단적 개인주의를 타파하여야만 진정한 민주적 참여를 이룰 수 있을 것이다.[189] 오늘날 시민사회는 빈민굴 개조의 새로운 이해 관계자로 되었다(국제연합 인간 주거 계획, 2003).[190] 시민사회는 국가와 개인 가족 사이의 중간 연결고리 영역으로, 혈연, 인종, 문화, 사회적 네트워크를 기반으로 하는 다양한 조직 형식을 포함한다.[191]

---

189 Taylor, C.(1995). *Philosophical arguments*. Harvard University Press, pp.205-209.

190 UN-HABITAT(2003). The Challenge of Slums: Global Report on Human Settlements. London: Earthscan Publications Ltd.

191 White G.(1994). Civil society, democratization and development 1. Democratization, 1(3): 375-390.

문화사업 관련 측면에서 시민사회와 공공 영역의 연결은 주로 문화경제와 관련된 조직형식에서 체현된다. 공공성과 시장은 양립할 수 없다는 관점이 한동안 성행하였지만, 공공 영역의 존재는 시민들의 일상생활 영역과 불가분의 관계에 있다.[192] 정치경제학자 칼 폴라니(Karl Polanyi)도 사회와 분리된 자기조정 시장경제는 유토피아에만 존재한다고 여겼는데, 사회와 시장을 분리한다는 이러한 견해는 아직 실현된 적이 없다.

사실 시장은 일상생활 영역에서 중요한 구성 부분으로 공공 영역의 형성과 불가분의 관계에 있다. 아득히 먼 고대 그리스 도시국가의 국가 통치는 '경제는 사회 속에 존재하여 사회를 위해 봉사한다'는 개념을 강조했다. 경제는 사회적 수단이며 그 속에 포함된 상호성과 재분배 규칙은 인간 생활의 질서를 보장하는 강력한 방법이다. 이러한 구상은 이익을 교환하는 사회로 나아가는 것이 아니라 실천적이며 신념이 충만한 인류 전체의 삶을 위해 노력하는 공동체 사회를 가리키는 것이다.[193]

폴라니는 아리스토텔레스의 저서에서 경제를 공공 생활의 수단으로 묘사한 것을 발견하였다. 그래서 그는 상호 배려의 정신에 근거하여 공유의 원칙에서 작동하는 사회적 경제의 발전을 주장하고 "경제를 사회 속에 설정해 두었다."[194] 그래서 사회적 목적을 실천의 중심으로 여기고 서로 다른 주제를 연결하여 공동체를 형성함으로써 사회에서 일정한 경제적 가치를 실현하는 것이다. 이는 공동체의 물질적 생존 목적을 달성할 뿐만 아니라 영

---

192 임의영(2018). 공공성 연구의 풍경과 전망. 정부학연구, 24(3), 1-42.

193 폴라니(2009). 홍기빈 역. 거대한 전환, pp.122-127.
이은선 & 이현지(2017). 사회적경제의 개념과 발전, 제도화: 폴라니의 이중적 운동을 중심으로. 한국사회와 행정연구, 28(1), 109-138.

194 김성윤(2017). '사회적인 것'의 이데올로기적 지형: 사회적 경제와 공동체 논리의 역사적 과정과 담론적 질서. 중앙대학교 박사학위논문.

적 측면의 균형을 유지할 수 있으며, 개인의 자생력 회복과 생활의 안정을 도모하여 자발적 공동체를 바탕으로 공공성을 촉진하고 민주주의를 심화시키는 데 도움이 된다.[195]

이러한 경제적 상황은 전적으로 사적 영역도 아니고 전적으로 공공 영역에 속하는 것도 아니며, 두 영역이 서로 교차하는 성격을 동시에 갖는 사회적 영역에서 형성되는 것이다. 이것은 지역 내의 사회문제를 해결하기 위해 지역 시민단체가 사회성의 방식으로 다양한 자원을 결집하여 생산, 판매, 서비스를 하는 조직형태이다.[196] 사회적 경제와 공공 영역의 관계는 아래 도표와 같다.

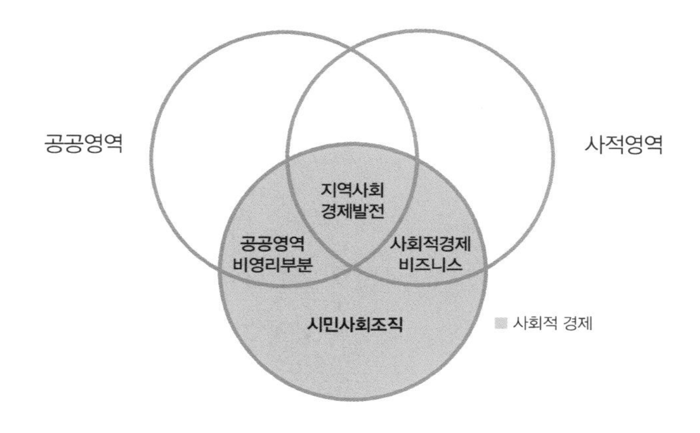

〈그림 4-1〉 사회적 경제, 공공 영역 및 사적 영역과의 관계도[197]

---

195 폴라니(2009). 홍기빈 역. 거대한 전환. 길, p.187.
Mook, L., Quarter, J. & Richmond, B. J.(2007). What counts: Social accounting for nonprofits and cooperatives. Sigel Press, p.24.

196 Campbell, M., Hall, B. & Campus, B. P.(2000). The third system, jobs and local development: the European experience. In ISTSR International Conference on the Third Sector, pp.4-7.

197 Quarter, J., Mook, L. & Richmond, B. J.(2003). What is the social economy?.

2. 문화예술 협동조합

구체적으로 실천하고 있는 가장 대표적인 형태는 다양한 형태의 협동조합조직이다. 국제협동조합연맹(International Cooperative Alliance, ICA)은 협동조합을 "공동으로 소유되고 민주적으로 운영되는 사업체를 통하여 공통의 경제적 · 사회적 · 문화적 필요와 욕구를 충족시키고자 하는 사람들이 자발적으로 결성한 자율적인 조직"이라 정의하였다.[198] 이들의 공통점은 그 구성원이 모두 일반 대중이며, 자신의 작은 목표를 달성하기 위한 집단적 역량이자 자발적으로 결성된 협동조합인 것이다. 협동조합의 프로젝트는 영리를 목적으로 하는 것이 아니라 대부분 공익의 실현을 위해 수행된다. 그래서 구성원 간의 권리와 의무를 조정하고, 이러한 공동체를 이용하여 개인이 쉽게 목표를 달성할 수 없도록 하여, 전반적인 삶의 질을 향상시킨다. 프로젝트 과정에서 개인 간에도 공조 형식을 통해 더 나은 삶을 실현하고 더 나은 사회를 건설하기 위한 방향을 모색한다.[199] 일반적인 조직에 비해 협동조합으로 이루어진 공공성으로 인해 구성원 관계가 보통의 느슨한 관계가 아니라 보다 긴밀한 협력관계인 것이다. 국제협동조합연맹이 수립한 7가지 원칙을 통해 우리는 그 본질을 보다 명확하게 이해할 수 있고(〈그림 4-2〉 참조), 협업과 반위계라는 관계성은 주요 의사결정 문제에 있어서 구성원들이 온 힘을 합쳐 공동으로 심의하는 형식을 통해 결론을 얻는다.[200]

한국에서도 협동조합이라는 공동체적 이점을 고려하여 1960년대부터 신용협동조합 운동이 일어났고, 1990년대에는 식품과 의료 분야에서 협동조

198 협동조합 홈페이지. https://www.coop.go.kr

199 김상돈, 황명진(2018). 공공사회학. 서울: 소통과공감, pp.132-136.

200 문화예술 플랜비 작가 박형준의 이터뷰. https://blog.naver.com/aci2013/222152871849

합이 설립되기 시작하였다. 2011년「협동조합 기본법」이 공포된 이후, 유엔은 2012년을 '세계 협동조합의 해'로 지정했으며, 한국 국내에서도 이를 이어 협동조합 설립의 붐이 일어났다.

문화예술 그 자체는 사람들이 평등하게 누려야 할 정신적 복지이다. 이것은 경쟁과 배타성이 없는 공공의 산물이지만, 문화예술단체가 스스로의 생존을 보장할 수 없는 현실에 직면함에 있어 반드시 경제시장 요인과 결합하여 현실과 이상 사이의 균형을 모색해야만 한다. 이는 한편으로 문화예술 발전의 지속가능성과 문화예술계의 경제적 자립성을 제고하기 위한 것이며, 다른 한편으로 지역 주민들에게 문화예술 서비스를 집중적으로 제공하고 공동체 예술을 더욱 발전시키며 예술 활동에 대한 지역사회 참여도 등을 제고하기 위해, 문화 예술계 인사들은 주요 도시에다 다양한 유형의 문화예술 협동조합을 지속적으로 설립하였다. 지금까지 한국에는 총 18,249개의 일반 협동조합이 설립되어 있고, 부산에는 906개 협동조합이 있으며, 그중 89개는 예술, 스포츠, 레저와 관련된 문화협동조합이다.[201] '문화예술 플랜비 협동조합'(이하 '플랜비')은 부산 문화의 회복과 활성화에 주력하는 문화예술협동조합 가운데 하나이다.

---

201 협동조합 홈페이지. https://www.coop.go.kr/home/contentsInfo.do?menu_no=2008#none

국제협동조합연맹(ICA)은 협동조합의 7대 원칙을 천명

'협동조합 정체성에 대한 선언' (Statement on the Co-operative Identity),' 95년 ICA 100주년 총회시 발표

1 자발적이고 개방적인 조합원 제도

> 협동조합은 자발적이며, 모든 사람들에게 성(性)적 · 사회적 · 인종적 · 정치적 · 종교적 차별 없이 열려있는 조직

2 조합원에 의한 민주적 관리

> 조합원들은 정책수립과 의사 결정에 활발하게 참여하고 선출된 임원들은 조합원에게 책임을 갖고 봉사
조합원마다 동등한 투표권(1인 1표)을 가지며, 협동조합연합회도 민주적인 방식으로 조직 · 운영

3 조합원의 경제적 참여

> 협동조합의 자본은 공정하게 조성되고 민주적으로 통제
> 자본금의 일부는 조합의 공동재산이며, 출자배당이 있는 경우에 조합원은 출자액에 따라 제한된 배당금을 받음
잉여금은
(1) 협동조합의 발전을 위해 일부는 배당하지 않고 유보금으로 적립
(2) 사업이용 실적에 비례한 편익제공
(3) 여타 협동조합 활동 지원 등에 배분

4 자율과 독립

> 협동조합이 다른 조직과 약정을 맺거나 외부에서 자본을 조달할때 조합원에 의한 민주적 관리가 보장되고,
협동조합의 자율성이 유지되어야함

5 교육,훈련 및 정보 제공

> 조합원, 선출된 임원, 경영자, 직원들에게 교육과 훈련을 제공
> 젊은 세대와 여론 지도층에게 협동의 본질과 장점에 대한 정보를 제공

6 협동조합 간의 협동

> 국내, 국외에서 공동으로 협력 사업을 전개함을써 협동조합 운동의 힘을 강화시키고, 조합원에게 효과적으로 봉사

7 지역사회에 대한 기여

> 조합원의 동의를 토대로 조합이 속한 지역사회의 지속가능한 발전을 위해 노력

〈그림 4–2〉 문화협동조합 운영원칙도[202]

202 위와 같음.

02

대안문화행동 문화예술 플랜비

1. 문화예술 플랜비 협동조합의 발전과정

2000년부터 부산에는 청년문화, 독립음악, 비주류 등으로 대변되는 서브문화적 조류가 잇따라 나타났다. 이러한 새로운 조류가 주도한 전통과 주류에 대한 반항은 민속예술 활동의 자율성을 끌어올렸을 뿐만 아니라 문화의 민주성과 공공성을 강화시켰다. 부산문화재단은 지역문화 활성화와 신흥의 문화 조류를 발전시키기 위해 2011년부터 2014년까지 일련의 단기 문화예술지원 프로젝트, 특히 2011년 부산문화재단의 '공공예술기획지원사업'으로 진행된 〈부산회춘 프로젝트〉, 2012년 〈부산 청년문화수도 프로젝트〉, 2014년 〈Moving Triennale Made in Busan〉 등 공동협력 프로젝트를 전개하였다. 이러한 프로젝트는 지역문화생태계의 기반을 구축 · 활성화하고 문화 공공성을 향상하기 위해 추진된 것이다. 그들은 자신의 관점에서 지역문화 현장을 관찰하고 실천을 통해 목표 지향적 문제의식을 생성하여, 더 나은 지역문화의 과제에 공동으로 대처하기 위해 노력하였다.

그러나 이러한 활동들이 분산되는 제약으로 인해 일련의 문제들이 드러나게 되었다. 이는 지역문화 정책 측면에서 하드웨어 시설과 공간 건설만을 중시하여 특정 활동의 운영에 대한 지원이 부족하였다는 점이다. 정책 방향은 성과를 보여주는 것을 목표로 하여 민간의 자발적인 자율성을 저해하였다. 지방자치단체의 과도한 관료주의는 문화 프로젝트에 직접적으로 간여하여 문화 거버넌스의 약화로 이어진다. 이는 신흥 문화 프로젝트를 관리하기 위해 청소년 문화 위원회를 직접 구성한 것을 예로 들 수 있다. 이 외에도 부산의 지역문화 예술생태계는 서울과 경기도 지역에 비해 취약한 특성을 가지고 있어, 수년간 하드웨어 시설 방면의 지원과 우수한 작가들이 서울 주변지역으로 지속적으로 흘러들어 가고, 지방자치단체의 미술발전에 대한 지원 부족으로 예술가들은 물질적 · 정책적 지원 부족으로 말미암아 생계 문제를 해결하기 위해 해결에 어려움을 겪는 경우가 많다. 많은 독립 예술가들은 삶의 압박으로 인해 예술 외에 부득불 다른 직업을 찾게 된다. 어떤 독립 음악 프로듀서는 더 이상 독립 밴드가 없으며 모두 직장인으로 구성되는 밴드라고 말하였다. 공공기관이 문화예술 활동에 과도하게 개입하고 또 연계와 활력이 결여된 문화예술계의 지역적 상황에서 '플랜비'가 탄생하였다.

2014년에 보다 건강하고 풍요로운 지역 문화예술 생태계를 형성하기 위해 부산문화 프로젝트를 함께 해온 문화 활동가, 문화연구자, 문화기획단 등이 기존에 분산되어 있던 대안문화 활동단체인 '대안문화행동 재미난복수', '생활기획공간 통', '꽃마을 아트스튜디오', '생각다방산책극장'과 지역문화지인 〈안녕광안리〉 등을 통합하여 자발적으로 플랜비를 설립하였다. 이를 통해 시민이 주도하고 개인을 기반으로 하지만 또 개인을 능가하는 새로운 도시공동체를 구성하길 희망하였다. 아울러 체계적이고 안정적인 예술 프로젝트 운영으로 지역 문화발전에 도움이 되길 기대하였다.

먼저 명칭에 있어 플랜비의 B는 한편으로 Busan의 머리글자로 부산문화예술에 대한 기획 의미를 대표하고, 또 한편으로는 일반 기획과 다른 '특별한 창조성과 기획'이라는 의미도 가지고 있다. 이는 협동조합이 새로운 문화예술 프로젝트 기획과 실험을 전개하고, 혁신적인 실험적 아이디어를 활용하여 문화예술 기획을 진행하며, 문화예술의 공공 가치를 확장하고, 다양한 영역의 문화 실천이 공존하는 문화예술 생태계를 만들고자 함을 표현한 것이다. 예술법인을 협동조합 형식으로 설립한 이유는 협동조합으로서 일반 자영업이나 합자회사와는 다른 구조로 민주와 평등, 연대와 협력 등의 가치를 담고 있기 때문이다. 그리고 플랜비는 일반 협동조합과는 달리, 협동조합 구성원 수를 늘리는 데 치중하는 것이 아니라 직원 협동조합 또는 다양한 이해관계자 협동조합인 것이다.[203]

7년 전 설립된 이후로 플랜비는 다양한 행사, 거리예술, 공공예술, 지역사

〈그림 4-3〉 수영지신밟기 재창조 프로젝트 '벽사유희' 협력(2016)

203 플랜비 문화예술협동조합 사무국장 송교성의 인터뷰 참조 정리.

〈그림 4-4〉 공공미술 프로젝트-〈초량천예술정원〉 기획 및 콘텐츠 개발(2020)

회 활동, 문화예술 등의 프로젝트를 조직하고 참여하여, 도시 건축 미화, 도시재생과 지역사회 복원 촉진, 축제 플랫폼 확장 효과를 거두었다. 문화예술과 관련된 도시재생 프로젝트 가운데 부산 구도심의 지역적 특성을 살리는 데 중점을 두고, 부산 특유의 항구, 소형 부두, 거리, 창고 등 유휴지역을 활용하여 다양한 예술 공간을 창조하여 시민과 예술가가 교류하는 지역사회 예술축제 플랫폼을 형성하였다. 가장 중요한 점은 프로젝트 기획과 디자인에 있어서 다양한 분야의 전문가들이 모여 다원적으로 상호작용하는 사회 네트워크를 형성하였다.

2014년부터 2020년까지 다양한 프로젝트에 시각예술, 공연예술, 인문학과 도시재생, 문화산업 기획 등 영역의 전문가와 학자들이 참여하여, 지역

〈그림 4-5〉 문화예술 플랜비 근년에 출판된 연구 성과

단체 간 협력 경험을 축적하고 지역 문화생태계의 건강한 발전에 유리한 협력체계를 구축하였다.[204]

2. 플랜비 문화예술 활동과 공공성

1) 플랜비의 주요 사업내용

플랜비는 설립 초기 부산의 문화예술계 상황에 맞춰 크게 세 가지 프로젝트를 제안하였다.

첫째, 실무경험을 바탕으로 한 문화정책 연구와 자문이다. 한국 문화예술계, 특히 부산은 새로운 정책을 어떻게 수립하고 시행할지, 예술 단체와 공간을 어떻게 구성하고 운영할지 등의 문제에 대해 전문적으로 연구를 수행

204 송교성 · 김태만(2015). 부산의 문화적 현안과 플랜비문화예술협동조합. 문화과학, 84: 229-244.

〈그림 4-6〉 문화다양성 주간행사 SNS홍보 캠페인 운영(2017-2018)

하는 기관이 상대적으로 부족하였다. 이전에는 부산개발연구원 등 공공기관이나 대학 혹은 수도권 관련 전문기관에 이러한 업무를 위탁해야 하였다. 그러나 이들 기관에는 일정 정도 한계성이 존재한다. 이는 공공기관이나 대학에 기반을 둔 연구기관은 문화예술의 실천에서 발생하는 다양한 문제나 요구사항을 정확히 반영할 수 없고, 수도권 전문기관의 조사 역시 부산지역의 특수성에 대한 종합적인 시각이 부족하기 때문이다. 따라서 플랜비의 가장 중요한 프로젝트 과제는 문화예술 정책과 그 실행 방법에 대한 연구이다. 이러한 연구 주체는 대학의 전문 연구원뿐만 아니라 현장행사 기획 전담 전문가들로 구성되어 있다. 이러한 구성은 정책의 전문성과 실용성을 동시에 강화할 수 있으며, 지역의 실제 상황을 바탕으로 특정 문화예술정책과 시행계획을 연구 · 개발할 수 있게 할 수 있다.

둘째, 전문 인재의 교육과 양성이다. 문화예술 인재는 지역문화예술을 발전시키는 지혜의 원천이자 지역문화발전을 추동하는 핵심 요소이다. 부산은 한국 제2의 도시이지만, 다른 지방도시와 마찬가지로 문화예술 인재의 유출이 심각하고 전문 인력 양성기관도 턱없이 부족한 실정이다. 2005년도에 「문화예술교육지원법」이 공포된 이후, 2018년 처음으로 '문화예술교육 5개년 종합계획'(2018~2022)이 수립되었으며, 수차례의 개정을 거쳐 예술 제공자와 중앙정부를 중심으로 하는 특성을 떨쳐버렸다. 그래서 지역을 중심으로 하는 테마를 강조하여 '생활과 함께 있는 예술문화교육'의 실현을 목표로 설정하고, 각 지역의 특색에 기반을 둔 문화예술교육 발전의 다양한 방법을 모색하여 지역의 자율적인 협력 체제를 구축할 것을 주장하였다. 이에 플랜비는 이러한 문제에 대응하여 지역 특색이 풍부한 다양한 교육 사업과 관련 예술단체를 위한 재교육 사업을 기획하여, 부산 지역의 문화예술 활동을 창의적으로 생산할 수 있도록 인재를 지원하였다.

셋째, 공공 문화예술 프로젝트의 기획 및 실행이다. 오늘날 예술은 더 이상 공중누각이 아니라, 그것은 점차 엘리트에서 대중으로 향하고 실물에서 제도로 향하고 있다. 일반 대중이 문화 권력을 충분히 향유하기 위해서는 민간단체의 힘을 빌려 시민 생활에 가까운 공공미술을 발전시켜야 하는 것이다. 지역문화의 공공성을 더욱 확대하기 위해서는 공공예술과 공공문화 프로젝트의 세심한 기획이 필수적이다. 그리고 이벤트 기획과 브레인 역할을 하는 예술가, 큐레이터, 예술 활동가들은 원활한 커뮤니케이션 플랫폼을 갖추거나 공동 창작을 위한 적절한 공동체를 구축하는 것이 필요하다. 이에 플랜비는 공공예술 프로젝트와 지역사회 예술이 영역과 유형을 뛰어넘어 협력하고 발전하는 추세에 부흥하여 세워진 것이다. 그것은 다양한 영역의 예술가와 전문가 간의 커뮤니케이션 네트워크를 구축하고 다른 영역의 예술가 간의 교류와 협력을 강화하여, 이로써 창의적인 예술 콘텐츠 제

작을 지원하는 것이다.[205]

2) 문화예술 플랜비 예술 활동의 공공성 특징

(1) 재정 및 절차의 공공성-높은 자유도

재정적인 측면에서 사회적 협동조합은 일반적으로 공공기관의 강력한 지원을 받지만, 플랜비는 영리를 목적으로 하는 독립예술법인으로 운영되기 때문에 사회적 협동조합과 같은 공공기관의 지원을 받지 못한다. 독립예술법인으로 운영되는 과정에서 플랜비는 문화체육관광부, 한국문화예술위원회 등 중앙기관이나 부산광역시, 수영구, 동구, 부산문화재단 등의 지방자치단체와 공공기관 그리고 민간법인 등으로부터 입찰을 받아 보조금 지원 및 노동력 지원을 받고, 이 자금 중 일부를 인건비, 운영비 등 법인에 필요한 경비로 충당한다. 만약 공공기관에서 고시하는 일반 중소기업이나 협동조합 지원 사업을 신청하면 인건비, 컨설팅비 등 간접지원을 받게 되는데, 이 일부 자금은 플랜비 운영비 중 극히 일부에 불과하다.

공공기관 지원 사업에 선정된 후, 사업 집행의 세부 항목에 있어서는 가능한 한 평등한 협상이 이루어져야 한다. 사업추진 목표와 평가 측면에서 의견이 상충될 수 있으나, 사업 기획과 시행에 있어 플랜비 책임자는 일반적으로 협의, 간담회, 설명회 등 다양한 방식으로 공공기관 담당자와 적극적인 소통을 하게 된다. 의견 충돌이 있는 경우 곧바로 계획안이나 특정 세부사항을 논의, 수정 및 개선하여, 통상적으로 양측이 만족하는 토론 결과를 얻게 한다. 플랜비의 상대적으로 독립적인 재정 역량과 사업과정에서의 자유롭고 평등한 협상은 재정 및 절차 측면에서 플랜비의 예술문화사업의 공

205 송교성 · 김태만(2015). 부산의 문화적 현안과 문화예술 플랜비 협동조합. 문화과학, 84: 229-244.

공성을 충분히 반영한다.

지금까지 플랜비의 프로젝트 진행은 기본적으로 순조롭고 또 재정 상황도 양호하여 그들과 공공기관 사이에 원칙적인 갈등이 거의 없는 상황이지만, 플랜비 사무국장은 전국적인 범위에서 고려해 볼 때 문화예술 관련 협동조합과 발전이 어려운 협동조합이 앞으로 지자체의 더 많은 재정과 정책적 지지를 얻을 수 있기를 희망한다고 밝혔다.

(2) 공익 추구 목적의 공공성

공익성은 공공성의 중요한 특징 가운데 하나이다. 현대사회의 개체화는 개인이나 기업의 행위선택에 있어 공공 이익에 앞서 사적 이익을 더욱 고려하는 경향이 있어, 공동체의 전체 이익과 사람들의 공동 행복을 보장받지 못하게 한다. 이에 공공문제는 해결할 수 없을 뿐만 아니라 개인의 발전에 더 큰 장애를 형성하게 된다. 이러한 까닭에 공익 목적을 추구하는 개체나 공동체는 더욱 그 가치를 드러내며, 이에 문화예술협동조합은 예술 프로젝트 운영에 이러한 특징을 더욱 두드러지게 한다.

시민단체는 공통적인 사회문제를 해결하고 공익을 추구하기 위해 형성된 단체로, 상대적으로 정부로부터 독립된 조직이다. 플랜비가 현재 운영하는 사업의 일부는 문화예술 공공기관의 보조금 지원 사업이다. 이 부분 사업은 경비적인 측면에서 실제 사업에 필요한 경비 지원만 받을 수 있어 추가적인 사업소득은 거의 없지만, 플랜비는 지역문화 발전과 문화의 공공가치 증진을 위해 적극적으로 이러한 유형의 사업에 신청하고 또 전심전력으로 완성시켜, 공익 실현에 충분한 기여를 하고 있다.

이 부분 프로젝트는 주로 한국문화예술위원회와 부산문화재단의 지원 아래 진행된 것이다. 프로그램을 공개적으로 모집할 때, 플랜비는 먼저 문화공공예술사업을 주관하는 문화기관에다 기획서를 제출하여, 만약 심사를 거쳐 '낙찰자'로 선정이 되면 그에 상응하는 보조금을 받고 사업을 진행한다. 사업 내용은 주로 공공예술 프로젝트나 문화예술교육과 관련이 있고, 플랜비가 해당 프로젝트를 신청 · 추진하는 목적 또한 "문화예술의 공공 가치를 확장하고 다양한 영역의 문화가 공존하는 문화예술 생태계 조성하기"[206] 위한 것이다. 즉, 플랜비가 이러한 프로젝트를 추진하는 것은 영리를 위한 것이 아니라 사회적 책임감을 지닌 기업으로서 지역 문화의 공공성을 향상시키기 위해 수행한 프로그램인 것이다. 인적 · 재정적 자원이 허락하는 범위 내에서 그들은 힘써 프로젝트를 완성하고 부산 지역문화 발전의 특성을 드러내어 더욱 큰 공공가치를 발휘하고자 노력하고 있다.

(3) 다주체 참여 프로젝트의 공공성

최근 들어 도시재생 사업의 운영상에 사업 주도자는 시민이 참여하고 주민과 함께 수행하는 방식을 더욱 강조하여 공공성의 특징을 두드러지게 하고 있다. 플랜비도 프로젝트를 진행하는 과정에서 이러한 이념을 구체화하였다. 그들은 다양한 커뮤니케이션 수단의 활용, 적절한 상담 기구 구성, 전문가와 일반 시민의 지혜 결집으로, 다주체가 참여하는 프로젝트 이념을 현장의 매 부분에 드러내었다. 플랜비 기획국장도 프로젝트 개발의 관점에서 적절한 커뮤니케이션 구조를 구축하고 전문가의 의견을 공개적으로 수렴하며 시민 참여를 독려하는 것이, 프로젝트의 원활한 전개와 공공성 형성에 도움이 될 것이라고 하였다. 전반적으로 문화예술 영역의 많은 사업들이 여전히 공공기관에서 기획되고 탑다운(Top-down) 방식으로 운영되고 있

206 플랜비 문화예술협동조합 사무국장 송교성의 인터뷰 참조 정리.

지만, 이러한 기본 구조하에서도 현장을 중심으로 한 시민참여와 민간전문가를 주체로 한 계획 제정과 시행의 바텀업(Bottom-up) 방식을 교차시키는 데 노력하고 있다.

플랜비는 민주적 소통 방식과 공공성 실천을 위해 프로젝트 기간 동안 각 프로젝트 관련 분야의 전문가와 시민의 참여 범위를 최대한 확대하고자 하였다. 프로젝트의 정식 시행에 앞서 해당 지역 주민들의 의견을 수렴하고, 다양한 형식으로 해당 지역을 발굴 · 탐색하며, 해당 지역이 보유하고 있는 문화자원과 가치를 프로젝트에 융합시키려 노력하였다. 이를 바탕으로 예술가와 전문가들이 참여하여 프로젝트를 추진하고, 궁극적으로 공공성과 시민성 향상을 위해 노력하는 것이다. 의견수렴 단계에서 플랜비는 주로 포커스 그룹 인터뷰(focus group interview) 또는 라운드 테이블(오픈 포럼)의 형식으로 진행되거나, 혹은 프로젝트의 필요에 따라 권한과 책임을 지닌 프로젝트 위원회를 구성하여 전문성이 강한 아트 디렉터/매니저(PM)를 초빙하여 프로젝트의 세부사항을 관리하게끔 한다. 이러한 방식을 통해 다양한 영역의 전문가와 시민이 함께 사업을 전개하는 동시에 보다 넓은 시각으로 지역문화의 공공성을 살피고 또 시민의 참여를 바탕으로 한다면, 다양한 형태의 문화예술 프로젝트를 운영할 수 있을 것이다.

(4) 시민의 문화 권리를 증진하는 공공성

공공성을 실현하는 과정에서 시민의 형성이 핵심 과제 중 하나가 되어야 한다. 근대 서양 박물관 건립의 목적은 자제력을 갖춘 '교양인'이 시민의 영역 밖에 있는 사람들을 시민 영역으로 인도하여 진정한 주체성을 지닌 시민이 될 수 있도록 하는 것이다. 최근 몇 년간 시민의 문화 권리는 한국의 문화 정책 분야에서 자주 쓰이는 단어가 되었으며, 정부의 업무 청사진의 중요한 부분이 되었다. 그러나 '시민 품격'을 표방하는 한국사회는 도리어 시민에 대한 양성을 소홀히 하고 있다. 한국사회의 일반 시민 대부분은 공공성 문제에 관심을 갖고 직접적이고 적극적으로 참여하는 주체적 시민이 결코 아니다. 공공성의 관점에서 볼 때 현재 시민들은 자신의 이익 관계를 상대화할 수 없으며, 그들은 공정하고 보편적인 윤리보다 사적 영역에서의 가족주의 윤리를 더 중시한다. 전통적인 유교문화와 일제강점기의 영향을 받은 한국의 일반 시민들은 보편적으로 정부 정책을 비판하고 성찰하는 능력이 부족하기에, 이들의 시민성을 시급히 양성해야 한다. 한편으로 교육을 시작으로 정신적으로는 시민의 공공의식을 함양하고, 다른 한편으로 실천을 통한 구체적인 참여 속에서 그들의 정체성과 책임감을 느끼게 하는 것이 필요하다.

플랜비의 한 가지 중요한 목표는 지역의 문화예술 인재를 양성하는 것으로, 이는 실제로 일반 시민들을 위한 문화예술지식의 대중화도 포함한다. 예를 들어, 또따또가 예술단체의 메이커스페이스 창의공작소는 디자인 계열의 스킬 과정을 정기적으로 강의하고 있으며, 일반인과 전문가 모두 신청이 가능하다. 이를 통해 미래의 젊은 예술가를 양성할 수 있을 뿐만 아니라 일반 서민들이 문화예술지식을 접할 수 있는 기회를 가지게 된다. 그들은 이러한 학습의 기초 아래 예술 프로젝트에 대한 이해와 예술작품에 대한 공명을 높일 수 있게 된다. 2021년 9월부터 10월까지 부산시 정부와 부산문화재단의 공동 지원하에 새로운 예술 프로젝트인 '예술가치 확산: 공공예술'이 탄생되었다. 그 가운데 플랜비는 '부산공공예술포럼'을 주관하였다. 이 포럼은 다양한 주제의 공공예술 강좌를 6차례로 나누어 진행하였고 매번 4시간 동안 이어졌다. 매 강좌마다 공공예술이론과 실천 영역의 전문가들이 한자리에 모였고, 이들 강좌의 지적 내용이 상당히 풍부하였다. 현장에 참여한 사람들의 토론은 뜨거웠고 온 · 오프라인 강의를 동시에 개최하여, 이것

〈그림 4-7〉 2021년 부산 공공예술 포럼

에 관심이 있는 시민들에게 공공예술 프로젝트와 관련된 지식을 이해하고 토론에 참여할 수 있는 기회를 제공하였다.[207]

교육적이고 동등하게 참여할 수 있는 문화예술 활동은 일반 시민의 시민성 형성에 기초적 지식을 다지게 하여 시민이 문화예술 프로젝트에 더욱 적극적으로 참여하게 함으로써, 시민의 문화 권리를 더욱 충분히 향유하게끔 이끌었다.

---

207 문화예술 플랜비 creative plan b, YouTube 频道平台资料整理.
https://www.youtube.com/channel/UCCWfd8Q9faEjNzM50z70Vzw

03

깡깡이예술마을 프로젝트의 공공성 탐색

1. 깡깡이예술마을 프로젝트 개요

플랜비는 2015년부터 2019년까지 영도구 해변 마을의 문화예술 도시재생사업인 '깡깡이예술마을' 프로젝트를 주도하여 완성하였다. 본 프로젝트는 영도세관 지역 대평동 일대의 풍부한 해양생활문화와 근대 산업유산을 기반으로 하는 항구도시 특성을 지닌 새로운 형태의 해양 예술마을을 건설하는 것이었다. 해양문화수도 부산 건설의 마스터플랜에 따라 도시재생의 새로운 모델을 실천하여 지역 특색이 강한 문화 브랜드를 조성하였다. 깡깡이예술마을은 문화체육관광부가 주최한 '2018년 지역문화브랜드 공모전'에서 최우수인 '문화관광체육부장관상'을 받아, 지역문화자원을 선보이는 대표적인 문화 브랜드로 평가받고 있다. 부산MBC는 2020년 말 대한민국 8대 도시에 맞추어 기획한 다큐멘터리 프로그램인 '도시의 숨겨진 골목 이야기'에서 깡깡이예술마을을 다루었다. 2021년 초 깡깡이예술마을은 또 '부산 야경 명소 베스트 10'에 선정되었다. 이로부터 프로젝트 운영 결과가 한국의 각 계층에게 널리 인정받고 있음을 알 수 있다.

〈그림 4-8〉 깡깡이마을 위치도[208]

역사적으로 이 마을은 지리적으로 형성된 자연 방풍 댐으로 인해 오랫동안 '대풍포(大風浦)'라고 불렸다. 일제강점기에는 일본이 항만 매립권을 가지면서 점차 일본인 어민들이 사는 동네로 바뀌었으며, 중소형 조선소의 집합지이자 선박 수리의 중심이 되었다. 깡깡이마을의 이름은 선박을 수리하는 중에 망치질 소리에서 따온 이름이다. 마을 이름에는 해운업과 밀접한 해양 특성뿐만 아니라 생계를 위해 열심히 일해 온 지역 주민들의 역사와 문화의 정체성이 담겨 있다. 1997년 금융위기 이전에는 마을공동체가 매우 번성하여 매년 마을위원회에서 정기적인 활동을 하였고 새해가 되면 마을 사람들이 한데 모여 명절을 즐겼다. 그러나 세계 금융위기가 전 세계를 휩쓸면서 청년들의 마을 유출이 심각해졌다. 2015년 자료에 따르면 65세 이상

208 플랜비문화예술협동조합, 깡깡이예술마을사업단(2019). 깡깡이예술마을 성과보고서. 부산광역시 영도구(발행처), p.11.

노인이 마을 인구의 약 25%를 차지하는 것으로 나타났고, 남겨진 노인들이 머물고 있는 마을에는 활력을 잃어 나날이 쇠퇴의 길로 나아갔다. 영도대교가 완공되면서 주변 지역의 도시재생사업이 잇따라 시작되었고, 깡깡이마을의 독특한 모습도 관련 단체와 지자체의 주목을 끌었다.

2. 프로젝트의 주체 구성 및 주요 콘텐츠

깡깡이예술마을 도시재생 프로젝트의 운영은 문화예술계의 창의성을 기반으로 하여 대평동 마을위원회와 전문가 그리고 공공기관이 협력하여 추진한 것이다. 프로젝트 담당자는 공공기관, 문화협동조합, 비영리문화단체, 지역 주민의 4개 주체가 있다.

첫째, 공공기관인 부산시 영도구청이다. 2015년 부산시에서 공개 모집하여 깡깡이마을을 '예술상상마을' 사업대상으로 선정했으며(이후 '영도 깡깡이 대풍포예술촌 프로젝트'로 변경), 37.66억 원의 재정지원을 제공하였다. 이 프로젝트 과정에서 시는 건축 건설과 기관협력 관리 등을 주로 책임졌다. 둘째, 본 프로젝트에 지원한 플랜비이다. 플랜비는 프로젝트 기획부터 완료까지 줄곧 주도적 작용을 하였고, 다양한 관련 프로젝트를 지속적으로 유치하였으며, 예술마을 문화 활동을 지속적으로 유지함으로써, 더 나은 미디어와 커뮤니케이션 효과를 가져왔다. 원래 프로젝트는 2018년 8월에 마쳤다. 하지만 마을의 지속적인 발전을 위해 플랜비는 두 번째 연속 프로젝트인 〈영도 깡깡이 A 아트 & C 커뮤니티 프로젝트〉를 신청하여, 정부로부터 1.6억 원의 재정지원을 받았다.[209]

---

209 영도구청 관련자료 참조. https://www.yeongdo.go.kr/00672/02632/02633.web

셋째, 영도문화회관이다. 영도문화회관은 해당 프로젝트에 참여하기 전에 영도지역문화의 활성화를 위해 문화예술교육 등 프로젝트를 추진해 온 비영리 문화단체이다. 깡깡이마을 프로젝트에서 이 단체는 주로 협의회의 발전과 예산자금 관리를 담당하였다. 넷째, 가장 중요한 것은 1950년대 결성된 주민들의 지역공동체인 대평동 마을위원회이다. 구성원은 모두 10년 이상 마을에 거주한 주민들로 운영위원 16명과 대의원 60여 명으로 구성되며, 이들은 모두 주민대표로 프로젝트 토론에 참여하고 있다. 마을 프로젝트의 지속적인 추진을 위해 2019년도에 비영리 사단법인으로 정식 등록하였고, 예술마을 프로젝트 종료 후에는 마을관광사업과 마을찻집을 직접 관리 · 운영하고 있다. 일반적으로 책임관계는 아래 그림과 같다. 공공기관-재정적 지원, 플랜비-운영 주도, 영도문화회관-협의와 예산, 마을위원회-참여와 지속적인 운영이다. 그들은 직책이 명확하고 분업으로 협력하여, 공동의제를 다루는 필요 상황에서 회의를 열어 상의하고 공동으로 결정을 한다.

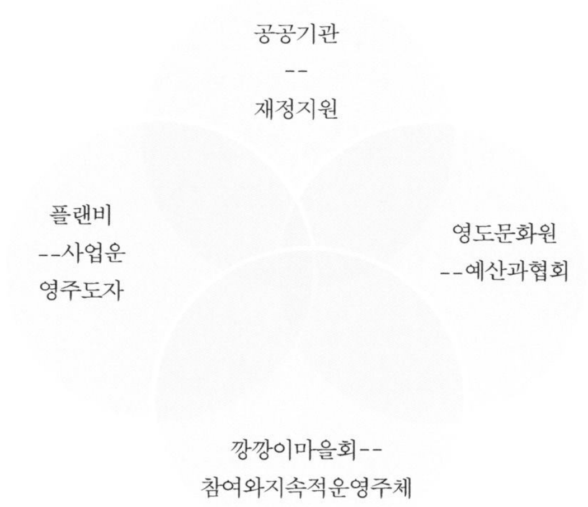

공공기관
--
재정지원

플랜비
--사업운
영주도자

영도문화원
--예산과협회

깡깡이마을회--
참여와지속적운영주체

〈그림 4-9〉 깡깡이마을 주체 직책도

예술마을 프로젝트의 목표 관점에서 살펴보면 주로 해양, 재생, 지역사라는 세 가지 측면이 있다. '해양'은 감천문화마을의 산복도로 재생 모델과 구별되며, 연안항만의 지리적 이점과 부산 해양문화수도의 특성을 부각시켰다. 구체적으로는 깡깡이마을 유람선 프로젝트, 방문자 센터, 워터파크 프로젝트가 포함된다. '재생'은 기존의 북항과 구별되는 도시재생 모델로 근대 문화산업유산을 기반으로 문화예술의 상상력을 발휘하는 도시재생의 새로운 모델을 의미하며, 이것은 예술마을 프로젝트의 핵심 건설 부분이기도 하다. 이것의 핵심은 퍼블릭아트 프로젝트와 마을박물관 프로젝트로 나눌 수 있다. 퍼블릭아트 프로젝트에는 상징물 조성, 아트 벤치, 골목정원 프로젝트, 사운드 프로젝트, 라이트 프로젝트, 키네틱 프로젝트, 페인팅시티 등이 포함된다. 마을박물관 프로젝트에는 생활문화조사 아카이빙, 깡깡이 오버시 프로젝트, 마을박물관 조성이 포함된다. '지역사회'는 주로 부산의 원도심과 영도를 연결하는 관문 지역에 활력을 불어넣기 위해 주민과 예술가들이 함께 교감하는 창의적인 문화예술 공동체를 말한다. 문화사랑방과 생활문화센터 조성을 통해 주민의 일상과 문화예술 간의 연결성을 함양하고, 프로젝트의 다주체 간에 소통의 플랫폼을 구축하여 마을공동체를 강화하는 것이다. 시각예술과 공공 공연과 같은 공공예술 페스티벌을 통해 지역문화와 예술에 대한 관심과 인지도를 높인다. 지역문화 고유의 정체성을 재조명하는 바탕으로 지역 주민들의 지역에 대한 관심을 환기시키고, 문화창의산업 체인에 적극 동참한다. 여기에는 마을신문 〈만사대평〉 창간, 마을 기념품 제작, 마을브랜딩 BI 창출 등이 있다.[210]

---

210 플랜비문화예술협동조합, 깡깡이예술마을사업단(2019). 깡깡이예술마을 성과보고서. 부산광역시 영도구(발행처), pp.34-35.

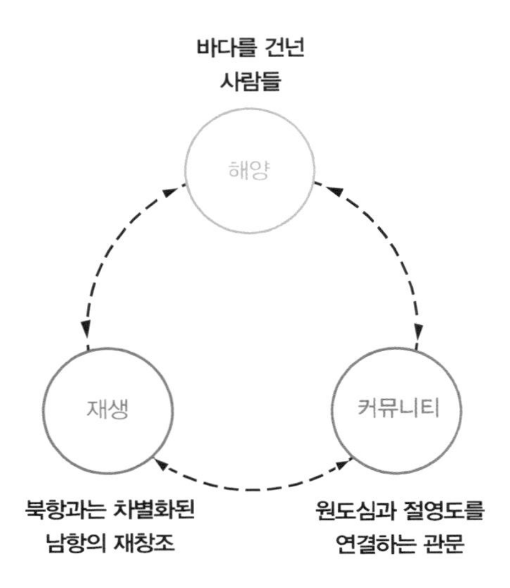

〈그림 4-10〉 깡깡이예술마을 조성사업 목표[211]

3. 깡깡이예술마을 프로젝트의 공공성 실현

1) 지역 공공성의 구현

한국의 장기 중앙집권 정치체제는 지방정부가 중앙정부와 동등한 입장에서 소통할 권력을 상실케 하였다. 오랜 기간 중앙정부의 통제 아래 지방도시의 개발도 제한을 받았다. 한국이 지방분권을 제안한 후, 중앙 권력은 차츰 단계적으로 분화되기 시작하였다. 하비는 공간과 지역에 대한 관심은 본질적으로 '반억압적'이라고 언급한 적이 있다.[212] 그리고 반억압적이라는 것

---

211 플랜비문화예술협동조합, 깡깡이예술마을사업단(2019). 깡깡이예술마을 성과보고서. 부산광역시 영도구(발행처), p.30.

212 Massey, D.(1991). The political place of locality studies. *Environment and planning A*, 23(2), 267-281에서 재인용.

은 대중과 시민사회의 권력이 확장됨을 의미할 뿐만 아니라 공공성의 확장도 의미하고 있다. 지역문화의 분권화를 실현하기 위해서는 지역 전통에 입각한 지역문화 정체성을 확립하여 지역문화의 다양성을 확보하고,[213] 지방자치단체와 시민단체의 자주성과 자율성을 강화해야 한다.

현지의 지역성을 최대한 발휘하는 것이 깡깡이예술마을 프로젝트의 중요한 목표이다. 프로젝트팀은 프로젝트 기획 초기부터 예술작품 창작의 지역성에 많은 관심을 기울였으며, 오랜 시간 동안 마을 고유의 문화, 산업 유산과 마을 주민들의 집단적 정체성을 발굴하였다. 아울러 현지 자영업자, 산업체 관리자, 마을위원회 위원, 일반 마을 주민 등 다양한 집단의 인터뷰를 통해 프로젝트 영감을 얻었고, 마을 자체의 특성에서 출발하여 마을 건설과 발전 방안을 재검토하였다. 2016년부터 2018년까지 프로젝트팀은 마을 생활, 역사, 산업발전 맥락에 관한 시리즈인 〈깡깡이마을 100년의 울림〉을 정리 · 출판하였다. 아울러 마을 신문을 편집 · 출판하고 홍보 영상을 제작하였으며, 무형의 문화기억을 형상화하여 현지 마을 사람들의 정체성을 심화시키기 위해 마을 박물관을 설립하였다. 이러한 일련의 사안들은 예술 프로젝트의 창작에 기반이 되었다.

깡깡이예술마을의 역사문화와 사회에 대한 보다 폭넓은 이해가 있은 후, 후속 프로젝트의 디자인 또한 지역 특성을 보다 적절하게 융합하였다. 그 가운데 일부 공공예술작품의 디자인에는 장소 특정성(Site-specific)이 강하게 드러나고 있다. 깡깡이예술마을은 한때 부산 조선 산업의 중심이자 선박 수리 센터였기 때문에, 현재까지도 경영 상황이 양호한 수리 조선소(8개), 260여 개에 달하는 공업사, 선박부품 업체가 모여 있다. 깡깡이마을 선박 수

---

213 남송우(2013). 부산 지역문화론. 해성, p.57.

리의 장인들은 적어도 20년 기술 경력을 가지고 있어, 주위에서도 '대평동[214]에서 수리하지 못하는 배는 없다'는 말이 지금까지 전해져 오고 있다. 그래서 한때 '장인 마을'이라 불렸다.[215] '선박'은 마을의 문화역사의 중요한 상징 가운데 하나이며, '아트 벤치', '신기한 선박 체험관', '유람선', '마을 박물관' 등의 프로젝트는 모두 깡깡이마을 고유의 선박 수리 역사와 문화 흔적을 반영하고 있다.

뛰어난 기술력을 가진 선박 수리공 외에 깡깡이 아지매라는 특수한 여성 집단이 있다. 그녀들은 선체 양측과 배 밑에 붙어 있는 따개비를 깨끗이 제

214 대평동은 깡깡이마을의 예전의 행정 명칭이다.

215 깡깡이예술마을사업단(2018). 깡깡이마을, 100년의 울림-역사 편. 호밀밭, pp.78-84.

〈그림 4-11〉 신기한 선박 체험관 내부

〈그림 4-12〉 공공예술 작품 '아트 벤치'

거하고 선체에 녹슨 부분을 찾아내 망치로 제거하는 작업을 담당하였다. 이번 도시재생 프로젝트에는 깡깡이 아지매 이름을 딴 벽화가 있는데, 이는 예술마을에서 가장 풍부한 지역적 특성을 지닌 공공미술 작품 중 하나이다. 이 작품은 이러한 특정 집단을 대표하고 있다.

깡깡이 아지매는 대부분이 가난한 가정에서 태어나거나 피난민의 후손들이고, 그들의 남편은 대부분 항해 중 실종된 선원들이었다. 그녀들은 제대

〈그림 4-13〉 우리 모두의 어머니

〈그림 4-14〉 깡깡이 아지매의 만화 형상

로 교육을 받지 못했지만 아이를 양육해야 하는 중임을 지고 있었기에, 배를 수리하기 전에 망치를 들고 선체를 깨끗이 청소하는 간단한 일을 할 뿐이었다. 그녀들은 고난과 고통의 사회 기억을 상징할 뿐만 아니라 마을 여성들의 근면함과 강인함을 상징한다. 마을의 발전사에서 깡깡이 아지매가 가장 많을 때는 200여 명이 넘었지만, 지금은 통계에 따르면 기껏해야 20여 명 정도이다.[216] 이러한 벽화 외에 깡깡이 문화센터 입구에 깡깡이 아지매의 만화 형상이 걸려 있고, 마을 박물관에 있는 마을 역사의 전시물에도 깡깡이 아지매 내용을 상당 부분 담고 있다.

---

216 내부자료 참고(발행인 등 정보가 없음). 2016-2018 깡깡이예술마을 조성사업 결과보고서(2018).

2) 다주체 참여의 프로젝트 공동체 구축

한국에는 2000년 전후로 기업가 정신을 가지고 있으면서도 사회정책 분야와 문화예술 분야에서 활동 경험이 있는 집단이 나타났다. 그들은 단순한 경제적 이익보다 프로젝트 개발의 지속적인 성장에 더 많은 관심을 기울였다. 예술 프로젝트를 추진할 때 그들은 예술 텍스트와 지역사회 생활 맥락의 융합에 주의를 기울여, 자신의 사회 네트워크 자원과 커뮤니케이션 능력을 통해 정부와 대중 간의 공사 관계를 조정하고, 기초적인 프로젝트에서 더 많은 전문가와 전문가 단체의 지원을 받는다. 이를 통해 다양한 가치 체계의 주체들이 서로 이해하고 협력하도록 이끌어, 프로젝트의 다양성을 제고하고 공통 가치를 실현하는 것이다.

부산오페라하우스 프로젝트에서 제시된 제안 가운데 지방 공공기관과 기업이 협력 운영하는 모델 구축을 주장하였다.[217] 이는 깡깡이예술마을 건설에서 시행된 것으로 보인다. 이 프로젝트는 공공기관 및 기업형 협동조합의 참여가 있었을 뿐만 아니라 비영리 문화단체와 마을 주민들의 원활한 커뮤니케이션 네트워크가 이루어졌기 때문이다.

이러한 커뮤니케이션 네트워크의 형성은 중개자 역할을 한 플랜비와 불가분의 관계에 있다. 기업의 성격을 띠고 있는 플랜비는 완전 수익을 내는 조직이 아니라 어느 정도 사회적 책임을 지고 있는 조직이다. 플랜비의 설립자들이 협동조합의 형태를 선택한 이유도 본질적으로 '협업'과 '통섭' 그리고 '탈위계적 관계'라는 두 가지 가치관을 내포하고 있기 때문이다. '협업'과 '통섭'은 주로 예술과 생활, 문화와 사회의 교차 문제를 해결하기 위해 여러 주체의 협력 네트워크 구조를 구축하는 데 중점을 둔 플랫폼을 의미한

217 김해창(2020). 창조도시 부산, 소프트 전략을 말한다. 인타임, pp.89-94.

다. '탈위계적 관계'란 조직 내 의사결정이 하향식으로 이루어지지 않고 직원 간에 절대적인 계층적 관계가 없으며 문제 협상에 있어서 동등성을 지니는 것이다.[218] 김두진 깡깡이예술마을 사업단장은 이번 프로젝트가 문화예술이라는 매개체를 통해 마을의 인문, 교육, 복지, 환경을 복원하고 사람과 사람 간의 관계를 복원하는 데 목적을 둔 종합적인 사업이라고 하였다. 문화예술 작품은 도시재생 사업에 장식성을 제공할 수 있을 뿐만 아니라 반성과 소통이라는 예술적 공공성 가치를 드러내고 있다.[219]

문화예술 활동의 창의성을 결집하는 것은 프로젝트의 공공 가치를 향상시키기 위한 것이다. 그래서 프로젝트팀은 프로젝트 초기부터 주민, 예술가, 공공기관과 함께 사업단을 중심으로 협력 네트워크를 구축하기 위해 열심히 노력하는 것이다. 마을의 주민 주체성을 깊이 발굴하고 또 사업 진행에서 프로젝트에 대한 주민들의 지속적인 공감을 불러일으키기 위해, 프로젝트팀은 무도, 정원 가꾸기, 카페 등 문화예술 동아리 활동을 조직하여 주민들 간의 긴밀한 공동체 관계를 구축하게 된다. 예술가 측면에서 사업단은 예술적 창작을 공동으로 수행하기 위해 다양한 국가에서 온 예술가들과 접촉하여, 월아트나 폴아트, 다양한 그라피티 등의 다양한 예술 형식을 접목하여 오래된 건물을 개조하고, 지역 특수자재를 벤치의 건축자재로 사용하며, 버려진 공간을 활용하여 시민 친화적인 여가시설 등을 만듦으로써, 예술 형태와 창작의 다원화를 이룸과 동시에 지역 특색을 드러나게 하였다.

프로그램 진행 시간이 길어짐에 따라 그 소통 과정 또한 막힘이 없는 것은 아니었다. 그래서 의견 충돌에 맞닥뜨렸을 때 협력 주체 중 한 주체의 타

---

218 플랜비 문화예술 협동조합 대표 이승욱 인터뷰. https://arte365.kr/?p=83384

219 깡깡이예술마을사업단(2018). 깡깡이마을, 100년의 울림-생활 편. 호밀밭, pp.7-11.

협이 필요한 것이다. 예를 들어 〈Mother of Everyone(우리 모두의 어머니)〉을 창작하는 과정에서, 마을 주민과 독일 벽화 예술가인 핸드릭 바이키르히 간에 창작 기획에 있어 이견이 드러났는데, 그 이유는 마을 주민은 주름살이 가득한 나이 든 사람 얼굴을 커다랗게 그려 고층 건물에다 대형벽화로 걸어 놓으면 혐오스럽지 않겠냐는 걱정에서 아주 반대를 하였다. 하지만 그는 세상 풍파를 다 겪은 깡깡이 아지매의 얼굴은 이 지역의 역사와 비환을 대표하여, 아파트 외벽에 벽화 창작은 마을의 독특한 매력을 표현할 수 있을 뿐 아니라 관람객에게 상상의 공간과 공명의 계기를 제공할 수 있을 것이라 여겼다. 이 예술가는 이 작품을 창작하기 전에 광안리 민락 활어직판장 주차타워 외벽에 이와 유사한 대형 그라피티 작품인 〈나이 든 어민의 얼굴〉을 창작하였다. 56미터의 크기인 이 작품은 주름이 자글자글하고 사연이 가득한 얼굴을 건축물 외벽에다 드러내어 어민의 생명력과 의지를 드러내고 있다. 이러한 창의성은 마을 주민들을 설득하는 데 중요한 요소로 되었다. 이처럼 피차간의 소통이 이루어지고 난 뒤에 주민들은 이 창작 의도를 기꺼이 받아들였고, 작품이 완성된 후에는 아주 만족하였다. 장기간의 호흡과 조정을 통해 깡깡이예술마을은 유기적 협력의 새로운 도시재생 모델을 형성하였다. 이러한 새로운 모델의 구체적인 사항으로는 공공기관의 재정지원 책임, 플랜비 주도의 프로젝트 운영과 협업, 영도문화회관의 협상과정 추진과 예산 파악, 주민을 대표하는 마을주민위원회의 참여와 프로젝트의 지속적 운영 등이다. 문화평론가 남송우는 문화예술 영역에서 지역 주민, 문화예술인, 지역 행정가가 함께하는 3자의 협력 체제를 형성하는 것은 매우 귀중한 가치체계라고 말한 바 있다.[220] 깡깡이마을 프로젝트는 3자 협력체계를 실현

220 남송우(2013). 부산 지역문화론. 해성, pp.78-79.

했을 뿐만 아니라 주요 문화단체와 문화 기업과 결합하여 조화로운 다주체 협력 관계를 개척시켰다.

3) 프로젝트의 지속적인 공공성

개인의 기억은 집단적 가치관, 태도, 시공간 개념 등에 영향을 받으며, 과거의 사건을 왜곡하거나 잊어버릴 수 있기에, 개인의 기억도 과거에 대한 사회 재구성인 것이다.[221] 예술 프로젝트 자체에 담긴 현지 지역 문화와 역사 자체는 과거와 미래를 연결하는 가치를 지니고 있기에, 이러한 연속성은 계승되는 것이다. 그렇지만 하나의 프로젝트가 완료된 후 사후 관리 문제가 여전히 남아 있게 된다. 2018년 4월을 기준으로 예술마을 프로젝트는 기본적으로 완료되었지만 깡깡이예술마을의 건설은 계속되어야만 했다. 2019년 대평동 마을위원회는 예술마을 프로젝트가 완료된 이후에 비영리 사단법인으로 정식 등록하여 마을 관광과 마을 찻집을 직접 관리하고 운영하였다. 공공기관도 지역 주민과 지속적으로 협력하여 사업성과를 바탕으로 마을 업무를 자율적이고 지속적으로 운영 · 관리함으로써 이들의 미래 발전에 활력을 불어넣어 주었다. 또한 예술마을 프로젝트는 영도구가 문화체육관광부 지정 문화도시 사업(5년간 최대 200억 원)으로 선정되는 데 중요한 역할을 하였다.

이뿐만 아니라 프로젝트 지속가능성 가운데 한 요소에 포용성이 포함된다. 일부 학자들은 문화예술형 도시재생사업이 어느 정도 경제적 · 정치적 · 문화적 배척현상을 야기할 수 있지만, 그 해결방식은 사회적 약자 집단을 돌봄의 대상으로 여겨 예술사업의 창작에 융합하거나 문화예술적 성과

221 권귀숙(2001). 제주 4 · 3의 사회적 기억. 한국사회학(한국사회학회), 제35집 제5호, 201.

를 공유하게 하는 것이라고 여긴다. 깡깡이예술마을 프로젝트의 완성은 현지 지역 주민들의 입장에서 문화 창조와 실천의 기회일 뿐만 아니라 공공기관의 해당 프로젝트 계획에도 장애인의 문화권리 향유를 보장하는 내용이 담겨 있다. 2020년 12월 영도도시문화회관, '이유 사회적 협동조합' '꿈꾸는 베프'가 공동으로 '무장애 예술여행' 행사를 6일간 진행하여, 코로나19 기간 동안 문화예술적 분위기를 누리기 어려운 장애인들에게 예술을 향유할 기회를 제공하였다.[222]

4. 깡깡이예술마을 프로젝트의 공공성 부재

1) 협력 주체 간 권력 관계의 불균형

이것은 공공기관과 민간단체의 관계에서 주로 드러난다.

상호 제어가 필요한 협력체계에서 한쪽의 권력이 지나치면 다른 주체 역량의 약화를 야기하여, 관건적인 문제에 발언권을 상실하게 된다. 깡깡이예술마을 프로젝트의 재정에 있어 공공기관의 지나친 지원은 오히려 민간문화자치단체의 활동에 일정 정도 제한성을 가져다주었다. 공공성에 기반을 둔 주체들 간의 균형에 있어 예술 영역에 대한 정부의 개입은 자원의 효과적인 분배, 사회연대의 촉진 그리고 시민 복지 증진을 위한 것이기에, "예술가 단체와 주민이 자발적인 창작을 이끌고, 그러한 과정에서 지렛대 역할을 해야 하는 것이다."[223] 전문가와 시민 그리고 문화단체 또한 '평등'을 기반으로 한 교류로 공공 의견을 형성하여 공공기관과 대화를 해야 하는 것이다.

---

222 깡깡이예술마을 홈페이지 깡깡이마을소식 참조.
http://kangkangee.com/index.php/kangkangeeartsvillage/media/

223 남송우(2013). 부산 지역문화론. 해성, pp.78-79.

프로젝트 관계자에 따르면 프로젝트 진행 과정에서 구 · 군을 단위로 하는 기초자치단체와 민간 전문가들이 문예 창작에 안정적으로 참여할 수 있도록 하는 '문화 재단'이 부족하다. 현재 서울이나 대구 등에 비해 부산은 문화재단의 기반이 부족한 실정이며, 많은 문화예술 프로젝트가 공공기관을 중심으로 이루어지고 있기에, 민간문화단체의 참여와 활동 범위가 상대적으로 제한적이다. 따라서 민간단체, 전문가, 시민의 참여를 지원하고 공공기관과 시민 사이의 중개기관 역할을 할 수 있는 일정 수의 문화재단을 구성할 필요가 있다. 다시 말해 플랜비는 전체 프로젝트에서 소통과 연결의 허브로 존재하지만, 일정한 경제성을 지닌 예술법인으로서 민간문화자치단체의 책임을 온전히 감당할 수 없는 것이다.

2) 마을 집단기억 표출의 불균형

공공성은 거시적 구조 개념일 뿐만 아니라 일상생활의 지향성을 지니는 개념이다. 공공성을 지닌 문화예술형 도시재생 프로젝트는 현지 생활과 역사의 기억들을 종합적으로 다듬어 드러내어야 한다.

깡깡이예술마을을 체험하면서 우리는 집중화되지 않은 예술마을의 기획, 분산된 예술작품과 경관 분포, 거의 존재하지 않은 상업화 등을 발견하게 된다. 주민이 운영하는 마을다방을 제외하고는 관람객이 소비할 장소를 찾기가 힘들다. 이것이 대부분의 예술마을 프로젝트와 다른 점이라 할 수 있다. 왜냐하면 서울 이화벽화마을이나 부산 감천문화마을과 같은 곳은, 그 주변 지역이 경제적 발전에 따라 다양한 수준의 상업화, 관광화, 젠트리피케이션 등의 문제가 나타났다. 어떤 측면에서 볼 때, 이것은 마을의 원형과 주민생활을 보호하는 데 있어 큰 도움이 되지만, 도시재생의 각도에서 보자면 이것은 종합적이지 않고 또 조화롭지 않은 듯하기에 재생프로젝트 그 자체에

〈그림 4–15〉 부두에 정박한 선박과 노동자

서 불러일으키는 흡인력이 부족하였다.

마을에 있는 공공예술 디자인은 대부분 마을의 여성 형상과 연계되어 있어 마을에서 아주 중요한 남성의 역량을 홀시하였다. 깡깡이 아지매가 이 마을에서 가장 많은 사연을 지닌 역할을 한다고 한다면, 마을을 진정으로 '점령'하고 있는 것은 바로 남성이다. 깡깡이 아지매의 형상과 비교해 볼 때, 마을을 찾아온 사람들이 현지인의 생활현장으로 들어가면 조선 수리소의 기계 충돌 소리와 화물선이 항구로 들어오는 기적 소리를 더 많이 듣고, 노동 숙련공의 일상적인 작업과 휴식 장면을 더 많이 보게 된다. 이러한 노동 현장이 생생하게 존재하고 있다.

마을 부근에 가장 오래 운영을 한 양다방 또한 원양항해를 하는 외국 선원들을 위한 사랑방으로 지금까지 보존되고 있다. 이것이 예술마을 프로젝트 기획 내용에 존재하는 공공성의 부재이다. 이는 집단 기억 속에 일부 여

〈그림 4-16〉 마을 도처에서 볼 수 있는 수리선박선

성의 위대함만 단편적으로 강조하고 노동 현장의 남성 역량을 홀시하여, 예술작품과 생활현장의 불균형을 야기하였을 뿐만 아니라 마을 체험에 연관성과 진실감을 상실하게 했다.

이상의 두 가지 사안으로 볼 때, 깡깡이예술마을의 도시재생은 성찰적인 공공 공간이 아직 형성되지 못하였고, 주체 간의 소통에 있어서도 여전히 중립적인 매개자가 각 측의 의견과 관계를 조율하는 것이 결핍되어 있다. 다시 말해 도시재생의 문화예술적 내용을 기획하는 데 있어 성찰적 시각으로 마을 기억과 현장을 종합적으로 표현하는 조정력이 부족한 것이다. 이 프로젝트 구성의 예술 공공 영역은 비판적 소통 공간이건 또는 자아 개발 능력을 강화하는 성찰적 공간 간에 있어 여전히 더 발전할 잠재력이 있다고 할 수 있다. 그래서 각 주체는 예술마을이 진정 비판적 담론의 생산 공간으로

〈그림 4-17〉 양다방 입구

〈그림 4-18〉 양다방 내부 공간

되도록 노력해야 할 것이다.

본 장절을 간단히 다시 정리하여 보자. 시민단체 성격의 플랜비 문화예술 협동조합이 주도하여 진행한 도시재생 프로젝트인 깡깡이마을의 공공성에 대한 탐구이다. 플랜비의 관련 활동과 깡깡이마을 도시재생 사례를 통해, 이러한 유형의 도시재생에서 드러난 공공성의 특징, 공공성 형성에 있어 각 주체의 역할, 공공성 실현 속에 나타난 결점 등을 고찰하였다.

협동조합은 사회적 경제의 조직형식으로, 자주성과 민주성 그리고 경제성을 하나로 융합하여 공공 영역의 형성을 촉진시킨다. 플랜비는 공공기관이 문화예술 활동에 과도하게 개입하고 또 연합과 활기가 없는 문화예술계의 지역 현장에 직면하면서 탄생한 부산문화예술 영역의 대표적인 협동조합이다. 이 협동조합은 주로 부산의 문화 활동가, 문화연구자, 문화기획단체로 구성되어, 지역문화 공공성 발전에 유리한 네트워크를 구축하였다. 그래서 이 협동조합은 재정과 절차상의 공공성, 공익 목적의 공공성, 다주체 참여의 공공성, 시민문화 권리의 공공성을 지니고 있다.

깡깡이예술마을 프로젝트를 운영하는 과정 속에 이러한 특징들이 두드러지게 드러났다. 프로그램의 세부 내용에 있어서도 지역성을 충분히 드러낸 공공성 특징과 프로젝트의 지속 가능한 공공성 특징을 표출하였다. 그러나 부족한 면도 일부 존재하고 있다. 예를 들어 협력 주체 간의 관계 처리 방면이나 예술 내용 기획의 주안점에 있어, 공공성의 성찰과 비판적 형성 측면을 반영하는 데 미흡한 점이 드러난다.

이를 총괄하면, 사회적 경제단체 주도의 문화예술형 도시재생은 공공성 형성에 유리한 여러 장점을 반영해 내었다. 한국사회와 전통문화의 배경으로 말미암아 어떤 측면에선 문화예술형 도시재생은 여전히 배후에서 큰 발언권을 지니는 공공기관의 존재에서 벗어날 수 없다. 이러한 문제에 대해 상대적으로 독립된 '문화재단'을 하루빨리 만들고, 이를 통해 매우 합리적인 공공 지원과 공평한 프로젝트 관리 방식을 제공하여 지역문화예술단체의 성장에 도움이 되길 희망한다.

제5장

바다가 보이는 난민촌에 다섯 가지 색채를 입히다

1장에서 얘기하였듯이 우리에게 익숙한 예술은 전시관, 갤러리, 공연장, 미술관, 조각공원 등 특정한 장소에 특별히 전시되거나 연출되는 것을 상기시키고 있다. 때로는 돈으로 입장권이나 관람권을 구입하는 행위들은 자연스럽게 문화예술의 향유와 연결되는 것이다.

하지만 감천문화마을은 자연환경에 예술작품이 전시되고 마을 공간과 주변 환경에 함께 어울려 있는 때로는 엉뚱해 보일지도 모르지만 티켓을 내지 않고 자연스럽게 오픈 된 공간이란 점이 기타 예술문화와 다른 것이다. 감천문화마을을 둘러보면 주변에 배치된 예술작품과 건축들은 문외한들이 공공예술이라 불러도 전혀 어색하지 않다.

감천문화마을은 그런 곳이다. 1950년대 육이오전쟁을 겪은 난민들과 태극도 신도들이 이곳에 집중적으로 거주하면서 감천마을이 형성되기 시작하였다. 2000년대 노후되고 쇠퇴한 마을에 알록달록 다섯 가지 색채로 감천마을을 단장하는 예술 프로젝트가 시작되었다. 마을이란 공공 영역에 정부, 시민단체, 마을 주민, 나아가서 관광객까지 참여하는 예술작품이 제작, 유통이 이루어지며 무료로 된 관람이 형성된다. 이런 예술작품들이 부단히 사진, 명함, 상품디자인으로 복제되어 판매되기도 한다. 또 감천문화마을이란 '전통'이 재생되고 예술화와 명소화가 되는 곳이기도 하다. 그래서 이곳에서 대부분 예술촌에서 일어나는 '젠트리피케이션' 현상이 일어나고 있다. 그래서 예술은 단순히 사적 · 공적으로 나누기도 힘들며 다양한 형태들이 복합적으로 존재하는 것이다. 하지만 본 글에서는 그래도 공공성에 초점을 맞추어 논의하여 보고자 한다. 감천문화마을은 어떻게 형성되었고, 공공성은 어떻게 재현되는지? 나아가서 문화예술의 공공성은 무엇인지 보다 깊게 생각할 수 있는 기회를 만들어 보고자 한다.

01

공공예술과 도시재생

1. 공공예술의 개념과 공공성

공공예술에 대한 예술사적 담론을 살펴보면, 공공예술은 '공공장소에서의 예술', '공공 공간으로서의 예술', '공공 관심 속의 예술'이라는 세 패러다임으로 살펴볼 수 있다. 공공예술의 현대적 활동은 60년대 말에서 70년대 기간 동안 미국에서 광범위하게 전개되었다. 이러한 패러다임은 미국 연방조달청(General Services Administration, GSA)의 '건축 속의 예술 프로그램(Art-in-Architecture Program)', 미국 국립예술기금의 '공공장소에서의 예술 프로그램(Art-in-Public-Places Program)', GSA 모델에 따라 제정된 '예술을 위한 퍼센트 법(Percent for Art)' 등으로 구체화되어 나타났다.[224] 초기

---

224 김태준(2015)은 'Public Art'를 '공공미술'에 국한하여 살펴보고 있으나, 본 논문에서는 그 범위를 미술에 국한하지 않고 예술로 지평을 넓혀 해석을 가하였다. 이것은 'Public Art'를 '공공미술'로 볼 것이 아니라 '공공예술'로 이해하여, 다양한 예술행위와 행동을 아울러 살펴야 한다는 의미가 담겨 있다.
김태준(2015). 공공미술의 공공성에 대한 의미지평 재구성: 하버마스의 의사소통적 합리성을 중

의 공공예술 개념은 작품이 존재하는 공간의 장소성을 강조하였다. 예를 들어 보스턴 현대미술관(Institute of Contemporary Art, ICA)은 공공예술에 대해 느슨한 정의를 내리고 있는데, 공공예술은 사람들이 그에게 다가갈 수 있느냐에 따라 결정되며 공공예술은 일반적으로 야외의 미술을 가리키는 것이라 여긴다.[225] 하지만 이러한 정의는 일정 정도 공공예술의 발전을 제한한 것이다. 1990년대 중반 Suzanne Lacy와 Rosalyn Deutsche는 공공예술을 도시의 대규모 야외 조각예술과 동일시하는 것을 강력히 반대하면서, 공공예술이 처하고 있는 물리적 공간은 반드시 공적인 것일 필요가 없으며 공간의 본질은 일종의 사회구조라고 주장하였다. 사회적 메커니즘이 일정 수준에 도달하면 모든 공간이 공공 영역이 될 수 있기 때문이다. 그래서 공공예술의 공공성은 그것의 생성 담론과 소통방식에 있는 것이지 물리적 위치와 소통결과에 있지 않다.[226]

예술계의 공공예술에 대한 정의는 대부분 장소성과 공공성을 결합시켰다. John Willett은 공공예술의 개념을 이론적으로 처음으로 총결하였다. 그는 〈도시의 예술〉에서 그 개념을 다음과 같이 제시하였다. "예술작품의 창작, 전시, 운영은 더 이상 미술관, 전시장, 스튜디오에 국한되는 것이 아니라, 도시 및 농촌 환경과 밀접하게 결합될 때 공공성을 갖춘 예술로 상승하게 된다. 이는 예술이 기존의 기능을 넘어 일반 시민의 생활환경에 융합되도록

심으로. 공공사회연구, 제5권 3호, 10-11.

225 袁运甫(1989). 中国當代装饰艺术. 山西人民出版社, p.15.

226 Deutsche, R.(1992). Art and public space: Questions of democracy. Social Text, (33), 34-53.
Lacy, S.(1995). Cultural pilgrimages and metaphoric journeys. Mapping the terrain: New genre public art, 19-47.
Kwon, M.(2005). Public art as publicity. In the place of the public sphere, 22-33.

하는 것이다."[227] 뉴욕시 예술협회 공공예술 위원회 회장인 D. Freedman은 작품이 공공예술인지 아닌지 판단하는 기준을 몇 가지 제시하였다. 첫째, 높은 수준의 심미적 수준을 갖추어야 한다. 둘째, 규모가 있어야 한다. 셋째, 대중과 관계가 있어야 한다.[228] 영국 공공예술위원회의 관점은 다음과 같다. '공공예술'이라는 용어는 예술가와 장인이 인공, 자연, 도시 또는 농촌 등의 환경에서 작업을 하면서, 예술가와 장인의 기술, 시야 및 창조력을 통합한다. 아울러 그것을 새로운 공간의 구축과 낡은 공간의 재생 과정을 융합시켜, 그 공간에 활력과 생동감을 더하는 것을 의미한다. 그래서 예술이 순수한 기능적 역할을 뛰어넘어, 국가나 특정 지역에 삶을 반영하고 희망이 담긴 장소를 창조하게 한다.[229]

미첼은 공공예술과 하버마스의 공공 영역 개념을 처음으로 연결시켰다. 그는 진정한 공공예술은 개념상에 있어 역설적 현상과 또는 갈등 현상이며, 그것은 유토피아적 이상을 구현하고 있다. 하지만 그것이 위치한 공공 영역은 "비강제적인 토론과 의견으로 형성된 포괄적인 장소이며, 정치, 상업, 개인 취미 심지어 국가 통제를 초월하는 장소"라고 여겼다.[230] 공공예술은 모든 사람이 함께 참여하도록 장려하고, 개인의 의지를 반영한 다양한 목소리를 장려하며, 어떤 특정 원칙의 틀 내에서 '조화'보다는 다양한 의견의 표현을 장려한다.[231] 이러한 모순적 의사소통 과정 또한 다양한 집단 간의 비언어

---

227 香港大学文化政策研究中心. 公共艺术研究(香港艺术发展局委约)[R]2003 .

228 孙欣(2010). 基于互动的公共艺术-影响當代公共艺术创作的环境因素研究, 中国艺术研究院. 博士论文에서 재인용.

229 王峰(2010). 数字化背景下的城市公共艺术及交互性设计研究. 江南大学. 博士论文에서 재인용.

230 Mitchell W. T. eds, Art and the Public Sphere. Chicago: The University of Chicago Press, 1990. p.3.

231 Hall, T. and Robertson, I.(2001). Public art and urban regeneration: advocacy, claims and critical debates, Landscape Research, 26(1), pp.5-26.

적 교류와 다문화적 대화를 촉진하고, 예술작품을 도시 구조에 융합시키는 속도를 높이며 사회적 포용성의 발전을 촉진하는 데 도움이 된다.[232] 참여식 대중의식과 대중정신은 공공 영역의 가장 중요한 본질이 되며, 이는 공공예술에서 대중의 '공공미학 의식과 대중문화 정신'을 반영한다.[233] 이러한 공공정신으로 형상화된 예술은 도리어 대중의 신체적 · 정서적 웰빙을 개선시키고 그들의 정신적 사회 포용성을 향상시킬 수 있다.[234]

공공예술은 예술이 일종의 사회문화적 가치 지향성을 두드러지게 나타내기도 하는데, 이러한 가치 지향성은 예술이 사회적 대중에 봉사한다는 전제에 기반을 두고 있다. 예술가는 일정한 절차에 따라 예술작품을 만들고, 그 예술작품을 특정 환경에 융합시켜 대중의 시각적 · 미적 경험을 도야하거나 풍부하게 한다.[235] 아울러 공공예술은 공권력의 제약에 일정한 영향을 미친다.[236] 이러한 항목의 의도는 대중의 정체성과 에너지를 연결하여, 이미 정해지고 경직된 공권력의 틀과 운영방식을 개선하는 데 있다. 리우홍보(刘洪波)와 순전화(孙振华)는 공공예술이 위치한 공간은 대중이 자유롭게 참여하고 공감하는 공공성 공간으로, 민주, 개방, 소통 및 공유의 정신과 태도를 구현하며, 공공 공간의 민주화 진전에 대한 사회적 요구와 공권력에 대

---

232 Sharp, J., Pollock, V. & Paddison, R.(2005). Just art for a just city: Public art and social inclusion in urban regeneration. Urban Studies, 42(5-6), 1001-1023.

233 李建盛(2020). 公共领域. 公共性與公共艺术本体论. 北京社会科学, (11), 118-128.
邱正伦 & 周彦华(2015). 论乡村公共艺术公共性的缺失. 美术观察, (9), 113-115.

234 McGregor, E. & Ragab, N.(2016). The Role of Culture and the Arts in the Integration of Refugees and Migrants. European Expert Network on Culture and Audiovisual (EENCA).

235 包林(2003). 艺术何以公共?. 装饰, (10), 6-7.

236 蕭競聰(2003). 從公眾藝術到城市公共文化的藝術想像. 兩岸四地—城市建設與公共藝術研討會實錄. (台北: 行政院文化建設委員會), pp.59-74.

한 재조명을 반영한다고 여겼다.[237]

일반 전시형 예술과 비교하자면, 공공예술의 특징은 담론 생성의 참여성, 소통 공간의 개방성, 미디어 표현의 다양화, 가치 지향의 반엘리트주의 특징을 드러내고 있다. 그래서 참여성, 개방성, 다양화, 반엘리트주의는 모두 예술의 공공성과 관련이 있으며 공공예술의 핵심 요소이다.

2. 문화예술형 도시재생에 있어서 창조 계층의 역할

문화예술형 도시재생의 부단한 발전은 창의예술 계층의 공공 문화가치를 부각시켰다. 넓은 의미에서 이 계층은 문화예술 종사자, 문화산업 종사자를 포함할 뿐만 아니라 문화서비스에 종사하고 문화상품을 판매하는 집단, 즉 문화 생산과 소비를 창의적으로 촉진시키는 계층을 포함하고 있다. 그래서 그들은 문화예술형 도시재생의 창조적 문화시스템을 구성하게 되었다.[238]

그 가운데 예술가는 장소의 잠재력을 수식하고 발굴하는 상징이자 개척자이며, 동시에 지역사회 변혁의 촉매제로 간주된다.[239] 그들은 도시 속의 아주 허름한 지역을 유행의 물결이 넘쳐나는 곳으로 탈바꿈시킬 수 있는 계층이다.[240] 아렌트는 영적 '인간의 산물'이 육체노동보다 공공 영역의 본질

---

237 刘洪波(2009). 公共空间设计. 哈尔滨: 哈尔滨工程大学出版社.
孙振华(2003). 公共艺术时代. 南京: 江苏美术出版社, pp.25-40.

238 조명래(2011). 문화적 도시재생과 공공성의 회복 한국적 도시재생에 관한 비판적 성찰. 공간과 사회, 37, 39-65.

239 Bridge G. It's not Just a Question of Taste: Gentrification, the Neighbourhood, and Cultural Capital. Environment and Planning A: Economy and Space, 2006; 38(10): 1965-1978.

240 Lloyd, R.(2010). Neo-bohemia: Art and commerce in the postindustrial city. Routledge.
Smith, N.(2005). The new urban frontier: Gentrification and the revanchist city. Routledge.

을 더 잘 반영할 수 있다고 여겼다.[241] 바로 이러하기에 예술가의 정신적 산물로서 공공 영역에서 생산된 예술작품은 예술 생명의 연속과 사회적 가치를 더욱 오래도록 존재하게 만드는 것이다. 사람의 다원성과 나와 타인의 관계를 강조하는 공공예술 영역에서 예술가도 개인의 노동을 초월할 수 있고, 보다 높은 목표를 가진 공공활동에서 또 보다 높은 가치 측면에서 자신의 정체성을 표현할 수 있다. 공공예술 프로그램에 종사하는 예술가는 사고를 전환하여, 자신을 문화를 언어로 한 새로운 공공가치를 창조해 내는 계층으로 단련시키고자 노력하고 있다. 아울러 그들은 일반인들의 창조력을 북돋는 인도자이자 도시재생 지역의 문화수호자로 되고 있다. 감천문화마을 프로젝트 진행 과정에서 엘리트와 엘리트 개체를 대표하는 대학 디자인 교수는 다양한 사유와 개방 포용의 포부를 지니고, 해당 지역 주민들이 자신의 독특한 정체성을 인지하게끔 하여 프로젝트에 더 많은 창작 에너지를 모이게끔 했다.[242] 비록 감천문화마을 프로젝트는 예술가와 주민들이 함께하는 마을 재생사업으로 유명하지만, 프로젝트 초기만 하더라도 마을 주민들은 재생의 방향이 어디에 있는지 명확히 알지 못하였다. 이때 예술가와 교수들의 의견이 주도적 역할을 하였다. 결국, 예술가의 직업적 신뢰성은 상대적으로 높으며, 특히 공간에서 예술가의 응집 효과는 그들에게 더욱 발언권을 갖도록 만들었다. 예술가가 작품을 창작한 후, 자발적으로 참여하는 주민들이 자유롭게 작품을 채색할 물감을 선택하고, 예술가의 도움을 받아 공동으로 작품을 완성하는 것이다. 예술가는 프로젝트 가운데 작품의 예술 가치를 일정 정도 공공가치로 전환시켜, 해당 지역의 경제적 성장을 이끌어내

---

241 阿伦特(Arendt H.) 著. 王寅丽 译(2009). 人的境况. 上海人民出版社, p.163.

242 Florida, R.(2005). Cities and the creative class. Routledge, p.7.
임회숙(2016). 감천문화마을 산책. 부산: 해피북미디어, p.50.

었을 뿐만 아니라 감천문화마을에 명성을 가져다주었다. 프로그램에 참여한 주민들은 그 속에서 자부심을 느꼈고, 예술가에 대한 일부 주민들의 태도 또한 회의와 관망에서 신뢰와 협력으로 바뀌게 되어, 예술가들과 진심으로 소통하였다. 그들은 공공예술 프로젝트 진행 과정에 마을과 함께 성장하면서 감천문화에 대한 자신감이 눈에 띄게 높아졌고 감천문화마을에 대한 지역 정체성을 강화하였다.

주민들의 피드백을 들은 예술가도 진심으로 기뻐하며, 해당 프로젝트에서 지도와 전문지식을 통해 신뢰를 얻었을 뿐만 아니라 공공예술 작품을 기반으로 물질적 · 정신적 피드백을 얻었다. 이것은 작가가 자신의 상징자본을 경제자본으로, 또 축적된 경제자본을 상징자본으로 전환시키는 과정이다.[243] 이로써 예술가 계층은 공공예술 프로젝트에서 개인의 가치와 공공 가치의 확대를 동시에 실현하게 되었다.

상술한 바를 종합하면, 문화예술형 도시재생에서 예술가 계층의 공공성은 창작 동기의 공익성, 창작 내용의 대중성 그리고 예술 공공가치 실현의 인도와 전환 작용으로 표현된다.

243 Ettlinger, N.(2010). Bringing the everyday into the culture/creativity discourse. Human Geography, 3(1), 49-59.

02

감천문화마을 프로젝트

1. 부산공공예술 프로젝트 배경

현대의 정치적 공공 영역은 예술과 문학에 대한 토론에서 시작되었으며, 예술은 공공 영역의 출현과 발전을 촉진하는 중요한 요소라고 할 수 있다. 정치적 공공 영역이 공공성의 발휘와 다양한 대중 간의 협력과 교류를 통해 역할을 발휘하는 것처럼, 예술 공공 영역도 소통의 형식을 통해 사회 모순을 해결하는 역할을 한다.[244] 그래서 일부 학자들은 공공예술로 도시재생을 진행하는 것이 정치적 개혁 이외에 공공성을 실현하는 첩경일 것이라고 여긴다.

서구에서는 공공예술이 도시재생 촉진의 중요한 수단이 되어 구도심의 많은 사회문제를 성공적으로 해결하였고, 이후 이 방법이 점차 한국에 도입되었다. 1970년대 이후 「문화예술진흥법」이 공포되면서 한국에서는 상징적

---

244 이승훈(2019). 공공 미술과 공론장 형성: '공공성 딜레마'를 중심으로. 현상과인식, 43(4), 43-68.

대형 조각품이 처음 등장하였고, 그 이후 시대의 발전에 따라 다양한 공공예술 작품이 계속해서 등장하였다. 2000년대를 전후하여 중앙정부와 지방자치단체에서 공공예술에 대한 이해가 더욱 깊어지면서, 한국에서는 '공공예술'이라는 개념을 보편적으로 사용하기 시작하였다.[245]

전통적인 공공예술은 수잔 레이시(Suzanne Lacy)의 관점에 따르면 3단계로 나눌 수 있다. 한국의 공공예술 발전 또한 이와 같다. 첫 번째 단계는 '공공장소로서의 예술'이며, 장소는 공공예술의 핵심 요소이다. 이 시기의 공공예술은 도시재생의 수단이나 고급미술품의 전시공간으로 등장하였다. 그래서 작품의 내용은 민족의 역사를 칭송하고 국가 정체성을 확립하는 특징을 가지고 있기에 무거운 이데올로기적 색채를 띠고 있다. 일반 대중은 교화의 대상으로 존재하기에, 그들은 공공예술 프로젝트와는 거리가 멀어 참여와 상호작용에 있어서는 말할 거리도 없다. 예를 들어, 광화문 광장의 세종대왕 동상, 각 도시의 트레이드마크인 상징적 조각, 다양한 수준의 학교에 있는 교육적 동상 등이다. 두 번째 단계의 공공예술로, 그 발전 방향은 '대중이 관심을 가지는 예술'로 가치의 공공성을 추구한다. 이 단계의 공공예술은 주로 1980년대에 등장한 대중미술의 주도하에 발전되었으며, 더 이상 단순한 장소에 그치지 않고 공공사건을 핵심으로 창작하였다. 예술가는 기존의 가치체계에 도전하고, 사회에서 소외된 노동자와 농민을 창작의 대상으로 삼아, 그들과의 소통을 통해 작품의 공공성을 실현하고자 노력하였다. 대중미술사조에서 공공성을 추구하는 예술가들은 그들의 공공정신을 미래의 공공예술 실천가들에게도 전수한다. 세 번째 단계는 대중을 예술 프로젝트의 주체로 간주하는 행동주의의 공공예술 단계이다. 이것은 대중의 참여

245 박찬경 · 양현미(2008). 공공예술과 미술의 공공성. 문화과학, 53, 95-125.

를 강조하고 자신의 가치 추구를 표현하여 공공예술 프로젝트를 수행하는 단계이다. 최근 몇 년 동안 전국에서 수행된 대부분의 마을 예술 프로젝트가 이러한 범주에 속한다.[246]

부산의 공공예술 발전은 한국사회의 전반적인 발전에 따른 것으로, 1980년대 이후부터 도시환경 개선을 위한 기념조각공원 조성과 해양예술제 등을 통해 대규모 조각품들이 도시공간을 풍부하게 만들었다. 문화체육관광부는 2006년부터 공공예술의 대중화와 예술 향유의 범위를 확대하는 정책을 시행하기 시작하였고, 아울러 공공예술을 통한 관광객 유치와 예술가 일자리 증대를 위해 '농촌미술 프로젝트'를 적극 추진하고자 계획하였다. 부산시와 예술가들은 구시가지 산복도로 재건에 관심을 갖고 산복도로 르네상스 프로젝트를 시작하여, 다양한 공공예술 형식과 지역의 자연문화 자원을 결합하여 주민 참여 유도 및 지역사회 활성화를 시도하였다. 감천문화마을 프로젝트는 바로 대표적인 프로젝트 중 하나이다.

2. 감천문화마을 프로젝트 진행과정

감천문화마을 프로젝트가 위치한 감천마을의 역사는 1950년대로 거슬러 올라갈 수 있으며, 6·25전쟁 피난민의 고향이라고 불린다. 당시 전쟁을 피해 온 4,000명이 넘는 태극도 신도가 이곳에 모여 마을을 형성했으며 800채 이상의 판잣집을 지었다.

246 Lacy, S. (Ed.)(1995). Cultural Pilgrimages and Metaphoric Journeys, in Mapping the terrain: New genre public art. Seattle, WA: Bay Press, p.19.

〈그림 5-1〉 1957년 감천마을 전경[247]

1958년 충청북도 괴산 등 여러 곳에서 태극도 신도들이 모여 현재의 감천 2동을 형성하였다. 1960~70년대 새마을운동이 시작된 후 주민들은 판잣집을 시멘트 건물로 개조하고 지붕에 슬레이트를 깔아 주거환경을 어느 정도 개선하였다.[248]

---

247 이 사진은 감천문화마을 작은 박물관에 전시된 최민식 작가의 작품이다.

248 감천문화마을 홈페이지 참조 정리.
신희경(2015). 부산 감천문화마을 사례로 본 실천적 문화교육 방안 연구-중국 베이징 798예술구와의 비교를 중심으로. 경성대학교 학위논문.

〈그림 5-2〉 1980년대 후반 7감 전경

그러나 부산의 공업화 발전에 따라 마을 인구는 점차 도시로 이동하였고, 1990년대 이후에는 많은 젊은이들이 생계를 위해 일을 하러 나가, 감천의 청장년 인구의 유실이 매우 심각하였다. 1995년부터 2000년까지 5년 동안만 해도 인구감소율이 30%를 넘어섰고, 마을에는 거의 가난한 노인들만 생활하게 되었다. 이에 감천마을은 공동화와 노령화의 곤경에 깊이 빠져들었다.

부산은 부동산 개발 위주의 도시 정비를 진행함에 따라 많은 마을이 과잉개발로 인해 지역 특성을 상실하였다. 도시재생 사업 프로젝트가 진행됨에 따라 감천마을의 독특한 지리적 위치와 마을 구조는 예술가와 정부의 관심을 끌었다. 지리적 환경의 관점에서 볼 때 감천마을의 주택은 산기슭을 따라 질서정연하게 배열된 계단식 집단 거주 형태이며, 모든 도로와 산길 골목은 구불구불하게 사방으로 연결되어 지리적 환경의 독특한 장점을 보여준다. 2006년에는 예술가와 주민이 함께 완성한 아트인시티 프로젝트를 시작으로, 감천문화마을의 예술형 도시재생 프로젝트가 잇따라 진행되었다. 2009년 감천동 일대가 한국의 '마을 예술 프로젝트 공모전'에서 공식 선정된 후, 정부의 지원과 안내 그리고 예술종사자와 지역 주민의 협력으로 일련의 창의적 테마 활동을 전개함으로써, 감천동 일대가 새로운 모습으로 탈바꿈하여 창조적인 문화마을로 되었다.

'마을 예술 프로젝트'의 첫 번째 테마는 2009년의 '꿈을 꾸는 부산의 마추픽추'이었다. 이 프로젝트의 목적은 예술적 창작의 개입을 통해 지역 주민들의 소속감, 자부심 및 응집력을 자극하는 것이었다. 전체 프로젝트는 산길을 중심으로 12개 지역에 조성되었고 다양한 예술작품이 설치되었다. 그중 '무지개가 피어나는 마을', '민들레의 속삭임' 등 4개 작품은 예술인들의 지도 아래 지역 주민과 학생들이 완성한 것이었다.

〈그림 5-3〉 무지개가 피어나는 마을(2009)

〈그림 5-4〉 나른한 오후의 목욕탕 풍경
– 카운터 아주머니 조각상(2012)

〈그림 5-5〉 행복발전소(2015)

두 번째 테마 프로젝트는 2010년 '미로미로 골목길' 프로젝트이다. 이 프로젝트의 주요 목표는 골목과 빈집의 리모델링으로 예술가와 지역 주민들의 협력으로 완성되었다. 기존 프로젝트와 달리 해당 프로젝트의 초점은 산길에서 지역 내부의 빈집으로 옮겨갔고, 이에 지자체와 예술종사자, 지역 주민이 공동으로 '감천문화마을 주민협의회'를 결성해 프로젝트에 부합하는 활동을 실행하였다. 프로젝트 참가자들은 빈집에서 예술작품을 창작하였을 뿐만 아니라 골목의 다양한 환경에 따라 다양한 창의적인 작품을 설치하였다. 또한 골목 양쪽 벽에 예술적 특색이 있는 화살표와 도로 표지를 그렸다. 이것은 골목에 활력을 더했을 뿐만 아니라 관광객에게 길을 안내하는 실용적인 기능을 더하였다. 세 번째 프로젝트 테마 역시 빈집 리모델링을 주제로 하는 '기쁨 두 배' 프로젝트이다. 정부와 예술 종사자들은 이 지역에 대해 심도 있는 조사를 하고 마을 사람들과 소통, 토론, 협력하여, 4개의 빈집을 창의적 수단으로 장식하여 골목에 새로운 예술작품을 추가하였을 뿐만 아니라 마을 입구에 상징적인 조각품을 설치하였다.

〈그림 5-6〉 멍멍이가 있는 집(2016)

〈그림 5-7〉 해 뜨는 언덕,
꿈꾸는 감천 마을(2017)

감천마을 문화예술형 재생사업은 부산시로부터 지속적으로 재정적 지원을 받아왔으며, 사하구에서도 이를 바탕으로 감천동에 거주할 예술가와 단체를 공개모집 하여 입주 작가 프로젝트를 진행하고 있다. 초기 프로젝트의 순조로운 진행으로 더 많은 사람들이 감천문화마을에 기여하게 되었고, 예술가, 주민 및 기업이 더 많은 예술 프로젝트를 발굴하였다. 연구자는 2021년까지 감천문화마을의 도시재생 프로젝트의 전반적인 진행상황을 다음과 같이 요약하였다.

〈그림 5-8〉 공공예술 프로젝트 실시 후 감천문화마을

〈표 5-1〉 감천문화마을 도시재생 사업 표[249]

연도	프로젝트 및 세부 내용
2006	아트인시티 프로젝트: 벽화 및 조형 설치를 통해 마을 생활환경 개선
2009	꿈을 꾸는 부산의 마추픽추 사업: 공공예술 작품 10점 설치
2010	미로미로 골목길 가꾸기 사업: 테마가 있는 빈집 가꾸기, 벽화 등 골목길 재생 자립형 공동체 사업: 아트숍 조성(주민 창작공예품 생산 및 판매) 자체사업: 전시홍보관 '하늘마루', 동네문화마당 조성
2011	커뮤니티센터 조성: 아트숍, 갤러리, 작가공방, 문화예술강좌실 마을기업 조성: 감내카페 조성, 음료, 수공예품 판매 거주민 생활기반 시설 개선: 골목길, 공공화장실, 주택 리모델링
2012	산복도로 르네상스 사업: 공영주차장 설치, 작은박물관, 작은미술관, 포토존, 감내맛집, 다목적 광장 조성, 생활환경 개선사업, 산복합창단, 마을신문 등 마을미술프로젝트 기쁨두배 프로젝트: 공간조형 미술작품 설치
2013	마스터플랜 수립, 감천문화마을 지원 조례 제정, 간판 가이드라인 및 디자인 개발, 노후 간판 정비
2014	대형버스 전용 주차장 및 공영주차장 조성, 미니숍, 마을 안내표지판 및 작품 설명표지판 정비, 감천시장 내 작가공방 및 맛집 조성
2015	마을지기 사무소, 방가방가 게스트하우스, 안내센터 및 상징조형물, 감내골 행복발전소, 감내 빨래방 조성
2016	감내마을공방조성, 주민어울마당, 감내 작은목간 조성
2017	감천 아랫마을 내려가기 Ⅱ: 아트마켓 운영, 글로벌 커뮤니티 공방 조성, 제2 게스트하우스 조성
2018	감천문화마을 먹거리 판매장 조성: 마을 대표 먹거리 상품 개발 및 판매; 인테리어 및 조경 공사 백서 제작, 관문 육교 조성
2019	감천문화마을 작가 레지던스 조성: 작가 갤러리 및 작업장(1층), 작가 거주 공간(2층) 면적 63.6㎡; 감내아랫길 특화거리: 상징조형물, 커뮤니티 공간 조성, 바닥포장, 창업 점포 및 업종추가 점포 인테리어 및 간판 정비 지역사회 활성화 공간 조성: 유휴공간을 활용해 주민 불편사항 해소
2020	감천문화마을 골목축제(2011-2020) 감천항 일원 미세먼지 차단숲 조성사업
2021	감천2동시장 주차장 조성사업(공사 중) 지성이면 감천문화마을조성(전환사업): 소방도로 개설

감천문화마을의 주요 프로젝트 진행상황에서 다음과 같은 내용을 알 수

249 사하구청 도시재생과 관련자료 참조 정리.

있다. 2006년부터 2012년까지 감천문화마을은 주로 문화예술형 재생방법으로 정부와 예술가들의 주도 아래 낙후된 마을 모습을 변모시켜 예술적인 분위기를 더했다. 문화예술을 이용하여 마을의 발전을 도모함과 동시에 주민들이 운영하는 사회경제적 프로젝트를 실시함으로써, 사회, 문화, 경제 등 여러 방면에서 마을공동체 형성을 촉진하였다. 관련 연구결과에 따르면, 공공예술(주로 공공 벽화를 가리킴)은 도시문화의 생산과 개선 측면에서 지역 창작자이자 지역사회 건설자이며 미화의 대상[250]으로 간주되어, 공공예술 프로젝트가 가져오는 경제적 · 물리적 · 인문적 · 사회적 · 환경적 측면의 지역 활성화에 기여한다. 지역 주민들도 대체로 동의하는 태도이며, 공공예술 작품을 위한 공간과 마을 입구의 설치효과가 가장 좋다.[251] 최근 도시재생사업은 예술가들이 마을에 거주하면서 살기 좋은 환경을 조성하는 한편, 지역 주민의 현실적 문제를 해결하고 다양한 기반시설 건설을 촉진하며 생활과 예술이 하나로 융합된 마을을 만들기 위해 노력하고 있다.

감천문화마을은 수년간의 발전으로 국내외에서 유명한 관광명소가 되었고 대한민국의 산토리니라 불렸다. 아울러 최근 2021-2022 대한민국 관광명소 베스트 100에 선정되었다. 이로부터 공공예술 프로젝트와 주변 프로젝트의 발전이 감천문화마을의 관광 발전에 기여했음을 알 수 있다. 동시에 마을을 떠난 사람들도 돌아올 조짐을 보였고, 2016년을 기준으로 약 1,000명의 사람들이 감천 주변 지역으로 돌아와 생활하고 있다.[252]

---

250 Shwartz, E. M. & Mualam, N.(2017). Comparing mural art policies and regulations (MAPRs). *SAUC-Street Art and Urban Creativity, 3*(2), 90-93.

251 박재현 & 이연숙(2014). 부산 감천문화마을 재생을 위해 도입된 공공예술의 지역활성화 효과. 한국주거학회논문집, 25(5), 33-41.

252 임회숙(2016). 감천문화마을 산책. 부산: 해피북미디어, p.48.

03

감천문화마을의 공공성

1. 공익과 사익이 융합된 참여식 공공성

예술마을 공공성의 실현 과정은 '개인'에서 '이웃'으로 더 나아가 마을 전체로 확장되는 과정이다. 프로젝트의 크고 작은 업무를 해결하는 데 있어, 대중은 자발적으로 형성되는 다양한 공식적 · 비공식적 공공 영역에서 서로 소통하여 공감대를 형성한다. 이에 '개인'의 요구를 지역사회의 공공의제로 승격하여 그 속에서 공공 및 민간의 이익을 조정하고 지역 주민 간의 공공 합의를 달성한다. 이로써 마을 생활의 공공성을 유지하고 미세적인 차원에서 공동체 사회를 재정립한다.[253]

지금까지의 문화예술형 도시재생 사업은 대부분 관광객 유치와 지역 홍보를 제고하기 위해 다양한 형태의 예술작품을 활용해 왔으나, 이러한 프로젝트의 계속적인 발전에 있어서는 그 주안점이 달라져야 할 것이다. 단순히

---

253 김상돈(2018). 공공사회학. 서울: 소통과공감, p.117.

정책적 관점에서 주민참여를 강조하는 것만으로는 지역공공예술의 공공성을 제고하는 가장 효과적인 방법이 아닌 것이다. 주민들의 문화교육 수준을 향상시키고 예술가를 위한 활동 공간 등을 제공하여 공공예술을 절차적 및 미디어 프로젝트로 이루고, 주민들의 요구사항을 실제로 융합하여 지역사회의 예술을 발전시키는 동시에 지역사회 개발 문제를 해결하는 것은, 공공예술 프로젝트에 대한 주민들의 관심을 진정으로 향상시킬 수 있으며 공공 및 민간 이익을 완벽하게 결합시킬 수 있을 것이다. 감천문화마을 미술 프로젝트에 참여했던 예술가는, 자치단체인 구청이 주도하는 것보다 마을 주민 주도의 마을기업을 설립하는 것이 더 필요하며, 마을 주민이 살아남아야만 모든 사람이 살아남을 수 있다고 하였다.[254]

마을 노사협동조합 구축도 그 방법 중 하나이다. 서울시 마포구 성미산마을에서는 다양한 형태의 협동조합을 통해 다양한 정체성을 지닌 지역 주민들을 연합하여 공공지향성을 지닌 지역사회를 형성하였다. 예를 들어 공동육아협동조합과 초등 방과 후 과외수업협동조합 등 교육관련 협동조합이다. 또 일련의 생활협동조합과 조직이 있는데, 여기에는 마을다방, 방송국, 시골식당, 시골극장 등 일련의 생활협동조합과 단체 등이 있다. 그리고 지역별 특정 집단을 위한 '마포희망나눔'조직, 지역 여성들이 세운 공익사업을 전담하는 조직인 '사람과 마을'도 있다. 이 협동조합은 공익성을 지니고 또 지역민의 교육, 소비 및 생활과 서로 결합하여 마을 개인과 그룹 간에 강력한 조합을 형성함으로써 더 큰 도시 속 마을 공동체를 형성하였다.[255]

감천문화마을도 사업 진행에 있어 주민들의 자주성이 계발되었다. 무엇

254 임회숙(2016). 감천문화마을 산책. 부산: 해피북미디어, p.71.

255 유창복(2010). 우린 마을에서 논다. 서울: 또하나의문화, pp.119-159.

보다 먼저 공공기관과 전문가의 주도 아래 감천문화마을 주민협의회가 조직되었고, 이 협의회의 구성원은 초기 12명에서 점차 늘어나 2020년도에는 120명으로 발전했다. 이 협의회는 프로젝트팀, 홍보팀, 봉사팀, 문화예술팀, 호텔운영팀 등으로 나뉘며, 각 영역 담당자가 운영한다.[256] 2020년을 기준으로 협의회에는 사회적 기업 형태의 자영기업이 12개 있으며(이후 코로나의 폭발로 2021년도 말에 정상적으로 운영하는 기업은 4곳밖에 되지 않는다), 여기에서 얻어지는 수익의 30%는 생필품 형태로 주민들에게 환원된다.

이러한 제도와 메커니즘 구축은 문화예술과 시장유통을 서로 결합시켜, 상대적으로 건전하고 완전한 지역 활성 생태계를 이루었다. 이러한 공익과 사익의 선순환 체계는 공공성이 예술에만 관련되는 것이 아니라 지역민과 기타 관련 시민과의 사생활과도 관련이 있게 만든다. 이 프로젝트 형식은 해당 주민 자신의 이해관계에서 출발하여, 마을 공공성의 지속 가능한 발전 가능성을 높였다. 이러한 마을혁신 과정은 공공성 형성의 과정이며, 마을제도와 실천혁신 또한 지역발전을 이끄는 미래 방향을 가리킨다.[257]

건축과 기업 운영상에 공공성을 돋보이게 한 것 이외에, 입주 작가와 지역 주민 간의 상호작용 속에서도 감천문화마을의 공공성 특징이 반영되어 드러난다. 예술가가 감천마을에 입주한 후 거주민들을 대상으로 감내아울터에서 미술수업을 진행[258]하여 예술가와 지역 주민 간의 거리를 좁혔고, 또 은연중에 주민의 예술 창작능력을 제고시켰다. 이에 주민은 그 속에서 예술의 미적 체험을 향유하여 문화적 자신감을 높이게 되었을 뿐만 아니라, 이미 습득한 예술지식을 운용하여 공공예술 프로젝트에 적극적으로 참여하게

256 감천문화마을 홈페이지 참조. https://www.gamcheon.or.kr/?CE=about_01

257 유창복(2018). 마을정부를 말하다. 서울: 행복한책읽기, 2018, pp.2-4.

258 同上, pp.80-81, 유현민 작가.

된다. 주민이 완성한 작품을 감상한 이후에 드러나는 즐거움에 있어, 예술가 또한 문화가치 실현의 성취감을 진정으로 얻게 될 것이다.

2. 보전과 재생 균형의 지속가능성

올해 서울시가 실시한 도시재생 실태조사에서 42.6%의 시민이 보전과 개발이 서로 결합된 방식으로 도시재생사업을 전개하길 희망한다고 하였다. 도시재생지역의 역사문화유산과 고대 건축물은 문화예술형 도시재생의 창조적 원천 중 하나라고 할 수 있다. 이러한 자원의 보호는 도시재생 가운데 새로운 건축이나 구상과 더불어 시너지 효과를 드러내어야 하기에, 도시적 맥락과 미래 발전을 결합시켜 단기적 이익에만 초점을 맞출 것이 아니라 장기적 계획으로 진행해야 한다. 그리고 보전은 단순히 손실을 방지하고 원래 모습을 무시하는 것이 아니라 "과거로부터 물려받은 오래된 건물을 재사용하고, 그것을 현재에서 미래로 확장하는 것"이다.[259]

감천문화마을의 전체적인 디자인 개념 역시 이와 같다. 산자락에 지은 오래된 가옥을 단순히 허물어뜨리고 다시 짓는 것이 아니라, 원래의 건물을 보전하면서 거기에다 다채로운 색상을 더하는 것이다. 이것은 고건물을 존중하고 보전하는 것일 뿐만 아니라 원래 지형지모를 서구식으로 재창조하여, 감천만의 '기억 유산'을 창조하는 것이다.[260]

감천문화마을 해설사(지역 주민) 소개에 따르면, 50~60년대 감천마을은

---

259 박순봉. 개발과 보전의 공존, 도시재생 속 보전건축의 이해. 서울특별시 도시재생 지원센터. https://surc.or.kr/columns 2021.10.25. 박순봉(2020). 보전건축론. 서울: 문운당.

260 예동근, 리단 & 조세현(2020). 부산 감천문화마을의 리질리언스(resilience) 사례연구 9. 지역사회학, 21, 31-53.

난민들이 거주하는 지역으로, 그 건물은 대부분 간단한 판잣집이었다. 주민 생활이 조금씩 개선된 이후 판잣집의 부식에 따른 노화 속도를 늦추기 위해, 일부 주민들은 자발적으로 건물에다 페인트칠을 하였다고 하였다.[261] 하지만 경제적 능력의 한계로 페인트의 명암이 충분하지 않았기에 마을의 색채 또한 어둡고 칙칙하였지만, 그 가운데에 자신만의 운치를 지니고 있었다. 공공예술 프로젝트가 시작된 이후 감천마을 주택에다 계속 덧칠을 하였다. 아울러 '어린왕자와 사막여우' 작품의 높은 인기에 힘입어 이 작품의 배경이 되는 오색찬란한 주택은 더욱 돋보이게 되어 새로운 생명력을 발산케 되었다. 그래서 감천문화마을은 국내외적으로 유명한 한국의 '마추픽추'로 되었다.

감천문화마을의 작가 스튜디오도 이 개념에 따라 오래된 건물을 리모델링하여 활용했다. 리모델링을 할 때 프로젝트팀은 주택 건축 구조의 주요 형태는 유지하면서 지역의 전체 계획에 따라 주택 외관을 새롭게 하였다. 감천문화마을에 입주한 예술가 가운데 도예가 도영철 씨는 "마을의 역사적 가치를 살려 구조적 특징을 보전하는 것이 무엇보다 중요하다"고 하였다.[262] 그는 도시재생을 진행함에 있어 마을의 고풍스러움이 최대한 보존되면서 마을 주민들이 주도하는 마을기업이 발전할 수 있기를 희망한다고 하였다. 관련 재생 프로젝트를 수행할 때 예술가들은 항상 고건축물이 손상되지 않도록 주의한다. 도자기 공방을 지을 때 예술가들은 최소한의 보수와 유지보수만 할 것을 주장하였다. 오래된 공방에 비가 오는 날이면 비가 새지만, 입주한 예술가들은 스스로 '방수 공사'를 진행해 비를 피하면서 건축의 원형태를 보전하려고 하였다.[263]

261 김문생 해설사 인터뷰 자료.

262 임회숙(2016). 감천문화마을 산책. 부산: 해피북미디어, p.71.

263 임회숙(2016). 감천문화마을 산책. 부산: 해피북미디어, pp.73-74.

〈그림 5-9〉 골목을 누비는 물고기

공공예술 프로젝트가 진행되는 과정 속에, 이 프로젝트를 주도한 예술가들은 지역 주민이 원래 간직했던 미적 품위를 반영하는 데 주의를 기울였다. 그래서 여러 작품 속에서 주민들의 예술적 각인을 볼 수 있다. 예를 들어, 감천문화마을 입구에서 멀지 않은 곳에 〈골목을 누비는 물고기〉(〈그림 5-9〉) 작품이 있는데, 이 작품은 큰 고기 몸에 있는 하나하나의 비늘은 다양한 주민이 제작하였고, 색채 배합도 예술가가 전혀 간섭을 하지 않은 채 주민 스스로 선택한 것이다. 주민의 공동 창작물인 큰 고기도 예술가들이 감천문화마을이 활발하고 자유로운 소통 분위기를 조성하고자 하는 희망의 청사진을 표현하고 있다.

또 코로나의 지속적인 재발로 매년 거행하기로 했던 '골목축제'는 부득이하게 취소되었지만, 사람들에게 온화함과 즐거움을 가져다주기 위해 1개월을 기간으로 한 '감천집등' 점등식을 특별히 거행하였다. 그래서 감천문화마을의 안내센터에서부터 시작하여 마을 끝자락에 있는 '행복우체통'까지 등불을 설치하였다. 그 가운데 평안과 행복을 기원하는 등불은 모두 인

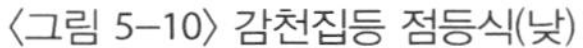

〈그림 5-10〉 감천집등 점등식(낮)

〈그림 5-11〉 초등학생이 제작한 등

근 초등학교 학생들과 여행객들이 참여하여 직접 제작한 것이다. 참여자의 원생태적 창작에 대한 이 프로그램의 존중 또한 도시재생 가운데 일종의 '보전'일 것이다.

〈그림 5-12〉 감천집등 점등식(밤)

2015년 감천문화마을을 방문하는 관광객 수가 30만 명을 초과한 후, 주거용 건물의 확장과 상업용 건물의 증가로 말미암아 감천문화마을의 지리 인문 자원에 압박을 가져다주었다. 그래서 관광개발로 인한 마을 생태보전 위기에 대처하기 위해, 사하구는 2015년 4월 〈감천문화마을 지역 단위계획 지역〉을 공포하고 새 주택에 대한 특정 규정 및 제한 조례를 시행하여, 감천 지역의 원래 풍모를 보전하는 데 제도적 기반을 마련하였다.

3. "한 조각" 빠진 공공성

1) 신형 마을공동체의 미완성

공공예술 프로젝트는 도시구조 조정의 과정과 교차된다. 그것은 보다 광범위한 도시재건 프로젝트업의 일환으로, 포용성을 지닐 뿐만 아니라 배타성을 지니기도 한다.[264] 공공예술은 일부 학자들에 의해 문화 지배의 한 측면으로 간주되어 저항을 불러일으켰다.[265] 지역 주민들은 자신들의 삶이 새로운 도시재생 프로젝트에 의해 박탈되었다고 여기는데, 그것은 공공기관들이 서민의 생산 문화를 무시하고 중산층의 소비문화에만 중점을 두고 있기 때문이다. 예술가는 최대한 주민들과 가깝게 지내며 작품과 주민들 사이의 대화가 이루어지길 바라지만, 프로젝트에 대한 최종 결정은 대부분 주민들의 정확하지 않은 의견 통계에 의해 결정되었다. 마을의 주인인 마을 주민들이 공공기관의 관리자들과 대등하게 소통하고 협상할 수 없는 상황에서,

264 Sharp, J., Pollock, V. & Paddison, R.(2005). Just art for a just city: Public art and social inclusion in urban regeneration. Urban Studies, 42(5-6), 1001-1023.

265 McGregor, E. & Ragab, N.(2016). The Role of Culture and the Arts in the Integration of Refugees and Migrants. European Expert Network on Culture and Audiovisual (EENCA).

감천문화마을 프로젝트의 공공성을 어떻게 실현할 수 있겠는가?

마을이 개발되기 전에 감천마을에는 강력한 마을 위원회가 없었고, 예술가들의 주도 아래 마을 공공예술 활동이 진행된 후 공공기관의 도시재생 사업 개입과 운영위원회의 관리가 더욱 큰 주도권을 차지하였다. 그러나 정부 주도의 사업은 필연적으로 성과주의 경향을 띠고 있기에, 마을 주민들의 실질적인 요구를 간과할 수밖에 없었다. 감천마을은 도시재생 프로젝트가 시작되기 전에 매우 가난했으며, 공공 인프라 시설이 매우 부족하였다. 공중화장실과 가로등의 심각한 부족 문제는 마을의 많은 노인들에게 말할 수 없는 고통의 기억이 되었으므로 그들은 관련 시설을 증설하기를 바랐다. 도시재생사업이 시작된 후 관광객이 즐겨 찾아오는 곳은 대부분 밝게 조명을 설치했지만, 마을 사람들이 사는 골목은 여전히 캄캄하였다. 감천마을의 지형은 그 자체로 가팔라서 노인이 이동하기 불편하였고, 게다가 오르는 길이 멀고 손잡이가 없는 계단과 가로등이 없는 작은 골목을 걸을 때면 넘어져 다치기가 다반사였다.[266] 비록 일부 구간의 가로등과 화장실이 추가됐지만, 지역 주민들 생활 문제의 상당 부분이 아직 해결되지 못하고 있다.

공공기관이 감천문화마을 운영위원회와 프로젝트 세부 내용을 논의할 때, 마을 노인의 시급한 생활요구를 고려의 중점으로 하지 않은 것이 분명해, 일부 주민들의 불만이 제기되었고, 또 주민들의 도시재생사업에 대한 공감과 정부에 대한 신뢰에도 영향을 미쳤다.

어떤 학자는 예술과 공공은 그 자체로 모순적이라 여기고 있다. 왜냐하면 예술은 개인적인 행위이고 예술가는 보통 사람들과 다른 창의성, 감성,

---

266 임회숙(2016). 감천문화마을 산책. 부산: 해피북미디어, pp.41-43.

개성 등의 인격적 특성을 가지고 있기 때문에, 이러한 계층적 특성은 무형 중에 예술의 공공성 형성을 저해할 수 있는 것이다. 그러나 공공예술 프로젝트에 참여하는 예술가들은 대개 자신만의 개성이 있어, 대다수가 공공책임감과 지역 환경 개선에 기여한다는 이상을 동시에 지니고 있다. 프로젝트 자체의 자금난, 거주환경의 제약, 예술창작 작업 특성상의 제약에 비추어 볼 때, 프로젝트에 참여하는 일부 예술가들은 마을과 융합하기 힘든 곤경에 직면하게 된다.

감천문화마을은 2011년부터 예술가 스튜디오를 짓고 또 마을에 입주할 예술가를 모집하여 예술 창작 및 체험 프로젝트를 수행하기 시작하였다. 신청에 성공한 예술가는 상대적으로 협소한 지역 내 예술 공간을 무료로 이용할 수 있었지만, 그 외의 혜택은 아무것도 없었다. 일부 예술가들은 환경이 다소 초라하지만 감천문화마을의 독특한 스타일을 즐기고 창조적 영감을 자극할 수 있다고 말하였다.[267] 예술 작업은 어렵지 않지만 감천마을에서 예술 활동에 의존하는 것만으로는 양질의 삶을 보장하기 어렵기 때문에 외부의 일자리를 구해야 한다. 일부 예술가들은 또 공간이 협소하기 때문에 공방의 관람객 체험관과 자신의 예술작품을 분리할 수 없어 종종 창작 과정에서 중단된다고 하였다.

마을 공동체와 삶에 적극적으로 융합하고자 하는 예술가들은 종종 마을 사람들과의 간격을 느낀다. 예술가들은 프로젝트 사정상 1년 정도만 마을에 머물 수 있다. 그들은 마을에서 '입주 작가'라 불리는데, 이러한 호칭은 예술가의 포지셔닝에 있어 다소 모호한 면이 있다. 그들은 주민들과 지역사회에 융합되어 현지인의 '이웃'이 되길 원했지만, 항상 외부인 취급을 받는

---

267 위와 같은 책, p.87, 전미경 작가.

듯하였다. 다른 한편으로 체험 공방은 관광객들의 관광 노선과 멀리 떨어진 위치에 있어, 체험하러 오는 관광객이 상대적으로 적고 수입 또한 상대적으로 제한적이며, 전반적인 생존환경이 이상적이지 않기에, 성취감을 얻기가 힘들었다. 마을에서 대규모 행사가 열리면 예술가들도 공공기관으로부터 체험료 인하 요청을 받는다. 이 짧은 기간 동안 많은 관광객을 동시에 맞이해야 하기에, 그들과 체험자들과의 소통이 부족할 뿐만 아니라 여력이 따르지 않는 느낌을 자아내게 하였다.[268] 작가는 가끔 마을에서 노인들을 위한 공방체험 활동을 계획하였지만, 감천마을의 가파른 지형으로 인해 노인들이 외출이 불편하고 활동도 수행하기 어려웠다.[269] 따라서 입주 예술가는 현지 주민이든 외부 관광객이든 간에 기본적으로 소외된 관계를 갖고 있다.

도시재생 프로젝트의 발전에 따라 점점 더 많은 관광객을 끌어들였다. 감천문화마을의 관광객 수는 2011년도 3만 명에서 2018년에는 259만 명으로 증가하여(최근 2년 동안은 코로나 원인으로 관람객이 대폭 줄어들었다), 감천마을은 국내외에서 유명한 관광명소가 되었다. 그러나 관광산업의 급속한 발전으로 인해 마을은 주거중심의 공간에서 관광 성격의 공간으로 탈바꿈하였고, 주변 지역의 집값과 임대료의 상승 그리고 중산층과 외부인의 증가는 일부 원주민들을 이주하게끔 만들어,[270] 마을의 인구 구조에 큰 변화를 가져다주었다. 설령 마을에 계속 산다고 해도 교통체증, 쓰레기 증가, 주거지 혼잡, 범죄율 증가, 소음공해, 수질오염, 자연생태파괴, 사생활 침

268 위와 같은 책, pp.80-81, 유현민 작가.

269 위와 같은 책, p.75, 80.

270 안지현(2017). 관광 젠트리피케이션 현상에 대한 질적 시스템다이내믹스 분석: 북촌일대를 중심으로. 박사학위논문, p.23에서 재인용.

해 등 빈곤을 넘어 새로운 문제에 직면하게 된다.[271] 마을 상업개발의 경우, 공공기관도 지역 주민의 삶의 질 향상보다는 공공예술의 자본화를 최우선으로 고려하기에, 일반 주민들은 이런 상황에서 자신의 의견을 표명하기가 더욱 어려워진다.[272] 부산 사하구 구청의 주민등록 통계자료에서 해당 지역 주민의 수가 갈수록 유실되는 추세를 드러내고 있음을 명확하게 알 수 있다. 이를 구체적으로 살펴보면, 감천1동과 2동의 총주민 수가 2010년 1월에 26,439명에서 2021년 12월에는 18,576명으로 떨어졌고, 세대수도 9,203가구에서 8,294가구로 감소되었다. 주민들이 대량으로 이사를 간 배후 또한 주민의 마을환경개선에 대한 불만과 공공기관에 대한 신뢰 저하를 표출해내고 있다.

그러나 감천문화마을의 공공예술 프로젝트와 그 환경의 상품화는 지역발전을 도모하는 '예술 생산모델'이 된 듯하다. 이는 문화예술을 경제와 연결하는 전략[273]이지만, 이 과정에서 예술은 자신의 진정성과 순수성을 상실하게 되었다. 지속적으로 펼친 문화 프로젝트는 축제를 축제시장으로, 문화를

---

271 한주형(2019). 투어리스티피케이션이 나타나는 지역의 주민이 경험하는 장소와 장소상실에 관한 현상학적 연구. 관광레저연구, 31(5), 69-88.
안지현(2017). 관광 젠트리피케이션 현상에 대한 질적 시스템다이내믹스 분석: 북촌일대를 중심으로. 박사학위논문, p.23에서 재인용.
이상훈 & 강상훈(2018). 관광에 의한 생활공간의 젠트리피케이션 과정. 관광학연구, 42(2), 85-102.

272 Mitchell, D.(2003). The Right to the City.New York: The Guilford Press. Sharp, J., Pollock, V. & Paddison, R.(2005). Just art for a just city: Public art and social inclusion in urban regeneration. Urban Studies, 42(5-6), 1001-1023에서 재인용.

273 Zukin, S.(1988). Loft Living: Culture and Capital in Urban Change (London: Radius); Zukin, S.(1991). Landscapes of Power: From Detroit to Disneyland (Berkeley, CA: University of California Press)에서 재인용.
Cameron, S. & Coaffee, J.(2005). Art, gentrification and regeneration – from artist as pioneer to public arts. European journal of housing policy, 5(1), 39-58.

문화경제로 발전시켰는데, 이는 아마도 예술가에 대한 지역사회의 흡인력을 일정 정도 감소시켰을 것이다.[274] 만약 이렇게 지속된다면 공공예술 프로젝트에 참여하는 예술가의 질적 저하 역시 마을의 지속 가능한 발전과 마을 공동체 형성에 영향을 끼치게 될 것이다.

동시에 상업화 또한 관련 예술가들 간에 그리고 예술가와 기업경영자 간에 새로운 갈등을 가져다주었다. 이러한 갈등은 감천문화마을에 인기 높은 작품, 즉 서구문화 요소를 융합한 〈어린왕자와 사막여우〉(이후에는 〈어린왕자〉로 줄여서 칭함)와 연관이 있다. 어린왕자라는 이 형상은 처음에는 외래문화로 마을 사람들에게 받아들여지지 않았지만, 프로그램 진행으로 가져다주는 지속적인 이익 보상과 세월의 흐름에 따라, 그것은 주민들의 마음속에 지역문화의 상징으로 되었다. 감천마을의 많은 상점에서는 우편엽서, 핸드폰 케이스, 책꽂이, 배낭, 마그넷 등 〈어린왕자〉에 관련된 부가적 문화상품을 개발하여, 관광객들에게 기념상품이 되도록 했다.

〈어린왕자〉가 가져다준 뛰어난 경제효과를 보고서, 부산에서 그리 멀지 않은 창원시 진해에서도 안민고개 전망대에다 거액을 투자하여 이와 유사한 어린왕자 조각상을 세웠다. 2016년 초에 조각상이 세워진 이후 감천 〈어린왕자〉 작품의 작가인 나인주와 감천 주민의 강한 불만이 야기되었다. 나인주 작가는 이러한 모제(模製) 사안에 직면하자 한국저작권협회에다 저작권 등록을 신청하였을 뿐만 아니라 관련 부서에다 소송을 제기하였다. 여러 차례 협상을 거친 끝에 창원시는 이 작품을 철거하고 해당 지역 문화에 부합하는 예술작품을 재설계하기로 결정하였다. 이 사안의 순리적인 해결은

---

274 Ley, D.(2003). Artists, aestheticisation and the field of gentrification, Urban Studies, 40(12), pp.2527-2544.

〈그림 5-13〉 부산 감천문화마을
어린왕자와 사막여우

〈그림 5-14〉 창원시 어린왕자

감천문화마을과 예술가들의 역량을 한곳에 응집시켰다. 아울러 이것은 공공예술이 공공성과 동시에 예술창조의 복제 불가성을 지니고 있음을 충분히 설명하는 것이다. 상업적 이익을 위해 진행되는 공공예술의 '복제'는 그 자체로 예술의 공공성과 사회의 공평 정의를 파괴하는 것이다.

2020년 5월 〈어린왕자〉 조각 작품 옆에 새롭게 들어선 커피숍의 말풍선으로 또 한 차례 논란이 일었다. 나인주 작가는 〈어린왕자〉의 창작 의도가 어른들의 시각에서 벗어나 순수한 시선으로 세상을 바라보고 있다는 의미를 드러내고 있다고 하였다. 하지만 커피숍 벽의 말풍선은 어느 각도에서 볼 때 어린왕자가 커피숍을 홍보(〈그림 5-15〉)하는 것 같아 예술품의 창작 의도를 완전히 파괴해 버렸다. 아울러 예술작품은 홀로 존재하는 것이 아니라 주위 환경과 더불어 그 의미를 표현하는 것이다. 하지만 현재 커피숍의 행태는 공공 작품을 상업용도로 사용하여 작품의 예술 가치를 심각하게 파괴

〈그림 5-15〉 커피숍 말풍선이 제거되기 전

〈그림 5-16〉 커피숍 말풍선이 제거된 이후 [276]

시켰다.[275] 커피숍 운영자는 커피숍이 있는 자신의 건축물에다 장식을 하는 것은 자신의 권리이기에 다른 사람이 간섭할 권한이 없다고 여겼고, 사상구 관계자도 이 말풍선을 제거할 입장이 못 된다고 하였다. 일정 시간이 경과한 뒤에야 커피숍 벽 좌측에 있던 말풍선은 제거되었다.

어린왕자: "오후 4시에 cafe로 갈께"

사막여우: "네가 오후 4시에 온다면 나는 오후 3시부터 행복해지기 시작할 거야"

필자는 예술가와 커피숍 운영자의 관점이 모두 자신의 입장을 견지하고 있다고 여긴다. 만약 쌍방이 사안이 폭발하기 전에 상의하여 서로 간에 폭넓게 이해하고 양보를 하는 상황에서 예술작품의 예술성과 상업적 가치를 공공성이라는 비전에 두어 토론을 했더라면, 커피숍의 더 나은 개선방안을 도출할 수 있었을 것이다. 아울러 예술가, 기업 운영자 및 마을관리기구가 서로 윈윈(win-win) 함으로써 공감력이 넘치는 마을 공동체를 형성할 수 있었을 것이다.

본 장절을 간단히 정리하여 보자. 감천문화마을의 도시재생 사례를 통해 예술가가 리드하고 공공기관이 주도한 문화예술형 도시재생의 공공성 특징과 공공성 형성에 관련 주체의 역할을 고찰하였다. 아울러 주체 간의 행위와 공공 사안을 통해 감천문화마을 공공성의 결여 부분을 발견하였다.

감천문화마을은 공공예술 프로젝트를 통해 진행된 도시재생의 전형적 사례이다. 공공예술과 관련된 공공성의 주체로는 먼저 공공예술 그 자체이고

275 「"장삿속" vs "재치 있다"…감천마을 '어린왕자' 말풍선 논란」, 부산일보 2020.05.11. http://www.busan.com/view/busan/view.php?code=2020051119175776481

276 https://blog.naver.com/yeam0528/222219488622

또 예술가 계층이다. 공공예술은 현대 도시 발전 가운데 중요한 예술형식으로 그 발전의 역사 또한 공공성의 진전 과정과 같이한다. 민주적 도시 발전의 진전에 따라 그 예술 자체도 담론 생성의 참여성, 소통 공간의 개방성, 미디어 표현의 다양화, 가치 지향의 반엘리트주의 등 공공성의 특징이 더욱 두드러지게 드러나고 있다. 공공예술 프로젝트에 참여하는 예술가는 개체 예술의 심미적 다양성을 충분히 드러내었을 뿐만 아니라, 동시에 자신을 초월하여 전체 지역 발전에 공헌하는 일종의 공공가치를 추구하였다. 이를 통해 그들은 도시재생 지역 주민들이 공공예술 프로젝트를 점진적으로 완성하게끔 이끌었다.

구체적으로 말하자면, 감천문화마을은 다년간 프로젝트를 진행하는 과정에서 주체 간의 협력을 빌려 자신의 공공성 우위를 충분히 발휘하였다. 주민위원회의 성립과 사회적 기업의 건립 등으로 주민의 실질적 이익과 마을 공동체의 이익을 서로 잘 융합시켰고, 또 지역 주민의 미적 품위를 제고하는 데 중점을 두어 이를 공공예술 프로젝트에 사용함으로써, 공익과 사익을 융합한 참여식 공공성을 두드러지게 하였다. 주택 개량에 있어 공공기관과 예술가는 공감대를 이루어 마을의 본래 건축형태를 보전하는 데 유의하였고, 예술작품의 창작에 있어서 주민들의 색채적 영감을 빌려 그들의 원생태적 예술 품위를 반영하였다. 마을의 맥락을 보존하는 기초 아래 감천마을에 속하는 기억유산을 창조해 내어, 보전과 재생 균형의 공공성을 두드러지게 하였다.

그러나 그 사이에 공공성 상실 문제도 존재하고 있었다. 공공정책의 제정에 합리성이 결핍됨으로 말미암아, 예술가의 포지셔닝과 제도적 제한은 공공기관에 대한 주민들의 신뢰에 상실을 가져다주었고 또 예술가와 주민 간의 공동체 형성에 어려움을 증대시켰다. 마을의 상업화는 원주민의 이주와 주민 생활의 침범 등의 문제를 야기했다. 아울러 상업적 이익의 과도한 추구로 야기된 예술가들 간의 관계, 예술가와 마을기업 경영자 간의 관계는 예술의 창조력과 예술가의 진정성을 상실하게끔 했다.

이러한 문제에 견주어 필자는 정책 제정에 있어 공공기관의 민주성은 응당 빨리 구현되어야 하고, 관방 권력은 응당 지역 자치단체와 마을위원회에 분산 이관되어야 한다고 본다. 마을 발전에 있어 생활화라는 이 주제를 드러내어 지역 주민의 생활 요구를 경청해야 하고, 코로나라는 휴양기를 통해 상업화 발전의 걸음걸이를 늦추고 마을 생활환경을 적절히 개선해야 한다. 아울러 감천문화마을의 일원으로 스스로 타인과 동등하게 공개적으로 소통할 수 있는 능력을 제고하고 타인의 처지를 이해하는 데 노력하여야 한다. 또한 피차간에 협조적 관계를 이루어, 개체 간에 적당한 관계 친밀도를 형성함으로써 새로운 형태의 마을 공동체를 형성해야 할 것이다.

제6장

마무리

최근 들어 문화예술형 도시재생은 도시 발전의 촉진과 도시 브랜드 형상화에 중요한 수단이 됨으로 인해 탈산업화로 나아가는 국가의 중시를 받았다. 하지만 이러한 유형의 도시재생이 지속가능성을 지니고 있는가에 대해 현재 각계의 관점이 판이하기에, 이론과 실천을 결합한 논증이 반드시 필요하다. 개인화와 세분화 추세가 날로 현저한 현재 사회에서 공공 이익과 공공 가치를 강조하는 공공성은 핵심 의제이자 중요한 연구 시각으로 되고 있다. 문화예술형 도시재생과 공공성은 정체성, 지속성, 진정성을 모두 추구하여 일정한 내재적 연관성을 지니고 있다. 그래서 이 책의 의의는 여러 유형의 사례 분석을 통해 다양한 주체가 주도한 문화예술형 도시재생의 공공성 특징을 힘써 발굴함으로써, 문화예술형 도시재생의 지속 가능한 발전 탐구에 작은 역할을 하였다고 본다.

이 책은 기존 선행연구의 기초 아래, 먼저 서구사회학 가운데 대표성을 띠는 아렌트, 하버마스, 테일러 세 학자의 공공성이론을 총결하였다. 여기에서는 이들 세 학자가 제시한 공공성 개념, 현대사회의 공공성 상실 및 공공성의 회복 등의 관점에 대해 정리하였다. 그런 다음 동아시아 사회학과 공공철학의 공공성 관점을 참고하고, 여기다 동아시아 사회의 역사 전통과 문화적 특징을 결합하여 본문의 연구 차원과 분석틀을 구성하였다. 문화예술형 도시재생과 공공성 이론에서 '주체'와 '상호주체성'을 강조한 점을 고려하여, 사례분석에 있어서도 사업을 주도한 주체와 공간분포를 표준으로 부산의 대표적인 세 가지 사례를 선택하였다. 그것은 최근 문화예술형 도시재생 영역에서 많은 논의를 불러일으키고 있는 부산오페라하우스 사업, 한국 도시재생의 성공 사례인 감천문화마을, 부산문화예술협동조합 플랜비가 신청하여 리모델링한 깡깡이예술마을 사업이다. 이 사례에 대한 깊이 있는 고찰을 통해, 본 논문에서는 부산 시민의 공공성, 예술문화의 공공성 및 지자체와 시민단체 등 조직 기구의 작용과 변화 그리고 공공성과 연관된 문화 정책과 제도의 재수립을 살펴보았다.

먼저, 부산오페라하우스 사업을 통해 정부 주도의 문화예술형 도시재생의 공공성에 대해 분석하였다. 이 사례를 취하여 공공성 탐구를 진행한 것도 본 연구의 연구대상 방면에 있어서 새로운 진전이다. 필자는 현재 계속 논의 중이고 또 아직 미완공된 문화예술형 도시재생 사업에 대해 본인의 평가를 가하였다. 필자는 또 시민성이 부단히 성숙하고 있는 대중들의 이 사업에 대한 태도의 변화 그리고 이로 인해 조성된 영향에 대해 지속적으로 주목하고 있다. 구체적으로 말하자면, 본 장절은 정부 자료, 관계자 인터뷰 및 미디어 자료를 결합하고 여기다 부르디외의 실천이론을 운용하여, 부산오페라하우스 사업의 진행 과정에서 나타난 관련 주체 간의 모순을 정리하였고, 또 그 속에서 공공성의 특징을 찾아내었다. 부산오페라하우스의 추진과정과 결과는 정부가 예술 영역으로의 개입에 긍정적인 정당성을 가져다주었을 뿐만 아니라, 시민단체와 일반 시민들이 부산의 종합문화공간 건설을 중시하고 있음을 반영하였다. 시민 의견으로 형성된 여론이 이 사업 진행에 가져다주는 영향은 제한적이지만, 동아시아 시민성의 각성과 발전을 드러내었다. 이와 동시에 사업에서 드러난 공공성 결핍 문제도 홀시할 수 없다. 이것은 예술 자체의 엘리트화와 적응성 문제가 그 하나이고, 또 하나는 정부가 절대적으로 주도하여 초래한 공적 재정 문제와 절차상의 공공성 문제이다.

둘째, 시민단체 성격의 플랜비 문화예술협동조합과 이들 주도하에 진행된 중요한 도시재생사업인 깡깡이예술마을에 대한 탐구이다. 사회적 경제 형태인 플랜비 문화예술협동조합은 부산에서 지역문화 공공성 발전에 유리한 네트워크를 구축함으로써, 재정과 절차상의 공공성, 공익 목적의 공공성, 다주체 참여의 공공성 및 시민 문화 권리의 공공성을 갖추게 되었다. 플랜비가 책임감을 가지고 진행한 깡깡이예술마을 사업의 운영에서도 이러한 공공성의 특징을 드러내었고, 그와 동시에 세부 내용에 있어서도 지역성과 사업의 지속성을 제고하는 공공성 특징을 두드러지게 하였다. 하지만 여기에도 부족한 면이 일부 존재하고 있다. 예를 들어 협력 주체 간의 관계 처리 방면과 예술 콘텐츠 기획의 주안점에 있어, 공공성의 성찰과 비판성 형성을 반영함에 있어 여전히 부족한 느낌이 든다.

셋째, 감천문화마을 도시재생의 사례로 예술가와 정부가 공동 주도한 문화예술형 도시재생의 공공성을 고찰하였다. 감천문화마을은 공공예술 사업으로 진행된 도시재생의 대표적 사례로, 공공예술 자체가 바로 공공성을 지니고 있다. 이러한 공공성은 담론 생성의 참여성, 소통 공간의 개방성, 미디어 표현의 다양화, 가치 지향의 반엘리트주의 등이다. 다년간 사업이 진행되는 과정에서 감천문화마을은 공익과 사익을 융합한 참여식 공공성과 보전과 재생 균형의 지속 가능한 공공성을 두드러지게 하였다. 하지만 그 속에서도 일정 정도 공공성 문제가 존재하고 있다. 그것은 신형 마을의 공동체의 미형성, 마을 상업화로 야기된 주체 간의 관계에 존재하는 불균형 및 예술의 진정성 상실 등의 문제이다.

이 책은 전반적으로 이전 연구의 기초 아래 동아시아적 공공성과 아렌트와 하버마스가 제기한 공공성의 기반인 민주, 의사소통, 평등한 '관계'를 넘어서, '情'과 '공감'이 있는 공동체의 건립이 공공성 형성에 더욱 유리하다고 판단한다.

다음으로 공공성의 담론과 공공성의 실천은 전혀 다른 차원이다. 부산이 공공사회로 나아가기 위해서는 자유로운 영혼과 자신의 주체성을 충분히 실현할 수 있는 개체인 문화예술 영역의 전문가와 활동가가 매우 필요하다는 점이다. 아울러 공권력을 지닌 주체인 정부 또한 자금과 공공자원을 지속적으로 제공하고 공공정책과 공공제도를 확립시켜야 한다. 이에 문화예술형 도시재생과 관련 주체가 양호한 생존과 창작환경을 만들기 위해서는 그에 필요한 공공 공간을 만들어야 한다.

세 번째는 공공성 형성을 촉진시키는 주도적 집단은 시민이다. 시민들의 공공성 인식, 개인 소질, 민주화 실천, 주체화된 시민의식과 자주적 참여가 작동되어야만, 공공성이 이론에서 벗어나 현실적 실천 역량으로 변하게 되는 것이다.

이 책을 쓰면서 아쉬움도 많이 남지만 부산 문화예술형 도시재생의 공공성을 어떻게 재건해야 하는가에 느낀 몇 가지를 간단하게 정리하면서 이 책을 마무리하고자 한다.

1. 정부의 공공성 재건에 대한 건의

정부는 서구 사회와 달리 동아시아 사회에 있어 '공(公)'의 권위와 책임을 대표하여, 모든 도시 공공성의 형성에서 흔들리지 않는 주도권을 지니고 있다. 문화예술 영역에서도 마찬가지로, 역사 유산을 보호하는 것에서부터 예술가의 창작활동을 지원하고 더 나아가 일반 시민의 문화향유 활동을 지원하는 것에 이르기까지, 국가는 그 속에서 필수 불가결한 역할을 하고 있다. 그래서 문화예술형 도시재생의 공공성 회복 또한 정부 역할의 조절에서 벗어날 수 없다.

먼저, 정부 공권력이 지나치게 집중되지 않아야 한다. 중앙정부는 일정한 권력을 지자체로 이관하여야 하고 지자체도 일부 권력을 문화예술단체와 기구에다 양도함으로써, '공(共)'의 적극성과 자율성을 충분히 불러일으켜야 할 것이다. 제도상에 있어 한국의 공공예술 사업은 대부분 민간이 봉사를 하고, 행정 절차와 상관 관리업무는 지방자치단체의 책임이 된다. 실제 업무에서 중앙정부는 공공예술을 종합 지원하는 역할을 충분히 하여 지방정부의 사업 결정과 지휘에 더 넓은 자유도를 주고, 또 전문기구를 통해 정책 시행, 평가 및 피드백 메커니즘을 구축함으로써, 공공기관과 민간단체의 협력을 강화하고 재원 지원의 다양화를 촉진하도록 해야 한다.[277]

다음으로 지방정부도 지역문화 발전의 맥락에 근거하여 지역화 도시재생 방안을 제정할 수 있고, 또 주변 지역과의 연합을 통해 더욱 광범위한 대도시 문화공동체를 건립할 수도 있다. 이로써 지역문화 자원을 통합시키고 지역연대의 역할을 할 수 있을 것이다. 더욱 중요한 것은 이러한 사업 과정에서 전문가 집단의 참여와 의견이 있어야 한다는 점이다. 이로써 행정과 경제 수익에 관한 것일 뿐만 아니라 문화와 연계된 역사와 미래 발전적인 내용을 제시하여, 문화의 본질적 전략에 충실하도록 하는 것이다.

---

277 양현미(2009). 공공미술 진흥사업 운영방안연구. 한국문화예술위원회 보고서.
양현미 & 김성규(2010). 건축물 미술 장식제도에 있어서 선택적 기금제 도입 방안 연구. 문화정책논총, 24, 135-160.

그 밖에 적합한 공공정책은 시민문화권과 예술가 권리의 보장을 통해 문화예술형 도시재생 사업의 공공성을 높일 수 있을 것이다. 최근 2년 사이에 부산시 정부는 시민문화권을 확대하는 정책 개선에 일련의 노력을 경주하였다. 2020년 시정부는 각계 전문가들로 구성된 '부산시민 문화헌장 제정위원회'를 구성하였고, 이 제정위원회를 통해 〈부산시민 문화헌장〉을 제정하게 되었다. 2021년 부산시 문화체육국은 또 도시문화발전을 촉진시키는 제도적 방안을 제시하였다. 여기에는 지역문화 진흥을 위한 '문화협력위원회'를 구성하고 시민 참여로 부산에 적합한 문화평가 체계를 구축하는 내용이 포함되어 있다. 이로써 사업 과정에 있어 정보의 개방성을 증대시키고 시민의 문화 알 권리를 제고하게 된다.

예술가 복지 측면에서 공공기관은 전체 예술계를 위해 표준 사례비 정책을 도입함에 있어, 예술 활동의 현장자료를 기반으로 예술 활동의 유형과 장르, 예술가 성별, 연령대 등 다양한 표준에 근거하여 최저 보수 표준안(minimum fee schedule) 구축을 모색해야 한다.[278] 아울러 예술가의 예술작품, 예술작품 관련 문장 및 저서의 유통을 위해 시장 환경을 조성하고, 현지 예술가들에게 양호한 창작 공간을 제공하는 데 노력해야 한다.[279]

---

278 김미연 & 서리나(2020). 공공지원사업 참여예술가의 표준 사례비 도입을 위한 기초연구: 한국문화예술위원회의 '신나는 예술여행'을 중심으로. The Journal of Cultural Policy, 34(2), 245-270.

279 시의회 문화체육국(2021). 2021년 하반기 주요업무 추진상황. 2021.07.19. https://www.busan.go.kr/gbplan/1497626?curPage=&srchBeginDt=2020-11-11&srchEndDt=2021-11-11&srchKey=&srchText=

2. 시민과 시민단체의 공공성 재건

하버마스는 공공 영역 형성의 기초는 시민성을 갖춘 시민으로 구성된 시민사회라 하였다. 공공 영역은 결국 대중들의 자율적인 소통과 토론으로 형성되어야 하는데, 이것은 대중 개체의 공공성 자질에 일정 정도 요구를 필요로 한다. 서구 문화정책은 진정한 시민 형성을 핵심 목표의 하나로 하고 있다. 근대 서양 박물관 건립으로 자제력을 갖춘 '교양인'을 배양하여 시민의 주체성을 자극시키고, 더 나아가 그에 합당한 대중 신분으로 공공 영역을 구축하는 것이다.

먼저, 현존하는 시민단체는 시민성 제고를 위해 외부환경을 조성해야 한다. 이승훈(2011)은 시민성에는 주로 3가지 자질, 즉 개인 문제를 사회와 연계시키는 능력, 개인 이익관계를 뛰어넘는 능력, 전체 이익을 위해 적극적인 행동을 할 수 있는 능력이 포함된다고 하였다. 자발적인 결사단체에 참가하는 것은 대중이 시민 자질을 양성하는 한 방식이다. 이 결사단체는 가입과 탈퇴가 자유로우며, 그 구성원은 유사한 취향을 중심으로 같이 모여 합의를 통해 민주적으로 운영을 한다. 자발성을 갖춘 조직이기에 구성원은 단체 활동에 있어 자율적으로 적극 참여하게 되고, 구성원 간에도 뚜렷한 신임감과 친밀감을 이루기에 용이하기에, 활동으로 쌓인 행위 경험과 조직 건립에 강렬한 귀속감과 책임감을 불러일으킨다.

구체적으로 문화예술 영역에 있어 교육기능을 갖춘 일부 비영리기구가 정기적으로 관련 강좌와 학술대회를 개최함으로써, 일반 시민들에게 문화예술 유형의 공공 의제와 관련된 지식을 충분히 습득할 수 있도록 한다. 도시재생 소지 지역의 공동체나 마을위원회에서도 능력에 따라 주민을 조직하여 문예 유형의 단체 활동을 펼쳐, 문화예술 관련 과정을 배우고 또 지역과 관련 있는 도시재생 계획 등의 사항에 대해 같이 논의하고 기획한다.

개체의 내부동력으로 볼 때, 시민은 자신의 공공 자질을 의식적으로 배양하여 자신의 정신적 삶을 심화시켜야 한다. 자신의 정신적 삶에 대한 탐구는 자신의 사유, 의지 판단 및 행동을 융합시켜,[280] 개인이 자아를 성찰하고 동력을 유지하며 타인을 이해하는 등 공동체 형성에 유리한 동력을 높인다. 그래서 자아 성찰성, 사회비판성 및 집단 행동력을 갖춘 시민은 공동체 내부의 조화로운 관계 형성에 그리고 문화예술형 도시재생의 전반적인 공공성 재건에 더욱 유리하게 작용한다.

3. 도시재생사업 기획에 대한 시사점

구체적인 사업 기획에 있어, 먼저 지역문화의 맥락 보존과 지역 재생 간의 균형에 주안점을 두어야 한다. 지역사회의 문맥을 존중하고 특정한 역사 맥락 속에서 예술 언어를 탄생시켜 지역문화의 기억을 재현한다면, 지역 주민의 공명을 쉽게 이끌어낼 것이다. 감천문화마을이건 깡깡이예술마을이건, 이 마을의 성공은 프로젝트팀의 지역 문맥에 대한 사전 조사 그리고 지역문화와 주민의 원생태적 예술 품위에 기초한 창작에서 벗어날 수 없다. 이러한 지역성 이외에 국제성 또한 문화예술형 도시재생 사업의 커다란 혁신 포인트이다. 서구 동화에서의 어린 왕자 이미지는 감천문화마을의 마을 정취와 기묘하게 융합되어 있다. 그래서 사업내용 설계에 있어, 국제적 문화 요소와 현지 특색이 잘 결합하는 요인을 찾아 시민과 관광객에게 강한 인상을 심어주는 '스토리'를 창조해 내어야 한다.

---

280 阿伦特(2006). 精神生活 · 思维. 江苏教育出版社, pp.180-226.

다음으로 프로젝트팀은 각 주체 간에 지속가능성을 갖춘 공동체를 건립하는 데 노력을 해야 한다. 중국에서의 문화예술형 도시재생 과정에 있어 이익 당사자 간의 갈등으로 빈번하게 충돌이 일어나고 있다. 그래서 이러한 충돌의 해결 방안은 각종 이익의 단서를 배제하는 것 외에, 각 주체 간의 신뢰도와 융합도를 더욱 강화할 필요가 있다. 연속성을 갖춘 예술가 입주 프로그램은 예술가와 주민 간의 관계를 가깝게 하는 중요한 방식이다. 이것은 현지 삶을 깊이 이해하면서 공공 책임감을 지닌 예술가 집단을 양성하고 선별하는 데 유리하게 작용한다. 예술가는 현지 거주하는 기간 동안에 주민들과 밀접하게 접촉함으로써, 잠재적으로 주민 삶의 동반자, 소통의 대상 및 문예지식의 원천으로 될 것이다. 그래서 정감의 공명과 이성적 소통은 공공성 재건을 공동으로 촉진시킨다. 그 외에 정부는 어떤 지역의 도시재생 정책에 대해 경제적인 발전 이외에도 주민과 예술가의 현실적 수요를 고려대상 범위에 넣어야 한다. 이 또한 정부와 주민 그리고 예술가 사이의 신뢰 관계를 건립하는 데 도움이 될 것이다. 지속적인 공공성의 각도에서 볼 때, 주민과 주민자치위원회의 참여성과 창조성을 불러일으켜 지역사회나 마을운영사업을 법인화하는 것 또한 주민이 공동 이익을 위해 노력하는 공공 정신을 불러일으키고 사업의 지속가능성을 증가시키는 데 도움이 될 것이다.

저자 후기

도시는 하나의 유기체이다. 모든 생명과정처럼 형성, 발전, 번영, 쇠락의 길을 걷고 있다. 쇠락과정에서 다시 부활할 수도 있다면 도시재생 프로젝트는 도시재생에 있어 가장 중요한 요소로 볼 수 있다. 도시재생은 도시생명체의 부활을 의미하며 문화예술 도시재생을 의미한다. 도시 내부의 변화를 자극하여 노쇠한 세포를 제거하고 새로운 활력소를 불어넣어 화려한 변신을 도모하고 있다.

필자가 문화예술에 흥미를 갖게 된 것은 어릴 때 회화와 서법을 배운 것이 그 시작 같다. 대학원 시절에 나의 일상생활과 공자아카데미란 직장이 문화예술과 밀접히 연관되어 있었지만 별도로 깊게 생각한 적이 없다. 이런 심미적 체험을 연구 대상으로 끌어올린 것은 예동근 교수님의 〈도시사회학〉 수업을 듣는 것이 계기가 되었다. 수업 시간에 도시사회학 관련 고전 도서를 읽으면서 문화와 예술에 주목할 수 있는 이론적 시각이 생겼다. 감천문화마을에 대한 현지조사를 진행하면서 도시 공공예술의 이론적 맥락과 실천을 결합시키는 것이 매우 중요하다는 것을 깨우치게 되었다.

나는 매우 신나게 자신의 흥취와 도시의 예술공공성 주제를 결합하여 도시재생연구의 첫발을 디딘 것이 행운이라고 생각한다. 비록 나의 사회학 지식이 일천하지만 예동근 교수님이 "진짜 문제"의식을 갖고 파고들면 이론 공백을 빨리 메우면서 학술적으로 깊게 연구를 할 수 있다고 격려한 것이 큰 도움이 되었다. 나는 감천문화마을에 푹 빠져 도시재생문제를 고민하고 문제점을 찾고 해결책을 찾기 위해 현장조사와 인터뷰를 진행하다 보니 나도 모르게 학술적 사명감이 생기고 학술적으로 도시재생문제를 사고하기 시작하였다.

샘물처럼 용솟아 오르는 학술적 관심과 열정은 나로 하여금 피로를 잊고 예술적 향기 풍기는 감천문화마을과 깡깡이마을을 수십 번 찾게 하였다. 또 주민 참여의 도시재생이 어떻게 이루어지는가를 관찰하기 위해 부산오페라하우스 관련 공청회를 비롯하여 다양한 문화예술재생과 관련한 프로젝트 공청회에 참여하였다. 공청회, 현장조사, 인터뷰에서 얻은 생생한 현장감을 학술연구에 녹여내고자 노력하였다. 나는 호기심 가득하여 이런 특색 있는 문화예술 도시재생은 누가 주도하는가? 어떻게 주민들과 기타 참여 주체의 의견을 수용하는가? 또한 이런 재생방식은 바다와 산에 둘러싸인 해변 마을의 지리적 특징을 고려하고 또 지역성을 얼마나 존중하는가? 최종적으로 지역공동체를 형성하고 도시의 다원화를 이루면서 지속적인 발전 방향으로 갈 수 있는가? 또 어떻게 이 과정에서 나타난 여러 가지 사회문제는 무엇이며 어떻게 해결해야 하는가?

정말 많은 질문이 꼬리에 꼬리를 물고 생겼지만 깔끔한 답을 찾기는 역부족이었다. 그래서 나는 도시사회학에서 예술사회학, 그리고 다시 문화사회학으로 핸들을 틀면서 연구에 도움을 줄 수 있는 이론가들의 저서를 열심히 정독하고 고민하였다. 논문에서는 주로 아렌트, 하버마스, 테일러의 공공 영역과 공공성에 관한 논의들을 열심히 정리하였다. 부르디외의 문화장과 상징권력의 이론적 통찰력은 논문에 큰 도움이 되었다. 이런 이론들을 수용하여 분석틀을 만들고 지도교수님과 논의하여 세 개의 문화예술 도시재생의 사례를 집중적으로 분석하였다.

비록 연구를 진행하고 최종 책까지 내는 데 많은 우여곡절을 겪었지만 운이 좋게도 많은 사람들의 도움을 받게 되어 이 지면을 빌려 감사의 인사를 드리고자 한다. 우선 학위논문의 지도교수님이신 김창경 교수님과 예동근 교수님께 감사의 인사를 전하고자 한다. 두 지도교수님의 무한한 신뢰, 관심과 지지는 내가 과감하게 기존의 사고틀을 벗어나서 새로운 도전을 할 수 있는 에너지재생발전소라고 볼 수 있다. 창원대학교 이성철 교수님은 여러 차례 직접 대면하여 아낌없는 지도와 편달을 하였고 초라한 졸고에 추천사까지 써주셨다. 이 자리를 빌려 진심으로 감사의 인사를 드린다. 또한 이 졸고가 책으로 출판되는 데 있어 물심양면으로 지원을 아끼지 않은 현민 교수님께도 감사의 인사를 전한다. 아울러 이 책이 출판되는 과정에서 후속작업과 출판을 위해 재정적으로 지원해 준 부경대학교 글로벌지역학과의 "관문도시 부산의 국제화"를 위한 BK교육연구단, 글로벌지역학연구소와 한국학술정보 출판사에도 감사의 인사를 전한다.

마지막으로 본 연구가 순조롭게 진행될 수 있도록 인터뷰에 응하여 주신 분들과 아낌없이 자료를 제공해 주신 분들께도 진심으로 감사의 마음을 전한다. 내가 박사학위를 취득하고 이를 책으로 출판할 수 있는 것은 부경대학교 중국학과 교수님들과 학우들의 지원과 지지 덕분이다. 나를 특별히 보살펴 준 친구들과 가족에게도 감사를 표한다. 이들의 격려 덕에 나는 조금씩 앞으로 나아갈 수 있었다.

도시의 재생은 독수리의 부활처럼 고통을 겪는다. 독수리는 70년 정도 살 수 있지만 40대에 구부러진 부리, 늙고 무거운 날개, 무딘 발톱을 뽑아 버리고 새롭게 부활하는 데 150일의 고통을 겪는다고 한다. 이를 견디고 독수리는 제2의 인생을 얻게 된다고 한다. 도시재생도 그렇고, 논문을 쓰는 나도 그렇게 모두 고통을 겪으면서 새롭게 부활하는 것 아닌가라는 생각이 든다. 도시재생뿐만 아니라 사람들의 인생도 예술처럼 새롭게 재건되는 것이 가장 행복한 삶이라고 볼 수 있다. 나의 연구가 도시재생 마을에도 그러한 좋은 결과를 가져오기를 두 손 모아 기원한다.

산동 고향에서

조아락

2023년 6월 1일

참고문헌

〈한국어 문헌〉

1) 단행본

김상돈(2018). 공공사회학. 서울: 소통과공감.

김상돈 · 황명진(2018). 공공사회학. 서울: 소통과공감.

남송우(2013). 부산 지역문화론. 해성.

유창복(2010). 우린 마을에서 논다. 서울: 또하나의문화.

유창복(2018). 마을정부를 말하다. 서울: 행복한책읽기.

임회숙(2016). 감천문화마을 산책. 부산: 해피북미디어.

한나 아렌트(2002). 칸트 정치철학 강의. 김선욱(역). 서울: 푸른숲.

깡깡이예술마을사업단(2018). 깡깡이마을, 100년의 울림-생활 편. 호밀밭.

깡깡이예술마을사업단(2018). 깡깡이마을, 100년의 울림-역사 편. 호밀밭.

깡깡이예술마을사업단 & 플랜비문화예술협동조합(2019). 깡깡이예술마을 성과보고서. 부산광역시 영도구.

2) 논문

김선욱(2002). 문화와 소통가능성: 한나 아렌트 판단 이론의 문화론적 함의. 정치사상연구, 6, 169-192.

김세훈(2008). 공공성에 대한 사회학적 이해. 문화 · 미디어 · 엔터테인먼트 법(구 문화산업과 법), 2(1), 20-34.

김세훈·정기은(2017). 예술정책에서 공공성의 함의에 대한 연구. 공공사회연구, 7(1), 282-307.

김연희(2017). 공공미술의 공공성 실현에 관한 연구. 상명대학교 일반대학원 박사학위논문.

김은영(2018). '깡깡이마을'에서 발견한 '마을회'의 힘. 부산발전포럼, (170), 62-67.

김정인(2014). 문화예술지원 거버넌스 분석: 기업 메세나 활동을 중심으로. 문화정책, (2), 1-23.
김창경(2011). 창조도시 부산 조성을 위한 지자체의 문화정책 방향: 국내외 '창의 문화도시'사례 분석을 중심으로. 동북아 문화연구, 26, 651-674.
나종석(2009). 신자유주의적 시장 유토피아에 대한 비판: 시장주의를 넘어 민주적 공공성의 재구축에로. 사회와 철학, 18: 187-215.
문태현(1995). 정책윤리의 논거; 공리주의, 의무론, 의사소통적 접근. 한국정책학회보, 4(1), 87-110.
박소현(2009). 미술의 공공성을 둘러싼 경합의 위상학: 일본에서의 미술가 · 비평가 탄생에 대한 재해석. 한국근현대미술사학, 20, 117-134.
박영도(2016). 신자유주의적 자유의 역설과 민주적인 사회적 공공성. 사회와 철학, 31: 131-158.
박재현 & 이연숙(2014). 부산 감천문화마을 재생을 위해 도입된 공공미술의 지역활성화 효과. 한국주거학회논문집, 25(5), 33-41.
박찬경 & 양현미(2008). 공공미술과 미술의 공공성. 문화과학, 53, 95-125.
백승현(2002), 한국의 시민단체(NGO)와 공공성 형성. 시민정치학회보, 5.
백완기(2007). 한국행정과 공공성. 한국사회와 행정연구, 18(2), 1-22.
송교성 · 김태만(2015). 부산의 문화적 현안과 플랜비문화예술협동조합. 문화과학, 84: 229-244.
예동근, 리단 & 조세현(2020). 부산 감천문화마을의 리질리언스(resilience) 사례연구 9. 지역사회학, 21, 31-53.
윤희진(2016). 현대적 공공성 구축을 통한 도시재생 모델 연구. 예술인문사회융합멀티미디어논문지, 6, 657-666.
이명호(2013). 가족 관련 분석적 개념의 재구성, 가족주의에서 가족중심주의로. 사회사상과 문화, 28: 359-393.
이승환(2004). 한국 '家族主義'의 의미와 기원, 그리고 변화가능성. 유교사상문화연구, 20: 45-66. 戶主制度를 중심으로.
이승훈(2010). 계급과 공공성. 경제와사회, 12-34(23-29).
이승훈(2019). 공공 미술과 공론장 형성: '공공성 딜레마'를 중심으로. 현상과인식, 43(4), 43-68.
이은선 & 이현지(2017). 사회적경제의 개념과 발전, 제도화: 폴라니의 이중적 운동을 중심으로. 한국사회와 행정연구, 28(1), 109-138.
이주하(2010). 민주주의의 다양성과 공공성: 레짐이론을 중심으로. 행정논총(Korean Journal of Public Administration), 48.
임의영(2003). 공공성의 개념, 위기, 활성화 조건. 정부학연구, 9(1), 23-52.
임의영(2017). 공공성의 철학적 기초. 정부학연구, 23(2), 1-29.
임의영(2018). 공공성 연구의 풍경과 전망. 정부학연구, 24(3), 1-42.
정성훈(2013). 도시공동체의 친밀성과 공공성. 철학사상, 49.
조대엽(2007). 공공성의 재구성과 기업의 시민성: 기업의 사회공헌활동에 관한 거시 구조변동의 시각. 한국사회학, 41(2), 1-26.
조대엽 & 홍성태(2013). 공공성의 사회적 구성과 공공성 프레임의 역사적 유형. 아세아연구, 56(2), 7-41.
조명래, 송두범 & 강현수(2010). 세종시와 충남의 상생발전 모색을 위한 심포지엄.
조승래(2007). 자유주의 시민사회론을 넘어서. 세계 역사와 문화 연구, 1-21.
주명진(2013). '확장된 공론의 장'으로서 미술관 공공성에 관한 연구. 이화여자대학교 대학원 박사학위논문.
차동욱(2011). 公(publicness)과 私(privateness)의 대립 속에 묻혀버린 공(commonness): 프랑스 혁명기의 주권론과 헌법담론을 중심으로. 평화학연구, 12(3), 5-26.
최용성(2013). 교과내용학: 해방적 합리성과 의사소통적 도덕교육의 실천. 윤리교육연구, 31: 349-380.
허명화 & 김창경(2013). 환경재생과 예술문화의 융합: 감천문화마을과 세토우치(瀬戸内) 海섬의 '집 프로젝트'를 중심으로. 동북아 문화연구, 37, 63-82.
홍성태(2012). 공론장, 의사소통, 토의정치-공공성의 사회적 구성과 정치과정의 동학. 한국사회, 13(1), 159-195.

3) 기타

깡깡이예술마을 홈페이지. http://kangkangee.com/
박순봉. 개발과 보존의 공존, 도시재생 속 보전건축의 이해. 서울특별시 도시재생 지원센터.
부산광역시의회 입법정책담당관실(2012). (해양항만)부산시오페라하우스 추진현황과 과제.
부산광역시의회(2013). 부산 오페라하우스.
(주)메타기획컨설팅(2019). 부산 오페라하우스 개관준비 및 관리운영 기본계획.
사하구청 도시재생과 관련자료.
https://www.saha.go.kr/saha.do, 검색일: 2020.9.15.
https://www.youtube.com/channel/UCCWfd8Q9faEjNzM50z70Vzw, 검색일: 2021.9.15.
http://kangkangee.com/index.php/kangkangeeartsvillage/media/, 검색일: 2021.9.15.
https://blog.naver.com/se365company/220867749429, 검색일: 2021.10.25.
https://surc.or.kr/columns, 검색일: 2021.10.25.
http://bohinfo.smartpmis.net/business_info/propel.asp, 검색일: 2021.9.15.
https://blog.naver.com/lhkny96/221405891433, 검색일: 2021.9.15.
http://www.busan.com/view/busan/view.php?code=20180816000257, 검색일: 2021.10.25.
http://www.busan.com/view/busan/view.php?code=20180802000265, 검색일: 2021.10.25.
http://www.ohmynews.com/NWS_Web/View/at_pg.aspx?CNTN_CD=A0001888302, 검색일: 2021.10.25.

http://www.kookje.co.kr/news2011/asp/newsbody.asp?code=1700&key=20160121.22031192135, 검색일: 2021.10.25.

https://www.news1.kr/articles/?3683426, 검색일: 2021.11.18.

http://www.busan.com/view/busan/view.php?code=20180906000273, 검색일: 2021.11.18.

http://www.kookje.co.kr/news2011/asp/newsbody.asp?key=20171017.22011002023, 검색일: 2021.11.18.

https://www.city.go.kr/portal/info/policy/4/link.do, 검색일: 2021.11.18.

https://www.coop.go.kr/COOP/, 검색일: 2021.11.06.

https://blog.naver.com/aci2013/222152871849, 검색일: 2020.12.18.

〈영어 문헌〉

1) 단행본

Adam, B. Bell, W. Burawoy, M. Cornell, S., DeCesare, M. Elias & Westbrook, L.(2009). ***Handbook of public sociology***. Rowman & Little field Publishers.

Bianchini, F.(1994). Cultural policy and urban regeneration: the West European experience, Manchester: Manchester University Press.

Bourdieu, P.(1987). Distinction: A social critique of the judgement of taste. Harvard University Press.

Bourdieu, P. & Wacquant, L. J.(1992). An invitation to reflexive sociology. University of Chicago Press.

Malcolm Miles(1997). Art, space and the city public art and urban futures, Routledge, London.

Mook, L., Quarter, J. & Richmond, B. J.(2007). What counts: Social accounting for nonprofits and cooperatives. Sigel Press.

Pierre Bourdieu, Richard Nice(1984). Distinction A Social Critique of the Judgement of Taste-Harvard University Press.

Satterthwaite, A.(2016). Local glories: opera houses on main street, where art and community meet. Oxford University Press.

Taylor, C.(1995). ***Philosophical arguments***. Harvard University Press. p.208.

Tittle, C. R.(2004). The arrogance of public sociology. ***Social Forces***, ***82***(4), 1639-1643.

2) 논문

AKKAR, Z. M.(2005). Questioning the "Publicness" of Public Spaces in Postindustrial Cities. Traditional Dwellings and Settlements Review, 16(2), 75-91.

Bailey, C., Miles, S. & Stark, P.(2004). 'Culture-led Urban Regeneration and the Revitalisation of

Identities in Newcastle', Gates head and the North East of England, International Journal of Cultural Policy, 10:1, 47-65.

Belfiore, E.(2002). Art as a means of alleviating social exclusion: Does it really work? A critique of instrumental cultural policies and social impact studies in the UK. International journal of cultural policy, 8(1), 91-106.

Bennett, T.(2006). Intellectuals, culture, policy: The technical, the practical, and the critical. *Cultural Analysis, 5*, 81-106.

Bridge G. It's not Just a Question of Taste: Gentrification, the Neighbourhood, and Cultural Capital. Environment and Planning A: Economy and Space. 2006; 38(10): 1965-1978.

Burawoy, M.(2005). For public sociology. *American sociological review, 70*(1), 4-28.

Cameron, S. & Coaffee, J.(2005). Art, gentrification and regeneration – from artist as pioneer to public arts. European journal of housing policy, 5(1), 39-58.

CHA, M. J.(2021). Beyond community Beyond Art: Art-led urban regeneration in Heesterveld creative community.

Colomb, C.(2011). Culture in the city, culture for the city? The political construction of the trickle-down in cultural regeneration strategies in Roubaix, France. *The Town Planning Review*, 77-98.

Conklin, T. R.(2012). Street art, ideology, and public space (Unpublished Doctoral thesis). Portland: Portland State University.

Deutsche, R.(1992). Art and public space: Questions of democracy. Social Text, (33), 34-53.

Ettlinger, N.(2010). Bringing the everyday into the culture/creativity discourse. Human Geography, 3(1), 49-59.

Evans G.(2005). Measure for Measure: Evaluating the Evidence of Culture's Contribution to Regeneration. Urban Studies.: 42(5-6): 959-983.

Evans, G. & Shaw, P.(2006). Literature Review: Culture and Regeneration. Arts Research Digest, 37, 1-11.

Eynat Mendelson-Shwartz & Nir Mualam(2021). Taming murals in the city: a foray into mural policies, practices, and regulation, International Journal of Cultural Policy, 27:1, 65-86.

Garcia, B.(2004). 'Cultural policy and urban regeneration in western European cities: lessons from experience, prospects for the future', Local Economy, 19: 4, 312-326.

Hall, T. and Robertson, I.(2001). Public art and urban regeneration: advocacy, claims and critical debates, Landscape Research, 26(1), pp.5 – 26.

Hewitt, A.(2011). Privatizing the public: three rhetorics of art's public good in "Third Way" cultural policy, Art and the Public Sphere, 1: 1: 19-36.

Jeong Kyung Seo, Mihye Cho, Tracey Skelton(2015). "Dynamic Busan": Envisioning a global hub city in Korea, Cities, Volume 46, Pages 26-34.

Jonathan Ward(2018). Down by the sea: visual arts, artists and coastal regeneration, International Journal of Cultural Policy, 24: 1, 121-138.

Kwon, M.(2005). Public art as publicity. In the place of the public sphere, 22-33.

Lacy, S.(1995). Cultural pilgrimages and metaphoric journeys. Mapping the terrain: New genre public art, 19-47.

Lees, L. & Melhuish, C.(2015). Arts-led regeneration in the UK: The rhetoric and the evidence on urban social inclusion. European Urban and Regional Studies, 22(3), 242-260.

Ley, D.(2003). Artists, aestheticisation and the field of gentrification, Urban Studies, 40(12), pp.2527-2544.

McNeill, 2000: 490, Smith, A. & von Krogh Strand, I.(2011). Oslo's new Opera House: Cultural flagship, regeneration tool or destination icon?. European Urban and Regional Studies, 18(1), 93-110.

Murdoch, J., Grodach, C. & Foster, N.(2015). The Importance of Neighborhood Context in Arts-Led Development Community Anchor or Creative Class Magnet? Journal of Planning Education and Research, 36(1): 32-48.

Park, G.(2014). *The role of cultural development in urban strategy: the Hub City of Asian Culture in Gwangju*, Korea (Doctoral dissertation, University of Leicester).

Peter Roberts, Hugh Syke(1999). Urban Regeneration: A Handbook, SAGE.

Rosenstein, C.(2011). Cultural development and city neighborhoods. City, Culture and Society, 2(1): 9-15.

Sharp, J., Pollock, V. & Paddison, R.(2005). Just art for a just city: Public art and social inclusion in urban regeneration. Urban Studies, 42(5-6), 1001-1023.

Shenjing He & Fulong Wu(2005). Property-Led Redevelopment in Post-Reform China: A Case Study of Xintiandi Redevelopment Project in Shanghai, Journal of Urban Affairs, 27: 1, 1-23.

Shwartz, E. M. & Mualam, N.(2017). Comparing mural art policies and regulations (MAPRs). SAUC-Street Art and Urban Creativity, 3(2), 90-93.

Verdini, G.(2015). Is the incipient Chinese civil society playing a role in regenerating historic urban areas? Evidence from Nanjing, Suzhou and Shanghai. Habitat International, 50, 366-372.

White G.(1994). Civil society, democratization and development 1. Democratization, 1(3): 375-390.

Young, A.(2014). Cities in the City: Street Art Enchantment and the Urban Commons. Law & Literature, 26(2): 145-161.

Zebracki, M.(2011). Does cultural policy matter in public-art production? The Netherlands and Flanders compared, 1945 – present. Environment and Planning A, 43(12): 2953-2970.
Zebracki, M.(2018). Regenerating a coastal town through art: Dismaland and the (l) imitations of antagonistic art practice in the city. Cities, 77, 21-32.
Zhai, B. & Ng, M. K.(2013). Urban regeneration and social capital in China: A case study of the Drum Tower Muslim District in Xi'an. Cities, 35, 14-25.

3) 기타

Evans, G. L. and Shaw, P.(2004). Culture at the Heart of Regeneration. London, Department for Culture Media and Sport.
Urban regeneration information system.

〈중국어 문헌〉

1) 단행본

阿伦特(2006). 精神生活 · 思维. 江苏教育出版社. pp.180-226.
阿伦特(Arendt H.) 著. 王寅丽 译(2009). 人的境况. 上海人民出版社.
埃德加莫兰(2001). 社会学思考. 上海人民出版社.
布尔迪厄 著. 包亚明 译(1997). 文化资本與社会炼金术: 布尔迪厄访谈录, 上海人民出版社.
布尔迪厄 著. 刘成富等 译(2005). 科学的社会用途—写给科学场的临床社会学. 南京大学出版社.
查尔斯 · 泰勒. 公民與国家之间的距离; 汪晖 & 陈燕谷(2005). 文化與公共性.三联书店.
蔡英文(2006). 政治实践與公共空间: 阿伦特的政治思想. 新星出版社.
戴维 · 斯沃茨(David Swartz) 著. 陶东风 译(2006). 文化與权力 布尔迪厄的社会学. 上海译文出版社.
高宣扬(2004). 布迪厄的社会理论. 同济大学出版社.
哈贝马斯(Juergen Habermas). 曹卫东等 译(1999). 公共领域的结構转型. 上海: 学林出版社.
哈贝马斯(Jurgen Habermas). 童世骏 译(2003). 在事实與規範之间 关於法律和民主法治国的商谈理论. 北京: 生活 · 读书 · 新知三联书店.
汉娜 · 阿伦特. 陈周旺 译. 论革命(2011). 南京: 译林出版社.
刘洪波(2009). 公共空间设计. 哈尔滨: 哈尔滨工程大学出版社.
芦恒(2016). 东亚公共性重建与社会发展. 社会科学文献出版社.
皮埃尔 · 布迪厄(Pierre Bourdieu), 华康德(Loic Wacquant) 著. 李猛, 李康 译(1998). 实践與反思.

反思社会学导引. 中央编译出版社.
孙振华(2003). 公共艺术时代. 南京: 江苏美术出版社.
王寅丽(2008). 汉娜 · 阿伦特: 在哲学與政治之间. 上海: 上海人民出版社.
伊丽莎白 · 扬—布鲁尔 著. 刘北成, 刘小鸥 译(2008). 阿伦特为甚麽重要. 南京: 译林出版社.
袁运甫(1989). 中国當代裝饰艺术. 山西人民出版社.
佐佐木毅, 金泰昌主编(2009). 社会科学中的公私问题(公共哲学 第2卷). 人民出版社.
张意(2005). 文化與符号权力: 布尔迪厄的文化社会学导论. 中国社会科学出版社.

2) 논문

李建盛(2020). 公共领域, 公共性與公共艺术本体论. 北京社会科学, (11), 118-128.
邱正伦 & 周彦华(2015). 论乡村公共艺术公共性的缺失. 美术观察, (9), 113-115.
傅永军(2008). 公共领域與合法性——兼论哈贝马斯合法性理论的主题. 山东社会科学, (3), 5-11.
林美茂(2009). 公共哲学在日本的研究现状與基本视点. 学习與探索, (03), 17-23.
任珺(2014). 文化治理在當代城市再生中的发展. 文化产业研究, (1), 149-157.
方丹青, 陈可石 & 陈楠(2017). 以文化大事件为触媒的城市再生模式初探 ——"欧洲文化之都" 的实践和启示. 国际城市规划, 32(2), 101-107.
潘滢(2019). "城市针灸"理念下的历史街区景观提升及文化再生研究(Master's thesis, 福建农林大学).
韦天瑜(2010). 公共艺术公共性博弈——上海世博沿江雕塑策劃谈. 公共艺术, (4), 32-43.
田毅鹏(2005). 东亚"新公共性"的構建及其限制——以中日两国为中心. 吉林大学社会科学学报, 45(6), 65-72.
高思春 & 杨勋(2015). 公共艺术"公共性"的缺失与建構. 美术观察, (4), 15-17.
王宁(2017). 音乐消费趣味的横向分享型扩散機制——基於85后大学 (毕业) 生的外国流行音乐消费的质性研究. 山东社会科学, (10), 5-15.
岳嵩(2016). 凝驻与前行——关於中国當代公共艺术 "公共性"的缺失與思考. 艺术工作, (5), 102-103.
张静(2016). 行动何以可能---汉娜 · 阿伦特的公共领域思想研究. 吉林大学, 博士论文.
张伟(2013). 西方城市更新推动下的文化产业发展研究[D] (Doctoral dissertation, 山东大学).
张彦丽. 公共哲学與东亚研究——中,日,韩之间的对话. 日本学研究, (1), 8.
王晓升(2011). "公共领域"概念辨析. 吉林大学社会科学学报, 51(4), 22-30.
黄月琴(2008). 公共领域的观念嬗变與大众传媒的公共性——评阿伦特, 哈贝马斯與泰勒的公共领域思想. 新闻與传播评论辑刊, (1), 11.
卞崇道(2008). 日本的公共哲学研究述评. 哲学动态, (11), 95-97.
王璇(2019). 公共艺术介入與城市空间的公共性潜力研究 (Master's thesis, 深圳大学).

바다와 예술이 만나는 로컬

초판인쇄 2023년 06월 09일
초판발행 2023년 06월 09일

지은이 조아락 · 예동근
감 수 현민
펴낸이 채종준
펴낸곳 한국학술정보(주)
주 소 경기도 파주시 회동길 230(문발동)
전 화 031-908-3181(대표)
팩 스 031-908-3189
홈페이지 http://ebook.kstudy.com
E-mail 출판사업부 publish@kstudy.com
등 록 제일산-115호(2000. 6. 19)

ISBN 979-11-6983-410-0 93300

이담북스는 한국학술정보(주)의 출판브랜드입니다